Über Kostenberechnung und Baugeräte im Tiefbau

Unterlagen zur Ermittlung des angemessenen Preises für Erdarbeiten

Von

Dr.-Ing. Heinrich Eckert

Zweite, vollständig neubearbeitete und erweiterte Auflage

Mit 71 Textabbildungen und 280 Tabellen

Berlin
Verlag von Julius Springer
1931

ISBN-13: 978-3-642-98711-3   e-ISBN-13: 978-3-642-99526-2
DOI: 10.1007/978-3-642-99526-2

Vorwort.

Seit dem Erscheinen der 1. Auflage meines Buches „Über Kostenberechnung im Tiefbau unter besonderer Berücksichtigung der Verhältnisse bei größeren Erdarbeiten“ hat sich so viel geändert, daß für die zweite Auflage eine vollständige Neubearbeitung nicht zu umgehen war.

Am stärksten in die Augen fallend sind die Fortschritte auf dem Gebiete des Baumaschinenwesens. Ich habe mich deshalb entschlossen, diese Materie in einem besonderen Teil unter dem Titel „Auswahl der Geräte“ zu behandeln und dem Bauingenieur in gedrängter Form möglichst restlos alles zur Verfügung zu stellen, was sonst großenteils erst auf dem mühseligen und zeitraubenden Wege der Einholung von Angeboten beschafft werden kann.

Wo es mir möglich war, habe ich dabei stets die Angaben für jene Fabrikate gemacht, die meines Wissens im Tiefbaugewerbe am weitesten verbreitet sind; leider ist es mir aber nicht gelungen, diese Absicht auf der ganzen Linie zu verwirklichen. In letzterem Falle mußte ich die Fabrikate anderer namhafter Firmen auf dem betreffenden Gebiet wählen, was ich um so eher tun konnte, als die hier gebrachten Daten nicht so stark voneinander abweichen, daß dadurch unter Umständen Fehlgriffe zu befürchten wären.

Es mag vielleicht eigentümlich erscheinen, daß ich auch die Geräte älterer Bauart noch einmal mit hereingenommen habe, aber ich konnte mich zu einer völligen Ausscheidung derselben um so weniger entschließen, als mit Rücksicht auf die große Kapitalknappheit doch noch recht häufig mit ihnen gearbeitet wird und demgemäß auch damit gerechnet werden muß. Es soll aber nicht verschwiegen werden, daß diese Erscheinung nur vorübergehender Natur sein kann, denn der Vorteil des Arbeitens mit neuzeitlichen Geräten ist so groß, daß auf die Dauer nur jene Unternehmungen konkurrenzfähig sein werden, die es verstehen, ihren Gerätepark rechtzeitig dem neuesten Stand der Technik entsprechend zu ergänzen.

Zur Vermeidung von Irrtümern weise ich darauf hin, daß ich das Manuskript nach dem Stand vom 31. Dezember 1930 abgeschlossen habe, und daß Neuerungen, welche erst nach diesem Zeitpunkt herauskamen, leider nicht mehr berücksichtigt werden konnten.

Der zweite Teil des Buches befaßt sich mit der Kostenberechnung selbst und stellt die eigentliche Neubearbeitung der ersten Auflage dar.

Die Angaben über Bagger- und Arbeitsleistungen sowohl, als auch vor allem über den Verbrauch an Betriebsstoffen setzen eine geordnete

Geschäftsführung und straffe Organisation voraus und beziehen sich auf sonst normale Verhältnisse, worauf ausdrücklich aufmerksam gemacht wird. Sie sind das Ergebnis langjähriger praktischer Erfahrungen und können, sofern nicht ganz besondere Erschwernisse vorliegen, unbedenklich zunächst als Ausgangspunkt für die Baustelleneinrichtung usw. verwendet werden. Grundbedingung ist dann allerdings, daß sie ständig kontrolliert und, falls sie aus irgendwelchen Gründen der Wirklichkeit nicht entsprechen, sofort berichtigt werden, wenn man sich vor Schaden bewahren will.

Es ist nun mal eine Eigenart des Tiefbaues, daß jedes einzelne Objekt wieder anders ist, und daß sich für jeden Fall zutreffende Angaben infolgedessen überhaupt nicht machen lassen. Das darf aber nicht dazu führen, daß man, wie dies leider nur allzu häufig geschehen ist, aus diesem Grunde lieber auf derartige Angaben und Anhaltspunkte ganz verzichtet und sich völlig hinter die Erfahrung verschanzt. Es ist sicher, daß die Erfahrung nirgends so notwendig ist und auch nirgends eine so große Rolle spielt wie im Tiefbau, aber es ist ebenso sicher, daß für eine fortschrittliche Entwicklung des Tiefbaues kein Wort so verhängnisvoll war, wie gerade dieses. Jede Unternehmung und jeder einzelne Bauleiter glaubte, das Ergebnis der meist mühsam und oft auf recht kostspielige Weise erworbenen Erfahrungen für sich behalten zu müssen, und die betrübliche Folge vom Standpunkte der Gesamtwirtschaft aus war, daß immer wieder von vorn angefangen und das gleiche Lehrgeld bezahlt werden mußte.

Auf die Dauer ist ein derartiger Zustand unerträglich, und da eine Krankheit erst geheilt werden kann, wenn man ihre Ursachen kennt, hat es sich der Verfasser zur Aufgabe gemacht, einen Weg zu suchen, der ihre Auffindung einfacher gestaltet und zugleich geeignet ist, zu ihrer Beseitigung beizutragen.

Ein solcher Weg zeigt sich in einem zweckdienlichen Aufbau der Kostenberechnung, die dadurch für den Bauleiter gleichzeitig zur Richtschnur für die Bauausführung werden kann. Sie muß einwandfrei erkennen lassen, mit welchen Leistungen, Besetzungen und Verbrauchsmengen gerechnet wurde, und damit einmal die Möglichkeit bieten, genau zu erforschen, warum die eine oder andere Annahme nicht zutrifft, und etwaige Differenzen hinsichtlich der Auffassung über den Umfang von Leistungen und Lieferungen rasch aufzuklären, und zum anderen ein steter Anreiz sein, durch unablässiges Streben nach Verbesserung der Arbeitsmethoden und der Betriebsorganisation nicht nur Einsparungen für den betreffenden Fall zu erzielen, sondern die gesamte Bauwirtschaft mit heben zu helfen.

Allen Firmen und Fachgenossen, welche die Herausgabe des Buches in seiner neuen Form durch die bereitwillige Überlassung von Unterlagen gefördert haben, sowie der Verlagsbuchhandlung Julius Springer, Berlin, die es sich wiederum angelegen sein ließ, es in jeder Hinsicht mustergültig auszustatten, sei auch an dieser Stelle herzlich gedankt.

München, Januar 1931.

Der Verfasser.

Inhaltsverzeichnis.

Zweiter Teil.

Unterlagen zur Ermittlung des angemessenen Preises für Erdarbeiten.

Einleitung.

Eine richtige Ermittlung der Einheitspreise ist nur möglich, wenn vollkommene Klarheit herrscht über den Umfang der damit abgegoltenen Leistungen.

Diese Klarheit zu schaffen ist in erster Linie Aufgabe des Verdingungsanschlags.

Der Minister der öffentlichen Arbeiten führte dazu in seinem Erlaß betreffend das Verdingungswesen vom 23. Dezember 1905 unter II, Ziffer I (3) folgendes aus:

„Für die Ausführung von Bauten sind zur Verabfolgung an die Bewerber bestimmte Verdingungsanschläge aufzustellen, gegebenenfalls unter Zuziehung besonderer Sachverständiger. In den Anschlägen sind sämtliche Hauptleistungen sowie die Nebenleistungen, die zwar zur planmäßigen Ausführung der Leistung oder Lieferung nach Verkehrssitte mitgehören, aber für die Preisbemessung besondere Bedeutung besitzen, ersichtlich zu machen. Soweit angängig, sind den Verdingungsanschlägen die zur Klarstellung der Art und des Umfangs der zu vergebenden Leistungen und Lieferungen geeigneten zeichnerischen Darstellungen und Massenberechnungen beizugeben"

und in der Verdingungsordnung für Bauleistungen, aufgestellt vom Reichs-Verdingungs-Ausschuß (Din 1960), heißt es unter II, § 9:

„1. Die geforderte Leistung ist eindeutig und so erschöpfend zu beschreiben, daß alle Bewerber sie im gleichen Sinne verstehen müssen und ihre Preise sicher und ohne umfangreiche Vorarbeiten berechnen können. Dem Unternehmer soll kein ungewöhnliches Wagnis aufgebürdet werden für Umstände oder Ereignisse, auf die er keinen Einfluß hat und deren Einwirkung auf die Preise und Fristen er nicht im voraus schätzen kann.

2. Die Beschreibung der Leistung geschieht zweckmäßig in Form eines Leistungsverzeichnisses. Um eine einwandfreie Preisermittlung zu ermöglichen und die vergleichende Prüfung der Angebote zu erleichtern, ist die Leistung derart zu zerlegen, daß unter einer Ordnungszahl (Position) nur solche Leistungen aufgenommen werden, die nach ihrer technischen Beschaffenheit und für die Preisbildung als in sich gleichartig anzusehen sind. Die Zusammenfassung ungleichartiger Leistungen unter einer Ordnungszahl (Sammelposition) ist nur zulässig, wenn eine Teilleistung gegenüber einer anderen für die

Bildung eines Durchschnittspreises ohne nennenswerten Einfluß ist. Für die Einrichtung größerer Baustellen mit Maschinen, Geräten, Baracken u. dgl. sind besondere Ansätze vorzusehen. Wenn vom Auftragnehmer besondere Leistungen verlangt werden, die nach den technischen Vorschriften oder der Verkehrssitte nicht unmittelbar zur Leistung gehören, wie z. B. verantwortliche Beaufsichtigung der Leistungen anderer Unternehmer, Prüfung vom Auftraggeber gelieferter Werkstoffe, besondere Schutzmaßnahmen gegen Witterungsschäden und Grundwasser, Sicherungsmaßnahmen zur Unfallverhütung für Leistungen verschiedener Auftragnehmer oder Versicherung der Leistung bis zur Abnahme zugunsten des Auftraggebers, so sind auch hierfür besondere Ansätze vorzusehen.

3. Alle Umstände, die die Preisberechnung beeinflussen, sind anzugeben. Nötigenfalls ist die Leistung zeichnerisch oder durch Probestücke darzustellen oder in anderer Art zu klären, z. B. durch Hinweis auf ähnliche Leistungen, durch Massen- oder statische Berechnungen, durch Angaben über Boden- und Wasserverhältnisse, über Zugangswege, notwendige Verbindungswege zwischen Arbeitsplätzen und der vorgeschriebenen Lagerstelle, über Plätze für Unterkunftsbaracken, Lagerplätze, Anschlußgleise, benutzbare Wasserstellen oder Stromanschlüsse und etwa für solche Einrichtungen zu zahlende Gebühren. Die Zeichnungen und Proben, die für die Ausführung maßgebend sein sollen, sind eindeutig zu bezeichnen."

Diese Bestimmungen sind deutlich genug gehalten und würden bei genauer Befolgung durch die ausführenden Organe dem Unternehmer zweifellos das geben, was er zu einer richtigen Ermittlung der Preise braucht: eine erschöpfende Darstellung der von ihm verlangten Leistungen und Lieferungen nebst den zum besseren Festhalten der bei der Besichtigung der Baustelle gewonnenen Eindrücke notwendigen wichtigsten Planunterlagen.

Die praktische Auswirkung dieser Vorschriften ist leider vielfach eine ganz andere. Die Bestimmung, daß in den Anschlägen sämtliche Hauptleistungen sowie die Nebenleistungen usw. ersichtlich zu machen sind, hat dazu geführt, daß diese Nebenleistungen einfach in dem Text der Hauptleistung mit aufgezählt werden und daß die Behörden glauben, damit den obigen Vorschriften Genüge geleistet zu haben.

Das trifft jedoch keinesfalls zu, denn der Erlaß vom Jahre 1905 sowohl, als auch die Verdingungsordnung fordern unzweifelhaft die Klarstellung der Art und des Umfanges der zu vergebenden Leistungen und Lieferungen, und das würde eigentlich bedingen, daß auch alle den letzteren Punkt betreffenden Angaben zugleich mit der Aufzählung gemacht werden müssen.

Dies geschieht aber fast nie und so bleibt dem Unternehmer, wenn er den Preis für eine solche Sammelposition richtig ermitteln will, nichts anderes übrig, als an Hand der Pläne und Massenberechnungen selbst den Umfang der Einzelbestandteile feststellen zu lassen, sofern die für die Angebotsbearbeitung zur Verfügung stehende Zeit die Vornahme dieser gewöhnlich recht umfangreichen Erhebungen überhaupt gestattet.

Bedenkt man, daß solche Feststellungen meistens nur an dem Orte möglich sind, wo die gesamten Angebotsunterlagen zur Einsicht aufliegen und daß dieselben von jedem einzelnen Bewerber gemacht werden müssen, während doch immer nur ein einziger den Auftrag hereinbringen kann, so sieht man daraus, welche ungeheure wirtschaftliche Vergeudung ein derartiges Verfahren darstellt.

Es ist deshalb dringend zu fordern, daß mit diesem Unfug der Sammelpositionen aufgeräumt und dazu übergegangen wird, die Leistungsverzeichnisse so aufzubauen, daß derartige unproduktive Erhebungen für die Preisermittlung durch die Unternehmer ein für allemal in Wegfall kommen.

Diese Forderung ist gleichbedeutend mit einer weitgehenden Auflösung der Gesamtleistungen in Einzelpositionen und begegnet vor allem deshalb immer noch einem erheblichen Widerstand bei den ausschreibenden Stellen, weil befürchtet wird, daß bei einer Änderung der Mengen dem Unternehmer zu viele Handhaben für Nachforderungen zur Verfügung stehen.

Bis zu einem gewissen Grade ist diese Befürchtung nicht unbegründet, denn bei dem fast ausnahmslos üblichen Verfahren, Baustelleneinrichtung und Baustellenabräumung auf die Gesamtheit der Leistungen umzulegen, ist es natürlich für den Unternehmer sehr wesentlich, daß sich die Mengen, auf welche die Umlegung erfolgte, nicht zu erheblich verschieben.

Diesem Übelstande kann aber leicht abgeholfen werden durch einen anderen Aufbau der Verdingungsanschläge, und dazu mögen folgende Anregungen dienen, die im übrigen auch in der oben angeführten Din 1960, II, § 9, Ziff. 2 bereits Berücksichtigung gefunden haben:

Jeder Verdingungsanschlag für größere Arbeiten sollte zerlegt werden in drei Hauptabschnitte:

   I. Baustelleneinrichtung
  II. Eigentliches Leistungsverzeichnis
 III. Baustellenabräumung.

Hauptabschnitt I ist, abgesehen von einfachen Fällen, in denen eine einzige Position vollkommen genügt, zweckmäßig zu unterteilen in Antransport der Geräte und Werkzeuge und Einrichtungsarbeiten auf der Baustelle.

Hauptabschnitt II kann nach den einschlägigen Vorschriften der einzelnen Verwaltungszweige unterteilt werden, wobei speziell für Erdarbeiten darauf zu achten ist, daß sich die Hauptposition unter Angabe des zu erwartenden Materials auf Lösen, Laden, Transportieren und die wesentlichste Art der Verwendung beschränkt. Kommen daneben noch andere Verwendungsarten vor, wie z. B. wenn es sich in der Hauptsache um Ablagerungen handelt, ein teilweiser Einbau in Dämme oder die Schüttung von Brückenrampen u. dgl., die sich nach dem für ihre

Ausführung erforderlichen Aufwand erheblich von dem der Hauptverwendungsart unterscheiden, so sind diese herauszuziehen und als
eigene Position etwa in Form von Zuschlagspreisen besonders zu behandeln. Das gleiche gilt für stark abweichende Bodenarten (z. B. Felsen).
Ebenso sind auf alle Fälle eigens aufzuführen der Abhub des Rasens
oder Mutterbodens, Rodungsarbeiten, Abtreppungen u. dgl., Planierungsarbeiten, Rasen oder Humus andecken, große Schüttgerüste und
etwaige Wasserhaltung.

Bezüglich der letzteren ist zu bemerken, daß eine Vergütung durch
eine Pauschalsumme nur gewählt werden sollte bei kleineren Wasserhaltungsarbeiten.

Bei umfangreichen und deshalb in ihrer ganzen Auswirkung gar nie
zuverlässig zu schätzenden Wasserhaltungsarbeiten empfiehlt sich eine
Unterteilung in betriebsfertige Herstellung von Pumpschächten, Aufstellung, Unterhalt und Beseitigung einer Pumpenanlage und Wasserhaltung nach Betriebsstunden.

Hauptabschnitt III ist analog dem Hauptabschnitt I zu zerlegen in
Aufräumungsarbeiten und Abtransport der Geräte und Werkzeuge.

Für den Bauherrn hat eine solche Zergliederung des Verdingungsanschlags den Vorteil, daß bei einer Arbeitseinstellung aus irgendwelchen Gründen greifbare Unterlagen für alle weiteren Verhandlungen
vorhanden sind und daß er bei der Ermittlung der einzelnen Vorder-
sätze nicht allzu ängstlich zu sein braucht, weil bei einem solchen Aufbau eine Verschiebung derselben dem Unternehmer nur mehr selten
eine Handhabe für Nachforderungen bieten wird.

Für den Unternehmer hat sie den Vorzug, daß er seine Aufwendungen für Einrichtung und Abbau der Baustelle unabhängig vom Umfang der eigentlichen Leistungen auf jeden Fall sichergestellt weiß und
infolgedessen keinerlei Risikozuschläge mehr einrechnen muß, und daß
er außerdem sofort nach Einrichtung der Baustelle bzw. bei großen
Objekten schon während derselben in den Besitz der dafür aufgewendeten
Geldvorlagen kommt und die mit der früher üblichen allmählichen Abtragung verbundenen Zinsverluste spart.

Beide Vertragsparteien hätten aus einer solchen Gestaltung des Verdingungsanschlags einen unbestreitbaren Nutzen und es wäre nur zu
wünschen, daß dieselbe in möglichst weiten Kreisen die ihr gebührende
Beachtung fände.

Aber selbst wenn dies nicht der Fall sein sollte, wird es sich für den
Unternehmer empfehlen, bei der Kostenberechnung nach diesen Ge-
sichtspunkten zu verfahren, denn er hat dadurch ein wertvolles Hilfsmittel, den Betrieb von Anfang an richtig zu kontrollieren und wirksam
zu überwachen.

Der Gang jeder Kostenberechnung für Erdarbeiten ist dann der,
daß man sich zunächst darüber klar wird, welche Geräte für den betreffenden Fall am zweckmäßigsten Verwendung finden, und daraus alles
Weitere entwickelt.

Ich habe demgemäß dem Buch in seinem neuen Gewande folgende
Gliederung gegeben:

1. Teil: Auswahl der Geräte.

2. Teil: Unterlagen zur Ermittlung des angemessenen Preises für Erdarbeiten.

Auswahl der Geräte.

Entsprechend dem Arbeitsvorgang bei der Ausführung von Erdarbeiten werden die verwendeten Geräte zweckmäßig eingeteilt in folgende 3 Gruppen:

    solche für das Lösen und Laden,

    solche für den Transport und

    solche für den Einbau.

Dazu kommt dann noch als 4. Gruppe die der Hilfsgeräte, in welcher alles zusammenzufassen ist, was sonst noch an Maschinen und Geräten für Tiefbaubaustellen in Frage kommt.

Es wird ausdrücklich darauf aufmerksam gemacht, daß die sämtlichen angegebenen Preise Normalpreise sind, welche je nach der Wirtschaftslage Schwankungen unterliegen.

Für den vorliegenden Zweck genügen dieselben vollkommen; handelt es sich aber darum, das eine oder andere Gerät zu beschaffen, so ist es unbedingt nötig, Angebote einzuholen. Zu diesem Zwecke sind am Schluß des 1. Teils, soweit dies möglich war, die namhaftesten Firmen angegeben, welche für die Lieferung in Betracht kommen.

I. Geräte für das Lösen und Laden.

Das Lösen und Laden des Bodens kann entweder unter Benutzung einfacher Werkzeuge von Hand oder unter Zuhilfenahme von Maschinen erfolgen, und zwar sind es dann 2 Arten von Maschinen, die hauptsächlich in Betracht kommen: die Eimerbagger und die Löffelbagger, letztere in neuerer Zeit fast restlos verdrängt durch die Universalraupenbagger, welche je nach Bedarf als Löffelbagger, Tieflöffelbagger, Schleppschaufelbagger, Greifbagger oder Planierbagger verwendet werden können.

1. Eimerbagger.

Die Eimerbagger sind Maschinen, bei welchen die Grabwirkung dadurch erzielt wird, daß eine durch eine Kraftquelle (Dampfmaschine, Elektromotor, Verbrennungsmotor) angetriebene endlose Kette, in welcher in bestimmten Abständen Eimer eingeschaltet sind, mit gleichmäßiger Geschwindigkeit eine stetig fortschreitende Grabarbeit verrichtet.

Sie sind in Deutschland, im Gegensatz zu Amerika, wo auch für Erdarbeiten größten Umfanges ausschließlich Löffelbagger verwendet werden, das Gerät, welches am häufigsten eingesetzt wird, wenn es sich um die Ausführung von umfangreichen Erdbewegungen handelt.

Die Eimerbagger können entweder als Tiefbagger oder als Hochbagger verwendet werden.

Bei **Tiefbaggerung** wird in der Weise gearbeitet, daß der Bagger mit seiner Fahrbahn und den dazugehörigen Transportgeräten auf dem abzutragenden Gelände steht und seine Eimerleiter in die Tiefe gräbt, also unterhalb der Gleisebene liegt.

Voraussetzung für die Erzielung normaler Leistungen ist hierbei die dauernde Schaffung eines ordentlichen Baggerplanums, bei dem vor allem darauf zu achten ist, daß größere Steigungen vermieden werden. Steigungen von mehr als etwa $1,5\%$ sind nicht empfehlenswert, weil sie infolge der erhöhten Inanspruchnahme des Geräts zu häufigeren Reparaturen und damit zu einer fühlbaren Beeinträchtigung der Leistungen führen.

Diese Voraussetzung hat zur Folge, daß der Eimerbagger als Tiefbagger zur Verwendung in stark hügeligem Gelände unter sonst normalen Verhältnissen nicht in Frage kommt.

Zweifellos richtig ist seine Verwendung in allen jenen Fällen, wo es sich um Förderung aus dem Grundwasser handelt, das nicht oder nur in beschränktem Maße abgepumpt werden kann.

Empfehlenswert ist sie auch in all den Fällen, wo unter Wasserhaltung gebaggert werden muß, weil es erfahrungsgemäß meist sehr schwierig ist, die Baugrube so frei von Wasser zu halten, daß auf der Sohle derselben ein Baggergerät samt seinen Transportgleisen ohne sehr große Aufwendungen gehalten werden kann.

Von Vorteil wird sie endlich bei Vorhandensein hinreichend ebenen Geländes in all jenen Fällen sein, in denen das gewonnene Baggergut auf der Höhe des Baggerplanums oder höher einzubauen ist, weil beim Hochbagger sowohl, als auch beim Löffelbagger die Höhendifferenzen durch die Transportzüge überwunden werden müssen und hierzu meist eine lange Gleisentwicklung und stets ein großer Kraftaufwand nötig ist.

Bei **Hochbaggerung** wird der Boden abgegraben, welcher über der Baggerfahrbahn ansteht, d. h. der Hochbagger arbeitet auf der Baugrubensohle und seine Eimerleiter liegt in bzw. oberhalb der Gleisebene.

Der Vorteil dieser Arbeitsweise liegt darin, daß das Baggerplanum von etwa 8—12 m Breite nur erstmalig hergestellt zu werden braucht, und daß der Hochbagger die Weiterbildung desselben bis auf kleine Nachputzarbeiten selbst vornimmt. Es empfiehlt sich zu diesem Zwecke in die Eimerleiter ein sog. Planierstück einzubauen, mit welchem 3—4 m Planum hergestellt werden können.

Die Wahl der Hochbaggerung ist im allgemeinen Tiefbau bei der außerordentlichen Entwicklung der Universalraupenbagger meines Erachtens nur noch da am Platze, wo es sich um die Abtragung eines sehr großen und stark hügeligen Geländes handelt, bei welchem die gegenüber den Universalraupenbaggern unverhältnismäßig hohen Kosten durch eine entsprechend höhere Leistung gerechtfertigt werden.

Bei Wasserandrang aus der Wand wird der Hochbagger nie in Frage kommen.

Die für die Ausführung von Tiefbauarbeiten allgemeiner Art ohne das Sondergebiet der Abraumbetriebe in Betracht kommenden Eimerbagger zerfallen in die 2 Hauptgruppen der Portalbagger und der Seitenschütter.

Für Arbeiten größeren Umfangs sind in erster Linie die Portalbagger, für solche mittleren und kleineren Umfangs die Seitenschütter ins Auge zu fassen.

Portalbagger. Er ist der wichtigste und gebräuchlichste aller Eimerbagger und wurde früher in den verschiedensten Abarten in bezug auf Kraftantrieb, Höhe des Portals und Form der Eimerkette gebaut. In neuerer Zeit ist eine Vereinfachung insofern eingetreten, als serienmäßig nur mehr Bagger mit hohem Durchfahrtsprofil und geführter Eimerkette gebaut werden.

Der Kraftantrieb erfolgt entweder durch Dampf oder Elektrizität. Während man ehedem ausschließlich mit Dampfmaschinen arbeitete, ist man seit einiger Zeit dazu übergegangen, auch die Elektrizität dem Baggerbetriebe nutzbar zu machen, und zwar mit so gutem Erfolge, daß heute der elektrische Betrieb dem Dampfbetrieb nicht nur gleichzustellen, sondern in vielen Fällen entschieden vorzuziehen ist.

Der Dampfantrieb ist auch jetzt noch dort angebracht, wo nur einzelne Bagger laufen und dieselben in kurzen Zeiträumen von einer Arbeitsstelle zur anderen transportiert und dortselbst gleich wieder in Betrieb genommen werden müssen, es sei denn, daß geeigneter elektrischer Strom zu angemessenen Preisen aus nächster Nähe ohne besondere Aufwendungen bezogen werden kann. Die Errichtung einer eigenen Kraftstation für die Erzeugung elektrischen Stroms würde in solchen Fällen den Betrieb im Vergleich zum direkten Dampfantrieb derart verteuern, daß sie aus wirtschaftlichen Gründen nicht in Frage kommt.

Der elektrische Antrieb ist ohne weiteres vorzuziehen, wo elektrischer Strom zu günstigen Bedingungen bereits vorhanden ist. Trifft dies nicht zu und handelt es sich um den Betrieb mehrerer Bagger, so ist es Sache einer Vergleichsrechnung, ob sich die Anlage einer eigenen Kraftzentrale für das betreffende Bauvorhaben lohnt oder nicht.

Zugunsten des elektrischen Betriebs spricht vor allem auch die Verminderung des Bedienungspersonals und der Vorzug großer Einfachheit und Reinlichkeit, ermöglicht durch den Fortfall der zeitraubenden Kesselheizungen und der mit der Verwendung fester Feuerungsmaterialien verbundenen Verschmutzung des ganzen Apparates durch Rauch und Feuerungsbestandteile.

Weitaus am verbreitetsten sind die Typen der Lübecker Maschinenbaugesellschaft (L.M.G.) als der ältesten Fabrik für diese Geräte, und es sollen deshalb in Tabelle 1 die Hauptdaten für dieselben mit Dampfantrieb und in Tabelle 2 für jene mit elektrischem Antrieb angegeben werden.

Tabelle 1. Hauptdaten für Portalbagger der Lübecker Maschinenbaugesellschaft (L.M.G.) mit Dampfantrieb.

Type	B	E II	E II	NE I
Eimerinhalt l	250	250	300	300
Schüttungen je Minute bei vierfacher Schakung	20	24	24	25
Theoretische Stundenleistung . . m³	300	360	432	450
Größte Baggertiefe b. 45° Böschung m	15	16	14	20
Größte Abtragshöhe b. 45° Böschung m	10	13	12	14
Stärke der Dampfmaschine . . PS	120	150	150	230
Konstruktionsgewicht . . . ca. t	110	126	124	215
Ballast. . . . . ca. t	25	28	28	55
Dienstgewicht . . . . ca. t	145	164	162	280
Bedienungspersonal . . . . . Mann	4	4	4	4
Preis ab Werk ohne Ballast ca. RM.	180 000	202 000	200 000	324 000
Baggergleis :				
Anzahl der Schienen . . . . St.	3	3	3	3
Gewicht je lfd. m Schiene . . kg	48	48	48	48
Schwellenabstand v. Mitte Schwelle bis Mitte Schwelle normal . cm	70	70	70	70
Länge der Schwellen . . . . cm	560	560	560	615
Breite der Schwellen . . . . cm	25	25	25	25
Höhe der Schwellen. . . . . cm	22	22	22	22

Tabelle 2. Hauptdaten für Portalbagger der L.M.G. mit elektrischem Antrieb.

Type	B	E II	E II	NE I
Eimerinhalt l	250	250	300	300
Schüttungen je Minute bei vierfacher Schakung	25	25	25	25
Theoretische Stundenleistung . . m³	375	375	450	450
Größte Baggertiefe b. 45° Böschung m	15	16	14	20
Größte Abtragshöhe b. 45° Böschung m	10	13	12	14
Stärke der Motoren . . . . . . PS	150	185	185	270
Konstruktionsgewicht . . . ca. t	100	102	100	180
Ballast. . . . . ca. t	35	48	48	80
Dienstgewicht . . . . ca. t	140	155	153	265
Bedienungspersonal . . . . . Mann	3	3	3	3
Preis ab Werk ohne Ballast und ohne elektrische Ausrüstung . ca. RM.	164 000	167 000	165 000	277 000
Preis der elektrischen Ausrüstung ca. RM.	18 000	24 000	24 000	35 000
Baggergleis:				
Anzahl der Schienen . . . . St.	3	3	3	3
Gewicht je lfd. m Schiene . . kg	48	48	48	48
Schwellenabstand wie Tab. 1 . cm	70	70	70	70
Länge der Schwellen . . . . cm	560	560	560	615
Breite der Schwellen . . . . cm	25	25	25	25
Höhe der Schwellen. . . . . cm	22	22	22	22
bei Stromzuführung durch Freileitung:				
Länge der Bockschwellen . . cm	800	800	800	850
Abstand der Bockschwellen . cm	1200	1200	1200	1200

Abb. 1 zeigt einen Portalbagger neuester Bauart der L.M.G. mit Dampfantrieb und Abb. 2 einen ebensolchen mit elektrischem Antrieb.

Abb. 1. Portalbagger, Type E II der L.M.G. mit Dampfantrieb.

Als bahnbrechende Neuheit auf dem Gebiet der Portalbagger sei hier noch der **Schwenkbagger** der Maschinenfabrik Buckau er-

Abb. 2. Portalbagger, Type E II der L.M.G. mit elektrischem Antrieb.

wähnt. Derselbe kann von ein und derselben Mittelstrosse aus sowohl als Hoch-, wie auch als Tiefbagger arbeiten und ohne bauliche Veränderungen innerhalb 12 Minuten von der einen zur anderen Arbeitsweise übergeben. Der obere Teil dieses Baggers ist mit der Eimerleiter um 360° schwenkbar. Der Bagger kann dadurch in jedem Winkel zur Gleisrichtung und auch vor Kopf arbeiten und sich am Gleisende selbst freischneiden.

Abb. 3 zeigt einen solchen Bagger während des Herumschwenkens, wobei Eimerleiter und Eimerrinne gerade über die Fahrtdrahtleitung gehoben sind.

Die Buckauer Schwenkbagger werden nur für elektrischen Antrieb gebaut. Für den allgemeinen Tiefbau kommt meines Erachtens nur die kleinste Type mit Eimern von 300 l Inhalt und je 8 m Abtragshöhe und Einschnittstiefe in Betracht, deren **Preis sich bei rd. 115 t Gewicht**

Abb. 3. Buckauer Schwenkbagger während des Herumschwenkens.

einschließlich elektrischer Ausrüstung und Montage auf ca. 215 000 RM. stellt.

Seitenschütter. Diese Geräte kommen in der Hauptsache nur für Erdbewegungen mittleren und kleineren Umfanges in Frage und es gelten auch für sie sinngemäß die Ausführungen allgemeiner Art, wie sie weiter oben gemacht wurden.

Der größte der Seitenschütter ist die ebenso wie die Portalbagger auf einer dreigleisigen Fahrbahn laufende Type A der L.M.G., neuerdings wesentlich verbessert und auf den Markt gebracht als Type E III. Der Antrieb derselben erfolgt entweder durch Dampfmaschine oder Elektromotor. Abb. 4 stellt eine Baggertype E III der L.M.G. mit elektrischem Antrieb dar; die Hauptdaten dieser Bagger sind aus Tabelle 3 zu entnehmen.

Was die übrigen Seitenschütter anbelangt, so ist ein grundsätzlicher Unterschied zu machen zwischen jenen älterer Bauart und solchen aus der letzten Zeit.

Die **Seitenschütter älterer Bauart** laufen auf Schienen; sie haben eine zweigleisige Fahrbahn und können (wenn wir auch hier wieder

                    Geräte für das Lösen und Laden.

Abb. 4. Seitenschütter, Type E III der L.M.G. mit elektrischem Antrieb.

Tabelle 3. Hauptdaten für Seitenschütter der L.M.G. mit dreigleisiger Fahrbahn.

	Dampfantrieb		Elektroantrieb	
Type	A	E III	A	E III
Eimerinhalt l	**180**	**200**	**180**	**200**
Schüttungen je Minute bei vierfacher Schakung	22	25	22	25
Theoretische Stundenleistung . . m³	237,6	300	237,6	300
Größte Baggertiefe b. 45⁰ Böschung m	10	14	10	14
Größte Abtragshöhe b. 45⁰ Böschung m	8	12	8	12
Stärke der Dampfmaschine bzw. der Motoren . . . . PS	90	100	110	120
Konstruktionsgewicht . . . ca. t	**60**	**90**	**52**	**80**
Ballast . . . . ca. t	14	18	17	20
Dienstgewicht . . . . ca. t	80	115	75	105
Bedienungspersonal . . . . . Mann	3	3	3	3
Preis ab Werk ohne Ballast und ohne elektrische Ausrüstung . ca. RM.	**103 000**	**150 000**	**90 000**	**134 000**
Preis der elektrischen Ausrüstung ca. RM.	—	—	**10 000**	**12 000**
Baggergleis:				
Anzahl der Schienen . . . . St.	3	3	3	3
Gewicht je lfd. m Schiene . . kg	38	42	38	42
Schwellenabstand von Mitte bis Mitte Schwelle . . . . . cm	70	70	70	70
Länge der Schwellen . . . . cm	340	500	340	500
Breite der Schwellen . . . . cm	25	25	25	25
Höhe der Schwellen . . . . cm	20	21	20	21
bei Stromzuführung durch Freileitung:				
Länge der Bockschwellen . . cm	—	—	500	700
Abstand der Bockschwellen . ca. cm	—	—	1200	1200

bei den Fabrikaten der L.M.G. bleiben) alle entweder durch Dampfmaschine oder Elektromotor angetrieben werden mit Ausnahme der kleinsten Type, für welche normalerweise nur ein Elektromotor oder ein Verbrennungsmotor in Frage kommt.

Nachdem die im Tiefbau verwendeten Maschinen dieser Art fast ausschließlich mit Dampfantrieb ausgestattet waren, kann ich mich darauf beschränken, in Tabelle 4 die Hauptdaten nur für diese Antriebsart zu geben; die obenerwähnte kleinste Type (Z) muß dabei allerdings in Wegfall kommen.

Tabelle 4. Hauptdaten der Seitenschütter älterer Bauart der L.M.G. mit zweigleisiger Fahrbahn und Dampfantrieb.

Type	O	C	F	L
Eimerinhalt l	**140**	**100**	**60**	**40**
Schüttungen je Minute bei sechsfacher Schakung	20	20	20	20
Theoretische Stundenleistung . . m³	168	120	72	48
Größte Baggertiefe b. 45° Böschung m	9	8	6	5
Größte Abtragshöhe b. 45° Böschung m	7	6	5	4
Stärke der Dampfmaschine . . PS	60	50	30	20
Konstruktionsgewicht . . . ca. t	**45**	**40**	**25**	**15**
Ballast . . . . ca. t	10	8	6	5
Dienstgewicht . . . . ca. t	60	52	34	22
Bedienungspersonal . . . . . Mann	3	3	3	3
Preis ab Werk ohne Ballast[1] ca. RM.	**38000** (77000)	**32000** (62000)	**22000** (43000)	**14000** (27000)
Baggergleis:				
Anzahl der Schienen . . . . St.	2	2	2	2
Gewicht je lfd. m Schiene . . kg	38	33	33	27
Schwellenabstand von Mitte bis Mitte Schwelle . . . . . . cm	70	70	70	70
Länge der Schwellen . . . . cm	350	300	250	250
Breite der Schwellen . . . . cm	25	25	22	20
Höhe der Schwellen . . . . cm	20	20	18	16

Die Seitenschütter neuerer Bauart sind mit Raupenfahrwerk ausgestattet und damit unabhängig vom Gleis und den vielen mit der Schienenfahrbahn verbundenen Unannehmlichkeiten und Kosten.

Die Erfahrungen, welche mit diesen Raupenbaggern gemacht wurden, sind angeblich so gute, daß daran gegangen wurde, selbst für die großen Baggertypen diese Bauart entsprechend durchzubilden, um damit auch für sie die Möglichkeit zu schaffen, von dem kostspieligen Baggergleis loszukommen. Meines Wissens wurde ein diesbezüglicher Versuch in einem rheinischen Braunkohlenabraumbetrieb bereits unternommen, doch sollen die Erfahrungen, welche dort gemacht wurden, nicht gerade ermutigend sein. Jedenfalls ist z. B. bei lehmigen Böden äußerste Vorsicht am Platze, und nachdem für den allgemeinen Tiefbau nur Geräte

---

[1] Bei den Preisen sind in Klammern die Zahlen beigesetzt, die bei Neulieferung zur Zeit in Frage kämen.

in Frage kommen, die möglichst bei allen Bodenarten verwendet werden können, wird man hier für die großen Typen vorerst besser bei den Schienenbaggern bleiben.

Eine weitere und sehr begrüßenswerte Neuerung bei diesen Baggertypen ist die Einführung des Dieselmotorenantriebs an Stelle des Dampfantriebs.

Die Hauptvorteile des Dieselantriebs gegenüber dem Dampfantrieb sind stete Betriebsbereitschaft, Fortfall der Zufuhr von Kohle und Wasser, Unabhängigkeit von der Güte des Wassers und größte örtliche Unabhängigkeit, weil für einen solchen Bagger die Betriebsstoffe sehr leicht beizuschaffen sind. Außerdem sind auch die Betriebskosten geringer

Abb. 5.   Raupenbagger, Type R III s der L.M.G. mit Transporteur für Kanalbaggerung.

als bei Dampfantrieb, weil der Betriebsstoff verhältnismäßig billig ist und der Heizer in Wegfall kommt.

Neben dem Antrieb durch Dieselmotor werden die Seitenschütter auch für den Antrieb durch Elektromotor gebaut. Die Zuführung des Stromes erfolgt in diesem Falle durch ein Kabel, welches sich auf einer Trommel automatisch auf- bzw. abwickelt.

In ihrer Gesamtanordnung entsprechen die Seitenschütter mit Raupenfahrwerk ungefähr Abb 5. Die Hauptdaten für die gangbarsten Größen der L.M.G. sind aus Tabelle 5 zu entnehmen.

Der Vollständigkeit halber sei erwähnt, daß die L.M.G. außer den obigen Baggern auch noch größere Typen, sowie solche mit drehbarem Oberbau zur Verwendung sowohl als normale Seitenschütter, wie auch als Grabenbagger und reine Grabenbagger auf Raupen mit festem Oberbau auf den Markt bringt; doch soll auf diese Typen hier nicht näher eingegangen werden.

Tabelle 5. Hauptdaten der auf Raupen fahrbaren Seitenschütter neuer Bauart der L.M.G.

Type		R 0 s	R I s	R II s		R II s verstärkt		R III s	R IV s
Eimerinhalt	l	**15**	**25**	**25**	**50**	**25**	**50**	**75**	**100**
Schüttungen je Minute bei vierfacher Schakung		30	30	30	30	30	30	30	30
Theoretische Stundenleistung	m³	27	45	45	90	45	90	135	180
Größte Baggertiefe bei 45⁰ Böschung	m	4,5	5,5	7,5	6,5	8,5	7,5	7,5	8
Größte Abtragshöhe bei 45⁰ Böschung	m	3	4	6,5	5,5	7	6	6	6
Fahrgeschwindigkeit je Minute	m	2	2	4	4	4	4	4	4
Dieselantrieb:									
Motorenstärke	PS	18	27	36	36	45	45	60	90
Konstruktionsgewicht	ca. t	**15,5**	**22,5**	**31,5**	**35**	**41,5**	**42,5**	**56,5**	**102**
Ballast	ca. t	2	3	7	8	8	8	8	10
Dienstgewicht	ca. t	17,5	25,5	38,5	43	49,5	50,5	64,5	112
Bedienungspersonal	Mann	2	2	2	2	2	2	2	2
Preis ab Werk ohne Ballast	ca. RM.	**36000**	**53000**	**71000**	**78000**	**91000**	**93000**	**120000**	**199000**
Elektrischer Antrieb:									
Motorenstärke	PS	18	27	36	36	45	45	60	90
Konstruktionsgewicht	ca. t	**14**	**21**	**29,5**	**33**	**38**	**39**	**50**	**92**
Ballast	ca. t	2	3	7	8	8	8	8	10
Dienstgewicht	ca. t	17	25	38	42,5	48,5	49,5	61,5	106
Bedienungspersonal	Mann	2	2	2	2	2	2	2	2
Preis ab Werk ohne Ballast und ohne elektrische Ausrüstung	ca. RM.	**32000**	**46000**	**63000**	**71000**	**80000**	**82000**	**103000**	178000
Preis der elektrischen Ausrüstung	ca. RM.	**2000**	**3000**	**4000**	**4000**	**5000**	**5000**	**7000**	10000

2. Baggergleis und Hilfsmittel zum Rücken desselben.

Die Entwicklung der Eimerbagger und vornehmlich die Herstellung von Typen mit hoher Stundenleistung hatte zur Folge, daß für diese Bagger immer noch schwerere Gleislagen erforderlich wurden.

Nun bringt es aber der Baggerbetrieb mit sich, daß die Gleise jeweils dem Arbeitsfortschritt des Baggers entsprechend seitlich verschoben werden müssen. Durch dieses Verschieben sind die Baggergleise ganz erheblichen Beanspruchungen ausgesetzt, und zwar sind es außer den Schienen bzw. der Schienenverbindung vor allem die **Befestigungsmittel zwischen Schienen und Schwellen**, welche darunter leiden.

Solange das Rücken der Gleise noch von Hand oder unter Zuhilfenahme einfacher Gleisrückwinden erfolgte, genügte die ursprünglich übliche Befestigung durch entsprechend kräftige Schienennägel vollauf.

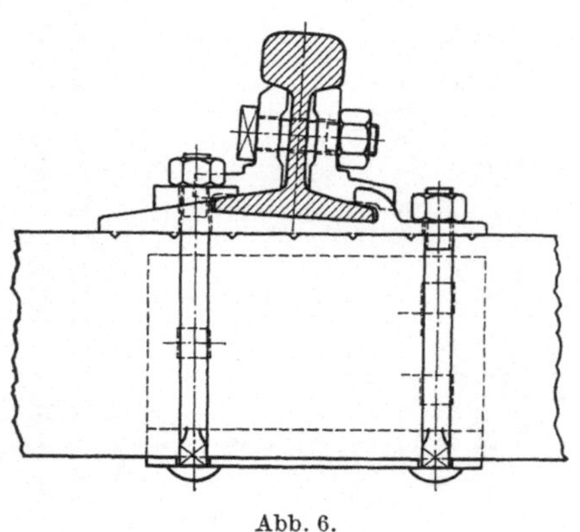

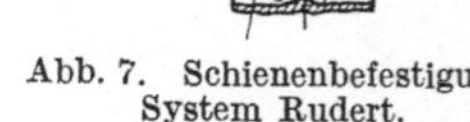

Abb. 6.

Abb. 7. Schienenbefestigung
System Rudert.

Ganz anders wurde die Sachlage mit dem Augenblick der Einführung des maschinellen Gleisrückens. In diesem Falle mußten jene Schienen, an denen die Gleisrückmaschine angreift, besonders stark befestigt werden, und man ging zunächst dazu über, wie aus Abb. 6 ersichtlich, zwischen Schienen und Schwellen Hakenplatten einzulegen, welche mittels dreier durchgehender Gebälkschrauben auf den Schwellen festgehalten werden. Um zu vermeiden, daß sich die Schraubenköpfe ins Schwellenholz verbeißen, wurden auf der Unterseite der Schwelle genügend starke Gegenplatten eingelegt. Diese Befestigungsart war gut, hatte aber den Nachteil, daß die Gleislage verhältnismäßig starr wurde und neben anderen mißlichen Begleiterscheinungen für das Rücken eines erheblichen Kraftaufwandes bedurfte.

Diesem Übelstande wurde in ausgezeichneter Weise abgeholfen durch die „Schienenbefestigung System Rudert". Das Prinzip derselben ist aus Abb. 7 ersichtlich.

Der Forderung, daß die Schienenbefestigung sehr stabil sein und trotzdem den Schienen eine gewisse Bewegungsfreiheit gestatten soll, ist hier ohne bewegliche Teile auf einfache Weise dadurch Rechnung getragen, daß die Klemmen dem Schienenfuß einen kleinen Spielraum lassen und daß die dem Schienenfuß zugeneigten Flächen der Schienenklemmen abgerundet sind.

Ihre Hauptvorteile sind äußerst leichtes Rücken auch der allerschwersten Gleise, weil sich die Schwellen bequem aus der rechtwinkligen Lage zu den Schienen verschieben können und schnelles und müheloses Vorstrecken der Gleise.

Die Schwellen verschieben sich bei dieser Befestigungsart beim Rücken lange nicht so stark seitlich und brauchen infolgedessen nicht so oft in ihre normale Lage zurückgeschlagen werden, weil sich auch die Schienen selbst ohne besondere Schwierigkeit in ihrer Längsrichtung auf den Schwellen verschieben können.

Das Abbrechen und Wiedervorstrecken der Gleise, sowie das Auswechseln von Schienen und Schwellen beansprucht unter Verwendung eines geeigneten Keilhebers nur einen Bruchteil der Zeit und Kosten, die bei anderen Schienenbefestigungen entstehen. Das lästige Lösen der meist eingerosteten Schrauben fällt hier vollkommen weg und es ist deshalb auch nicht nötig, dauernd Schrauben zu reparieren oder neue zu beschaffen.

Ein Satz dieser Schienenbefestigung besteht jeweils aus einer Unterlagsplatte, einer Gegenplatte, zwei gesenkgeschmiedeten Schienenklemmen aus Flußeisen und zwei gesenkgeschmiedeten Keilen aus Stahl. Die zwei durchgehenden Gebälkschrauben sind also in der Lieferung nicht enthalten und gesondert zu beschaffen. Alles Weitere ist aus Tabelle 6 ersichtlich.

Tabelle 6.

Ausführung	Schienenfußbreite mm	Größe der Unterlagsplatte mm	Größe der Gegenplatte mm	Gewicht je Satz kg	Preis je Satz ab Werk R.M.
1	105—110	300 × 160 × 16	320 × 80 × 8	8,7	2,46
2	110	300 × 200 × 20	330 × 80 × 8	12,1	3,10
3	125—130	320 × 200 × 20	350 × 80 × 8	12,8	3,22
4	110—130	320 × 200 × 25	340 × 80 × 8	15,5	3,84

Es ist dringend zu empfehlen, daß man sich im Hinblick auf die große Bedeutung, welche der Frage der Schienenbefestigung bei Baggergleisen in wirtschaftlicher und betriebstechnischer Beziehung zukommt, im Bedarfsfalle genau überlegt, was man tun will.

Ein Hilfsmittel, um die Prüfung der verschiedenen Möglichkeiten und ihrer finanziellen Auswirkung etwas einfacher zu gestalten, sollen die Tabellen 7—9 sein.

In Tabelle 7 wurden 3 Arten (A, B und C) von Schienenbefestigung einander gegenübergestellt, die für schwere Gleise von Portalbaggern ins Auge zu fassen sind:

Befestigungsart A, welche die Befestigung der 3 Baggerschienen mit gewöhnlichen Unterlagsplatten und je 3 Schwellenschrauben,

Tabelle 7. Gegenüberstellung verschiedener Baggergleise für Portalbagger.

Gleis für Baggertype.		B und E II			NE I		
Schienenbefestigungsart		A	B	C	A	B	C
Gewichte für 360 m Gleis							
510 St. Baggerschwellen	ca. kg	79050	79050	79050	86700	86700	86700
90 St. Schienen 12 m lang, ⌐ 49 kg/m schwer	ca. kg	52920	52920	52920	52920	52920	52920
90 Paar Laschen dazu	ca. kg	1620	1620	1620	1620	1620	1620
360 St. Bolzen 24 × 130 mm	ca. kg	320	320	320	320	320	320
80 St. Schienen 9 m lang, ⌐ 33 kg/m schwer	ca. kg	24000	24000	24000	24000	24000	24000
80 Paar Laschen dazu	ca. kg	2200	2200	2200	2200	2200	2200
320 St. Bolzen 22 × 105 mm	ca. kg	250	250	250	250	250	250
1530 St. Unterlagsplatten	ca. kg	7340	7340	—	7340	7340	—
4590 St. Schwellenschrauben 24 × 150 mm	ca. kg	2470	2470	—	2470	2470	—
1020 St. Hakenplatten	ca. kg	6120	—	—	6120	—	—
1020 St. Gegenplatten dazu	ca. kg	2550	—	—	2550	—	—
1020 St. Klemmplättchen	ca. kg	510	—	—	510	—	—
3060 St. Gebälkschrauben	ca. kg	3270	—	—	3270	—	—
1020 Garnituren Rudert-Befestigung Nr. 1	ca. kg	—	8870	8870	—	8870	8870
2040 St. Gebälkschrauben	ca. kg	—	2150	2150	—	2150	2150
1530 Garnituren Rudert-Befestigung Nr. 3	ca. kg	—	—	19580	—	—	19580
3060 St. Gebälkschrauben	ca. kg	—	—	3280	—	—	3280
Gesamtgewicht	ca. kg	182620	181190	194240	190270	188840	201890
Gewicht je lfd. m Baggergleis	ca. kg	507	503	539	529	525	561
Preise für 360 m Gleis:							
510 St. Baggerschwellen (V)	ca. RM.	7550,—	7550,—	7550,—	8050,—	8050,—	8050,—
ca. 81000 kg Schienen und Laschen à 0,12 RM./kg	ca. RM.	9720,—	9720,—	9720,—	9720,—	9720,—	9720,—
360 St. Bolzen 24 × 130 mm à 0,30 RM./St.	ca. RM.	108,—	108,—	108,—	108,—	108,—	108,—
320 St. Bolzen 22 × 105 mm à 0,25 RM./St. (V)	ca. RM.	80,—	80,—	80,—	80,—	80,—	80,—
1530 St. Unterlagsplatten à 0,90 RM./St.	ca. RM.	1377,—	1377,—	—	1377,—	1377,—	—

4590 St. Schwellenschrauben à 0,18 RM. St. . . . . . ⎫	ca. RM.	826,—	826,—	—	826,—	826,—	—
1020 St. Hakenplatten à 1,— RM./St. . . . . ⎪	ca. RM.	1020,—	—	—	1020,—	—	—
1020 St. Gegenplatten à 0,50 RM./St. . . . . ⎬ (V)	ca. RM.	510,—	—	—	510,—	—	—
1020 St. Klemmplättchen à 0,20 RM./St. . . . . . . ⎪	ca. RM.	204,—	—	—	204,—	—	—
3060 St. Gebälkschrauben à 0,36 RM./St. . . . . . . ⎭	ca. RM.	1102,—	—	—	1102,—	—	—
1020 Garnituren R u d e r t-Befestigung à 2,46 RM.	ca. RM.	—	2509,—	2509,—	—	2509,—	2509,—
2040 St. Gebälkschrauben à 0,35 RM./St.	ca. RM.	—	714,—	714,—	—	714,—	714,—
1530 Garnituren R u d e r t-Befestigung à 3,22 RM.	ca. RM.	—	—	4927,—	—	—	4927,—
3060 St. Gebälkschrauben à 0,36 RM./St.	ca. RM.	—	—	1102,—	—	—	1102,—
Gesamtpreis	**ca. RM.**	**22 497,—**	**22 884,—**	**26 710,—**	**22 997,—**	**23 384,—**	**27 210,—**
Preis je lfd. m Baggergleis	**ca. RM.**	**62,50**	**63,55**	**74,20**	**63,90**	**64,95**	**75,60**
Verzinsung + Abschreibung pro Jahr:							
Verschleißmaterial (V)	%	36	27,5	19	36	27,5	19
	ca. RM.	4600,—	2734,—	1470,—	4780,—	2871,—	1565,—
Schienen, Laschen und R u d e r t-Befestigung	ca. RM.	1205,—	1929,—	2827,—	1205,—	1929,—	2827,—
Insgesamt	**ca. RM.**	**5805,—**	**4663,—**	**4297,—**	**5985,—**	**4800,—**	**4392,—**
Kosten je lfd. m Baggergleis	**ca. RM.**	**16,10**	**12,95**	**11,95**	**16,60**	**13,35**	**12,20**

die Befestigung der Transportgleisschienen hingegen, an denen die Gleisrückmaschine angreift, nach Abb. 6 vorsieht.

Befestigungsart B, welche bei gleicher Befestigung der 3 Baggerschienen, wie im vorigen Falle, für die Transportgleisschienen die R u d e r tsche Schienenbefestigung vorsieht.

Befestigungsart C, welche für alle 5 Schienen die R u d e r t sche Schienenbefestigung vorsieht.

In T a b e l l e 8 wurden 2 Arten (A und B) von S c h i e n e n b e f e s t i g u n g e n gegenübergestellt, wie sie hauptsächlich f ü r d i e G l e i s e v o n S e i t e n s c h ü t t e r n Type A bzw. E III in Betracht kommen:

Befestigungsart A, welche für alle 3 Schienen gewöhnliche Unterlagsplatten und je 3 Schwellenschrauben vorsieht.

Befestigungsart B, bei welcher an Stelle der Unterlagsplatten mit Schwellenschrauben die R u d e r t sche Schienenbefestigung verwendet wird.

In T a b e l l e 9 wurden ebenfalls 2 Arten (A und B) von S c h i e n e n b e f e s t i g u n g e n behandelt, und zwar für Gleise von S e i t e n s c h ü t tern ä l t e r e r B a u a r t:

Befestigungsart A sieht für beide Schienen Unterlagsplatten und Schienennägel vor.

Befestigungsart B sieht die R u d e r t sche Schienenbefestigung vor.

Für die Baggertype L wurde nur die Berechnung nach Befestigungsart A durchgeführt.

2*

Tabelle 8. Gegenüberstellung verschiedener Baggergleise für Seitenschütter mit dreigleisiger Fahrbahn.

Gleis für Baggertype		A		E III	
Schienenbefestigungsart		A	B	A	B
Gewichte für 300 m Gleis:					
425 St. Baggerschwellen	ca. kg	36450	36450	56100	56100
75 St. Schienen 12 m lang, $\sim$ 38 kg/m schwer	ca. kg	34200	34200	—	—
75 Paar Laschen dazu	ca. kg	2000	2000	—	—
450 St. Bolzen 22 × 105 mm	ca. kg	350	350	—	—
75 St. Schienen 12 m lang, $\sim$ 42 kg/m schwer	ca. kg	—	—	37800	37800
75 Paar Laschen dazu	ca. kg	—	—	2400	2400
300 St. Bolzen 22 × 115 mm	ca. kg	—	—	240	240
1275 St. Unterlagsplatten	ca. kg	7650	—	7650	—
3825 St. Schwellenschrauben 22 × 150 mm	ca. kg	1800	—	1800	—
1275 Garnituren Rudert-Befestigung Nr. 1	ca. kg	—	11100	—	11100
2550 St. Gebälkschrauben 19 × 260 mm	ca. kg	—	1940	—	1940
Gesamtgewicht	**ca. kg**	**82450**	**86040**	**105990**	**109580**
Gewicht je lfd. m Baggergleis	**ca. kg**	**275**	**287**	**353**	**365**
Preise für 300 m Gleis:					
425 St. Baggerschwellen (V)	ca. RM.	3100,—	3100,—	4880,—	4880,—
ca. 36200 kg bzw. 40200 kg Schienen und Laschen à 0,12 RM./kg	ca. RM.	4344,—	4344,—	4824,—	4824,—
450 St. Bolzen 22 × 105 mm à 0,25 RM./St.	ca. RM.	112,—	112,—	—	—
300 St. Bolzen 22 × 115 mm à 0,27 RM./St.	ca. RM.	—	—	81,—	81,—
1275 St. Unterlagsplatten à 0,80 RM./St.	ca. RM.	1020,—	—	1020,—	—
3825 St. Schwellenschrauben à 0,16 RM./St.	ca. RM.	612,—	—	612,—	—
1275 Garnituren Rudert-Befestigung Nr. 1 à 2,46 RM.	ca. RM.	—	3137,—	—	3137,—
2550 St. Gebälkschrauben à 0,30 RM./St.	ca. RM.	—	765,—	—	765,—
Gesamtpreis	**ca. RM.**	**9188,—**	**11458,—**	**11417,—**	**13687,—**
Preis je lfd. m Baggergleis	**ca. RM.**	**30,60**	**38,20**	**38,05**	**45,60**
Verzinsung + Abschreibung pro Jahr:					
Verschleißmaterial (V)	%	36	19	36	19
	ca. RM.	1744,—	610,—	2373,—	943,—
Schienen, Laschen und Rudert-Befestigung	ca. RM.	539,—	1229,—	598,—	1300,—
Insgesamt	ca. RM.	2283,—	1839,—	2971,—	2243,—
Kosten je lfd. m Baggergleis	ca. RM.	**7,60**	**6,15**	**9,90**	**7,50**

Die Positionen 450 St. Bolzen, 300 St. Bolzen, 1275 St. Unterlagsplatten und 3825 St. Schwellenschrauben sind durch eine Klammer mit (V) zusammengefasst.

Für die Verzinsung und Abschreibung wurde ausgegangen von den einschlägigen Zahlen in Abschnitt III B, Gruppe III und IV des zweiten Teiles; die Lebensdauer der Verschleißmaterialien (V) wurde angenommen bei Befestigungsart A zu 3 Jahren, bei Befestigungsart B zu 4 Jahren und bei Befestigungsart C zu 6 Jahren. Es wird aber ausdrücklich darauf aufmerksam gemacht, daß diese Zahlen nur Geltung haben für trockenen Kiesboden und lediglich angenommen wurden, um eine Vergleichsbasis zu schaffen. In der Wirklichkeit wird man diese Zahlen von Fall zu Fall den örtlichen Verhältnissen entsprechend einschätzen müssen. Ein Ausgleich für die Nachbeschaffung von Stahlkeilen u. dgl. bei Verwendung der Rudertschen Schienenbefestigung wurde dadurch geschaffen, daß die Sätze der Gruppe der montierten Gleise (III) zugrunde gelegt wurden.

Die Ergebnisse aller 3 Tabellen zeigen eine so klare wirtschaftliche Überlegenheit der Rudertschen Schienenbefestigung, daß man trotz der Festlegung der höheren Kapitalien für die Baggergleise deren Verwendung nur empfehlen kann.

Um das Rücken der Schwellen zu erleichtern und die Lebensdauer derselben möglichst zu erhöhen, hat sich in der Praxis die Gepflogenheit herausgebildet, die Schwellenunterseite an den Schwellenköpfen abzuschrägen und letztere mit Flacheisenbändern zu bewehren. Ein sehr geeignetes Werkzeug, um diese Bänder richtig aufzuziehen, ist der **Schwellenbinder** Robel 1 der Gleisbaumaschinenfabrik Robel. Das Bandeisen in Länge von etwas mehr als dem $1^1/_2$fachen Schwellenumfang wird gelocht, auf einer Seite festgenagelt, alsdann das Band um die Schwelle geführt, mit Binder durch Niederdrücken des Hebels kräftig angezogen und schließlich das Ende des Bandes ebenfalls festgemacht. **Das Gewicht dieses Schwellenbinders ist ca. 5 kg, sein Preis ca. 36 RM.**

Um weiterhin das durch das Gleisrücken immer wieder notwendig werdende Zurückschlagen der Schwellen in ihre ursprüngliche Lage nach beendeter Rückarbeit, das meist in der Weise bewerkstelligt wurde, daß 5—6 Mann kurze Baggerschienenstücke so lange gegen die Schwellenenden stießen, bis die gewünschte Lage erzielt war, möglichst wirtschaftlich zu gestalten, hat die Maschinenfabrik Buckau für diesen Zweck einen **Schwellenrücker** in den Handel gebracht, mit dessen Hilfe es möglich ist, diese Arbeit durch einen einzigen Mann ausführen zu lassen. **Der Preis für einen solchen Schwellenrücker beträgt ca. 200 RM. bei einem Gewicht von ca. 35 kg,** und es ist ohne weiteres ersichtlich, daß sich diese Ausgabe sehr wohl verlohnt.

Wie schon oben erwähnt, verlangt der Eimerbaggerbetrieb, daß mit dem Fortschreiten der Arbeit die Gleise immer wieder entsprechend nachgerückt werden müssen, um neue Erdmassen in den Arbeitsbereich des Baggers zu bringen.

Dieses Gleisrücken erfolgte ursprünglich fast ausschließlich durch Einsatz einer je nach der Schwere des Gleises und des Bodens bis zu 70 bis 80 Mann starken Rückmannschaft von Hand und war damit von größtem Einfluß auf die Gestehungskosten dieser Art von Bagger-

Tabelle 9. Gegenüberstellung verschiedener Baggergleise für Seitenschütter mit zweigleisiger Fahrbahn.

Gleis für Baggertype		O		C		F		L
Gleislänge	m	240		180		135		90
Schienenbefestigungsart		A	B	A	B	A	B	A
Gewichte:								
340/260/195/130 St. Baggerschwellen	ca. kg	29650	29650	19500	19500	9650	9650	5200
40 St. Schienen 12 m lang, $\sim$ 38 kg/m schwer	ca. kg	18240	18240	—	—	—	—	—
40 Paar Laschen dazu	ca. kg	1080	1080	—	—	—	—	—
240 St. Bolzen 22 × 105 mm	ca. kg	185	185	—	—	—	—	—
40/30 St. Schienen 9 m lang, $\sim$ 33 kg/m schwer	ca. kg	—	—	12000	12000	9000	9000	—
40/30 Paar Laschen dazu	ca. kg	—	—	960	960	720	720	—
160/120 St. Bolzen 22 × 105 mm	ca. kg	—	—	120	120	90	90	—
20 St. Schienen 9 m lang, $\sim$ 27 kg/m schwer	ca. kg	—	—	—	—	—	—	4960
20 Paar Laschen dazu	ca. kg	—	—	—	—	—	—	440
80 St. Bolzen 19 × 85 mm	ca. kg	—	—	—	—	—	—	30
680/520/390 St. Unterlagsplatten	ca. kg	2830	—	2160	—	1620	—	—
260 St. Unterlagsplatten	ca. kg	—	—	—	—	—	—	830
2040 St. Schienennägel 15 × 165 mm	ca. kg	600	—	—	—	—	—	—
1560/1170 St. Schienennägel 15 × 150 mm	ca. kg	—	—	410	—	300	—	—
520 St. Schienennägel 13 × 130 mm	ca. kg	—	—	—	—	—	—	95
680/520/390 Garnituren Rudert-Befestigung Nr. 1	ca. kg	—	5915	—	4525	—	3400	—
1360/1040 St. Gebälkschrauben 19 × 240 mm	ca. kg	—	1020	—	780	—	—	—
780 St. Gebälkschrauben 19 × 220 mm	ca. kg	—	—	—	—	—	560	—
Gesamtgewicht	ca. kg	52585	56090	35150	37885	21380	23420	11555
Gewicht je lfd. m Gleis	ca. kg	219	234	195	210	158	174	128
Preise:								
340/260/195/130 St. Baggerschwellen (V)	ca. RM.	2448,—	2448,—	1690,—	1690,—	917,—	917,—	468,—
ca. 19320/12960/9720 kg Schienen und Laschen à 0,12 RM./kg	ca. RM.	2318,—	2318,—	1555,—	1555,—	1166,—	1166,—	—
ca. 5400 kg Schienen und Laschen à 0,13 RM./kg	ca. RM.	—	—	—	—	—	—	702,—
240/160/120 St. Bolzen 22 × 105 mm à 0,25 RM./St. (V)	ca. RM.	60,—	60,—	40,—	40,—	30,—	30,—	—

80 St. Bolzen 19 × 85 mm à 0,15 RM./St.	ca. RM.	—	—	—	—	—	—	12,—
680/520/390 St. Unterlagsplatten à 0,80 RM./St.	ca. RM.	544,—	—	416,—	—	312,—	—	—
260 St. Unterlagsplatten à 0,60 RM./St.	ca. RM.	—	—	—	—	—	—	156,—
2040 St. Schienennägel 15 × 165 mm à 0,08 RM./St.	ca. RM.	163,—	—	—	—	—	—	—
1560/1170 St. Schienennägel 15 × 150 mm à 0,075 RM./St.	ca. RM.	—	—	117,—	—	88,—	—	—
520 St. Schienennägel 13 × 130 mm à 0,0525 RM./St.	ca. RM.	—	—	—	—	—	—	27,—
680/520/390 Garnituren Rudert-Befestigung Nr. 1 à 2,46 RM.	ca. RM.	—	1673,—	—	1280,—	—	960,—	—
1360/1040 St. Gebälkschrauben à 0,29 RM./St.	ca. RM.	—	395,—	—	302,—	—	—	—
780 St. Gebälkschrauben à 0,28 RM./St.	ca. RM.	—	—	—	—	—	218,—	—
Gesamtpreis	**ca. RM.**	**5533,—**	**6894,—**	**3818,—**	**4867,—**	**2513,—**	**3291,—**	**1365,—**
Preis je lfd. m Baggergleis	**ca. RM.**	**23,05**	**28,70**	**21,20**	**27,05**	**18,60**	**24,40**	**15,20**
Verzinsung + Abschreibung pro Jahr:								
Verschleißmaterial (V)	%	36	19	36	19	36	19	36
	ca. RM.	1157,—	477,—	815,—	329,—	485,—	180,—	239,—
Schienen, Laschen und Rudert-Befestigung	ca. RM.	287,—	654,—	193,—	467,—	145,—	349,—	87,—
Insgesamt	**ca. RM.**	**1444,—**	**1131,—**	**1008,—**	**796,—**	**630,—**	**529,—**	**326,—**
Kosten je lfd. m Baggergleis	**ca. RM.**	**6,—**	**4,70**	**5,60**	**4,40**	**4,65**	**3,95**	**3,65**

(Die Posten Bolzen, Unterlagsplatten und Schienennägel sind durch eine Klammer als Verschleißmaterial (V) zusammengefaßt.)

arbeiten. Es war deshalb nichts natürlicher, als daß von den verschiedensten Seiten mit Hochdruck daran gearbeitet wurde, diese Kosten auf ein erträgliches Maß herabzumindern.

Der erste Erfolg auf diesem Wege waren die von der **Maschinenfabrik Buckau** gebauten **Gleisrückwinden**, deren Verwendung gegenüber dem Rücken des Baggergleises mit Handkolonnen schon eine wesentliche Verbilligung mit sich brachte und die auch heute noch vielfach in Benützung sind für das Rücken der Baggergleisenden, soweit dieselben von den Gleisrückmaschinen nicht mehr erfaßt werden können. **Der Preis einer solchen Gleisrückwinde stellt sich auf ca. 575 RM. ab Werk bei einem Gewicht von ca. 165 kg.**

Damit war aber das Verbesserungsbedürfnis selbstredend noch keineswegs befriedigt; das Ziel war vielmehr ein brauchbares Modell einer **Gleisrückmaschine** und mehr als 40 deutsche Patentschriften aus den letzten 20 Jahren zeugen von den mannigfachen Wegen, die zur Erreichung dieses Zieles beschritten wurden. Schließlich waren es aber nur 3 Maschinen, die in der Praxis in größerem Umfang Verwendung fanden: die Klebersche Gleisrückmaschine, die Gleisrückmaschine System Arbenz-Kammerer und die Gleisrückmaschine System Lauchhammer.

Die **Gleisrückmaschine** von **Kleber** hat den Nachteil, daß mit ihr das Gleis nicht gehoben, sondern nur seitlich gerückt werden kann und daß sie

Abb. 8. Zweischienige Gleisrückmaschine System Arbenz-Kammerer.

infolgedessen in der Hauptsache nur bei festem und trockenem Boden verwendbar ist, in welchem kein Eindrücken der Schwellen stattfindet. Dieser Umstand in Verbindung mit dem zeitraubenden und unbequemen Einsetzen der außer Betrieb seitlich der Baggergleise gelagerten Maschine hatte zur Folge, daß sich diese Konstruktion sehr bald überlebt hat und heute kaum noch neu gebaut wird. Sie wird jedoch von der Braunkohlenmaschinen-G. m. b. H., Berlin noch mietweise abgegeben, und zwar bei einer Mindestmietdauer von 3 Monaten zu einem Mietpreis von ca. 550 RM. je Monat für 1 Bagger, der sich ermäßigt bei einer Mietzeit von 1 Jahr auf ca. 500 RM. im Monat und bei einer Mietzeit von 1—3 Jahren auf ca. 300 bis 450 Mark je Monat für 1 Bagger je nach dessen Größe.

Mehr als 1 Bagger mit einer Kleber-Maschine zu bedienen ist ungewöhnlich, weil die Transportkosten und sonstigen Unbequemlichkeiten entschieden dafür sprechen, daß man für jeden Bagger eine besondere Maschine verwendet.

Die zweite und im allgemeinen Tiefbau bislang sehr häufig verwendete Maschine ist die gleichfalls von der Braunkohlenmaschinen-G. m. b. H. vertriebene zweischienige Gleisrückmaschine System Arbenz-Kammerer, geschaffen von den Herren Bergrat Wilh. Ulrich Arbenz in Berlin-Zehlendorf und Geh. Regierungsrat Prof. Dr.-Ing. e. h. Otto Kammerer in Charlottenburg, deren Verdienst es ist, seit dem Jahre 1909 unablässig an der Ausbildung und Vervollkommnung dieser Gattung von Gleisrückmaschinen gearbeitet zu haben.

Die zweischienige Gleisrückmaschine System Arbenz-Kammerer (Abb. 8) besteht aus einem 15 m langen, sowohl horizontal als auch vertikal durch Diagonalen und Querverbände gut ausgesteiften Gitterträger, der mit seinen Enden auf Gleitklötzen ruht, welche auf Gleitflächen von 2 Drehgestellen gleiten. Sie ist für alle Gleise geeignet. Beide Schienen, auf denen sie läuft, werden gehoben und gerückt.

Die Hauptvorteile dieser Maschinen sind keine Unterbrechung der Baggerarbeiten während des Rückens und damit entsprechende Steige-

Abb. 9. Gleisrückmaschine System Lauchhammer.

rung der Baggerleistung, kein Ausräumen der Gleise und damit Fortfall dieser teuren Nebenarbeit, nur eine Maschine für mehrere Bagger, weil Bagger, Weichen, Kurven und schiefe Ebenen ohne weiteres durchfahren werden können, nur 2—3 Arbeiter zum Ein- und Abstellen der Maschine und genaues und gerades Ausrichten der Gleise bei größter Schonung des Materials.

Die einzige Vorbedingung für ihre Verwendung ist, daß die Laschen des Fahrgleises so ausgehobelt werden, daß die Ränder der Druckrollen genügend eingreifen können und daß eine gute Verbindung von Schienen und Schwellen (s. S. 16 u. 17) vorhanden ist.

Das Gewicht der zweischienigen Gleisrückmaschine System Arbenz-Kammerer beträgt ca. 13 000 kg; ihr Preis ab Werk ca. 15 000 RM. Dazu kommt bis zum Juni 1941 eine **Benutzungslizenzgebühr,** die sich nach Zahl und Schwere der zu rückenden Baggergleise, Bodenart und Anzahl der Rückperioden pro Jahr richtet und je nach der Ausnutzungsmöglichkeit **8000—10 000 RM. pro Jahr** beträgt.

Die Gleisrückmaschine System Lauchhammer der Mitteldeutschen Stahlwerke A.-G., ist eine Auslegermaschine, bei welcher das Gleis frei

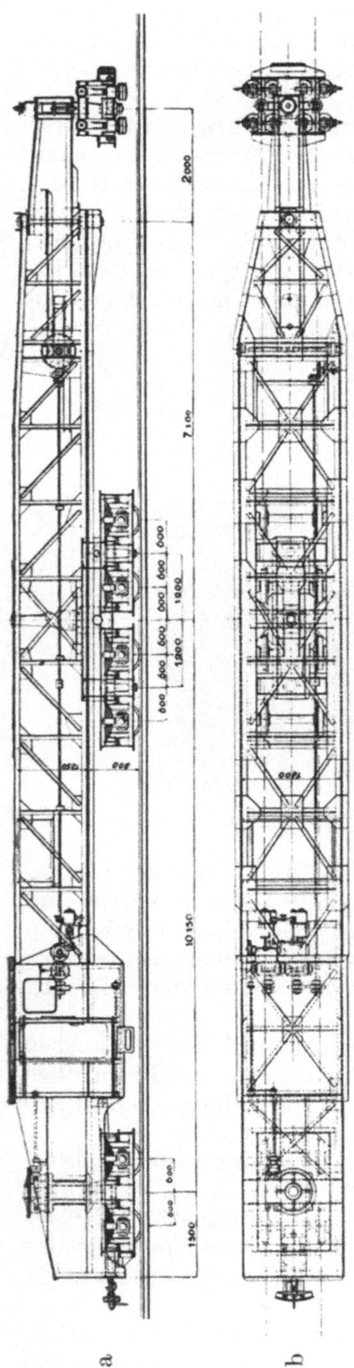

Abb. 10 a und b. Schematische Darstellung der Gleisrückmaschine System Lauchhammer.

von einem festliegenden Mittelpunkt aus ausgeschwenkt wird und damit bis zu seinem äußersten Ende gerückt werden kann. Abb. 9 zeigt sie in Betrieb und Abb. 10 a u. b geben eine schematische Darstellung von ihr wieder.

Diese Gleisrückmaschine besteht aus dem langgestreckten Oberwagen in Gitterkonstruktion, welcher auf je einem zweiachsigen und vierachsigen Drehgestell ruht. Im vorderen Ende des Gitterträgers ist ein Schwenkarm horizontal drehbar gelagert. An dessen vorderem Ende befindet sich der Rollenkopf zum Fassen der Schienen und an seinem anderen Ende greift er mit einer Gabel in eine Spindelmutter. Diese Mutter wird mittels einer querliegenden Spindel hin- und herbewegt und bewirkt damit ein Ausschwenken des Rollenkopfes nach links oder rechts. Das Heben und Senken des Rollenkopfes geschieht durch Heben und Senken des Gitterträgers über dem hinteren Drehgestell. Der Gitterträger ist zu diesem Zweck auf dem vierachsigen Drehgestell beweglich gelagert. Das Windwerk zum Heben und Senken ist ein Spindelhubwerk, welches ebenso wie das Schwenkwerk von Hand oder maschinell betätigt werden kann. Alle Bewegungen werden von einem in den Gitterträger eingebauten geräumigen Führerstand aus geleitet, und zwar sowohl für die Hand als auch für maschinelle Betätigung. Die Verteilung der Drehgestelle ist so vorgenommen, daß die Belastung des Gleises bzw. Bodens nicht ungünstiger wird, als wenn ein normales Fahrzeug (Bagger, Lokomotive, Wagen) auf dem Gleis verkehrt. Infolge dieser Eigenschaft ist die Lauchhammer-Gleisrückmaschine auch auf wenig tragfähigem Boden noch gut verwendbar.

Bei der Durchbildung des Rollenkopfes wurde besonders darauf gesehen, daß derselbe den beim Rücken der Gleise auftretenden hohen Beanspruchungen in jeder Weise entspricht. Ein großer Vorteil des Rollenkopfes ist der, daß sich die Rollen bis zu einem gewissen Grade Spurweitenveränderungen ohne Zwang anpassen, was sich in einer Verringerung der erforderlichen Antriebskraft und Schonung des Gleismaterials auswirkt. Die Gleisrückrollen haben bei dieser Maschine infolge ihrer Eigenart einen sehr geringen Verschleiß und können durch wenige Handgriffe leicht ausgewechselt werden.

Die für den allgemeinen Tiefbau in Frage kommenden Lauchhammer-Gleisrückmaschinen werden mit einer Vorspannlokomotive bedient, welche je nach der Schwere des zu rückenden Gleises eine Leistung von ca. 160—220 PS haben soll.

Das Gewicht der hier einschlägigen Maschinen beträgt 13 000, 16 000 und 24 000 kg; ihr Preis ab Werk ca. 16 300, 21 000 und 28 000 RM. Sehr wesentlich ist dabei, daß bei dieser Maschine im Gegensatz zu den Gleisrückmaschinen System **Arbenz-Kammerer** irgendwelche Nebengebühren (Benutzungslizenzgebühren) nicht in Frage kommen, so daß ihr dieser Vorteil allein schon meines Erachtens die größere Zukunft sichern dürfte, um so mehr, als die bei der Gleisrückmaschine System **Arbenz-Kammerer** angeführten Vorzüge restlos auch bei ihr vorhanden sind.

Ein weiterer Vorteil dieser Maschine, der nicht unerwähnt bleiben soll, ist der, daß sie nicht nur als Gleisrückmaschine verwendet werden kann, sondern auch auf Dammkippen zum Herausheben der Gleise, wodurch einerseits für diese Fälle erhebliche Einsparungen zu erzielen sind und anderseits eine bedeutend bessere Ausnutzung der Maschine gewährleistet ist.

Für das **Rücken leichterer Baggergleise** ist endlich noch die gleichfalls von der **Braunkohlenmaschinen-G. m. b. H.** vertriebene **einschienige Rückmaschine** zu nennen. Bei dieser Maschine wird die in der Rückrichtung vorausliegende Schiene gehoben und gerückt. Die Einstellung für das Heben und Rücken wird dabei durch ein Speichenrad bewirkt, das gleichzeitig beide Bewegungen veranlaßt. Die Brücke fährt auf zwei Laufradachsen.

Normal wird diese Maschine gebaut zum Ankuppeln an den Bagger selbst, also zum fortlaufenden dauernden Rücken während der Hin- und Herfahrt des Baggers. Eine Abart dieser Type läßt jedoch auch eine direkte Kupplung mit einer Lokomotive zu; es ist dann nur nötig, durch eine besondere Hubvorrichtung die Hub- und Druckrollen zum Überfahren von Weichen und Kurven anzuheben.

Das Gewicht dieser einschienigen Rückmaschine beträgt ca. 4000 kg; ihr Preis ab Werk ca. 4500 RM. Dazu kommt allerdings auch hier noch bis zum Juli 1937 eine **Benutzungslizenzgebühr,** die je nach der Ausnutzungsmöglichkeit **3500—4500 RM. pro Jahr** beträgt.

3. Löffelbagger.

Der Löffelbagger stammt aus England und hat sich, trotzdem er in Deutschland mit den schon viel länger erfolgreich eingeführten Eimerbaggern konkurrieren muß, sehr rasch eingebürgert, was in erster Linie darauf zurückzuführen ist, daß die Firma Menck u. Hambrock (M. & H.), die als erste in Deutschland den Bau von Löffelbaggern aufnahm, diese Apparate ganz außerordentlich vervollkommnet hat.

Der Löffelbagger ist ein durch Heißdampf oder elektrischen Strom angetriebener Trockenbagger, welcher hochstehende Erdmassen von der Sohle aus abgräbt. Er stellt gleichsam eine ins Große übertragene, mechanisch betätigte Schaufel dar und besteht aus einem fahrbaren, um 360° drehbaren Kran, an dessen Ausleger ein verschiebbarer und drehbarer Löffel (Schaufel) angebracht ist (Abb. 11).

Der Löffel macht annähernd die Bewegung einer normalen Schaufel. Hierzu dient eine auf der Kranplattform stehende Winde, welche den Löffel mittels Flaschenzuges hebt, während eine am Ausleger befestigte

Abb. 11. Löffelbagger, Modell G 20 von Menck & Hambrock.

Maschine ihn beim Graben und Beladen vor- und zurückschiebt. Der Arbeitsvorgang ist dabei folgender: zunächst wird der Löffel auf die Sohle niedergelassen. Durch Heben mittels des Windwerks und gleichzeitiges Drücken mittels der Vorschubmaschine dringt die Löffelschneide in das Erdreich ein und gräbt hierbei einen Streifen ab, der in den Löffel fällt. Durch Drehen des Oberwagens gelangt dann der hochgehobene und gefüllte Löffel über den Transportwagen und nach Öffnung der am Löffel befindlichen Bodenklappe fällt das gewonnene Material heraus.

Ist alles Material im Bereiche des Löffels abgegraben, so muß der Bagger wieder nachrücken. Die günstigste Schnitthöhe beträgt in mittelschwerem Boden je nach der Lage der Transportgleise 4—6 m.

Hinsichtlich der **Arbeitsweise des Löffelbaggers** hat man zu wählen zwischen der Methode der Schlitz- bzw. Kopfbaggerung und der Methode der Seitenentnahme.

Die Schlitz- bzw. Kopfbaggerung kommt hauptsächlich in Frage bei der Herstellung von Eisenbahneinschnitten u. dgl. Bei ihr hängt die Leistung des Baggers außer von der Bodenart und den Einschnittsabmessungen vornehmlich ab von der Leistungsfähigkeit der Transportgleise. Man wird deshalb mit allen Mitteln danach trachten, die Transportgleise so zu legen, daß man den Zug ohne besondere Rangierarbeiten am Löffelbagger vorbeiziehen und Wagen für Wagen füllen lassen kann (Schlitzbaggerung — Anordnung der Abfuhrgleise höher als das Baggergleis gemäß Abb. 12). Die mögliche Schlitztiefe richtet sich dabei nach der größten Ausschütthöhe des verwendeten Baggers.

Ist diese Arbeitsweise aus irgendwelchen Gründen nicht möglich und müssen die Abfuhrgleise in gleicher Höhe mit dem Baggergleis verlegt werden (Kopfbaggerung), so sind sie auf alle Fälle so anzuordnen, daß am Bagger immer leere Wagen vorhanden sind, damit derselbe ohne Zeitverlust weiter arbeiten kann. Eine solche Gleisanlage würde etwa der Abb. 13 entsprechen. Bei ihr befinden sich hinter dem Bagger zwei parallellaufende Gleise, die zunächst zu einem einzigen zusammengeführt werden und sich dann neuerdings zu einer Ausweiche gabeln, in welcher die Züge stehen, um von dort zum Bagger bzw. zur Kippe zu laufen. Der Leerzug steht auf dem einen Gleis, während die gefüllten Wagen auf dem anderen zusammengestellt werden. Für einen derartigen Betrieb ist neben der Zuglokomotive noch eine eigene Rangierlokomotive nötig. Die den Leerzug bedienende Rangierlokomotive fährt dem Bagger abwechslungsweise je zwei leere Wagen zu, während die Zuglokomotive dieselben nach Füllung wieder abholt. Unangenehm ist dabei, daß immer der ganze Zug mitgenommen werden muß, aber daran läßt sich nun einmal nichts ändern.

Sehr wichtig ist bei dieser Arbeitsweise, daß die Zuglänge nicht zu groß gewählt wird, denn nach ihr richtet sich die Entfernung der Weichen voneinander, und wenn diese zu groß wird, so könnte es vorkommen, daß das Wegschaffen der gefüllten und Heranbringen neuer leerer Wagen auf der einen Seite länger dauert, als das Füllen der Wagen auf der anderen Seite. Es entsteht dann eine Pause, während der der Bagger nicht arbeiten kann und das beeinträchtigt naturgemäß seine Leistung. Über 20 Wagen sollte man aus diesem Grunde nicht in einen Zug stellen.

Eine wesentlich einfachere Gleislage für die Kopfbaggerung ist in Abb. 14 dargestellt. Dieselbe eignet sich aber auch nur für geringere Leistungen, denn es ist klar, daß bei einer derartigen Betriebsweise für die Baggerung selbst sehr viel kostbare Zeit verloren geht.

Die Seitenentnahme kann nur verhältnismäßig selten angewandt werden, z. B. wenn es sich um die Abtragung eines breiten Geländestreifens handelt. Die Gleislagen sind dabei meist sehr einfach und entsprechen etwa Abb. 15, wenn sich Baggergleis und Transportgleis auf gleicher Höhe befinden und Abb. 16, wenn das Transportgleis aus irgendwelchen Gründen zweckmäßig höher gelegt wird als das Baggergleis. In beiden Fällen muß der zu beladende Transportzug durch eine Lokomotive entsprechend dem Fortschritt der Wagenfüllung am Bagger vorbeirangiert werden.

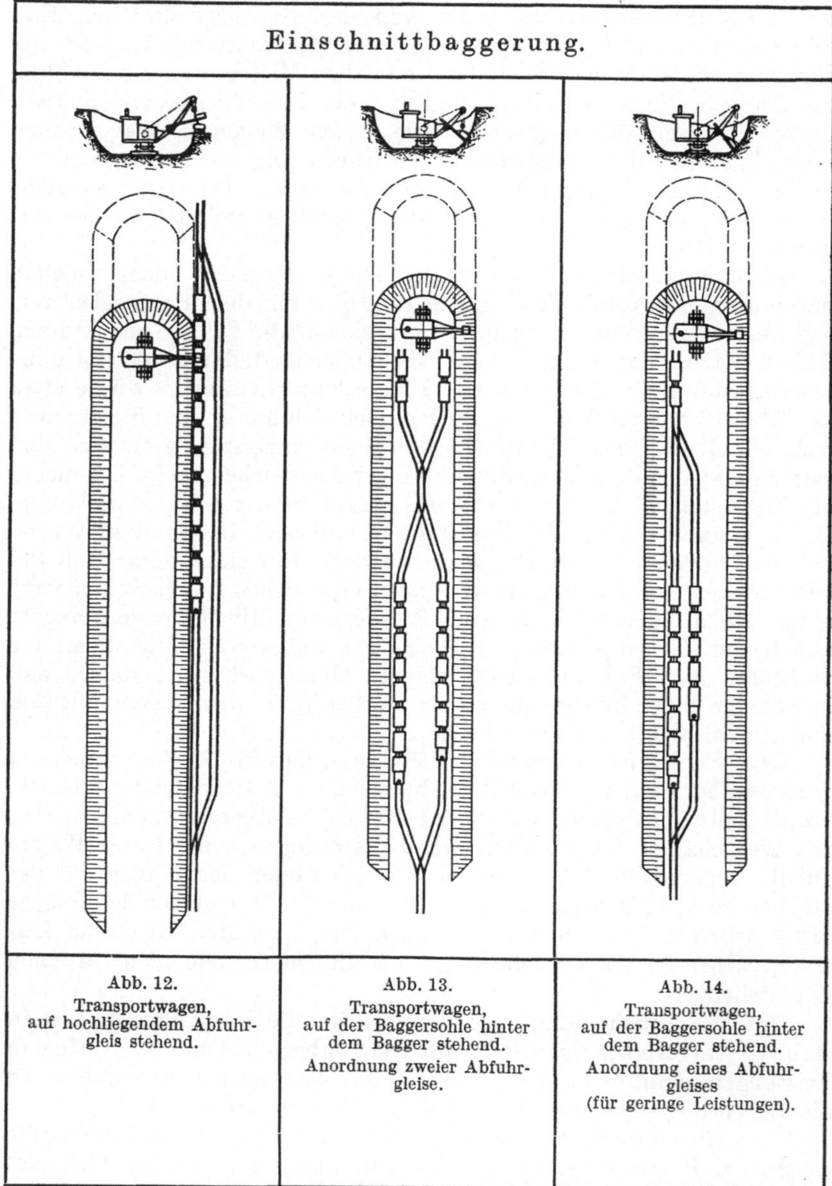

Abb. 12.
Transportwagen,
auf hochliegendem Abfuhr-
gleis stehend.

Abb. 13.
Transportwagen,
auf der Baggersohle hinter
dem Bagger stehend.
Anordnung zweier Abfuhr-
gleise.

Abb. 14.
Transportwagen,
auf der Baggersohle hinter
dem Bagger stehend.
Anordnung eines Abfuhr-
gleises
(für geringe Leistungen).

Ist eine Rangierlokomotive nicht vorhanden und kann auch sonst kein Weg gefunden werden, in der vorerwähnten Weise zu arbeiten, so bleibt immer noch die Möglichkeit, den Bagger auf langem Gleis etwa entsprechend Abb. 17 arbeiten zu lassen.

Diese Anordnung bietet einen gewissen Vorteil, wenn der Boden sehr weich ist, weil das durchgehende Gleis im allgemeinen betriebs-

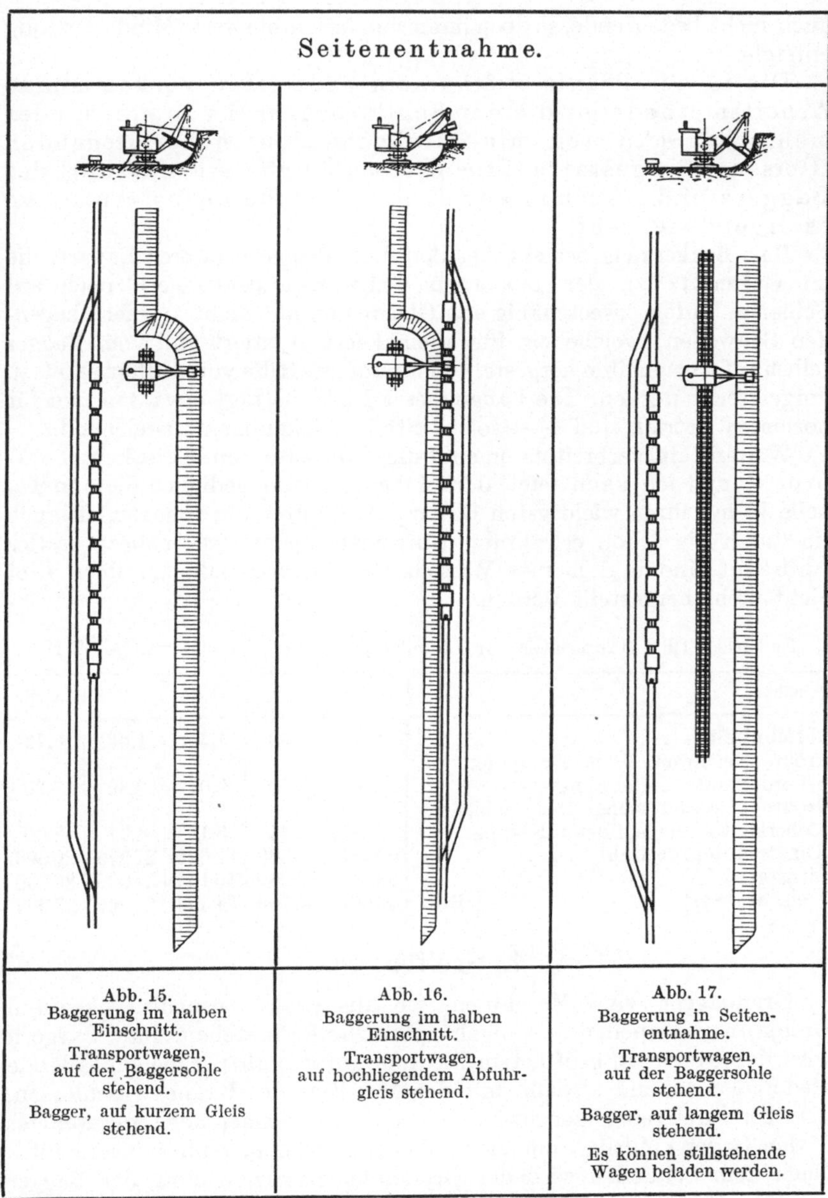

Abb. 15.
Baggerung im halben
Einschnitt.

Transportwagen,
auf der Baggersohle
stehend.

Bagger, auf kurzem Gleis
stehend.

Abb. 16.
Baggerung im halben
Einschnitt.

Transportwagen,
auf hochliegendem Abfuhr-
gleis stehend.

Abb. 17.
Baggerung in Seiten-
entnahme.

Transportwagen,
auf der Baggersohle
stehend.

Bagger, auf langem Gleis
stehend.

Es können stillstehende
Wagen beladen werden.

sicherer ist als das kurze Gleis. Dem stehen aber als Hauptnachteile
gegenüber, daß das ganze Gleis analog dem Vorgang bei den Eimerbaggern nachgerückt werden muß, sobald der Löffelbagger das von
seinem jeweiligen Standpunkt erreichbare Material abgebaggert hat
(ein Nachteil, der nebenbei bemerkt bei den Raupenbaggern selbstverständlich wegfällt), und daß durch das Fahren des Baggers eine, wenn

auch nicht bedeutende, so doch immerhin beachtenswerte Minderleistung entsteht.

Die in der Praxis weitaus am häufigsten vorkommende Arbeitsmethode ist die der Schlitzbaggerung in einem oder mehreren Schnitten mit durchgehenden, höher liegenden Gleisen. Sie gestattet die größtmögliche Ausnutzung des Baggers und ist schon aus diesem Grunde anzustreben, wo es irgendwie geht.

Das Baggergleis besteht bei den Löffelbaggern älterer Bauart, die im Gegensatz zu den modernen Universalraupenbaggern noch auf Schienen laufen, zweckmäßig aus Gleisrosten mit dicht an dicht liegenden Schwellen, welche ein für allemal fest montiert und vom Bagger selbst auf das von ihm hergestellte Planum mit Hilfe von Aufhängeketten vorgestreckt werden. Die Länge dieser Roste beträgt etwa 3 m und für normalen Betrieb sind 3—4 solche Stöße vollkommen ausreichend.

Weitaus am verbreitetsten sind die Fabrikate von Menck & Hambrock, und ich kann mich darauf beschränken, lediglich diese in Tabelle 10 mit ihren wichtigsten Daten aufzuführen, um so mehr, als auch sie durch die schon erwähnten Universalraupenbagger nahezu restlos verdrängt sind und meines Wissens neu in dieser Bauart überhaupt nicht mehr hergestellt werden.

Tabelle 10. Hauptdaten für Löffelbagger älterer Bauart von M. & H.

Modell	G 20	F 2	F 1	E	C ^{2}
Löffelinhalt m³	2,00	1,60	1,30	1,00	0,75
Größte Reichweite vom Drehpunkt bis Vorderkante Löffelzähne m	12,20	9,70	9,00	8,30	7,20
Größte Ausschütthöhe über Schienenoberkante bei geöffneter Klappe m	8,05	5,44	5,10	4,77	3,90
Konstruktionsgewicht kg	56 250	38 500	33 000	27 000	20 500
Dienstgewicht kg	88 500	53 200	45 100	36 000	26 700
Preis ab Werk RM.	46 000	35 000	31 300	27 800	23 600

4. Greifbagger.

Greifbagger sind Maschinen, die aus einem besonders gebauten Drehkran und einem daran angehängten Greifer bestehen. Zum Baggern wird der Greifer in geöffnetem Zustand auf das abzugrabende Gelände niedergelassen und alsdann mit der Maschine des Kranes geschlossen, wobei er durch sein Eigengewicht je nach der Bodenart mehr oder weniger in den Boden eindringt und sich dabei ganz oder auch nur teilweise füllt. Nach dem Schließen wird der Greifer hochgezogen, dann der Bagger gedreht, bis sich der Greifer über der Entleerungsstelle befindet und endlich der Greifer geöffnet und entleert. Hierauf wird der Bagger zurückgedreht und das Spiel beginnt von neuem.

Die häufige Anwendung des Greifbaggers für Bauausführungen aller Art beruht auf seiner Handlichkeit und vielseitigen Verwendungsmöglichkeit. Greifbagger können sowohl als Trockenbagger, wie auch als Naßbagger verwendet, ja selbst ohne besondere Schwierigkeiten auf einem Schiff aufgestellt werden. Ihr einziger Nachteil ist der, daß sie den Boden nicht annähernd so billig fördern können, als die Eimerbagger oder Löffelbagger und auch in ihren Tagesleistungen selbstverständlich in keiner Weise an diese heranreichen.

Es gibt zwei Hauptarten von Greifbaggern, **die Einseilgreifer und die Vierseilgreifer.** Der wesentliche Unterschied zwischen beiden besteht, abgesehen von der besseren Konstruktion der letzteren, darin, daß die Öffnung des Einseilgreifers nur mit Hilfe einer Fangvorrichtung oder Glocke und damit normalerweise nur in einer ganz bestimmten, gleichen Höhe erfolgen kann, während sie beim Vierseilgreifer überall und jederzeit ohne weiteres möglich ist.

Ergibt sich beim Einseilgreifer aus irgendwelchen Gründen die Notwendigkeit, ihn in einer anderen Höhe als normal zu öffnen, so muß man hierzu die Fangvorrichtung soweit nachlassen, daß sich die Klinken des Greifers auf dieselbe setzen können, denn nur so ist eine Öffnung des Einseilgreifers überhaupt möglich.

Es ist kein Wunder, daß unter diesen Umständen der Einseilgreifer dem Vierseilgreifer gegenüber praktisch nur eine ganz untergeordnete Rolle spielt und von letzterem fast völlig verdrängt wurde.

Hinsichtlich der **Form des Greifkorbs** hat man zu unterscheiden zwischen dem allgemein bekannten und weitverbreiteten **Zweischalengreifer** in seinen verschiedenen Ausführungsarten je nach der Verwendung als Baggergreifer oder Verladegreifer und dem von der **Demag-Polyp-Greifer-G.m.b.H.,** Duisburg hergestellten **Polypgreifer,** der sowohl als Einseilgreifer wie auch als Mehrseilgreifer arbeiten kann.

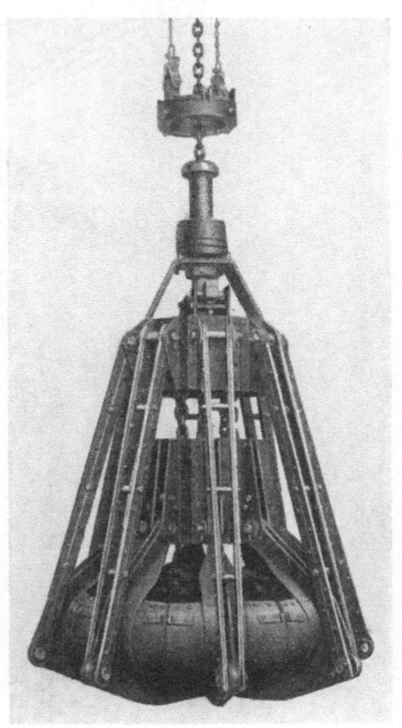

Abb. 18. Polyp-Einseilgreifer mit Entleerungsglocke.

Als Einseilgreifer wird der Polypgreifer ausgebildet für Entleerung mittels Glocke oder auch für Entleerung durch Aufsetzen und Handabzug. In ersterem Falle ist die Ausbildung die allgemeinübliche mit all ihren weiter oben geschilderten Nachteilen der Einseilgreifer. Bei der Entleerung mit Handabzug kommt die Glocke in Fortfall. Der Greiferoberkasten trägt eine Entleerungskrone, deren Sperrnocken durch den Maschinisten vom Kran aus oder durch einen Hilfsarbeiter durch einfachen Seilzug gelöst werden. Der Greifer, der an der Stelle aufgesetzt wird, an welcher er entleeren soll, öffnet sich dann beim Anziehen der Krankette und ist infolge Selbstverriegelung in voll geöffnetem Zustand sofort wieder arbeitsbereit. Diese Entleerungsvorrichtungen sind sehr robust und dauerhaft gearbeitet und sollen angeblich absolut zuverlässig funktionieren.

Eine besondere Art der Einseilgreifer sind die Brunnengreifer, bei denen die Entleerung meist unter Zuhilfenahme einer Pendelgabel

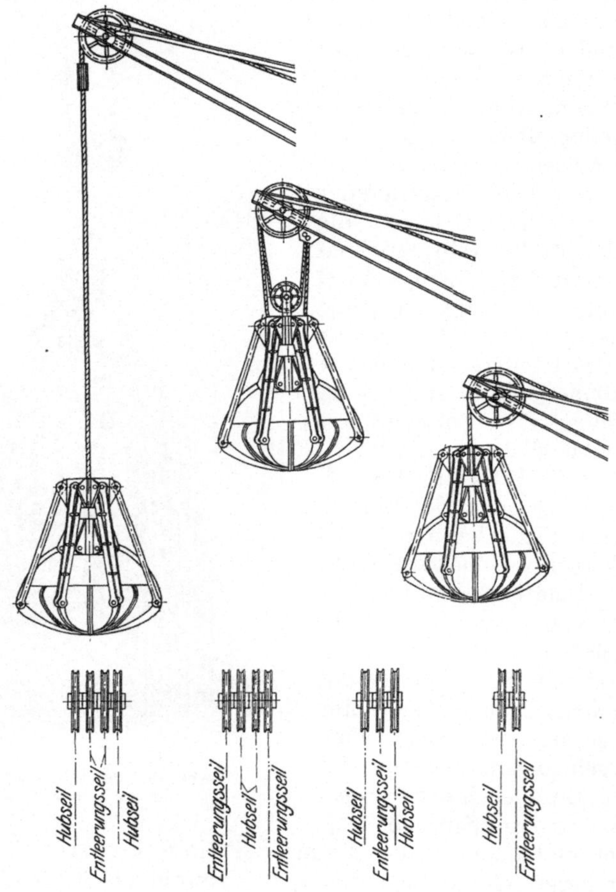

Abb. 19. Seilanordnung und Aufhang beim Polyp-Mehrseilgreifer.

erfolgt. Diese Greifer, die in Größen von 150 kg Gewicht bei 11 l Fassung bis zu 1300 kg Gewicht bei 350 l Fassung für Bohrrohre von 600 mm Ø bis 2000 mm Ø hergestellt werden, sind für das Tiefbringen von Brunnen hervorragend geeignet.

Abb. 18 stellt einen Polyp-Einseilgreifer mit Entleerungsglocke dar, Abb. 19 die Seilanordnung und den Aufhang beim Polyp-Mehrseilgreifer.

Die Wirkung des Polypgreifers beim Eindringen in das Material unterscheidet sich wesentlich von derjenigen der bisher üblichen Zweischalengreifer. Die zugespitzten Greiferschaufeln finden beim Eindringen in das Material einen geringeren Widerstand. Der Polypgreifer dringt deshalb schon beim Aufsetzen viel tiefer ein und kann dementsprechend eine viel größere Menge fassen. Eine Folge dieser Eigenschaft ist, daß der Polypgreifer leichter gebaut werden kann als der Zweischalengreifer, so daß das Verhältnis der Nutzlast zum Greifergewicht und somit die Wirtschaftlichkeit der Anlage günstiger wird.

Für den Tiefbau kommt nur die Ausführungsart mit sich schließenden Wänden in Frage; die verschiedenen Größen, in denen der Polypgreifer als Brunnengreifer und als Baggergreifer gebaut wird, sind aus Tabelle 11 zu entnehmen.

Tabelle 11. Hauptdaten der Demag-Polyp-Greifer.

Brunnengreifer

| Type | Inhalt | Größte Breite | | Größte Höhe | | Bohr-rohr-durch-messer | Schließ-hub | Eigen-gewicht | Preis ab Werk | |
| | | bei ge-schlos-senem Greifer | bei geöff-netem Greifer | bei ge-schlos-senem Greifer | bei geöff-netem Greifer | | | | als Einseil-greifer | als Mehr-seil-greifer |
	l	mm	mm	mm	mm	mm	m	kg	ca. RM.	ca. RM.
I	11	390	560	760	880	600	1,62	150	1000	900
II	15	460	660	600	745	700	1,90	220	1600	1400
III	20	480	750	775	925	800	1,90	270	2000	1700
IV	33	580	850	1087	1200	900	2,20	320	2100	1800
V	50	820	1150	970	1250	1200	2,75	530	3500	3000
VI	200	950	1450	1420	1810	1600	4,50	1100	5200	4500
VII	350	1080	1800	1470	1850	2000	4,80	1300	5400	4700

Baggergreifer

| Inhalt | Größte Breite | | Größte Höhe | | Eigen-gewicht | Preis ab Werk |
| | bei geschlos-senem Greifer | bei geöffne-tem Greifer | bei geschlos-senem Greifer | bei geöffne-tem Greifer | | |
m³	mm	mm	mm	mm	kg	ca. RM.
0,50	1490	2360	1910	2340	1300	4700
0,60	1560	2500	2020	2450	1900	5200
1,00	1780	2560	2020	2550	2000	5200
1,00	1780	2620	2265	2900	3000	6500
1,25	1810	2800	2360	2910	3000	6500
1,25	1810	2800	2360	2910	3200	7000
1,75	2160	3060	2530	3260	3700	8100
2,50	2380	3660	2840	3550	4400	9700

Die Abb. 20a—d zeigen das Arbeiten eines Polyp-Vierseilgreifers in grubenfeuchtem, klebrigem Ton. Dieses Material würde an sich wohl auch von Zweischalengreifern aufgenommen, aber die Verwendung dieser Greiferart scheitert dann an der Tatsache, daß das klebende Material aus den Greifern fast nicht mehr herauszubringen

a) Aufsetzen und Eindringen.

b) Greifen.

c) Anheben.

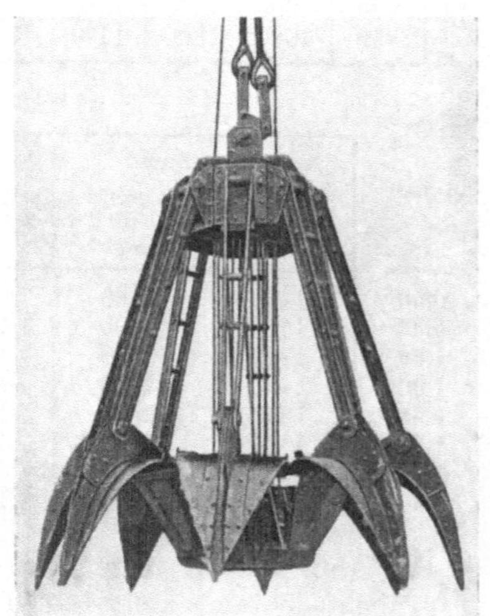

d) Entleert.

Abb. 20 a bis d. Arbeiten eines Polyp-Vierseilgreifers in grubenfeuchtem, klebrigem Ton.

ist. Anders liegen die Verhältnisse bei Verwendung eines Polypgreifers, denn bei ihm wird durch die acht Finger der Greiferinhalt
zerrissen und durch deren besondere Form eine einwandfreie Entleerung auch bei diesem für Greiferarbeiten sonst ungünstigen Material
gewährleistet.

Das Baggergleis besteht wie bei den Schienenlöffelbaggern zweckmäßig aus Gleisrosten, die sich der Bagger wie dort mit Hilfe von
Aufhängeketten für den Vorbau jeweils selbst transportiert. In besonderen Fällen, wie z. B. bei Verwendung für den Aushub in Schalung
stehender Kanalbaugruben, kann jedoch auch hier die Baggerung auf
langem Gleis in Frage kommen. Man wird aber auch da am besten

Abb. 21. Vierseilgreifer Type B 1,5 der Baumaschinenfabrik Bünger, A.-G. Düsseldorf.

das Gleis aus fertigen Stücken zusammenmontieren, die nur so groß
sein sollen, daß sie vom Bagger noch selbst transportiert werden
können.

Tabelle 12.
Hauptdaten der Greifbagger älterer Bauart von Menck & Hambrock.

Modell	C 1	C 2	E	F 1	F 2
Greiferinhalt m³	**0,40**	**0,50**	**0,80**	**1,00**	**1,25**
Ausladung v. Drehpunkt bis Mitte Greifer m	7,50	7,50	10,00	10,40	11,30
Freier Raum über Schienenoberkante bei offenem Greifer m	2,50	2,50	2,50	2,70	3,00
Größte Baggertiefe unter Schienenoberkante m	15,50	15,50	15,50	15,50	15,50
Konstruktionsgewicht kg	**13300**	**16850**	**23000**	**27500**	**33500**
Dienstgewicht kg	17000	22000	31000	37750	46500
Preis ab Werk RM.	**14400**	**19200**	**25575**	**29500**	**33850**

Die wesentlichsten Daten für solche Greifbagger älterer Bauart, und zwar von der Firma **Menck & Hambrock**, sind aus Tabelle 12 zu entnehmen.

Ich möchte diesen Abschnitt nicht schließen, ohne den besonders für geringere Erdbewegungen und Aushub von Baugruben in Schalung sehr geeigneten **kleinen Vierseilgreifer Typ B 1,5 der Baumaschinenfabrik Bünger** erwähnt zu haben, dessen Korb ein Fassungsvermögen von 0,25 m³ hat, der aber auch als Drehkran für Klappkästen mit 0,5 m³ Inhalt und für Einzellasten bis 1500 kg Gewicht verwendet werden kann (Abb. 21). Die Hauptdaten dieses Baggers bei Normalantrieb durch Rohölmotor sind aus Tabelle 13 zu entnehmen.

Tabelle 13. Hauptdaten des Vierseilgreifers Typ B 1,5 von Bünger.

Ausrüstung mit	Greifer		Klappkasten	
Inhalt des Fördergefäßes . . . . m³	0,25 bzw. 0,40		0,50	
Ausladung vom Drehpunkt bis Mitte Greifer bzw. Mitte Klappkasten. m	5,20		5,20	
Rollenhöhe über Gelände . . . . m	5,20		5,20	
Freier Raum über Gelände bei geöffnetem Greifer bzw. geöffneter Bodenklappe . . . . m	2,70		2,00	
Größte Baggertiefe bzw. Förderhöhe unter Gelände . . . . m	10,00		10,00	
Durchfahrtshöhe bei gesenktem Ausleger . . . . m	4,00		4,00	
Fahrwerk	Raupe	auf Schienen	Raupe	auf Schienen
Motorstärke . . . . PS	15	10	15	10
Konstruktionsgewicht ohne Fördergefäß . . . . ca. kg	10000	6900	10000	6900
Ballast . . . . ca. kg	1000	1000	1000	1000
Dienstgewicht ohne Fördergefäß ca. kg	11500	8400	11500	8400
Preis ab Werk ohne Fördergefäß ca. RM.	14850	10150	14850	10150
Gewicht eines Baggergreifers von 0,25 m³ Inhalt . . . . ca. kg	1000		—	
Gewicht eines Verladegreifers von 0,40 m³ Inhalt . . . . . . ca. kg	700		—	
Gewicht eines Klappkastens von 0,50 m³ Inhalt . . . . ca. kg	—		210	
Gewicht einer Aufhängevorrichtung ca. kg	—		100	
Preis eines Baggergreifers ab Werk ca. RM.	1950		—	
Preis eines Verladegreifers ab Werk ca. RM.	1450		—	
Preis eines Klappkastens ab Werk ca. RM.	—		275	
Preis einer Aufhängevorrichtung ab Werk . . . . ca. RM.	—		285	

5. Universalraupenbagger.

Die Universalraupenbagger (Abb. 22 und 23) haben sich entwickelt aus den Löffelbaggern heraus einmal durch den Wunsch, mit dieser

Abb. 22. Universalraupenbagger von Menck & Hambrock mit Dampfantrieb.

Konstruktion vom Baggergleis loszukommen, dann aber auch aus dem Bestreben, damit ein Gerät zu schaffen, das nicht ausschließlich als

Abb. 23. Universalraupenbagger von Orenstein & Koppel mit elektrischem Antrieb.

Löffelbagger, sondern möglichst vielseitig verwendbar ist, ohne daß die mit der Umstellung verbundenen Kosten zu hoch sind.

Auch hier ist zunächst die Firma Menck & Hambrock bahn-
brechend vorgegangen und hat mit ihren Universalraupenbaggern Geräte
auf den Markt gebracht, die innerhalb kürzester Zeit die Löffelbagger
und Greifbagger älterer Bauart nahezu völlig verdrängt haben. Die
Universalraupenbagger von M. & H. können verwendet werden
als Löffelbagger, Greifbagger, Eimerseilbagger, fahrbarer Drehkran und
Ramme und werden zur Zeit in vier Größen hergestellt. Ihre Hauptdaten sind aus Tabelle 14 zu entnehmen. Weitere Angaben macht die
Firma nur noch auf besondere Anfrage.

Tabelle 14. Hauptdaten der Universalraupenbagger von Menck & Hambrock.

Modell		III	IV	V	VI
Als Löffelbagger:					
Löffelinhalt	m³	$^2/_3$	1	$1^1/_2$	$2^1/_4$
Größte Reichhöhe	mm	7760	9210	10960	13010
„ Reichweite	mm	9080	10730	12750	15000
„ Ausschütthöhe	mm	5620	6725	8120	9810
„ Ausschüttweite	mm	8150	9750	11600	13750
Dienstgewicht bei { Dampfantrieb . ca. kg		33400	54300	88900	145300
Elektroantrieb . ca. kg		34000	55000	89900	146400
Dieselantrieb . ca. kg		34100	55400	86700	138000
Als Greifbagger:					
Greiferinhalt	m³	$^1/_2$	0,8	$1^1/_4$	2
Größte Grabweite	mm	12460	14600	17100	20240
„ Ausschüttweite	mm	11500	13500	15800	18700
„ Ausschütthöhe	mm	4900	5850	7000	8500
„ erreichbare Tiefe unter Bagger-planum	mm	6800	8000	9270	11000
Dienstgewicht bei { Dampfantrieb . ca. kg		32600	52750	86950	141100
Elektroantrieb . ca. kg		33000	52700	86800	141400
Dieselantrieb . ca. kg		33150	53700	85000	133000
Als Eimerseilbagger:					
Eimerinhalt	m³	0,48	0,75	1,20	1,90
Größte Grabweite	mm	17790	21330	24540	29000
„ Baggertiefe	mm	9400	11300	12980	15300
Dienstgewicht bei { Dampfantrieb . ca. kg		32700	52950	87050	141500
Elektroantrieb . ca. kg		32750	54650	86250	139800
Dieselantrieb . ca. kg		33200	53900	85550	133900
Als Kran:					
Tragfähigkeit	kg	5700	8850	14000	22000
bei Ausladung	mm	5305	6245	7630	8680
Größte Ausladung	mm	11500	13500	15800	18700
Tragfähigkeit hierbei	kg	2300	3650	5800	9200
Dienstgewicht bei { Dampfantrieb . ca. kg		29000	47450	78250	127700
Elektroantrieb . ca. kg		29300	47000	78200	128300
Dieselantrieb . ca. kg		29550	48300	76000	120000

Eine Konkurrenz ist den Fabrikaten von M. & H. erwachsen durch
die **Universalraupenbagger der Orenstein & Koppel A.-G. (O. & K.)**

in Berlin, und zwar vor allem durch deren Typen 6 (neuerdings auch 9) und D, welche über die Verwendungsarten der M. & H.-Bagger hinaus noch als Tieflöffelbagger und Planierbagger arbeiten können. Dieselben stellen zur Zeit das modernste und vielseitigste Baggergerät deutscher Herkunft dar und haben in ihrer kleinsten Ausführung (Type D) dazu noch den Vorzug, daß sie ohne irgendwelche Montagearbeiten bei niedergelegtem Ausleger auf Eisenbahnwagen transportiert werden können und sohin unmittelbar nach der Ankunft wieder arbeitsbereit sind.

Die Arbeitsgeschwindigkeiten dieser neuen Typen sind nicht unwesentlich erhöht und haben zu einer Leistungssteigerung geführt, welche ihre Verwendungsfähigkeit beträchtlich hebt und geeignet ist, die größeren Baggertypen mehr und mehr zu verdrängen.

Als Antrieb für die Typen 6, 9 und 14 kommen in Frage Dampfantrieb, Dieselantrieb und Elektroantrieb; die kleinste Type D wird nur für Antrieb durch einen 50 PS-Dieselmotor oder durch einen 30.PS-Elektromotor gebaut; die Type 16 nur für Dampf- und Elektroantrieb.

Für die Verwendung dieser Universalraupenbagger als Löffelbagger oder Greifbagger gelten sinngemäß die Ausführungen allgemeiner Art, welche weiter oben gemacht wurden.

Der Schleppschaufelbagger (Dragline) eignet sich besonders zum Ausbaggern von Gräben und Kanälen, wobei ihm seine große Reichweite sehr zu statten kommt. Er kann ebenso wie der Greifbagger auch unter Wasser arbeiten.

Die Arbeitsweise des Tieflöffelbaggers, welche in gleichzeitiger Bewegung von Löffel und Ausleger besteht, gestattet die Verwendung des Baggers für alle Arbeiten bis zu den in Tabelle 21 bzw. 29 angegebenen Tiefen unter Planum. Der Löffel ist am festen Stiel drehbar aufgehängt und mit langen Stahlzähnen versehen, so daß er den gleichen festen Boden abtragen kann, den sonst ein normaler Löffelbagger nimmt. Die Entleerung des Löffels ist auf zweierlei Art möglich: zum Beladen von Wagen wird die Klappe des hochgezogenen Löffels vom Führerstand aus geöffnet und zum Aufschütten des Materials neben der Baugrube wird der Löffel einfach mit geschlossener Klappe ausgeschwenkt, so daß das Material aus der Graböffnung herausgleitet. Ein Hauptvorteil des Tieflöffelbaggers ist, daß derselbe auf der Baugrube arbeiten kann, so daß die Abfuhr des Materials keine Schwierigkeiten macht und auch etwa auftretendes Grundwasser nicht weiter stört. Zu beachten ist lediglich, daß der Bagger beim Ziehen von Gräben rückwärtsfahrend arbeitet und dabei das lange Ende der Raupenkette dem Graben zugewendet sein muß.

Als ein Mangel wurde es bisher empfunden, daß für den Abtrag von Erdmassen geringerer Mächtigkeit bei steinigem Boden und welligem Gelände kein geeignetes Gerät vorhanden war. Hier wurde von O. & K. ebenfalls Abhilfe geschaffen durch die Einführung des Planierbaggers. Mit ihm kann man in wirtschaftlicher Weise horizontale Flächen von

Tabelle 15.
Allgemeine Angaben über Universallöffelbagger auf Raupenketten von O. & K.

	D	6	9	14	16
Gleichmäßig verteilter Flächendruck unter der Raupenkette des betriebsfertigen Baggers kg/cm²	0,70	0,79	0,93	1,16	1,18
Flächendruck unter der Raupenkette des über eine Ecke der Raupe grabenden Löffelbaggers kg/cm²	1,50	1,70	2,00	2,50	2,54
Arbeitsspiele je Minute bei einer Wandhöhe von . . m und einem mittleren Drehwinkel von 100°	3,5	4,0	4,5	5,0	5,8
bei Dampfantrieb . . Spiele	—	4,0	3,4	2,9	2,6
„ Elektroantrieb . . Spiele	4,5	3,6	3,1	2,6	2,4
„ Dieselantrieb . . Spiele	4,5	3,3	2,8	2,4	—
desgleichen bei einem mittleren Drehwinkel von 180°					
bei Dampfantrieb . . Spiele	—	3,2	2,7	2,3	2,1
„ Elektroantrieb . . Spiele	3,5	2,9	2,5	2,1	2,0
„ Dieselantrieb . . Spiele	3,5	2,6	2,2	1,9	—
Dampfantrieb:					
Maschine für Heben und Fahren . . . . mm	—	150 × 170	190 × 210	220 × 300	220 × 300
Maschine für Drehen . . mm	—	110 × 120	140 × 160	175 × 225	175 × 225
Maschine für Vorstoßen . mm	—	110 × 120	140 × 160	175 × 225	175 × 225
Betriebsdruck . . . . . Atm.	—	12	10	10	12
Heizfläche . . . . m²	—	10,3	15,17	21,2	21,2
Überhitzerheizfläche . . . m²	—	2,06	4,5	6,0	6,0
Rostfläche . . . . m²	—	0,825	1,13	1,7	1,7
Kohlenkasteninhalt . . . m³	—	1,20	1,34	1,50	1,50
Wasserkasteninhalt . . . m³	—	2,00	3,20	4,35	4,35
Elektroantrieb:					
Dauerbelastung des Motors für Heben und Fahren . . PS		40	75	115	150
Dauerbelastung des Motors für Drehen . . . . PS	30	20	30	50	85
Dauerbelastung des Motors für Vorstoßen . . . . . PS		20	30	40	80
Dieselantrieb:					
Dauerleistung des Motors PS	50	55	100	120	—
Umdrehungen je Minute . . .	900	560	340	375	—
Kühlwasserbehälterinhalt . l	380	460	540	620	—
Brennstoffbehälterinhalt . . l	70	120	170	220	—
Hubtrommeldurchmesser . mm	350	380	450	550	550
Anzahl der Hubseile	2	2	2	2	2
Hubseildurchmesser . . . mm	16	16	19	22	24
Hubseillänge . . . . . . m	30	60	70	80	90
Marschgeschwindigkeit bei Dampfantrieb . . . km/st	—	1,5/2,5	1,3	1,3	1,3
„ Elektroantrieb[1] . . km/st	1,0/1,8	0,8	0,9	0,9	0,9
„ Dieselantrieb . . . km/st	1,0/1,8	0,8/1,3	0,9	0,9	—

[1] Die hier angegebenen Werte stellen die Fahrgeschwindigkeit dar, denn es ist zu beachten, daß Elektrobagger von einem Anschluß aus nur Bewegungsfreiheit haben auf die doppelte Kabellänge.

gleichmäßiger Beschaffenheit herstellen und damit die stets kostspielige Handarbeit beim Einebnen des Grundes ersetzen. Dabei ist seine Bedienung denkbar einfach, denn der am geraden Stiel geführte Löffel kann beim Vorschieben nicht ausweichen und vermag daher auch nur einen geradlinigen Schnitt auszuführen. Zum Entleeren wird der Löffel mit dem Ausleger gehoben und über den Abfuhrwagen gedreht. Durch Öffnen der Bodenklappe fällt der Inhalt alsdann heraus. Infolge seiner großen Reißkraft kann der Planierlöffel auch zum Aufreißen von alten Straßen benutzt werden.

Die Hauptdaten der Universalraupenbagger von O. & K. sind aus den Tabellen 15—35 zu entnehmen. Dabei wurden in den Tabellen 16—19 die größeren Geräte erfaßt, während die Tabellen 20—27 ausschließlich die Daten für die Baggertype 6 und die Tabellen 28—35 jene für die zur Zeit kleinste Type D wiedergeben. Ich habe diese beiden Typen besonders herausgegriffen, weil ihnen nach meiner Ansicht aus den weiter oben angedeuteten Gründen die größte Zukunft beschieden ist.

Tabelle 16.

Hauptabmessungen der Universalraupenbagger Type 9, 14 und 16 von O. & K.

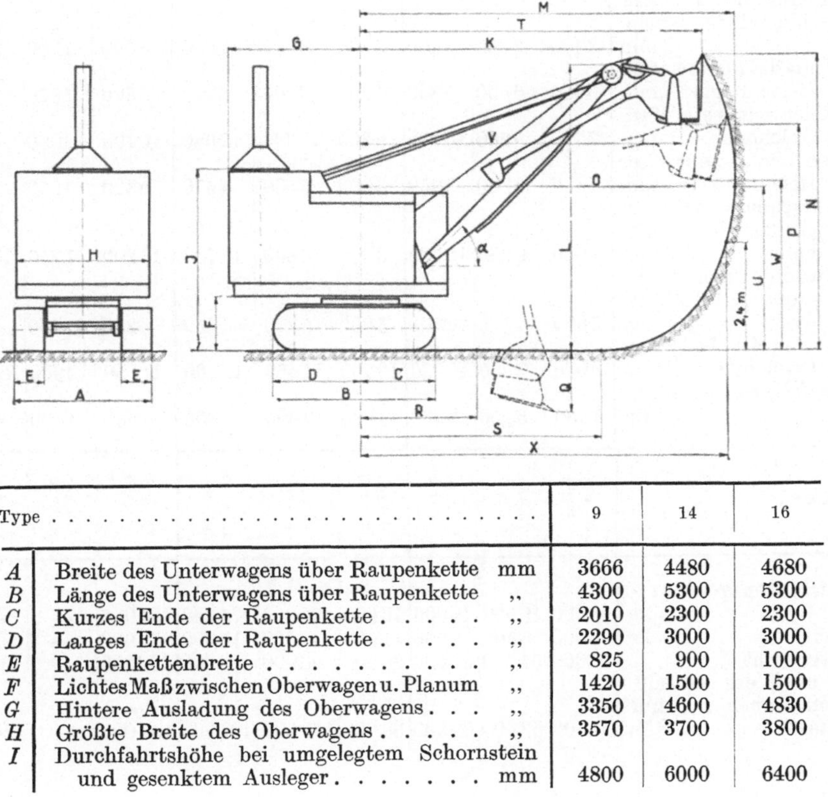

Type			9	14	16
A	Breite des Unterwagens über Raupenkette	mm	3666	4480	4680
B	Länge des Unterwagens über Raupenkette	,,	4300	5300	5300
C	Kurzes Ende der Raupenkette	,,	2010	2300	2300
D	Langes Ende der Raupenkette	,,	2290	3000	3000
E	Raupenkettenbreite	,,	825	900	1000
F	Lichtes Maß zwischen Oberwagen u. Planum	,,	1420	1500	1500
G	Hintere Ausladung des Oberwagens	,,	3350	4600	4830
H	Größte Breite des Oberwagens	,,	3570	3700	3800
I	Durchfahrtshöhe bei umgelegtem Schornstein und gesenktem Ausleger	mm	4800	6000	6400

Tabelle 17. O. & K.-Universalraupenbagger als Löffelbagger.

Type	9			14			16		
Löffelinhalt . . . . m³	1			1,5			2		
Windekraft . . . . kg	12000			18000			24000		
α Auslegerneigung . . Grad	60	45	30	60	45	30	60	45	30
K Mitte Bagger bis Vorderkante Ausleger mm	5750	7350	8550	6840	8820	10320	7180	9280	10880
L Planum bis Oberkante Ausleger . . . mm	8800	7580	6000	10770	9270	7300	11340	9730	7640
M Größte Reichweite mm	9550	10300	10900	11140	12100	12800	12550	13550	14340
N GrößteReichhöhe mm	9460	7650	5430	11100	8800	6120	12350	10400	7500
O Größte Ausschüttweite . . . . mm	8650	9400	10000	10000	11000	11700	11350	12300	13100
P Größte Ausschütthöhe . . . . . mm	7750	5920	3800	9200	7000	4550	10300	8500	5650
Q Größte Reichtiefe mm	1420	1900	2550	1550	2150	3000	2450	3150	4050
R Anfang des Planums von Mitte Bagger mm	3400	2750	2400	3500	3000	2500	4000	3300	2800
S Ende des Planums von Mitte Bagger . mm	6050	6550	6800	7100	7800	8200	6800	7550	8060
T Reichweite bei größter Reichhöhe . . mm	7730	9500	10700	9300	11300	12680	10100	12000	13800
U Reichhöhe bei größter Reichweite . . mm	5100	4600	3950	6000	5400	4570	6300	5650	4740
V Ausschüttweite bei größter Ausschütthöhe . . . . mm	7950	9250	10000	9200	10800	11750	10200	11750	13800
W Ausschütthöhe bei größter Ausschüttweite . . . . mm	5000	4500	3800	5900	5300	4450	6250	5600	4700
X Reichweite bei 2,4 m Reichhöhe . . mm	9000	9950	10720	10200	11450	12500	11650	12900	14000
Löffelverschiebung mm	3150	3150	3150	3800	3800	3800	4600	4600	4600
Antriebsart	Dampfantrieb	Dieselantrieb	Elektroantrieb	Dampfantrieb	Dieselantrieb	Elektroantrieb	Dampfantrieb	Dieselantrieb	Elektroantrieb
Konstruktionsgewicht ca. kg	48000	48000	46000	76000	76000	75000	84000	—	80000
Ballast . . . . . ca. kg	5000	5500	8000	11500	12000	15000	15000	—	19000
Dienstgewicht . . ca. kg	55000	54500	54000	90000	90000	90000	102000	—	99000
Preis ab Werk einschl. allem Zubehör (ohne Ballast) . . . ca. RM.	57500	63500	65500	98000	103500	108000	107000	—	120000

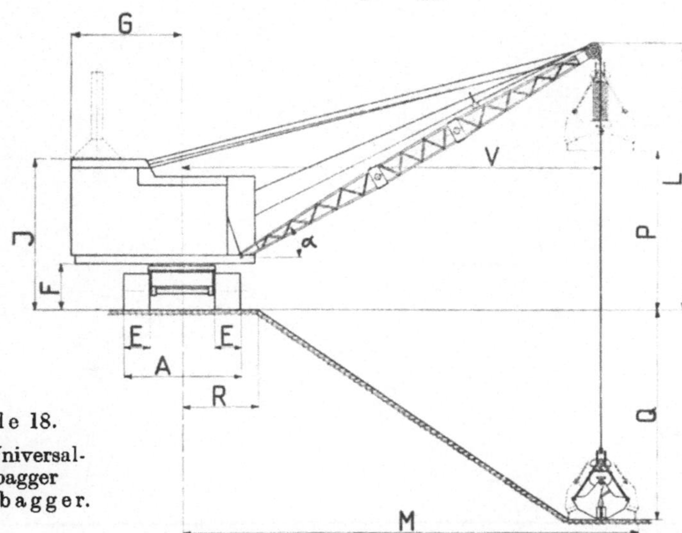

Tabelle 18.

**O. & K.-Universal-
raupenbagger
als Greifbagger.**

Type	9	14	16
Greiferinhalt . . . . m³	1	1,5	1,8
Gewicht des Greifers kg	2500	4200	5150
Größte Weite des geschlos- senen Greifers . . . mm	1950	2230	2380
Größte Weite des geöff- neten Greifers . . mm	2480	2840	3030
Breite des Greifers . mm	1350	1550	1660
Diagonale des geöffneten Greifers . . . . . mm	2840	3250	3450
Größte Hubhöhe (bei ein- facher Seillage) . . mm	17600	22210	24460
Länge des Auslegers . mm	13500	16500	18000

	α	Auslegerneigung . . . Grad	55	40	25	55	40	25	55	40	25
L		Höhe des Auslegers mm	13250	10860	7860	16050	13150	9550	17500	14300	10360
M		Grabweite . . . mm	10770	13540	15300	12890	16040	18340	14000	17500	20000
R		Beginn der Böschung mm	2365	2365	2365	2800	2800	2800	3050	3050	3050
P		Ausschütthöhe . . mm	9200	6810	3810	11800	8900	5300	12850	9700	5840
Q	Bagger- tiefen bei Böschung	1:1,25 mm	4800	6900	8400	5900	8410	10260	6430	9170	11180
		1:1,5 mm	4000	5750	7000	4900	7010	8550	5350	7650	9320
		1:1,75 mm	3420	4900	6000	4200	6000	7350	4580	6540	8000
		1:2 mm	3000	4300	5250	3670	5250	6400	4000	5720	6970
V		Ausschüttweite . mm	9590	12460	14120	11550	14700	17000	12600	16030	18540

	Antriebsart	Dampf- antrieb	Diesel- antrieb	Elektro- antrieb	Dampf- antrieb	Diesel- antrieb	Elektro- antrieb	Dampf- antrieb	Diesel- antrieb	Elektro- antrieb
Konstruktionsgewicht ca. kg		45700	45500	42500	73750	73750	71000	78000	—	74000
Ballast . . . . . . ca. kg		5000	5500	8500	12750	12000	16000	15000	—	19000
Dienstgewicht . . . ca. kg		52400	52000	51000	89000	87800	87000	96000	—	93000
Preis ab Werk einschl. allem Zubehör (ohne Ballast) . . . ca. RM.		54500	60500	57000	94500	100000	98000	100000	—	108000

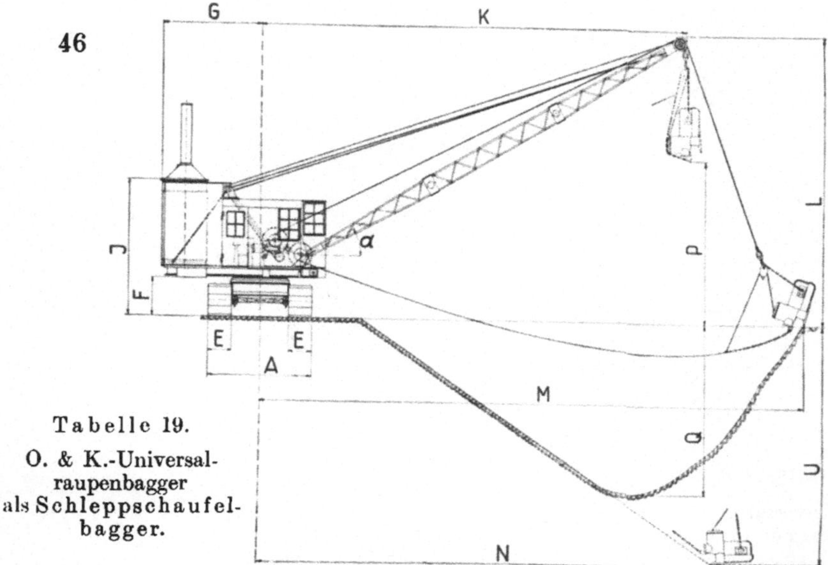

Tabelle 19.

O. & K.-Universal-raupenbagger als Schleppschaufel-bagger.

Type		9			14			16		
Schleppschaufelinhalt . m³		1			1,5			1,8		
Gewicht der Schleppschaufel ca. kg		1520			2300			2730		
Breite d. Schleppschaufel mm		1300			1480			1600		
Länge des Auslegers . . mm		15000			16500			18000		
α	Auslegerneigung . . . . Grad	40	30	20	40	30	20	40	30	20
K	Mitte Bagger bis Vorderkante Ausleger . mm	13500	15100	16200	15000	16700	17900	16100	18000	19300
L	Planum bis Oberkante Ausleger . . . . mm	12200	10000	7550	13400	11500	8800	14900	12200	9300
M	Größte Grabweite bei Tiefe Q . . . . . mm	18400	19050	19200	20400	21100	21250	21900	22650	22800
N	Größte Grabweite bei Tiefe U . . . . . mm	14800	16300	17300	16500	18000	19000	17700	19400	20600
P	Größte Ausschütthöhe mm	7550	5400	3000	8800	6400	3700	9400	6900	4000
Q	Baggertiefe bei sich selbst eingrabender Schaufel und Böschung 1:1,5 mm	5600	5800	5900	6000	6300	6400	6700	7100	7200
	1:1 mm	7500	7900	8000	8200	8600	8700	9100	9500	9600
U	Baggertiefe bei vorhandener Grubentiefe U und Böschung 1:1,5 mm	7600	8500	9100	8100	9200	9900	9100	10200	11000
	1:1 mm	12100	13500	14500	13200	14800	15900	14500	16200	17400
Antriebsart		Dampf-antrieb	Diesel-antrieb	Elektro-antrieb	Dampf-antrieb	Diesel-antrieb	Elektro-antrieb	Dampf-antrieb	Diesel-antrieb	Elektro-antrieb
Konstruktionsgewicht ca. kg		**44800**	**44500**	**41600**	**73000**	**73000**	**70000**	**77000**	—	**73000**
Ballast . . . . ca. kg		5000	5500	8400	12500	12000	16000	15000	—	19000
Dienstgewicht . . . . ca. kg		51500	51000	50000	88000	87000	86000	95000	—	92000
Preis ab Werk einschl. allem Zubehör (ohne Ballast) ca. RM.		**53500**	**59500**	**56000**	**92000**	**98000**	**96000**	**98000**	—	**105000**

Tabelle 20.   O. & K.-Universalraupenbagger Type 6 als Löffelbagger.

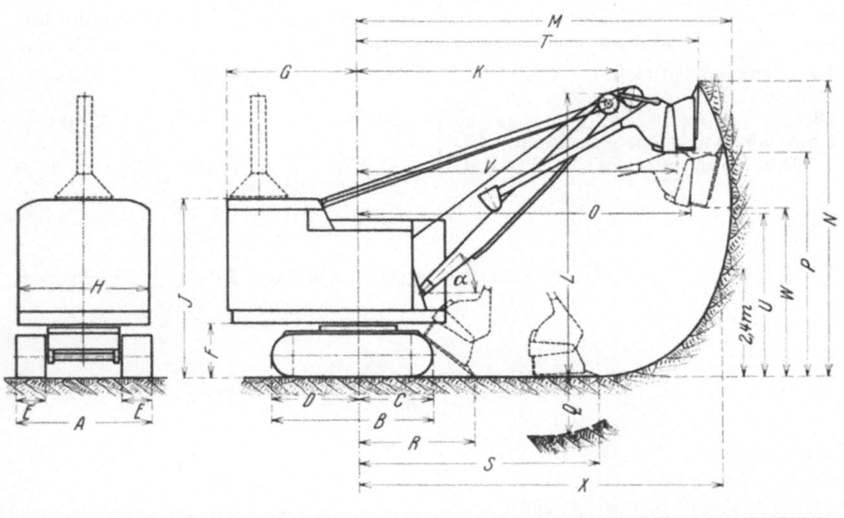

Hauptabmessungen (gültig für alle Einrichtungen)

A	Breite des Unterwagens	mm	3120
B	Länge des Unterwagens über Raupenkette	mm	3680
C	Kurzes Ende der Raupenkette	mm	1715
D	Langes Ende der Raupenkette	mm	1965
E	Raupenkettenbreite	mm	700
F	Lichtes Maß zwischen Oberwagen und Planum . . .	mm	1200
G	Hintere Ausladung des Oberwagens	mm	3000
H	Größte Breite des Oberwagens	mm	3020
I	Durchfahrtshöhe bei gesenktem Ausleger	mm	4020

Abmessungen des Löffelbaggers

	Löffelinhalt	m³	0,75		
α	Auslegerneigung	Grad	60	45	30
K	Mitte Bagger bis Vorderkante Ausleger	mm	4630	5880	6840
L	Planum bis Oberkante Ausleger . . .	mm	7300	6350	5100
M	Größte Reichweite	mm	7880	8450	8900
N	„ Reichhöhe	mm	7960	6500	4720
O	„ Ausschüttweite	mm	6950	7530	8000
P	„ Ausschütthöhe	mm	6200	4850	3220
Q	„ Reichtiefe	mm	1180	1530	2040
R	Anfang des Planums von Mitte Bagger	mm	2900	2500	2100
S	Ende des Planums von Mitte Bagger .	mm	5000	5400	5600
T	Reichweite bei größter Reichhöhe . .	mm	6350	7770	8730
U	Reichhöhe bei größter Reichweite . .	mm	4200	3850	3350
V	Ausschüttweite b. größt. Ausschütthöhe	mm	6350	7350	8000
W	Ausschütthöhe b. größt. Ausschüttweite	mm	4600	4250	3750
X	Reichweite bei 2,4 m Reichhöhe . . .	mm	7570	8250	8810
	Löffelverschiebung	mm	2650	2650	2650

Tabelle 20 (Fortsetzung).

Antriebsart	Dampfantrieb	Elektroantrieb (3 Motoren)	Dieselantrieb
Konstruktionsgewicht . . . ca. kg	30 000	28 000	28 000
Ballast . . . . ca. kg	3 000	6 000	4 900
Dienstgewicht . . . . ca. kg	34 000	34 000	33 500
Preis ab Werk einschl. allem Zubehör (ohne Ballast) . . ca. RM.	47 000	51 000	49 500

Tabelle 21. O. & K.-Universalraupenbagger Type 6 als Tieflöffelbagger.

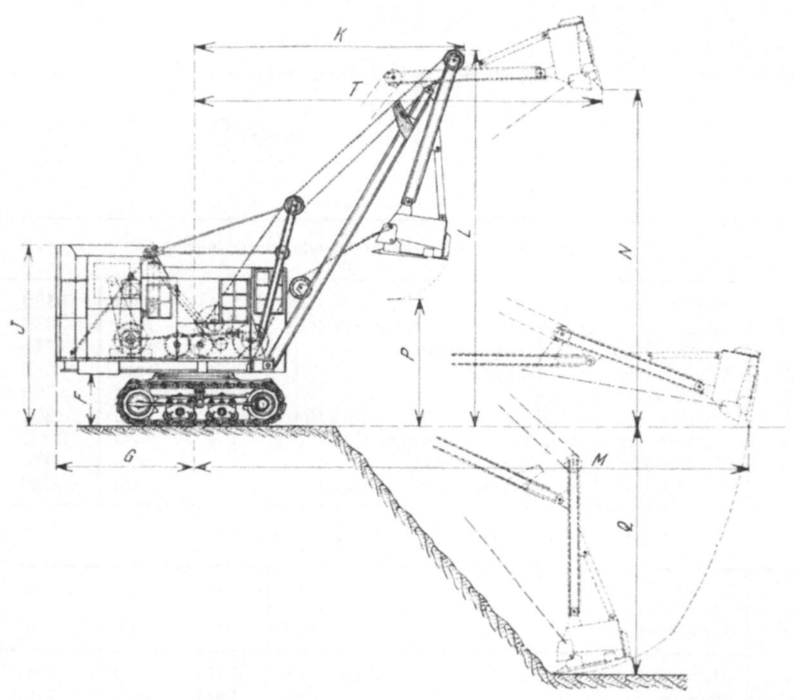

Arbeitsbereich.	K	L	M	N	P	Q	T	Tieflöffelinhalt . . m³	0.75
Maße in mm .	3500	8100	11 750	7200	2750	6650	8600	Tieflöffelbreite . . mm	890

Antriebsart	Dampfantrieb	Elektroantrieb (2 Motoren)	Dieselantrieb
Konstruktionsgewicht . . . ca. kg	29 500	26 500	27 500
Ballast . . . . ca. kg	3 000	6 500	4 900
Dienstgewicht . . . . ca. kg	33 500	33 000	33 000
Preis ab Werk einschl. allem Zubehör (ohne Ballast) . . ca. RM.	45 000	46 000	47 500

Tabelle 22.

O. & K.-Universalraupenbagger Type 6 als Schleppschaufelbagger.

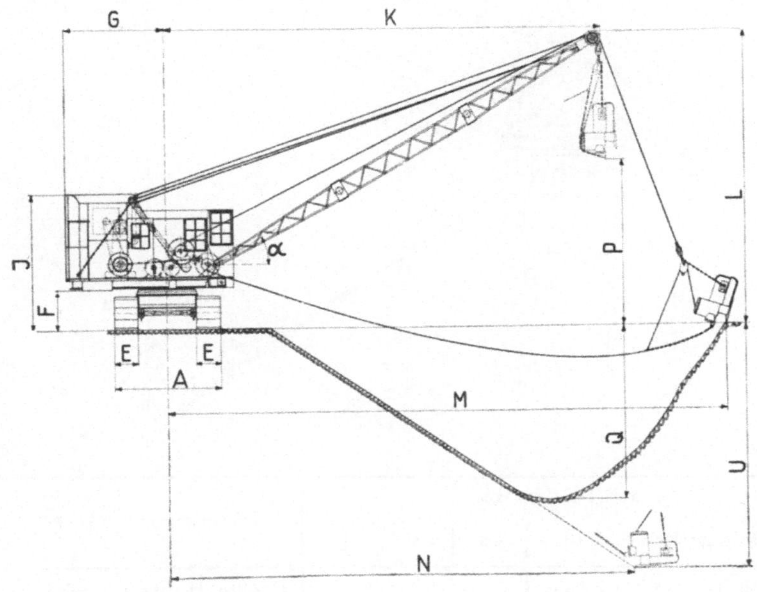

Arbeitsbereich bei Böschung 1:1,5		K	L	M	N	P	Q	U
Neigungs-	40° . . . . mm	11620	10450	15900	12350	6700	5050	6550
winkel des	30° . . . . mm	12950	8600	16450	13650	4850	5400	7400
Auslegers	20° . . . . mm	13900	6550	16600	14550	2750	5400	8000

Schleppschaufelinhalt . . . . 0,75 m³
Schleppschaufelbreite . . . . 1200 mm

Antriebsart	Dampfantrieb	Elektroantrieb (2 Motoren)	Dieselantrieb
Konstruktionsgewicht . . . ca. kg	28000	25000	26000
Ballast . . . . ca. kg	3000	6500	· 4900
Dienstgewicht . . . . ca. kg	32000	31500	31500
Preis ab Werk einschl. allem Zubehör (ohne Ballast) . . ca. RM.	44000	45000	46500

Tabelle 23.   O. & K.-Universalraupenbagger Type 6 als Greifbagger.

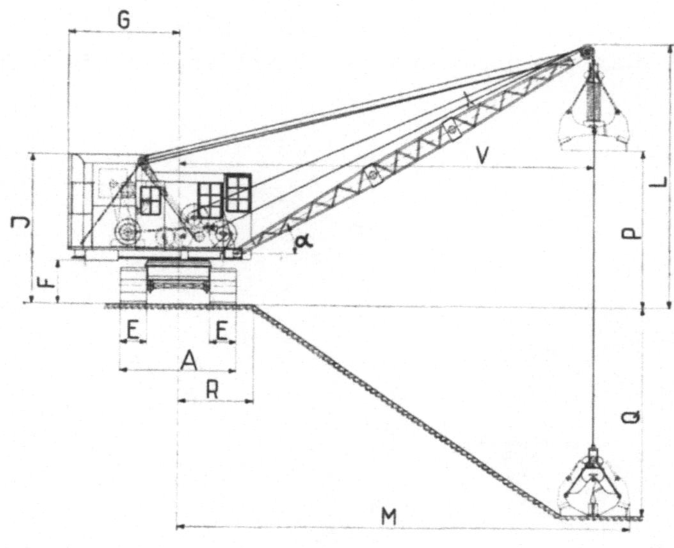

α	Ausleger 11 m lang				Greiferinhalt 0,5 m³	
α	Neigungswinkel . . Grad	55	40	25		
L	Höhe des Auslegers mm	10 600	8 675	6 225	Größte Hubhöhe (bei einfacher Seillage) mm	14 000
M	Grabweite . . . mm	9 155	11 235	12 780		
P	Ausschütthöhe . mm	7 495	5 470	3 020	Größte Weite des geschlossenen Greifers	
Q	Bagger-tiefen bei {1 : 1,25 mm	4 160	5 850	7 100	mm	1 550
	Böschung {1 : 1,5 mm	3 460	4 850	5 900	Größte Weite des geöffneten Greifers mm	1 970
V	Ausschüttweite . mm	8 170	10 240	11 795		
R	Mitte Bagger bis Böschungsrand mm	2 000	2 000	2 000	Größte Breite des Greifers . . . mm	1 100
					Diagonale des geöffneten Greifers mm	2 260

Antriebsart	Dampfantrieb	Elektroantrieb (2 Motoren)	Dieselantrieb
Konstruktionsgewicht . . . ca. kg	28 500	25 500	26 500
Ballast . . . . ca. kg	3 000	6 500	4 900
Dienstgewicht . . . . ca. kg	32 500	32 000	32 000
Preis ab Werk einschl. allem Zubehör (ohne Ballast). . ca. RM.	45 500	46 500	48 000

NB. Außer in obiger Normalausführung kann dieser Bagger auch für leichte Böden mit einem Korb von 0,75 m³ Inhalt und für steinige Böden mit einem besonders kräftigen Steingreifer von 0,50 m³ Inhalt geliefert werden.

Tabelle 24. O. & K.-Universalraupenbagger Type 6 als Kran.

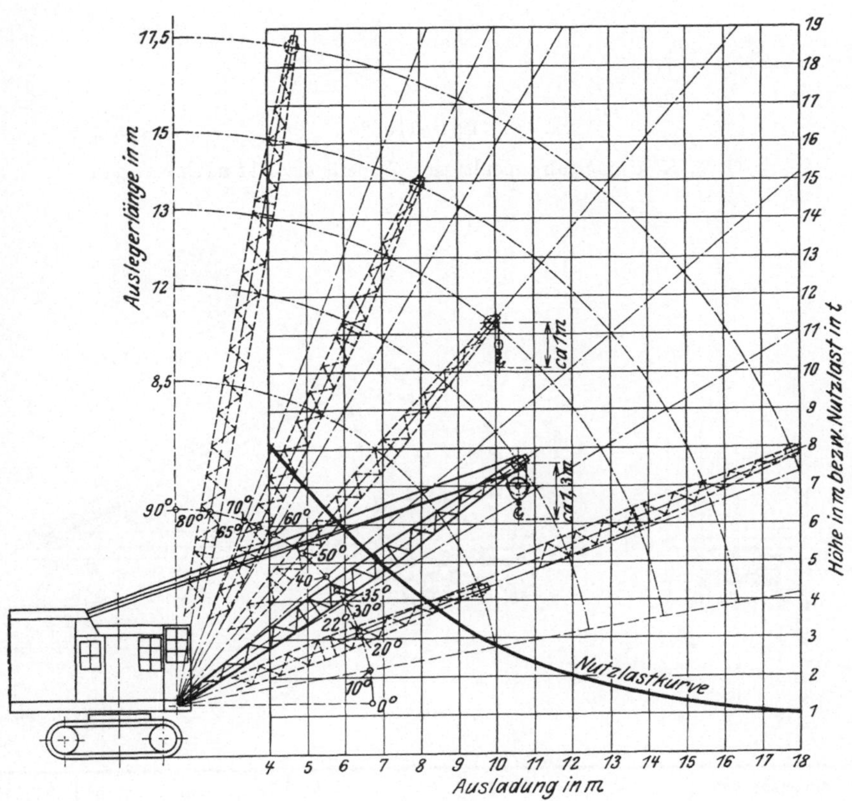

Antriebsart	Kran ohne Ausleger			Ausleger mit einer Länge von				
	Dampfantrieb	Elektroantrieb (2 Motoren)	Dieselantrieb	8,5 m	11 m	13 m	15 m	17,5 m
Konstruktionsgewicht . . . ca. kg	26 500	23 500	24 500	1100	1350	1550	1750	2000
Ballast . . . . ca. kg	3 000	6 500	4 900					
Dienstgewicht . . . . ca. kg	30 500	30 000	30 000					
Preis ab Werk einschl. allem Zubehör (ohne Ballast) . ca. RM.	40 500	41 500	42 500	1350	1500	1650	1800	2000

NB. Die jeweils gewünschte Länge des Auslegers wird durch Einschalten entsprechend langer Zwischenstücke hergestellt.

Bei Lasten bis 3 t greift das Seil direkt am Haken an, bei größeren Lasten ist eine Flasche vorgesehen.

Tabelle 25.

O. & K.-Universalraupenbagger Type 6 als Planierbagger.

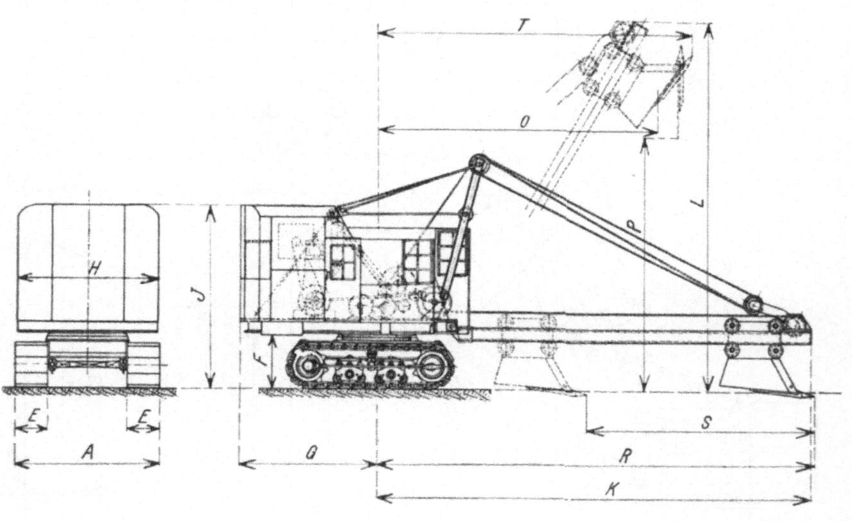

Arbeitsbereich.	K	L	O	P	R	S	T	Löffelinhalt . . . m³	0,75
Maße in mm .	9000	7800	5600	5250	9100	4700	6500	Löffelbreite . . . mm	920

Antriebsart	Dampfantrieb	Elektroantrieb (2 Motoren)	Dieselantrieb
Konstruktionsgewicht . . . ca. kg	29000	26000	27000
Ballast . . . . ca. kg	3000	6500	4900
Dienstgewicht . . . . ca. kg	33000	32500	32500
Preis ab Werk einschl. allem Zubehör (ohne Ballast) . . ca. RM.	45000	46000	47500

Tabelle 26. O. & K.-Universalraupenbagger Type 6 als Ramme.

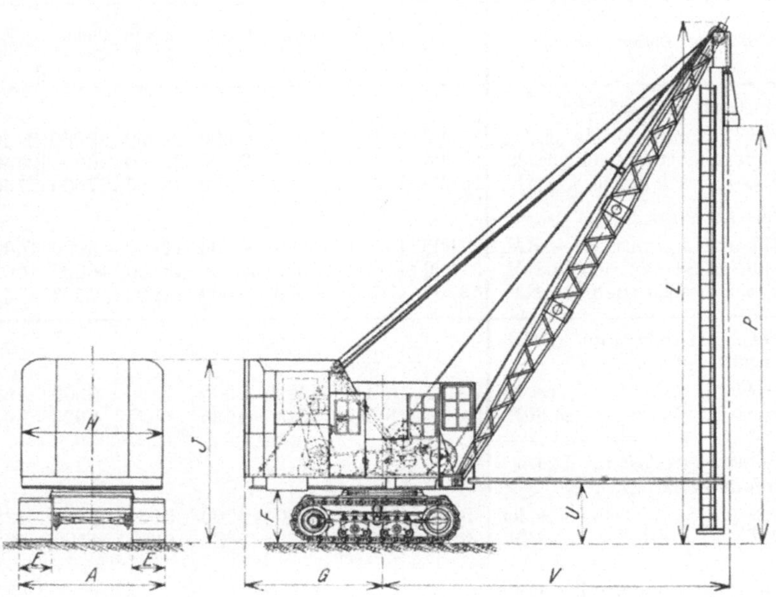

Arbeitsbereich	L	P	U	V	Ausleger 11 m lang		
Maße in mm	11 100	9000	1250	7250	Bärgewicht 800 kg		

Antriebsart	Dampfantrieb	Elektroantrieb (2 Motoren)	Dieselantrieb
Konstruktionsgewicht . . . ca. kg	29 500	26 500	27 500
Ballast . . . . ca. kg	3 000	6 500	4 900
Dienstgewicht . . . . ca. kg	33 500	33 000	33 000
Preis ab Werk einschl. allem Zubehör (ohne Ballast) . . ca. RM.	45 000	46 000	47 500

NB. Bei Vorhandensein einer Greifer- oder Schleppschaufeleinrichtung sind lediglich die Bärführungen und der Bär zu beschaffen. Die Führungen werden am Kopf des Auslegers befestigt und gegen den Oberwagen abgesteift. Die Hubtrommel dient zum Heben der Pfähle, die mit Rücksicht auf das Bärgewicht von 800 kg zweckmäßig nicht über 1000 kg schwer sein sollen, und die zusätzliche vordere Trommel zum Heben des Bären.

Die Führungsschienen sind versenkbar angeordnet, so daß mit dem Bär auch noch unter Planum gerammt werden kann.

Tabelle 27. Gesamtübersicht der Gewichte und Preise des O. & K.-Universal-
löffelbaggers Type 6 auf Raupenketten.

Lieferung des Gerätes als	Löffel-bagger	Tief-löffel-bagger	Schlepp-schaufel-bagger	Greif-bagger	Kran 11 m Ausleger	Planier-bagger	Ramme
Konstruktionsgewicht:							
a) bei Dampfantrieb . ca. kg	30000	29500	28000	28500	27850	29000	29500
b) bei Elektroantrieb . ca. kg	28000	26500	25000	25500	24850	26000	26500
c) bei Dieselantrieb . ca. kg	28000	27500	26000	26500	25850	27000	27500
Preis ab Werk:							
a) bei Dampfantrieb ca. RM.	47000	45000	44000	45500	42000	45000	45000
b) bei Elektroantrieb ca. RM.	51000	46000	45000	46500	43000	46000	46000
c) bei Dieselantrieb ca. RM.	49500	47500	46500	48000	44000	47500	47500
Ergänzungsteile zum Löffel-bagger:							
Gewicht . . . . . . ca. kg	—	5500	5500	5500	5500	5500	5500
Preis ab Werk . . ca. RM.	—	8625	8625	8625	8625	8625	8625
Ergänzungsteile zum Tief-löffelbagger:							
Gewicht . . . . . . ca. kg	5000	—	4380	4700	5000	3950	4385
Preis ab Werk . . ca. RM.	6900	—	5100	5635	6900	4500	5025
Ergänzungsteile zum Schlepp-schaufelbagger:							
Gewicht . . . . . . ca. kg	3235	2560	—	1850	2200	2420	1380
Preis ab Werk . . ca. RM.	5475	3675	—	3060	4440	3190	2100
Ergänzungsteile zum Greif-bagger:							
Gewicht . . . . . . ca. kg	3750	3400	2350	—	2500	3400	2135
Preis ab Werk . . ca. RM.	6625	5360	4210	—	5380	5360	4035
Ergänzungsteile zum Kran m. 11 m Ausleger:							
Gewicht . . . . . . ca. kg	1850	1850	820	600	—	1850	600
Preis ab Werk . . ca. RM.	2225	2225	1150	980	—	2225	980
Ergänzungsteile zum Planier-bagger:							
Gewicht . . . . . . ca. kg	4500	3380	3700	3900	4500	—	3700
Preis ab Werk . . ca. RM.	6625	4225	4340	5360	6625	—	4340
Ergänzungsteile zur Ramme:							
Gewicht . . . . . . ca. kg	4535	3860	2680	2950	3280	3700	—
Preis ab Werk . . ca. RM.	5975	4100	2600	3385	4730	3790	—

Erforderliche Umbauzeit von einer Verwendungsart in eine andere ca. 5 Stunden.

Tabelle 28.   O. & K.-Universalraupenbagger Type D als Löffelbagger.

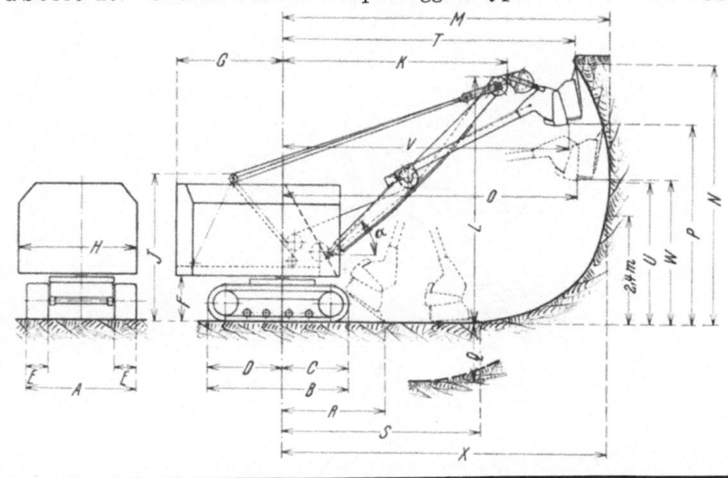

Hauptabmessungen		
A	Breite des Unterwagens . . . . mm	2500
B	Länge des Unterwagens über Raupenkette . . . . . mm	3200
C	Kurzes Ende der Raupenkette . . . . mm	1500
D	Langes Ende der Raupenkette . . . . mm	1700
E	Raupenkettenbreite . . . . mm	500
F	Lichtes Maß zwischen Oberwagen und Planum . . . mm	1000
G	Hintere Ausladung des Oberwagens . . . . mm	2400
H	Größte Breite des Oberwagens . . . . mm	2600
I	Durchfahrtshöhe bei gesenktem Ausleger . . . . . . mm	3300

Löffelbagger				
α	Auslegerneigung . . . . Grad	60	45	30
K	Mitte Bagger bis Vorderkante Ausleger . mm	3950	5060	5900
L	Planum bis Oberkante Ausleger . . . . mm	6370	5520	4410
M	Größte Reichweite . . . . mm	6860	7370	7750
N	„ Reichhöhe . . . . mm	7120	5830	4270
O	„ Ausschüttweite . . . . mm	6200	6720	7100
P	„ Ausschütthöhe . . . . mm	5650	4460	2950
Q	„ Reichtiefe . . . . mm	880	1280	1750
R	Anfang des Planums von Mitte Bagger . mm	2580	2300	1930
S	Ende des Planums von Mitte Bagger . . mm	4150	4500	4700
T	Reichweite bei größter Reichhöhe . . . mm	5240	6550	7480
U	Reichhöhe bei größter Reichweite . . . mm	3640	3230	2710
V	Ausschüttweite bei größter Ausschütthöhe mm	5520	6470	7080
W	Ausschütthöhe bei größter Ausschüttweite mm	3530	3130	2600
X	Reichweite bei 2,4 m Reichhöhe . . . . mm	6690	7290	7740
	Löffelverschiebung . . . . mm	2500	2500	2500

	Dieselantrieb	Elektroantrieb
Antriebsart		
Konstruktionsgewicht . . . . ca. kg	**17 500**	**17 000**
Ballast . . . . ca. kg	3400	4000
Dienstgewicht . . . . ca. kg	21 400	21 000
Preis ab Werk einschließlich allem Zubehör (ohne Ballast) . . . . **ca. RM.**	**33 500**	**29 500**

Tabelle 29. O. & K.-Universalraupenbagger Type D als Tieflöffelbagger.

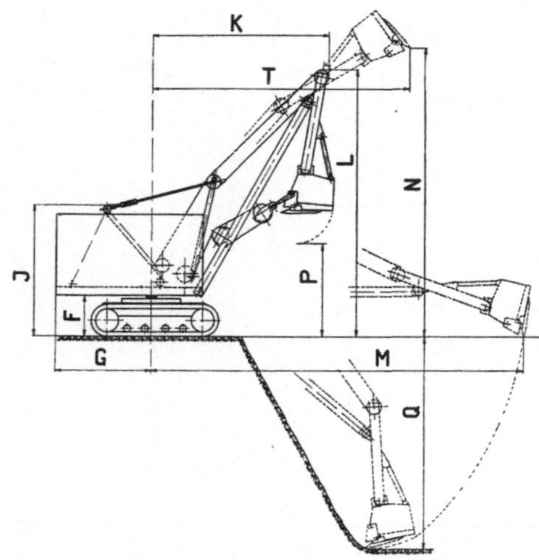

Arbeitsbereich.	K	L	M	N	P	Q	T	Tieflöffelinhalt . . m³	0,4
Maße in mm .	4530	6700	8900	7250	2320	5250	6550	Tieflöffelbreite . . mm	650

Antriebsart	Dieselantrieb	Elektroantrieb
Konstruktionsgewicht . . . . **ca. kg**	17 500	17 000
Ballast . . . . ca. kg	3 400	4 000
Dienstgewicht . . . . ca. kg	21 400	21 000
Preis ab Werk einschl. allem Zubehör (ohne Ballast) . . . . **ca. RM.**	33 500	29 500

Tabelle 30.
O. & K.-Universalraupenbagger Type D als Planierlöffelbagger.

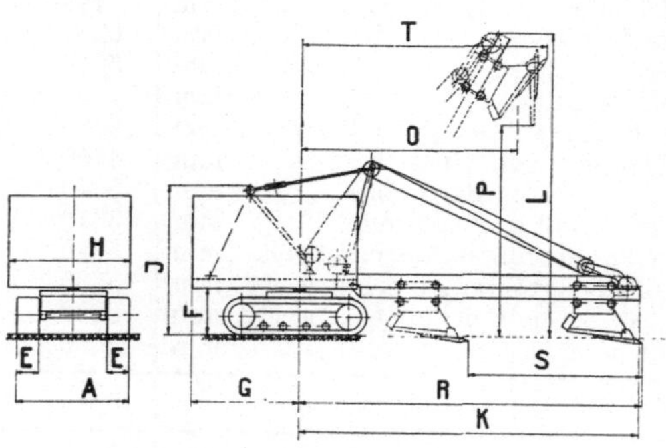

Arbeitsbereich.	K	L	O	P	R	S	T	Löffelinhalt . . . m³	0,4
Maße in mm .	7430	6700	4850	4300	7350	3700	5400	Löffelbreite . . . mm	790

Tabelle 30 (Fortsetzung).

Antriebsart	Dieselantrieb	Elektroantrieb
Konstruktionsgewicht . . . . ca. kg	**17500**	**17000**
Ballast . . . . ca. kg	3400	4000
Dienstgewicht . . . . ca. kg	21400	21000
Preis ab Werk einschl. allem Zubehör (ohne Ballast) . . . . ca. RM.	**33500**	**29500**

Tabelle 31.

O. & K.-Universalraupenbagger Type D als Greifbagger.

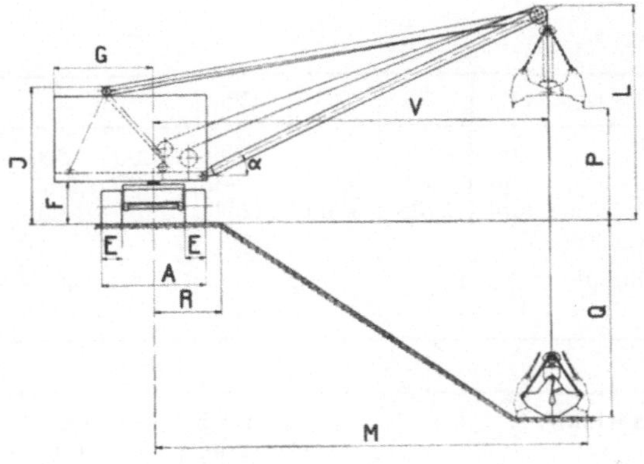

Ausleger 9 m lang				Greiferinhalt 0,4 m³		
α	Neigungswinkel . . Grad	55	40	25	R — Mitte Bagger bis Böschungsrand mm	1600
L	Höhe des Auslegers mm	9200	7600	5600	Größte Hubhöhe (bei einfacher Seillage)	
M	Grabweite . . . mm	7300	9000	10300	mm	22000
P	Ausschütthöhe . mm	6300	4700	2700	Größte Weite des geschlossenen Greifers	
Q	Bagger-tiefen bei {1:1,25 mm	3100	4450	5500	mm	1400
	Böschung {1:1,5 mm	2600	3250	4600	Größte Weite des geöffneten Greifers mm	1770
V	Ausschüttweite . mm	6400	8100	9400	Größte Breite des Greifers . . . mm	1000
					Diagonale des geöffneten Greifers mm	2050

Antriebsart	Dieselantrieb	Elektroantrieb
Konstruktionsgewicht . . . . ca. kg	**17500**	**17000**
Ballast . . . . ca. kg	3400	4000
Dienstgewicht . . . . ca. kg	21400	21000
Preis ab Werk einschließlich allem Zubehör (ohne Ballast) . . . . ca. RM.	**33500**	**29500**

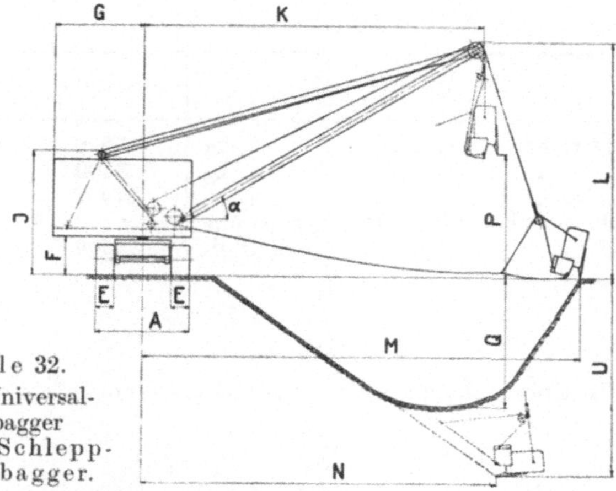

Tabelle 32.
O. & K.-Universal-
raupenbagger
Type D als Schlepp-
schaufelbagger.

Arbeitsbereich bei Böschung 1 : 1,5		K	L	M	N	P	Q	U
Neigungs-	40° . . . mm	8150	7600	11200	8600	4200	3380	4600
winkel des	30° . . . mm	9050	6300	11540	9500	2900	3420	5200
Auslegers	20° . . . mm	9730	4900	11600	10100	1500	3460	5600

Ausleger . . . . 9 m lang
Schleppschaufelinhalt . . . . 0,4 m³
Schaufelbreite . . . . 720 mm

Antriebsart	Dieselantrieb	Elektroantrieb
Konstruktionsgewicht . . . . ca. kg	**17000**	**16500**
Ballast . . . . ca. kg	3400	4000
Dienstgewicht . . . . ca. kg	20900	20500
Preis ab Werk einschließlich allem Zubehör (ohne Ballast) . . . . ca. RM.	**32000**	**28000**

Tabelle 33.
O. & K.-Universalraupenbagger
Type D als Ramme.

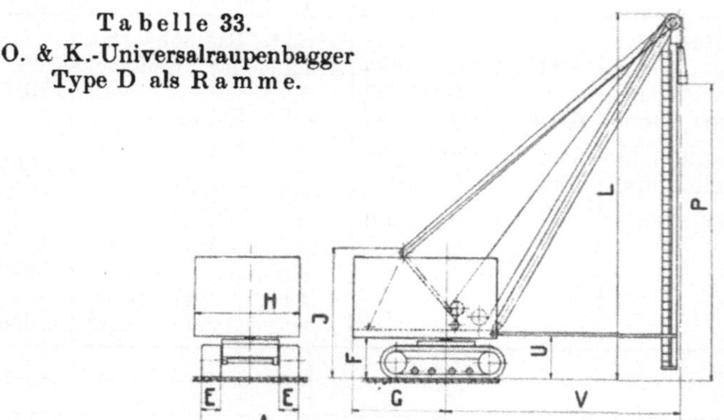

Arbeitsbereich	L	P	U	V	Ausleger 9 m lang
Maße in mm	9120	7340	1150	5880	Bärgewicht 500 kg

Tabelle 33 (Fortsetzung).

Antriebsart	Dieselantrieb	Elektroantrieb
Konstruktionsgewicht . . . . **ca. kg**	**17 500**	**17 000**
Ballast . . . . ca. kg	3 400	4 000
Dienstgewicht . . . . ca. kg	21 400	21 000
Preis ab Werk einschl. allem Zubehör (ohne Ballast) . . . . **ca. RM.**	**33 500**	**29 500**

Tabelle 34. O. & K.-Universalraupenbagger Type D als Kran.

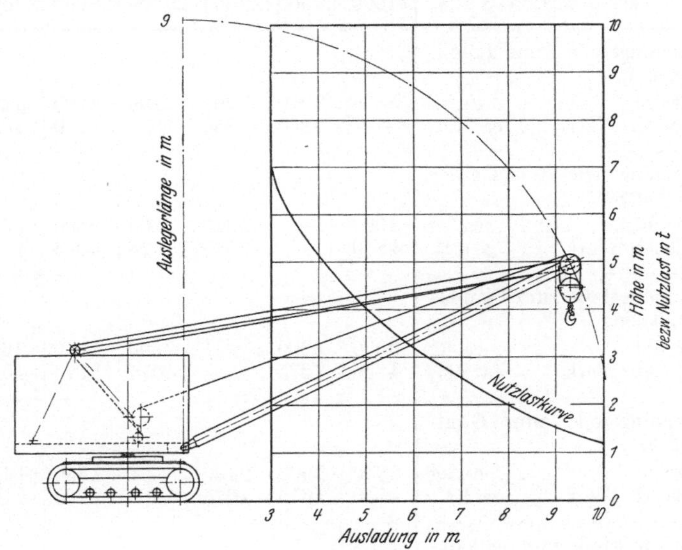

Antriebsart	Dieselantrieb	Elektroantrieb
Konstruktionsgewicht . . . . **ca. kg**	**16 000**	**15 500**
Ballast . . . . ca. kg	3 400	4 000
Dienstgewicht . . . . ca. kg	19 900	19 500
Preis ab Werk einschl. allem Zubehör (ohne Ballast) . . . . **ca. RM.**	**29 500**	**25 500**

In den Tabellen 27 bzw. 35 wurde eine Übersicht gegeben, mit welchen Gewichten und Beträgen man zu rechnen hat, wenn man zu einem bereits vorhandenen Bagger lediglich ein weiteres Arbeitsgerät hinzukaufen will.

Der Vollständigkeit halber möchte ich noch erwähnen, daß O. & K. außer den von mir angeführten Universallöffelbaggern auch noch eine Type 32 mit 3 m³ Löffelinhalt herstellt. Ich habe jedoch mit Rücksicht auf die verhältnismäßig seltene Verwendungsmöglichkeit dieser Type im allgemeinen Tiefbau darauf verzichtet, sie näher zu behandeln.

Tabelle 35. Gesamtübersicht der Gewichte und Preise des O. & K.-Universallöffelbaggers Type D auf Raupenketten.

Lieferung des Gerätes als	Löffel-bagger	Tief-löffel-bagger	Planier-löffel-bagger	Greif-bagger	Schlepp-schaufel-bagger	Ramme	Kran
Konstruktionsgewicht:							
a) bei Dieselantrieb . ca. kg	17500	17500	17500	17500	17000	17500	16000
b) bei Elektroantrieb. ca. kg	17000	17000	17000	17000	16500	17000	15500
Preis ab Werk:							
a) bei Dieselantrieb ca. RM.	33500	33500	33500	33500	32000	33500	29500
b) bei Elektroantrieb ca. RM.	29500	29500	29500	29500	28000	29500	25500
Ergänzungsteile zum Löffel-bagger:							
Gewicht . . . . . . ca. kg	—	3200	3200	3200	3200	3200	3200
Preis ab Werk . . ca. RM.	—	4850	4850	4850	4850	4850	4850
Ergänzungsteile zum Tief-löffelbagger:							
Gewicht . . . . . . ca. kg	3000	—	2200	2600	2500	2600	3000
Preis ab Werk . . ca. RM.	4850	—	3675	4075	3975	4075	4850
Ergänzungsteile zum Planier-löffelbagger:							
Gewicht . . . . . . ca. kg	3000	2200	—	2600	2500	2600	3000
Preis ab Werk . . ca. RM.	4850	3675	—	4075	3975	4075	4850
Ergänzungsteile zum Greif-bagger:							
Gewicht . . . . . . ca. kg	2650	2900	2400	—	1450	1450	1700
Preis ab Werk . . ca. RM.	4850	4075	4075	—	2760	2760	3565
Ergänzungsteile zum Schlepp-schaufelbagger:							
Gewicht . . . . . . ca. kg	2000	1730	1730	750	—	750	1000
Preis ab Werk . . ca. RM.	3750	2875	2875	1660	—	1660	2465
Ergänzungsteile zur Ramme:							
Gewicht . . . . . . ca. kg	3200	3000	3000	2150	2150	—	2400
Preis ab Werk . . ca. RM.	4350	3575	3575	2260	2260	—	3065
Ergänzungsteile zum Kran:							
Gewicht . . . . . . ca. kg	1400	1400	1400	500	500	500	—
Preis ab Werk . . ca. RM.	1950	1950	1950	665	665	665	—

Erforderliche Umbauzeit von einer Verwendungsart in eine andere ca. 3 Stunden.

Ein weiteres Gerät dieser Art ist der in Deutschland von der Firma „Erba", Raupenbagger und Raupengeräte G. m. b. H., Berlin W 15, vertriebene **Bear-Cat-Universalraupenbagger.**

Es ist dies eine deutsch-amerikanische Maschine, mit der alle Arten von Erdarbeiten, gleichgültig ob in leichtem oder schwerem Boden, unter oder über dem Baggerplanum, auf tragfähigem oder weichem

Grund ausgeführt werden können. Dazu kommt der große Vorteil, daß man wegen ihrer geringen Höhe überall leicht durchkommt und auch sie ohne jede Demontage auf Plattformeisenbahnwagen verladen kann (Abb. 24), die sie mittels vorhandener oder behelfsmäßig hergestellter Rampe mit eigener Kraft besteigen oder verlassen.

Die eigentliche Maschine besteht aus einem starken, aus schwerem Walzeisen gebauten Rahmen, der auf zwei Raupenbändern fahrbar ist. Auf diesem Rahmen ist das durch einen Benzinmotor angetriebene Windwerk montiert. Der Antrieb der Raupenbänder erfolgt durch Gliederketten vom Windwerk aus. Für das Fahren nach vorne und nach rückwärts sind je eine Geschwindigkeit einschaltbar. Nachdem jedes Raupenband für sich geschaltet werden kann,

Abb. 24. Bear-Cat-Universalraupenbagger auf Eisenbahnwagen verladen.

ist das Drehen auf der Stelle möglich. Auf dem Rahmen erhebt sich der Bock, der am Vorderende die um 180° schwenkbare Königswelle trägt. An dieser werden die verschiedenen Zubehörteile in einfachster Weise unter Zuhilfenahme des eigenen Windwerkes angebracht, so daß das Auswechseln derselben auf dem Arbeitsplatze selbst mit geringstem Zeitverlust vorgenommen werden kann. Diese Anordnung gibt gegenüber der üblichen Ausführung mit um 360° durchdrehbarer Drehscheibe eine Reihe von Vorteilen. Sie bedingt, da nur geringe Massen beschleunigt und verzögert werden müssen, eine sehr hohe Arbeitsgeschwindigkeit und ermöglicht es auch noch auf engstem Raum zu arbeiten.

Eine große Vielseitigkeit der Verwendung wird dadurch gewährleistet, daß der Bear-Cat-Bagger mit vier verschiedenen Arbeitsgeräten, nämlich der Löffelbaggereinrichtung, der Tiefgrabeeinrichtung, der Flachgrabeeinrichtung und der Greifbaggereinrichtung ausgerüstet werden kann. Setzt man bei der Greifbaggereinrichtung an die Stelle des Greiferkorbs einen Kranhaken, so hat man damit einen leistungsfähigen Kran, und berücksichtigt man ferner, daß der längste Ausleger noch eine Sondereinrichtung für Verwendung einer Planierschaufel von 1,5 m Breite für Planierungsarbeiten aller Art besitzt, so erkennt man, daß diese Maschine für insgesamt sechs verschiedene Arbeitszwecke verwendet werden kann.

Die Hauptdaten des Bear-Cat-Universalraupenbaggers sind folgende:

Größte Höhe über Gelände	3,18 m
Größte Außenbreite	3,02 m
Rahmenlänge	3,10 m
Rahmenbreite	1,83 m
Gewicht im oben angegebenen Umfang	13,50 t
Breite über Außenkante Raupenbänder	2,82 m
Breite der Raupenbänder	0,34 m
Tragende Fläche der Raupenbänder	2,23 m²
Spezifische Belastung des Bodens	0,60 kg/cm²
Fahrtgeschwindigkeit vorwärts	1,35 km/st
Fahrtgeschwindigkeit rückwärts	1,35 km/st
Hubgeschwindigkeit	41 m/min
Größte Hubkraft	3760 kg

Als Antriebsmaschine besitzt der Bagger normal einen vierzylindrigen Benzinmotor mit 1500 Umdrehungen in der Minute und einer Leistung von 48 PS. Er kann aber auch mit Antrieb durch Dieselmotor geliefert werden.

Im übrigen sei auf die Tabellen 36—40 verwiesen.

Tabelle 36. Bear-Cat-Bagger mit Löffelbagger-Einrichtung.

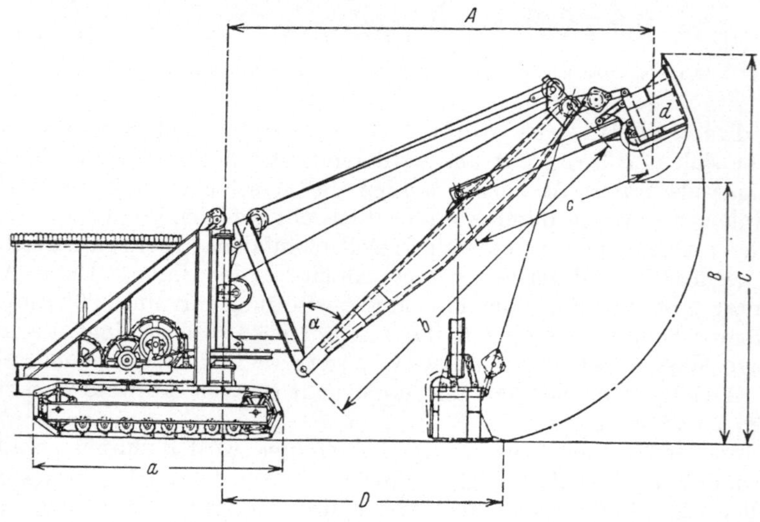

a)	4,00 m	c)	Löffelstiel 2,50 m
α)	Neigungswinkel	d)	Löffel 0,4 m³
b)	Ausleger 5,18 m		

Tabelle 36 (Fortsetzung).

Bestreichungstabelle (in Metern), Bestreichungswinkel 180°.

Neigungswinkel α des Auslegers gegen die Vertikale	Größte Ausschütthöhe	Größte Grabhöhe	Größter Radius der tiefsten Schaufelstellung	Größter Radius bei höchster Schaufelstellung
	B	C	D	A
45°	3.86	5,94	3,28	5,79
55°	4.20	6,02	3,46	5,10

Inhalt des gestrichen vollen Löffels . . . . 0,38 m³
Konstruktionsgewicht . . . . **ca. kg 17000**
Preis ab Berlin . . . . **ca. RM. 42500**

Tabelle 37.

Bear-Cat-Bagger mit Tiefgrabe-Einrichtung.

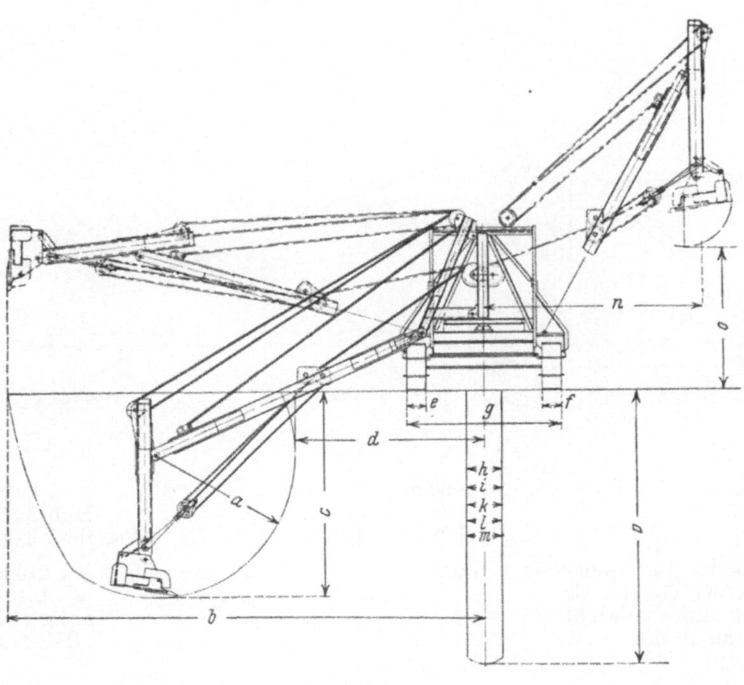

a) . . . . 2,540 m	h) . . . . . . 0,64 m	}	abhängig
b) . . . . 8,380 m	i) . . . . . . 0,79 m	}	von der
c) . . . . 3,660 m	l) . . . . . . 0.94 m	}	Kübelbreite
d) . . . . 3,000 m	n) . . . . min 3,80 m		
e) . . . . 0,343 m	o) . . . max 2,70 m		
f) . . . . 0,343 m	p) . . . max 4.90 m		
g) . . . . 2,800 m			

Tabelle 37 (Fortsetzung).

Die Höchstwerte sind:

Größte Grabtiefe . . . . 4,90 m
　　„　Reichweite im Niveau für den Anschnitt . . . . 8,40 m
　　„　Ausschütthöhe von Unterkante Entleerungsklappe . . . . 2,70 m
Radius der Ausschüttung hierbei . . . . 3,80 m

Kübelbreite . . . . m	0,64	0,79	0,94
Kübelinhalt . . . . m³	0,30	0,35	0,40

	Bagger ohne Ausrüstung	Ausrüstung bestehend aus Ausleger und Kübel		
Konstruktionsgewicht . ca. kg	14 500	2750	2800	2850
Preis ab Berlin . . . ca. RM.	35 250	6900	7000	7100

Tabelle 38. Bear-Cat-Bagger mit Flachgrabe-Einrichtung.

a) . . . . 4,00 m　　d) . . . . : . . . . . . 6,63 n
b) . . . . 0,71 m　　e) . . . . Hub 3,35 n
c) . . . . 3 28 m　　f) . . . . (Variable) 3,66 m

Die Breite des Grabkübels beträgt . . . . 810 mm
Inhalt des Grabkübels . . . . 0,40 m³
Konstruktionsgewicht . . . . ca. kg 17 000
Preis ab Berlin . . . . ca. RM. 41 750

Tabelle 39. Bear-Cat-Bagger mit Greifer- und Planier-Einrichtung.

a) . . . . 9,14 m　|　b) . . . . 4,00 m

　　Der längste Ausleger besitzt noch eine Sondereinrichtung zur Verwendung einer Planierschaufel von 1,5 m Breite. Hierdurch wird es möglich, die Maschine auch als

Einebner

von Gräben und Mulden, überhaupt zum Planieren im allgemeinen zu verwenden.

Tabelle 39 (Fortsetzung).

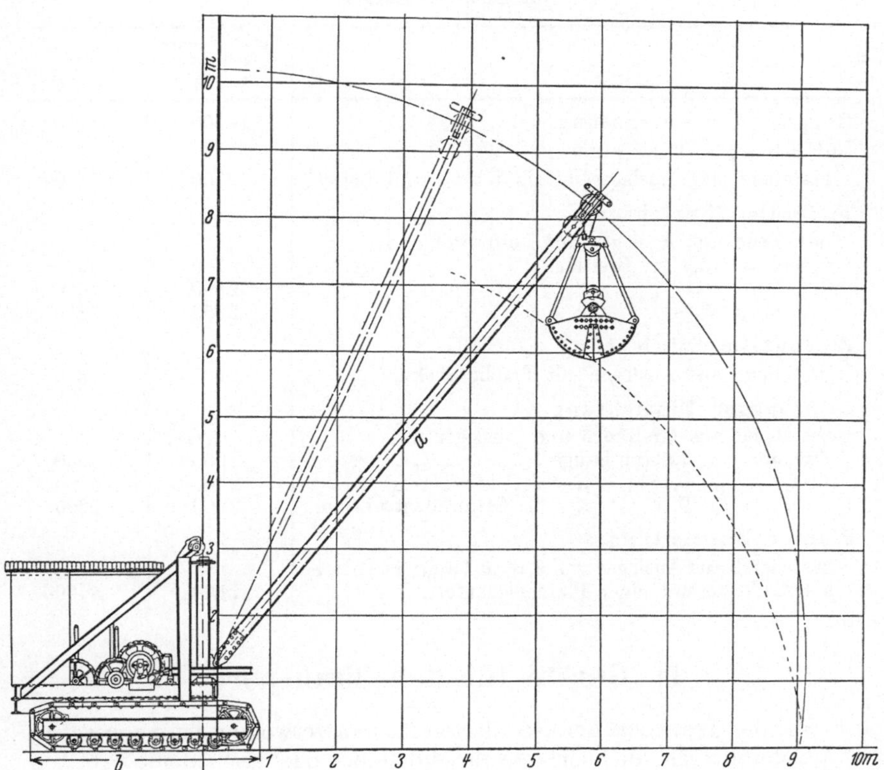

	Bagger mit Benzinmotor ohne Ausrüstung	Greifkorb mit 0,40 m³ Inhalt und			Planierschaufel und Ausleger in Gitterkonstruktion von 9,14 m Länge
		Ausleger von 7,50 m Länge	Ausleger von 9,14 m Länge	Ausleger der Gitterkonstruktion von 9,14 m Länge	
Konstruktionsgewicht. ca. kg	14 500	2000	2100	2500	2500
Preis ab Berlin. . . ca. RM.	35 250	5200	6100	7200	5400

Wenn man am Greifbagger statt des Greiferkorbs einen Kranhaken anbringt, so entsteht dadurch ein Kran mit folgenden Hubleistungen:

Bei 3,70 m Ausladung . . . 3760 kg   Bei 6,70 m Ausladung . . . 2200 kg
„ 5,50 m   „   . . . 2940 kg   „ 7,70 m   „   . . . 1810 kg
„ 6,10 m   „   . . . 2540 kg

Ein besonderer Ballast ist bei dieser Maschine nicht nötig, weil Motor und Windwerk hierfür vollkommen ausreichen. Für die Auswechslung der einzelnen Geräte sind nach Angabe der Firma „Erba" ca. $^1/_2$—1 Stunde erforderlich.

Tabelle 40. Zusammenstellung der Versandgewichte und Preise ab Berlin für Bear-Cat-Bagger.

	Konstruktions-gewicht ca. kg	Preis ca. RM.
Bagger ohne Ausrüstung	14 500	35 250
Löffelbagger - Einrichtung,		
bestehend aus Ausleger mit Löffelstiel und Löffel .	2 700	7 250
Tiefgrabe - Einrichtung,		
bestehend aus Ausleger mit Löffelstief und		
Kübel von 0,64 m Breite	2 750	6 900
„ „ 0,79 „ „	2 800	7 000
„ „ 0,94 „ „	2 850	7 100
Flachgrabe - Einrichtung,		
bestehend aus Ausleger mit Flachgrabekübel . . .	2 600	6 500
Greifbagger - Einrichtung,		
bestehend aus Greifkorb und Ausleger mit		
Zubehör von 7,50 m Länge	2 000	5 200
„ „ 9,14 „ „	2 100	6 100
„ „ 9,14 „ „ in Gitterkonstruktion .	2 500	7 200
Planier - Einrichtung,		
bestehend aus Ausleger von 9,14 m Länge in Gitter-		
konstruktion mit einer Planierschaufel	2 500	5 400

II. Geräte für den Transport.

Für den Transport der geförderten Massen verwendet man abgesehen von Schubkarren, die höchstens für einleitende oder ganz kleine Arbeiten ins Auge zu fassen sind, entweder Lastkraftfahrzeuge oder in den allermeisten Fällen Rollwagen von 600—900 mm Spurweite, die je nach dem Umfang der Arbeiten von Hand oder durch Lokomotiven bewegt werden.

1. Lastfahrzeuge.

Lastkraftfahrzeuge für den Erdtransport kommen hauptsächlich in Frage, wenn der Aushub von Baugruben abgefahren werden muß, ohne daß die Möglichkeit besteht, dies auf wirtschaftlichere Weise durch Anlage einer Rollbahn zu bewerkstelligen.

Die beiden Arten von Lastkraftfahrzeugen, zwischen denen man in diesem Fall zu wählen hat, sind Lastkraftwagen bzw. Lastkraftwagenzüge und Schlepperzüge.

a) Lastkraftwagen bzw. Lastkraftwagenzüge.

Um einen Lastkraftwagen tunlichst ausnützen zu können und wenigstens für das Abladen keine unnötige Zeit zu verlieren, empfiehlt es sich unter allen Umständen nur Wagen mit kippbarer Brücke, und zwar am besten solche mit einer vollständig mit Eisenblech ausgeschlagenen, hydraulisch nach drei Seiten kippbaren Brücke mit 4—5 m³ Fassungsvermögen zu verwenden.

Abb. 25. Lastkraftwagen Type 6 C 1 der Henschel & Sohn A.-G. mit Dreiseitenkippvorrichtung.

Ein solcher Wagen ist die in Abb. 25 dargestellte Type 6 C 1 der Henschel & Sohn A.-G., die im übrigen folgende Daten aufweist:

Tragfähigkeit . . . . 6000 kg

Motor:
Motor-Nennleistung (6 Zylinder). . . . . 85 PS
Drehzahl in der Minute bei Vollast 1250
Bohrung . . . . 115 mm
Hub . . . . 160 mm
Mittlerer Brennstoffverbrauch, bei Vollast, trocke-
ner ebener Straße und ohne Fahrtunterbrechung 33 kg/100 km
Mittlerer Ölverbrauch . . . . 0,75 kg/100 km

Fahrgestell:
Ganze Länge des Fahrgestells. . . . . 6935 mm
Achsstand. . . . . 4530 mm

Aufbau:
Geschlossenes Führerhaus mit Kurbelfenster und
verschließbaren Türen:
Brückenlänge Außenmaß . . . . 4000 mm
Brückenbreite Außenmaß bei Elastikbereifung . 2100 mm
Bordwandhöhe . . . . 600 mm

Ganzer Wagen:
Ganze Länge des Wagens . . . . 7090 mm
Größte Breite des Wagens bei Elastikbereifung. 2220 mm
Größte Höhe des Wagens (unbelastet; auf das
Führerhaus bezogen) bei Elastikbereifung . . 2620 mm

Eigengewicht des vollständigen Wagens

**mit Zweiseitenkippbrücke (von Hand zu be-
tätigen)** . . . . ca. **6000** kg

**mit Dreiseitenkippbrücke (hydraulisch zu be-
tätigen)** . . . . ca. **6500** kg

Höchstgeschwindigkeit

auf der Ebene unter Zugrundelegung der Motor-
umdrehungszahl von 1250 in der Minute bei
Elastikbereifung   30   km/st

Wendigkeit:

kleinster Kurvenhalbmesser, gemessen am äußeren
Vorderrad bei Elastikbereifung   8,1   m

kleinster Kurvenhalbmesser, gemessen am inneren
Hinterrad bei Elastikbereifung   4,7   m

Bereifung:

Elastik; vorn 1000 × 185 einfach, hinten 1000 × 185 doppelt

Preis des vollständigen Wagens ab Werk

mit hydraulischer Dreiseitenkippvorrichtung. 21 000 RM.
mit Zweiseitenkippvorrichtung . . . . 19 500 RM.
Bereifung allein . . . . ca. 2 500 RM.

Wichtig für die Entscheidung der Frage, welchen Weg man am zweckmäßigsten beschreitet, wenn Kraftfahrtransporte zu bewältigen sind,
sind die **Betriebskosten,** und ich will deshalb in folgendem einen kleinen
Überblick geben, wie sich dieselben unter verschiedenen Verhältnissen
gestalten.

Betriebskostenberechnung für Type 6 C 1 der Henschel & Sohn A.-G.

Grundlagen:

Preis für 1 l Kraftstoff . . . . 0,42 RM.
   ,,   ,, 1 kg Öl . . . . 1,— ,,

Kapitalanlage:

bei Dreiseitenkippvorrichtung . . . . 21 000,— RM.
bei Zweiseitenkippvorrichtung . . . .   19 500,— ,,

Feste Kosten:

Verzinsung + Abschreibung 19 % vom An-schaffungspreis	3 990,— ,,	3 705,— ,,
Kraftwagenführer pro Jahr einschließlich so-zialen Lasten	3 500,— ,,	3 500,— ,,
Steuer pro Jahr	1 200,— ,,	1 200,— ,,
Versicherung pro Jahr	700,— ,,	700,— ,,
	9 390,— RM.	9 105,— RM.

Betriebskosten je Kilometer:

Kraftstoff 50 l/100 km à 0,42 RM. . . . . 0,21 RM.
Öl 1,0 kg/100 km à 1 RM. 0,01 ,,
Bereifung (2000 RM.; Lebensdauer angenommen zu 20 000 km) . . 0,10 ,,
Instandhaltung angenommen zu . . . . 0,05 ,,

                                                       0,37 RM.

Tabelle 41. Gesamtkosten je Kilometer.

Ausführungsart.	Dreiseitenkippbrücke				Zweiseitenkippbrücke			
Jährliche Fahrleistung . . . . . km	5000	10 000	15 000	20 000	5000	10 000	15 000	20 000
Feste Kosten . . . . . RM.	1,88	0,94	0,63	0,47	1,82	0,91	0,61	0,46
Betriebskosten . . . . . RM.	0,37	0,37	0,37	0,37	0,37	0,37	0,37	0,37
Gesamtkosten je km . **RM.**	**2,25**	**1,31**	**1,—**	**0,84**	**2,19**	**1,28**	**0,98**	**0,83**

Diese Tabelle zeigt deutlich die Abhängigkeit der Betriebskosten von der Ausnutzungsmöglichkeit des Wagens und gibt damit einen wertvollen Fingerzeig für alle Fälle, wo Material mit Lastkraftwagen

Abb. 26. Lastkraftwagen-Anhänger der Firma J. Rockinger in München mit Dreiseitenkipp-vorrichtung.

abgefahren werden muß, solche aber im eigenen Gerätepark der Unternehmung nicht vorhanden sind.

Ist es beispielsweise möglich, das Material durch gemietete Wagen zu einem Preis von 2 RM. je Kubikmeter abfahren zu lassen, so daß eine solche Fahrt bei 4 m³ Ladung 8 RM. kostet und beträgt die Entfernung zur Ablagerungsstelle 3 km, der Weg hin und zurück also 6 km, so kommt in diesem Falle der Wagenkilometer auf RM. 1,33, d. h. ein eigens zu beschaffender Wagen ist erst konkurrenzfähig, wenn er innerhalb eines Jahres ca. 10 000 Wagenkilometer leisten oder um bei obigem Beispiel zu bleiben, $\frac{10\,000}{6} . 4 =$ rund 6660 m³ Material auf rund 3 km Entfernung verfahren kann.

Dabei darf aber nicht übersehen werden, daß die Ausnutzung der Verladegeräte jeweils die Bereitstellung ausreichenden Laderaums für den Abtransport gebieterisch erfordert und daß ein Lastkraftwagen infolgedessen nur in den seltensten Fällen genügen wird, so daß, wenn nicht die Möglichkeit anderweitiger Verwendung gegeben ist, die Neubeschaffung von Wagen erst einen Sinn hat, wenn deren Ausnutzung auch wirklich gewährleistet ist.

Diese Erkenntnis hat dazu geführt eine Hebung der Wirtschaftlichkeit bei der Lastkraftwagenbeförderung dadurch anzustreben, daß man, wo dies angängig ist, den Motorwagen nicht allein fahren läßt, sondern ihm einen Anhänger beigibt, der natürlich zweckmäßig ebenfalls mit Zwei- oder Dreiseitenkippvorrichtung versehen sein soll, und zwar genügt hier vollkommen ein solcher mit Betätigung der Kippvorrichtung von Hand, wie er in Abb. 26 dargestellt ist.

Ein derartiger Anhänger der Wagenbauanstalt J. Rockinger in München kostet mit Zweiseitenkippvorrichtung 4000 RM. und mit Dreiseitenkippvorrichtung 4500 RM., so daß sich die

Betriebskostenberechnung für einen Wagenzug, bestehend aus Henschel-Lastkraftwagen Type 6 C 1 mit Rockinger-Anhänger

unter den gleichen Voraussetzungen wie oben ergibt wie folgt:

Kapitalanlage:

    bei Dreiseitenkippvorrichtung . . . . 25 500,— RM.
    bei Zweiseitenkippvorrichtung . . . .   23 500,— RM.

Feste Kosten:

Verzinsung + Abschreibung 19 % vom Anschaffungspreis	4845,— „	4465,— „
Kraftwagenführer pro Jahr einschließlich sozialen Lasten	3500,— „	3500,— „
Steuer pro Jahr	1200,— „	1200,— „
Versicherung pro Jahr	700,— „	700,— „
	10245,— RM.	9865,— RM.

Betriebskosten je Kilometer:

Kraftstoff 60 l/100 km à 0,42 RM. . . . . 0,25 RM.
Öl 1,0 kg/100 km à 1 RM. . . . . 0,01 „
Bereifung (2000 + 1350 = 3350 RM.; Lebensdauer angenommen zu 20000 km) . . . . 0,17 „
Instandhaltung angenommen zu . . . . 0,05 „

                                                       0,48 RM.

Tabelle 42. Gesamtkosten je Kilometer.

Ausführungsart.	Dreiseitenkipperzug				Zweiseitenkipperzug			
Jährliche Fahrleistung . . . . . . km	5000	10 000	15 000	20 000	5000	10 000	15 000	20 000
Feste Kosten . . . . . . RM.	2,05	1,02	0,68	0,51	1,97	0,99	0,66	0,49
Betriebskosten . . . . . RM.	0,48	0,48	0,48	0,48	0,48	0,48	0,48	0,48
Gesamtkosten je km . . RM.	**2,53**	**1,50**	**1,16**	**0,99**	**2,45**	**1,47**	**1,14**	**0,97**
Auf Nutzlast bezogen 50 % RM.	**1,27**	**0,75**	**0,58**	**0,50**	**1,23**	**0,74**	**0,57**	**0,49**

In diesem Falle betragen sohin die Kosten für den Wagenkilometer unter Berücksichtigung der doppelten Nutzlast nur etwa 60 % des Betrages, der anfällt, wenn aus irgendwelchen Gründen (schlechte

Kippmöglichkeiten od. dgl.) nur mit Motorwagen ohne Anhänger gefahren werden kann.

b) Schlepperzüge.

Einer der in Deutschland am weitesten verbreiteten Motorschlepper ist der Hanomag-Schlepper der Hannoverschen Maschinenbau-A.-G. in Hannover-Linden (Abb. 27).

Abb. 27. Lastzug mit Hanomag-Schlepper.

Seine Hauptdaten sind:

Länge	3130 mm	Breite zwischen den Hinterrädern	1000 mm
Breite	1600 mm	Raddurchmesser vorn	700 mm
Höhe	1500 mm	Raddurchmesser hinten	1065 mm
Achsabstand	1692 mm	Bodenfreiheit	250 mm
Spurbreite vorn	1210 mm		
Spurbreite hinten	1344 mm		

Motor:

Nennleistung (4 Zylinder)		Bohrung	95 mm
mit Treiböl	28 PS	Hub	150 mm
mit Benzin	30 PS	Mittlerer Betriebsstoffverbrauch ca.	250 g/PS-st
mit Benzol	32 PS	Mittl. Ölverbrauch. ca.	7 g/PS-st
Drehzahl in der Minute	1100		

Fahrgeschwindigkeiten:

1. Gang	3,7 km/st	3. Gang	15,0 km/st
2. Gang	7,5 km/st	Rückwärtsgang	2,7 km/st

Riemenscheibe:

Durchmesser	365 mm	**Gewicht des Schleppers** ca.	**3300 kg**
Breite	150 mm	**Preis ab Werk ohne Bereifung**	**6000 RM.**
Umdrehungen je Minute	770		
Inhalt des Haupttanks	62 l	**Preis der Bereifung**	**1175 RM.**
„ „ Hilfstanks	22 l		

Auch hier sollen im folgenden die Kosten aufgemacht werden, welche bei den verschiedenen Verwendungsmöglichkeiten anfallen.

Betriebskosten bei Verwendung von 1 Rockinger-Anhänger.

Grundlagen:

Preis für 1 kg Kraftstoff . . . . 0,22 RM.
„   „   1 kg Öl . . . . 0,60 „

Kapitalanlage:

Preis des Schleppers	7175,— RM.	7175,— „
1 Zweiseitenkipperanhänger	4000,— „	
1 Dreiseitenkipperanhänger		4500,— „
	11175,— RM.	11675,— RM.

Feste Kosten:

Verzinsung + Abschreibung 19 % vom An- schaffungspreis	2123,25 RM.	2218,25 RM.
Führer (ohne Führerschein) einschließlich so- zialen Lasten	3000,— „	3000,— „
Steuer pro Jahr	300,— „	300,— „
Versicherung pro Jahr	200,— „	200,— „
	5623,25 RM.	5718,25 RM.

Betriebskosten je Kilometer:

Kraftstoff 40 kg/100 km à 0,22 RM. . . . . 0,088 RM.
Öl 2 kg/100 km à 0,60 RM. . . . . 0,012 „
Bereifung (1175 + 1350 = 2525 RM.; Lebens-
dauer angenommen zu 20000 km) . . . . 0,126 „
Instandhaltung angenommen zu . . . . 0,024 „

0,250 RM.

Tabelle 43. Gesamtkosten je Kilometer.

Ausführungsart.	Zweiseitenkipperzug				Dreiseitenkipperzug			
Jährliche Fahrleistung . . . . . km	3000	5000	10000	15000	3000	5000	10000	15000
Feste Kosten . . . . . RM.	1,87	1,12	0,56	0,37	1,91	1,14	0,57	0,38
Betriebskosten . . . . . RM.	0,25	0,25	0,25	0,25	0,25	0,25	0,25	0,25
Gesamtkosten je km . RM.	**2,12**	**1,37**	**0,81**	**0,67**	**2,16**	**1,39**	**0,82**	**0,63**

Betriebskosten bei Verwendung von 2 Rockinger-Anhängern.

Grundlagen wie vor.

Kapitalanlage:

Preis des Schleppers	7175,— RM.	7175,— RM.
2 Zweiseitenkipperanhänger	8000,— „	
2 Dreiseitenkipperanhänger		9000,— „
	15175,— RM.	16175,— RM.

Feste Kosten:

Verzinsung + Abschreibung 19 % vom An- schaffungspreis	2883,25 RM.	3073,25 RM.
Führer (ohne Führerschein) einschließlich so- zialen Lasten	3000,— „	3000,— „
Mitfahrer einschließlich sozialen Lasten . . .	2200,— „	2200,— „
Steuer pro Jahr	300,— „	300,— „
Versicherung pro Jahr	250,— „	250,— „
	8633,25 RM.	8823,25 RM.

Betriebskosten je Kilometer:

Kraftstoff 50 kg/100 km à 0,22 RM. . . . . 0,110 RM.
Öl 2,5 kg/100 km à 0,60 RM. . . . . 0,015 „
Bereifung (1175 + 2 × 1350 = 3875 RM.; Lebensdauer angenommen
zu 20000 km) . . . . 0,195 „
Instandhaltung angenommen zu . . . . 0,030 „

0,350 RM.

Tabelle 44. Gesamtkosten je Kilometer.

Ausführungsart.	Zweiseitenkipperzug				Dreiseitenkipperzug			
Jährliche Fahrleistung . . . . . . km	3000	5000	10 000	15 000	3000	5000	10 000	15 000
Feste Kosten . . . . . . RM.	2,88	1,72	0,86	0,58	2,94	1,76	0,88	0,59
Betriebskosten . . . . . RM.	0,35	0,35	0,35	0,35	0,35	0,35	0,35	0,35
Gesamtkosten je km . . RM.	3,23	2,07	1,21	0,93	3,29	2,11	1,23	0,94
Auf Nutzlast bezogen 50% RM.	1,62	1,04	0,61	0,47	1,65	1,06	0,62	0,47

Vergleicht man die Ergebnisse der Tabellen 43 und 44 mit jenen der Tabellen 41 und 42 der Lastkraftwagen bzw. Lastkraftwagenzüge, so ist der Vorteil zunächst unbedingt auf Seite der Schlepperzüge, um so mehr als der Schlepper neben seiner normalen Verwendung auch als Antriebsmaschine für alle möglichen Zwecke benutzt werden kann. Demgegenüber darf aber zugunsten der Lastkraftwagen einmal deren größere Geschwindigkeit, vor allem aber deren absolute Überlegenheit in stark bewegtem Gelände nicht übersehen werden.

2. Rollbahnen.

Wo es irgendwie geht wird man bestrebt sein für den Abtransport von Erdmassen Rollbahnen anzulegen. Sie bestehen aus Gleis, Wagen und Lokomotiven und sollen im folgenden kurz behandelt werden, wobei, sofern nichts anderes erwähnt ist, die Angaben der Firma Leipziger & Co., Feld- und Industriebahnwerke, G. m. b. H., Zweigniederlassung München, zugrunde gelegt wurden.

a) Gleisanlagen.

Bei den Gleisanlagen hat man zu unterscheiden zwischen den festmontierten Gleisen, die jedoch nur für kleinere Arbeiten in Frage kommen und den Gleisen, die von Fall zu Fall auf Holzschwellen montiert werden. Einzelheiten über die Gleise können als allgemein bekannt vorausgesetzt werden und ich beschränke mich deshalb darauf, in Tabelle 45 und 46 nur einige Angaben über die am häufigsten verwendeten Dimensionen zu machen.

Ein Bestandteil der Gleisanlagen sind die Drehscheiben, welche für kleinere Arbeiten vielfach noch in der Form von Einbaudrehscheiben, wesentlich häufiger aber als Kletterdrehscheiben oder für die größeren Spurweiten von 750 und 900 mm in der Form von Drehschlitten verwendet werden.

Die Hauptangaben für gewöhnliche Einbaudrehscheiben sind aus Tabelle 47 zu entnehmen.

An Kletterdrehscheiben sind zu erwähnen die Supra-Kletterdrehscheibe zur Abzweigung nach jeder beliebigen Richtung mit **70 kg Gewicht bei einem Preis von 90 RM. je Stück** und die aus Stahlplatten gepreßte fliegende Meco-Kletterdrehscheibe der Firma Eichelgrün & Co. ebenfalls zur Abzweigung nach jeder beliebigen Richtung mit 1550 mm Baulänge und **65 kg Gewicht bei einem Preis von 95 RM. je Stück.** Letztere wird auch in einer Sonderausführung mit umklappbaren Hemmschuhen gebaut und gestattet in dieser Form das Überfahren der Scheibe. Die Baulänge beträgt alsdann 1900 mm, das Gewicht 85 kg und der Preis 140 RM. je Stück. Die Preise gelten in allen drei Fällen für 600 mm Spurweite. Die maximale Tragkraft dieser Drehscheiben beträgt ca. 2000 kg.

Hat man größere Lasten und Spurweiten, so verwendet man zweckmäßig einfache Drehschlitten, die im Bedarfsfalle auch rasch auf der Baustelle selbst hergestellt werden können.

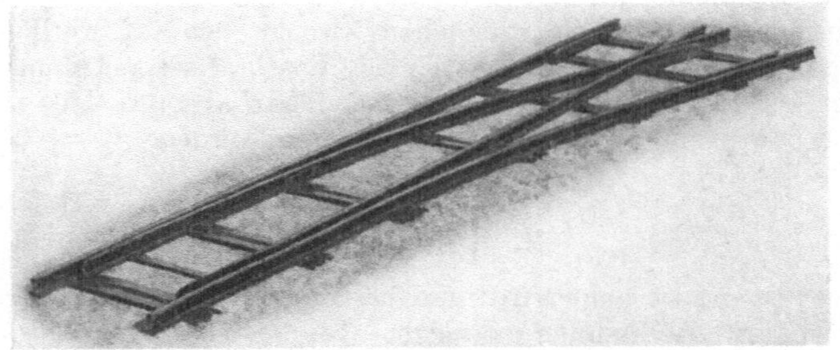

Abb. 28. Rahmengleisweiche, 600 mm Spur, 5 m lang.

Tabelle 45. Hauptdaten für fest montierte Gleise.
Die Gewichte und Preise verstehen sich einschließlich Kleineisenzeug.

Bezeichnung	Normale Baulänge m	Schienen- höhe mm	Schienen- gewicht kg/m	Schwellen- art	Schwellen- zahl je Stoß	Schwellen- breite mm	Gewicht ca. kg/m	Preis ab Werk ca. RM./m
Rahmengleis:								
(600 mm Spurweite)	5,0	65	7,0	Stahl-Rillen-schwelle	5	105	17,5	3,25
	5,0	65	7,0		5	128	19,0	3,50
	5,0	70	9,0		5	128	23,5	4,30
	5,0	70	9,5		5	128	25,5	4,70
Brigadegleis:								
(600 mm Spurweite gebraucht)	5,0	70	9,5	Stahl-Dach-schwelle	10	160	46,0	6,50
(desgl. mit neuen Schienen 7 m lg.)	7,0	70	9,5		10	160	38,5	6,50
							ca. kg/St.	ca. RM./St.
Rahmengleisweichen:								
(600 mm Spurweite)	2,5	65	7,0	Stahl-Rillen-schwelle	4	128	100	45,—
	5,0	65	7,0		7	128	200	60,—
	5,0	70	9,0		7	128	250	75,—
	7,0	70	9,5		11	128	350	100,—
Brigadegleisweichen:								
(dreiteilig, gebraucht)	10,0	70	9,5	Stahl-Dach-schwelle	18	160	1000	150,—

Abb. 29. Schema einer Bockzungenweiche.

Tabelle 46. Hauptdaten für Gleise auf Holzschwellen.
Die Gewichte und Preise verstehen sich einschließlich Kleineisenzeug.

Bezeichnung	Normale Baulänge m	Schienen- höhe mm	Schienen- ge- wicht kg/m	art	Schwellen- höhe cm	Schwellen- brei- te cm	Schwellen- länge cm	Gewicht ca. kg/m	Preis ca. RM./m
Durchgehende Gleise:									
(600 mm Spurweite)	9,0	80	12,0		12	13	120	36,8	5,45
	9,0	80	14,0		12	14	130	42,7	6,35
	9,0	93	16,0		13	15	130	49,4	7,15
(750 mm Spurweite)	9,0	93	18,0	Holzschwellen	13	15	150	55,8	8,—
	9,0	100	20,0		13	16	160	62,8	8,75
	9,0	115	24,4		14	17	160	76,2	10,70
(900 mm Spurweite)	9,0	115	24,4		14	17	170	77,6	10,90
	9,0	115	27,55		14	18	180	89,2	12,65
	9,0	134	33,4		14	18	180	101,2	14,90

Bezeichnung	Normale Baulänge m	Schienen- höhe mm	Schienen- ge- wicht kg/m	art	Schwellen- höhe cm	Schwellen- brei- te cm	Schwellen- länge im Mittel cm	Gewicht ca. kg/St.	Preis ca. RM./St.
Weichen:									
Sog. Bockzungenwei-chen, bestehend aus 2 Zungenschienen mit Verbindungsstange, 2 Anschlagschienen mit Gleitstühlen, 1 Herzstück, 2 Radlenkern mit Futterstücken, 1 Stellbock mit Gegengewicht und Verbindungsstange, dem Zwischengleis, den Holzschwellen und sämtlichem Befestigungsmaterial									
(600 mm Spurweite)	7,0	80	12,0		12	13	180	550	135,—
	7,0	80	14,0		12	14	200	620	150,—
	7,0	93	16,0		13	15	200	775	185,—
(750 mm Spurweite)	10,0	93	18,0	Holzschwellen	13	15	225	975	210,—
	10,0	100	20,0		13	16	240	1385	390,—
	10,0	115	24,4		14	17	240	1680	490,—
(900 mm Spurweite)	12,0	115	24,4		14	17	260	1830	530,—
	12,0	115	27,55		14	18	270	2080	610,—
	12,0	134	33,4		14	18	270	2380	715,—

Tabelle 47.

Bauart		Rollendrehscheibe		Kugeldrehscheibe	
Oberplatten- durchmesser mm	Plattenstärke mm	Gewicht kg	Preis RM.	Gewicht kg	Preis RM.
950	7/5	105	40	110	42
950	8/6	115	43	120	45
950	10/7	130	50	135	53
1000	10/7	145	55	150	60
1200	12/10	270	90	280	100

Ein dringendes Erfordernis in jedem Tiefbaubetrieb ist die **pflegliche Behandlung der Gleisanlagen,** und es sollen deshalb gleich an dieser Stelle auch kurz die Hilfsmittel angegeben werden, welche von der Gleisbauanstalt R o b e l hierfür, sowie für eine rationelle Gestaltung der Gleisbauarbeiten geschaffen wurden.

Das Auf- und Abladen der Schienen ist eine meist recht mühselige Arbeit und um so kostspieliger, je schwerer die Profile sind, mit denen man zu tun hat. Um diese Arbeit zu erleichtern und zu verbilligen, wurde von Robel eine Schienen-Auf- und Abladevorrichtung geschaffen, deren Wirkungsweise aus Abb. 30 sehr schön ersichtlich ist. Die **Schienen-Auf- und Abladevorrichtung Robel 8** besteht aus zwei von

Abb. 30.   Schienen-Auf- und Abladevorrichtung Robel 8.

Hand bedienten Drehkranen, die durch starke Zwingen zuverlässig am Wagenboden bzw. Längsträger aller zum Schienentransport geeigneten Eisenbahnwagen befestigt werden können. Die Drehkransäulen sind mit Lastdruckbremsen ausgerüstet, die beim Ablegen bzw. beim Ablassen der Schienen in Tätigkeit treten. Die Plattform der Drehkräne hat Feststellvorrichtung, so daß die Kräne während der Fahrt in bestimmter Richtung festgehalten, also gesichert sind. Die Schienen werden durch Schienengreifzangen, die an der unteren Flaschenzugrolle angebracht sind, gefaßt und in ruhiger, gleichmäßiger Bewegung an den Wagen herangeschleift, hochgezogen, eingeschwenkt und abgelegt. Beim Abladen ist der Vorgang umgekehrt. Die Greifzangen sind so konstruiert, daß ein unbeabsichtigtes Freigeben der Last während des Auf- und Abladens nicht stattfinden kann. Eine Beschädigung der Schienen, wie sie durch das meist übliche Herabwerfen leicht vorkommt, ist bei dieser Behandlung ausgeschlossen.

Die Schienen-Auf- und Abladevorrichtung Robel 8 ist geeignet für Schienen bis zu 18 m Länge und einem Metergewicht bis zu 49 kg. Im übrigen sind ihre Hauptdaten folgende:

Ausladung der Kranen von Mitte Drehgestell bis Mitte Zange 1075 mm
Größte Höhe ohne Befestigungszwingen . . . . ca. 2300 mm
Größte Breite . . . . ca. 650 mm
Gesamttragkraft der 2 Kranen . . . . 1000 kg
Gewicht einer Garnitur, bestehend aus 2 Kranen mit Winden, Seilen, Zangen und Befestigungszwingen ca. 1270 kg
Preis einer Garnitur ab Werk . . . . ca. 2500 RM.

Sind durch irgendwelche Umstände Schienen absichtlich oder unabsichtlich verbogen worden und sollen dieselben wieder gerade gerichtet werden, oder aber sollen gerade Schienen für den Einbau in Kurven zurechtgebogen werden, so hat Robel dafür Schienenbiegemaschinen und Schienenbiegepressen der verschiedensten Art geschaffen.

Die für den Tiefbau geeignetsten Typen sind folgende: **Schienenbiegemaschine Robel 6** (Abb. 31). Dieselbe ist gebaut für Handbetrieb und hat den Vorzug einfacher kräftiger Bauart und leichter Handhabung und Bedienung. Die

Abb. 31. Schienenbiegemaschine Robel 6 für Handbetrieb.

Schiene wird eingeführt und läuft bei Drehung des Handkreuzes durch die Maschine; der Vorgang wird alsdann unter Anziehung der Spindel so lange wiederholt, bis die gewünschte Form der Schiene erzielt ist. Die Daten der Schienenbiegemaschine Robel 6 sind aus Tabelle 48 zu entnehmen.

Tabelle 48.

Größe	80	110	110 a	140	140 a
Geeignet für Schienen bis zu einer Höhe von . . . mm	50 —80	80 —110	50—110	110—140	80—140
Größte Länge der Maschine mm	800	1050	1050	1300	1300
„ Breite der Maschine mm	800	1000	1000	800	800
„ Höhe der Maschine mm	700	900	900	700	700
Gewicht . . . . ca. kg	**100**	**170**	**200**	**250**	**300**
Preis ab Werk . . . ca. RM.	**195**	**250**	**300**	**325**	**385**

Eine etwas schwerere Maschine, aber gleichfalls in erster Linie für Handbetrieb geeignet, ist die **Schienenbiegemaschine Robel 5** (Abb. 32). Sie hat 1 Antriebs- und 2 mitlaufende Rollen und biegt Schienen bis zu 34 kg Metergewicht, ohne dem Stahlgefüge derselben zu schaden.

Ihre Hauptdaten sind folgende:

Größte Länge der Maschine	ca.	1500 mm
Größte Breite der Maschine	ca.	1300 mm
Größe Höhe der Maschine	ca.	1100 mm
Gewicht	**ca.**	**625 kg**
Preis ab Werk	**ca.**	**1100 RM.**

Diese Maschine wird auch für Kraftantrieb gebaut.

Außer den beiden Schienenbiegemaschinen für Handbetrieb gibt es noch für Kraftbetrieb die **Schienenbiegemaschine Robel 26.** Sie ist geeignet zum Biegen von Vignol- und Rillenschienen bis zu 200 mm Höhe und es lassen sich mit ihr auch hochkantgekrümmte (durchgefahrene) Schienen bis zu 145 mm Höhe noch ausrichten. Sie kommt praktisch nur für Kraftbetrieb in Frage und wird ortsfest oder fahrbar geliefert. Für Tiefbaufirmen wird es sich im allgemeinen nur um ortsfeste Maschinen für Hauptwerkplätze handeln und es sollen deshalb im folgenden auch nur die Hauptdaten für solche angegeben werden:

Abb. 32. Schienenbiegemaschine Robel 5
für Hand- und Kraftbetrieb.

a) **Elektrischer Antrieb** mit Antriebsritzel des Motors, jedoch ohne Motor und elektrische Ausrüstung.

Größte Länge der Maschine	ca.	3000 mm
Größte Breite der Maschine	ca.	1800 mm
Größte Höhe der Maschine	ca.	1050 mm
Kraftbedarf	ca.	5 PS
Gewicht	**ca.**	**2500 kg**
Preis ab Werk	**ca.**	**3750 RM.**

b) **Riemenantrieb** über eingebautes Wendegetriebe.

Größte Länge der Maschine	ca.	3000 mm
Größte Breite der Maschine	ca.	1900 mm
Größte Höhe der Maschine	ca.	1050 mm
Riemenscheibendurchmesser	ca.	420 mm
Riemenscheibenbreite	ca.	100 mm
Umdrehungen je Minute	ca.	500
Kraftbedarf	ca.	5 PS
Gewicht	**ca.**	**2650 kg**
Preis ab Werk	**ca.**	**4500 RM.**

Um zu vermeiden, daß sich die Schiene am langen Ende in sich selbst verdreht, verwendet man zweckmäßig zu ihrer Unterstützung je nach Bedarf auf jeder Seite 1—2 **Schienenauflagerollen Robel 1,** die bei einem **Gewicht von ca. 105 kg je Stück 138 RM. kosten.**

Ein einfaches und zweckmäßiges Gerät zum Feststellen des Halbmessers der Schiene beim Austritt aus der Schienenbiegemaschine ist der **Kurvenmeßapparat Robel 7**, der bei einem **Gewicht von 5 kg ca. 55 RM.** kostet.

Tabelle 49.

Größe.	10	20	30	40	45	55
Herstellungsmaterial.	Schmiedeeisen				Siemens-Martin Stahl	
Für Schienen bis. . . . kg/m	10	10—20	20—30	30—40	45	55
Bügelhöhe im lichten . . . mm	210	250	270	360	300	300
Bügelweite im lichten . . . mm	450	500	600	650	830	850
Spindelstärke . . . . . . mm	50	55	60	65	60	70
Gewicht des Apparates. ca. kg	25	35	50	75	85	140
Preis des Apparates . ca. RM.	37	47	67	107	300	350

Für das Biegen von Schienen auf der freien Strecke kommen die allgemein bekannten **Schienenbiegepressen** (Abb. 33) in Frage, über welche alles Wissenswerte aus Tabelle 49 entnommen werden kann.

Abb. 33. Schienenbiegepresse von Robel & Co., München.

Abb. 34. Schienenbohrmaschine Robel 4.

Für die Gleislegung und die damit zusammenhängenden Arbeiten sind folgende Maschinen und Geräte zu erwähnen:

Schienenbohrmaschine Robel 4 (Abb. 34). Sie ist eine nach neuzeitlichen Grundsätzen gebaute Maschine höchster Leistung mit zwangsläufigem, kontinuierlichem Vorschub der Bohrspindel und bohrt Löcher bis zu 40 mm Durchmesser. Zur Bedienung ist nur ein Mann erforderlich. Ihre Ausmaße sind:

Größte Höhe	ca.	650 mm
Größte Breite	ca.	650 mm
Größte Länge	ca.	350 mm
Gewicht der Maschine	ca.	**38 kg**
Preis ab Werk	ca.	**230 RM.**

Bohrer von 160 mm Gesamtlänge und 60 mm Schaftlänge aus hochwertigem Werkzeugstahl.

Bohrerstärke . . . . mm	18	20	21	22	23	24	25	26	27	28	30	32
Gewicht . . . . . . ca. g	200	250	260	280	300	320	330	360	400	420	450	500
Preis für 1 St. . ca. RM.	3,20	3,50	4,10	4,20	4,35	4,55	4,80	5,10	5,40	5,65	6,10	6,75

Diese Bohrer haben einen Sonderschaft, der ein unbedingtes Festhalten im Bohrfutter gewährleistet.

Schienensägemaschine Robel 2 (Abb. 35). Sie ist geeignet für Schienen bis zu 190 mm Höhe. Ihre Hauptdaten sind:

Abb. 35. Schienensägemaschine Robel 2.

Größte Länge . . . . ca. 900 mm
Größte Breite . . . . ca. 480 mm
Größte Höhe. . . . . ca. 290 mm
Gewicht der Maschine . . . . **ca.   60 kg**
Preis ab Werk . . . . **ca. 175 RM.**

Die dazugehörigen **Schienensägeblätter** sind aus Wolframstahl und werden in folgenden Größen hergestellt:

355 × 50 × 1,5 mm ca. **230 g** schwer . . . . Stückpreis ca. **1,25 RM.**
355 × 35 × 1,5 mm ca. **200 g** schwer . . . . Stückpreis ca. **1,— RM.**

Schwellenbohrmaschine Robel 7 (Abb. 36). Die Schwellenbohrmaschine Robel 7 ist von sehr einfacher Bauart und Handhabung. Ihr

Räderwerk ist in einem Gehäuse, so daß Verletzungen des Bedienungsmannes ausgeschlossen sind. Durch leichte und genaue Einstellung der Lochtiefe wird die größtmöglichste Schonung der Bohrer erzielt. Ihre Hauptdaten sind:

Größte Höhe	ca.	700 mm
Größte Breite	ca.	175 mm
Größte Länge	ca.	200 mm
Gewicht der Maschine	**ca.**	**12 kg**
Preis der Maschine		
bei Normalausführung ohne Bohrer	**ca.**	**45 RM.**
bei Ausführung mit verlängerter und verstellbarer Kurbel mit 2 Löchern zum Bohren von Löchern über 18 mm Durchmesser	**ca.**	**50 RM.**

Schwellenbohrer, zweischneidig, eingängig von 235 mm Länge; Schaft zylindrisch 12 × 40 mm.

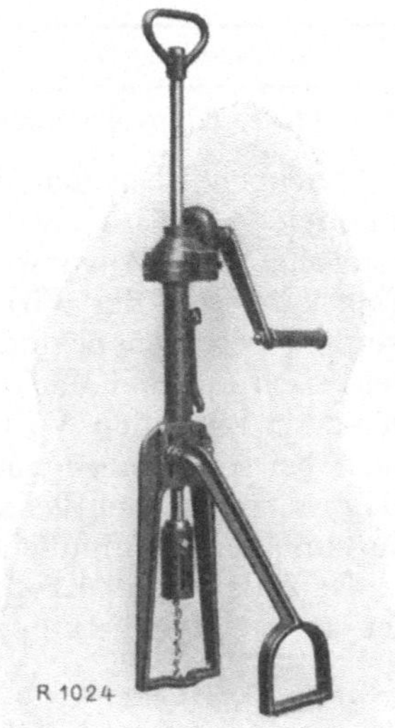

Abb. 36. Schwellenbohrmaschine Robel 7.

Bohrerstärke . . . . mm	10	12	13	14	15	15,5	16	16,5	17	18	20	22
Gewicht . . . . . ca. g	75	90	100	105	110	110	115	120	130	140	145	165
Preis für 1 St. . ca. RM.	1,70	1,70	1,70	1,75	1,80	1,90	1,90	2,20	2,20	2,30	2,70	3,30

b) Rollwagen.

Bei den Rollwagen waren von jeher die zwei Hauptgruppen der Muldenkipper und der Kastenkipper zu unterscheiden. Beide Arten werden in den verschiedensten Ausführungen nur nach einer Seite kippend oder auch nach zwei Seiten kippend geliefert; die Muldenkipper älterer Bauart waren ausnahmslos nach beiden Seiten zu kippen.

Eine kostspielige Sache ist bei Wagen von größerem Fassungsvermögen stets das Kippen und so war es verständlich, daß bei dem allgemeinen Verlangen nach Rationalisierung in der Wirtschaft danach getrachtet wurde, diese Kosten möglichst zu verringern. Das Ergebnis dieser Bestrebungen waren die Selbstentlader, welche in der verschiedensten Form auf den Markt gekommen sind. Zum Teil wurde versucht, das alte Wagenmaterial beizubehalten und sich lediglich durch den Einbau von sog. Selbstkippergarnituren den Vorteil dieser neuen Wagenart zu verschaffen, zum Teil wurden aber auch völlig neue Wege beschritten.

Der erstere Weg wird heute noch gewählt von der Firma F. Haupt in Frohburg, Bez. Leipzig, welche Beschlagteile für gebrauchte Wagen in jeder gangbaren Größe und Spurweite anfertigt. Diese Teile sind so konstruiert, daß sie an jedem Wagen in ca. 20 Arbeitsstunden angebracht werden können. Das Eigengewicht der Wagen erhöht sich dabei um etwa folgende Beträge:

Inhalt der Wagen . . . . m³	1	2	3	4	5	6
Gewicht der Kippvorrichtung ca. kg	80	100	240	270	325	350

Angaben über den Preis der Vorrichtung waren leider nicht zu erhalten.

Völlig neue Wege wurden von der **Friedr. Krupp-A.-G.**, deren Fabrikate von der Firma **F. C. Glaser** und **R. Pflaum** vertrieben werden, beschritten, und zwar hat diese Firma zunächst Wagen ganz aus Eisen auf den Markt gebracht, welche vor den Holzkastenkippern in erster Linie den Vorteil leichter und schneller Entlademöglichkeit auch bei sehr klebendem Material haben. Diesem Vorteil steht allerdings als sehr beachtlicher Nachteil gegenüber, daß die Zerstörungen bei Zugsunfällen empfindlicher und vor allem weniger leicht behebbar sind.

Nach der Firma Krupp haben noch eine ganze Reihe anderer Firmen den Bau von Selbstkippern aufgenommen, und zwar sowohl in Eisen,

Tabelle 50. Muldenkipper der Firma Leipziger & Co., G. m. b. H., Berlin W 15.

	Inhalt m³	Größte Länge mm	Größte Breite mm	Höhe üb. S.O. mm	Gewicht ca. kg	Preis ab Werk ca. RM.
a) Ohne Bremse:						
leichte Bauart	0,50	1740	1285	1036	285	98
(600 mm Spurweite)	0,75	1890	1486	1172	330	105
	1,00	2090	1604	1219	380	120
mittelschwere Bauart	0,50	1747	1285	1038	300	105
(600 mm Spurweite)	0,75	1897	1486	1174	345	112
	1,00	2097	1604	1221	395	127
schwere Bauart	0,75	1892	1486	1200	450	155
(600 mm Spurweite)	1,00	2162	1645	1312	635	220
	1,25	2204	1796	1400	705	245
	1,50	2504	1796	1400	790	275
(750 mm Spurweite)	1,00	1925	1645	1400	650	226
	1,25	2180	1796	1500	720	251
	1,50	2230	1796	1500	810	281
	2,00	2530	2080	1650	1100	380
(900 mm Spurweite)	2,00	2600	2100	1770	1140	395
b) Mit Bremse:						
leichte Bauart	0,50	2140	1285	1398	365	138
(600 mm Spurweite)	0,75	2290	1486	1398	410	145
	1,00	2490	1604	1423	460	160
mittelschwere Bauart	0,50	2147	1285	1400	385	145
(600 mm Spurweite)	0,75	2297	1486	1400	425	152
	1,00	2497	1604	1425	475	167
schwere Bauart	0,75	2300	1486	1320	550	200
(600 mm Spurweite)	1,00	2570	1645	1410	750	273
	1,25	2610	1796	1410	820	298
	1,50	2910	1796	1410	905	330
(750 mm Spurweite)	1,00	2325	1645	1410	770	281
	1,25	2580	1800	1500	845	308
	1,50	2630	1800	1500	935	341
	2,00	2950	2080	1650	1250	455
(900 mm Spurweite)	2,00	3050	2100	1770	1300	474

als auch in Holz, und heute ist diese Wagenart auch im Tiefbau schon
sehr verbreitet.

Der Preis der Selbstkipper ist naturgemäß ein höherer als jener
für die Wagen ohne diese Ausrüstung, und es ist deshalb zu prüfen, ob
die mit der Verwendung von Selbstkippern verknüpften Vorteile dazu
im richtigen Verhältnis stehen (s. S. 231). Ich habe bereits in der 1. Auflage meines Buches darauf hingewiesen, daß bei Dammkippen die Vorteile der Selbstentlader dadurch teilweise illusorisch werden, daß für
die Verarbeitung des Materials auf jeden Fall eine gewisse Anzahl von
Leuten auf der Kippe sein muß
und daß infolgedessen als effektiver
Gewinn nur noch die raschere Ab-

Abb. 37. Excelsior-Muldenkipper
für Lokomotivbetrieb
der Firma Leipziger & Co.

Abb. 38. Einseitig kippender Großmulden-
Kippselbstentlader von 6 m³ Inhalt der
Firma Leipziger & Co.

fertigung der Züge verbleibt, und ich kann meine damaligen Ausführungen dahin ergänzen, daß bei Material, das sehr schwer aus den
Wagen geht und infolgedessen meist ruckartig entleert, die Leute zwar
nicht mehr zum Kippen nötig sind, wohl aber zum Niederdrücken des
Gleises, damit dieses nicht durch die Kipphaken mit hochgenommen wird.

Tabelle 51. Muldenselbstentlader der Firma Leipziger & Co.

	Inhalt	Größte Länge	Größte Breite	Höhe üb. S.O.	Gewicht	Preis ab Werk
	m³	mm	mm	mm	ca. kg	ca. RM.
a) Ohne Bremse:						
(600 mm Spurweite)	1,50	2520	1800	1485	900	370
	2,00	3050	1800	1500	1085	465
(750 mm Spurweite)	1,50	2520	1800	1560	910	374
	2,00	3050	1800	1575	1100	472
(900 mm Spurweite)	1,50	2470	2050	1600	940	387
	2,00	3000	2050	1600	1150	492
	6,00	4050	2500	2300	3900	1800
b) Mit Bremse:						
(600 mm Spurweite)	1,50	2930	1800	1485	1030	450
	2,00	3460	1800	1500	1220	550
(750 mm Spurweite)	1,50	2930	1800	1560	1050	458
	2,00	3460	1800	1575	1240	560
(900 mm Spurweite)	1,50	2880	2050	1600	1085	475
	2,00	3410	2050	1600	1300	586
	6,00	4500	2500	2300	4250	2000

Abb. 39. Einseitig kippender normaler Holzkastenkipper von 4 m³ Inhalt
der Firma Leipziger & Co.

Tabelle 52. Holzkastenkipper der Firma Leipziger & Co.

	Inhalt · m³	Größte Länge mm	Größte Breite mm	Höhe üb. S.O. mm	Gewicht ca. kg	Preis ab Werk ca. RM.
1. Einseitig kippend:						
a) Ohne Bremse:	1,00	2250	1450	1550	730	190
(600 mm Spurweite)	1,25	2360	1450	1550	800	215
	1,50	2500	1500	1650	920	248
	2,00	2900	1550	1730	1100	297
(750 mm Spurweite)	1,50	2500	1500	1680	950	256
	2,00	2600	1800	1760	1140	307
(900 mm Spurweite)	2,00	2600	1800	1800	1190	321
	2,50	3000	1950	1850	1340	361
	3,00	3380	1950	1850	2000	540
	3,50	3480	1950	1900	2200	594
	4,00	3600	2150	2300	2350	634
	4,50	3800	2150	2300	2800	756
b) Mit Bremse:	1,00	2650	1450	1550	850	229
(600 mm Spurweite)	1,25	2760	1450	1550	920	248
	1,50	2900	1500	1650	1040	280
	2,00	3300	1550	1730	1230	332
(750 mm Spurweite)	1,50	2900	1500	1680	1080	291
	2,00	3000	1800	1760	1280	345
(900 mm Spurweite)	2,00	3000	1800	1800	1340	361
	2,50	3400	1950	1850	1510	407
	3,00	3830	1950	1850	2200	599
	3,50	3930	1950	1900	2440	658
	4,00	4100	2150	2300	2600	702
2. Zweiseitig kippend:	4,50	4300	2150	2300	3080	831
a) Ohne Bremse:	1,00	2250	1450	1550	810	219
(600 mm Spurweite)	1,25	2360	1450	1550	880	238
	1,50	2500	1500	1650	1000	270
(750 mm Spurweite)	2,00	2600	1800	1760	1260	340
(900 mm Spurweite)	2,50	3000	1950	1850	1460	394
	3,00	3380	1950	1850	2140	578
	3,50	3480	1950	1900	2350	635
	4,00	3680	2150	2300	2510	677
b) Mit Bremse:	1,00	2650	1450	1550	930	251
(600 mm Spurweite)	1,25	2760	1450	1550	1000	270
	1,50	2900	1500	1650	1120	302
(750 mm Spurweite)	2,00	3000	1800	1760	1400	378
(900 mm Spurweite)	2,50	3400	1950	1850	1630	439
	3,00	3830	1950	1850	2360	637
	3,50	3930	1950	1900	2590	699
	4,00	4100	2150	2300	2760	745

Tabelle 53.
Zweiseitig kippende Stahlkastenkipper der Firma Leipziger & Co.

	Inhalt m³	Größte Länge mm	Größte Breite mm	Höhe üb. S.O. mm	Gewicht ca. kg	Preis ab Werk ca. RM.
a) Ohne Bremse:						
(600 mm Spurweite)	2,00	2870	1830	1420	1580	· 685
(750 mm Spurweite)	2,00	3200	1700	1645	2225	975
	3,00	3370	2050	1600	2450	1060
	5,00	3920	2380	1860	3910	1775
	6,00	4080	2150	1880	4500	2120
(900 mm Spurweite)	2,00	3200	1700	1680	2275	1000
	3,00	3370	2050	1640	2510	1090
	4,50	4080	2150	1820	3540	1600
	5,00	4000	2380	1900	3980	1810
	6,00	4100	2150	1900	4600	2170
b) Mit Bremse:						
(600 mm Spurweite)	2,00	3300	1830	1420	1720	757
(750 mm Spurweite)	2,00	3650	1700	1645	2390	1060
	3,00	3800	2050	1600	2680	1180
	5,00	4560	2380	1860	4240	1900
	6,00	4650	2150	1880	4850	2300
(900 mm Spurweite)	2,00	3650	1700	1680	2455	1095
	3,00	3800	2050	1640	2740	1210
	4,50	4600	2150	1820	3860	1765
	5,00	4560	2380	1900	4320	1990
	6,00	4650	2150	1900	4960	2360

Tabelle 54. Serienmäßig hergestellte eiserne Selbstentlader der Firma Friedr. Krupp A.-G. in Essen (Glaser & Pflaum).

	Inhalt m³	Größte Länge mm	Größte Breite mm	Höhe üb. S.O. mm	Gewicht ca. kg	Preis ab Werk ca. RM.
a) Ohne Bremse:						
Selbstentlader	3,50	2950	2250	2300	2730	1300
(900 mm Spurweite)	4,00	3450	2250	2150	3525	1800
	5,30	4000	2250	2100	3800	1885
	6,00	4400	2250	2100	6600	3500
Schrägbodenselbstentlader	4,30	4100	2000	2200	7000	3800
(900 mm Spurweite)						
b) Mit Bremse:						
Selbstentlader	3,50	3300	2250	2300	2950	1435
(900 mm Spurweite)	4,00	3900	2250	2150	4010	2000
	5,30	4350	2250	2100	4200	2085
	6,00	4950	2250	2100	7050	3750
Schrägbodenselbstentlader	4,30	4600	2000	2200	7500	4050
(900 mm Spurweite)						

Die Beschaffung von Selbstkippern für den allgemeinen Tiefbau ist und bleibt also, von besonderen Fällen z. B. bei sehr günstigem Material oder großen Ablagerungskippen abgesehen, immer eine Sache, die von Fall zu Fall einer genauen Prüfung und Überlegung bedarf.

In den Abb. 37 mit 41 sind eine Anzahl von Rollwagen wiedergegeben, wie man sie in Tiefbaubetrieben allenthalben antrifft und aus den Tabellen 50—54 sind alle wissenswerten Daten für die gangbarsten Arten und Größen derselben zu entnehmen.

Abb. 40.   Kruppscher Selbstentlader von 3,5 m³ Inhalt.

Bei der Beschaffung von Wagen ist darauf zu sehen, daß nur bestes Material verwendet ist. Wesentlich für deren Betriebswert ist vor allem die Stärke der Achsen und die Breite der Radbandagen, sowie

Abb. 41.   Besonders kräftiger Kruppscher Selbstentlader von 6 m³ Inhalt.

eine gute Lagerung. Als Lager werden für Holzkastenkipper gewöhnlich Schwammlager, für Muldenkipper meist Rollenlager verwendet.

Eine Grundbedingung für gutes Funktionieren der Schwammlager ist, daß dieselben Raum für genügend Ölvorrat haben und daß die Packung möglichst elastisch ist.

Ein Material, das in dieser Beziehung nur empfohlen werden kann, sind die von der Firma Horst & Co., Hagen i. W., vertriebenen elastischen **Wollzopf-Dauerschmierpolster,** deren Preis je nach Größe zwischen 1 und 5 RM. schwankt, wobei für Tiefbaubetriebe in der Regel eine

Abb. 42a. Normales Lager; starr, Wagen läuft nur noch auf 3 Rädern.

mittlere Größe zum Preise von 1,50—2,50 RM. in Frage kommt. Zur Tränkung der Polster wird „Keystone-Henke"-Dauerschmierextrakt, Konsistenz 5, verwendet, dessen Preis ca. 0,85 RM. per

Abb. 42b. Patent Bandion-Rollenlager; die Räder passen sich den Unebenheiten des Gleises an.

Kilogramm netto beträgt. Eine einmalige Füllung der Lager genügt hier je nach den Betriebsverhältnissen für Monate und man kann das Verhältnis der „Keystone-Henke-Achslager-Dauerschmierung" zur normalen Ölschmierung etwa mit 1 : 6 bezeichnen. Ein weiterer Vorteil dieser Schmierung ist eine erhebliche Schonung der Lagerschalen und Achsschenkel.

Dr. Voigt, Welzow (N.-L.), führte hinsichtlich dieser Schmierung in einem Vortrag, gehalten vor dem Ausschuß für Abraum- und Fördertechnik des deutschen Braunkohlen-Industrie-Vereins am 21. September 1928 aus, „daß bei dieser Polsterfettschmierung für Gleitlager, die ein ganzes Jahr lang an fünf Großraumwagen mit gutem Erfolg ausprobiert wurde, der Ölverbrauch auf einen Bruchteil des sonstigen Verbrauchs zurückging".

Hinsichtlich der Rollenlager ist zu bemerken, daß eine wesentliche Verbesserung gegenüber den normalen starren Lagern zu erzielen ist durch den Einbau der von der Feldbahnfabrik Martin Eichelgrün & Co., Frankfurt a. M., hergestellten schmiedeeisernen **Patent-Bandion-Rollenlager** mit Sandschutzhaube (Abb. 42a und b).

Dieselben werden geliefert für 35—60 mm starke und 68—120 mm lange Achsschenkel als Außen- und als Innenlager; die Gewichte und Preise der einzelnen Typen sind dabei folgende:

1. Außenlager für Achsschenkelstärke:

35 mm	. . . . . .	Gewicht ca.	$5^1/_2$ kg	Preis ca.	6,50 RM.
40 „	. . . . . .	„	„ $5^1/_2$ „	„	„ 6,50 „
45 „	. . . . . .	„	„ $5^1/_2$ „	„	„ 8,00 „
50 „	. . . . . .	„	„ $8^1/_2$ „	„	„ 12,— „
55 „	. . . . . .	„	„ $8^1/_2$ „	„	„ 14,50 „
60 „	. . . . . .	„	„ $8^1/_2$ „	„	„ 18,50 „

2. Innenlager für Achsschenkelstärke:

35 mm	. . . . . .	Gewicht ca.	$5^1/_2$ kg	Preis ca.	8,— RM.
40 „	. . . . . .	„	„ $5^1/_2$ „	„	„ 8,— „
45 „	. . . . . .	„	„ $5^1/_2$ „	„	„ 9,— „
50 „	. . . . . .	„	„ $8^1/_2$ „	„	„ 14,50 „
55 „	. . . . . .	„	„ $8^1/_2$ „	„	„ 16,— „
60 „	. . . . . .	„	„ $8^1/_2$ „	„	„ 18,50 „

Bei Bezug einer größeren Anzahl von diesen Lagern treten auf diese Preise Mengenrabatte in Kraft.

Eine weitere Forderung, welche beim Einkauf von Holzkastenkippern nicht außer acht gelassen werden darf, ist die, daß die Kuppelhaken hinreichend stark und mittels einer durchgehenden Zugstange untereinander verbunden sind.

Beschaffungsgrundsatz muß mit Rücksicht auf die große Bedeutung des rollenden Materials für die Betriebssicherheit sowohl, als auch für die Erzielung befriedigender Leistungen sein, daß das Beste gerade gut genug ist, denn nirgends ist die Gefahr, daß sich Sparsamkeit am unrechten Platze bitter rächt, größer als hier.

c) Lokomotiven.

Die Beförderung der Wagen geschah im Tiefbau früher fast ausschließlich unter Zuhilfenahme von Dampflokomotiven (Abb. 43). In neuerer Zeit ist vorerst den kleineren Dampflokomotiven eine ernsthafte Konkurrenz erwachsen in den Diesellokomotiven (Abb. 44), und wenn die Entwicklung der letzteren so weiter geht wie bisher, so dürfte die Zeit nicht mehr allzu ferne sein, in der man sich auch bei der Beschaffung schwererer Lokomotiven sehr zu überlegen haben wird, ob man der Dampflokomotive den Vorzug geben soll oder der Diesellokomotive.

Abb. 43. 2/2 gek. Tenderlokomotive für Steinkohlenfeuerung der Henschel & Sohn A.-G. in Kassel.

Tabelle 55 enthält die Hauptdaten der im Tiefbau gebräuchlichsten 2/2 gekuppelten Tenderlokomotiven für Steinkohlenfeuerung der

Abb. 44. 2/2 gek. 12 Tonnen-Deutz-Diesel-Feldbahnlokomotive der Motorenfabrik Deutz A.-G. in Köln-Deutz.

Henschel & Sohn A.-G. und Tabelle 56 die entsprechenden Angaben der Motorenfabrik Deutz A.-G. für Diesel-Feldbahnlokomotiven und es soll im folgenden zunächst erörtert werden, was zugunsten der Dampflokomotiven und was zugunsten der Diesellokomotiven spricht.

Tabelle 55. Hauptdaten der 2/2 gekuppelten Tenderlokomotiven für Steinkohlenfeuerung der Henschel & Sohn A.-G. in Kassel.

Spurweite .... mm	600				750				900			
Normalleistung............. PS	30	40	50	60	50	60	80	100	100	125	160	200
Zylinderdurchmesser (d) .... mm	180	200	220	235	220	235	260	280	280	290	310	330
Kolbenhub (h) .... mm	250	250	300	300	300	300	360	360	360	430	430	430
Treibraddurchmesser (D)....... mm	550	550	630	630	630	630	720	720	720	800	800	800
Radstand .... mm	1000	1100	1200	1400	1200	1400	1600	1600	1600	1800	1800	1800
Dampfüberdruck (p) .... kg/cm²	12	12	12	12	12	12	12	12	12	12	12	12
Rostfläche .... m²	0,30	0,35	0,40	0,45	0,40	0,45	0,53	0,60	0,60	0,70	0,80	0,93
Heizfläche insgesamt .... m²	12,30	16,10	18,50	22,00	18,50	22,00	28,00	32,20	32,20	38,50	44,00	53,00
Wasservorrat .... m³	0,48	0,55	0,60	0,70	0,80	0,90	1,10	1,20	1,60	1,80	2,00	2,50
Kohlenvorrat .... m³	0,30	0,35	0,40	0,45	0,40	0,45	0,55	0,65	0,65	0,70	0,80	1,00
Leergewicht .... t	**5,40**	**6,00**	**7,30**	**7,65**	**7,45**	**7,80**	**10,40**	**11,30**	**11,60**	**14,00**	**15,00**	**17,20**
Dienstgewicht .... t	6,75	7,50	9,00	9,80	9,40	10,00	13,10	14,30	15,00	18,00	19,00	22,40
Achsdruck .... kg	3375	3750	4500	4900	4700	5000	6550	7150	7500	9000	9500	11200
Zugkraft $= 0,6\ \dfrac{pd^2h}{D}$ .... kg	1060	1310	1660	1890	1660	1890	2420	2820	2820	3260	3720	4210
Normalgeschwindigkeit .... km/st	10	10	10	10	10	10	10	10	10	11	11	11
Höchstgeschwindigkeit........ km/st	15	15	20	20	20	20	25	25	25	30	30	30
Kleinster Krümmungshalbmesser .... m	10	12	14	18	14	18	22	22	22	26	26	26
Länge ohne Puffer .... mm	3700	3900	4400	4600	4400	4600	4800	5000	5300	5600	5900	6000
Größte Breite .... mm	1700	1700	1700	1800	1700	1800	2050	2050	2100	2200	2200	2200
Größte Höhe .... mm	2800	2800	2800	2800	2800	2800	3000	3000	3000	3300	3300	3500
Beförderbare Anhängelast auf gerader Steigung von { 1 : 20 = 50⁰/₀₀ t	8	14	16	23	16	23	30	36	35	37	44	54
1 : 25 = 40⁰/₀₀ t	12	19	22	30	22	30	40	48	47	49	58	71
1 : 33¹/₃ = 30⁰/₀₀ t	18	27	31	42	31	42	55	66	65	69	80	97
1 : 50 = 20⁰/₀₀ t	28	41	48	64	48	64	83	98	97	104	120	145
1 : 100 = 10⁰/₀₀ t	53	74	87	113	87	113	147	173	172	185	213	257
1 : 200 = 5⁰/₀₀ t	83	115	136	175	136	175	228	266	265	286	329	397
1 : 500 = 2⁰/₀₀ t	122	169	198	255	198	255	331	386	385	416	478	577
Horizontal ...... 1 : ∞ = 0⁰/₀₀ t	174	240	281	361	281	361	470	547	546	590	677	817
Preis ab Werk .... RM.	8775	9300	9800	10250	9950	10400	13900	15500	15600	17700	18800	21500

Tabelle 56. Hauptdaten der 2/2 gekuppelten Deutz-Diesel-Feldbahnlokomotiven der Motorenfabrik Deutz.

Normalleistung des Motors .... PS	8		11		15		20		24		30			40			50	
Maximalleistung des Motors.... PS	9		12		16,5		22		26		33			44			55	
Zylinderdurchmesser .... mm	125		145		170		190		190		$2\times\{150 / 220\}$			$4\times\{115 / 170\}$			$2\times\{200 / 300\}$	
Kolbenhub .... mm	170		220		280		320		320									
Drehzahl in der Minute	750		550		450		400		480		650			1000			430	
Dienstgewicht .... t	2,2		4		5,25		6,4		7		7			8			12	
Leergewicht .... t	**2,1**		**3,8**		**5,10**		**6,2**		**6,8**		**6,8**			**7,8**			**11,8**	
Geschwindigkeitsstufen ..... km/st	3,7	8,1	3,5	8	3,5	8	3,5	8	3,5	8,5	5	7,5	14	5,5	9	14,5	5	10
Hakenzugkraft auf gerader horizontaler Strecke .... kg	480	200	700	250	960	350	1200	470	1500	540	1325	775	375	1450	900	500	2225	950
Länge der Lokomotive über Puffer mm	2340		3330		3775		3955		4075		4340			4700			4700	
Breite der Lokomotive ..... mm	1210		835		965		1030		1030		1570			900			2100	
Höhe der Lokomotive über Führerstand .... mm	1352		1970		2000		2000		2000		2570			2000			2700	
Achsabstand .... mm	700		780		930		930		930		900			900			1200	
Kleinster Kurvenradius ...... m	5		8		10		10		10		12			10			15	
Fahrgeschwindigkeit ..... km/st	3,7	8,1	3,5	8	3,5	8	3,5	8	3,5	8,5	5	7,5	14	5,5	9	14,5	5	10
Brutto-Anhängelasten auf einer geraden Steigung von																		
1 : 12,5 = $80^0/_{00}$ .... t	—	—	4,1	—	5,9	—	8	—	10	—	8,3	2,4	—	9	3	—	14	—
1 : 15 = $66,7^0/_{00}$ .... t	4,2	0,6	5,5	—	8	1,2	10	0,5	13	1	11	4	—	12	4	—	18	2
1 : 20 = $50^0/_{00}$ .... t	6	1,4	8	1	11	1,5	15	2,5	18	3	16	7	0,4	17	8	1	27	6
1 : 25 = $40^0/_{00}$ .... t	7,5	2,1	10,4	2	15	3	20	4	23	5	20	10	1,8	22	11	3	33	9
1 : 30 = $33,3^0/_{00}$ .... t	9	2,8	12,5	2,5	18	4	24	6	27	7	24	12	3	26	14	5	40	11,5
1 : 50 = $20^0/_{00}$ .... t	13,6	4,8	19	5,5	27	8	35	11	42	12,5	37	20	7,3	41	23	10	62	23
1 : 100 = $10^0/_{00}$ .... t	21	8	30	9,5	42	14	53	19	64	21	57	32	14	62	37	19	95	38
1 : 200 = $5^0/_{00}$ .... t	27,5	11	40	14	55	19	70	26	85	30	75	44	20	83	50	27	127	53
1 : 400 = $2,5^0/_{00}$ .... t	32,5	13,4	47	17	65	23	82	32	100	36	90	52	25	98	61	33	150	65
1 : ∞ = horizontal .... t	40	16,6	58	21	80	29	100	39	124	45	110	65	31	120	75	42	185	80
Preis ab Werk																		
bei 600 mm Spurweite ... RM.	4750		7500		9100		10100		10600		12000			19950			17500	
bei 750 mm Spurweite ... RM.	—		8000		9600		10600		11100		12500			20450			18000	

Dampflokomotive oder Diesellokomotive?

Die Dampflokomotive hat als Hauptvorzüge ihre große Unempfindlichkeit und Betriebssicherheit sowie die Möglichkeit beträchtlicher Überlastung; ihre Nachteile sind vor allem die teuere Wartung, die sich einmal daraus ergibt, daß ein Führer und ein Heizer nötig sind und weiterhin daraus, daß für das Anheizen, Durchheizen bei Betriebsstillstand und Kesselreinigung nicht unerhebliche dauernde Kosten entstehen. Eine gewisse Unbequemlichkeit bedeutet bei ihr auch die Brennstoff- und Speisewasserbeschaffung und die ins Auge zu fassende Organisation, um diese Frage möglichst wirtschaftlich zu lösen, sowie vor allem die Notwendigkeit auch Dampf zu halten, wenn der Betrieb aus irgendwelchen Gründen vorübergehend eingestellt ist, nach Behebung der Stockung aber wieder weiter laufen soll.

Für die Diesellokomotive gilt zunächst, was schon weiter oben ganz allgemein für den Dieselantrieb gesagt wurde. Ihre Hauptvorzüge sind die stete Betriebsbereitschaft, Fortfall der Zufuhr von Kohle und Wasser, Unabhängigkeit von der Güte des Wassers und größte örtliche Unabhängigkeit, weil sich die Betriebsstoffbeschaffung sehr einfach gestaltet. Außerdem sind auch die dauernden Betriebskosten wesentlich geringer als bei Dampflokomotiven, weil der Betriebsstoff verhältnismäßig billig ist und der Heizer in Wegfall kommt. Ihre Hauptnachteile sind die geringe Überlastbarkeit, welche dazu zwingt, bei der Stärkenbemessung der Maschine äußerst vorsichtig zu sein und ja nicht zu knapp zu greifen, was selbstverständlich mit höheren Anlagekosten verknüpft ist und das Vorhandensein mehrerer Geschwindigkeitsstufen, welches häufig Schaltungen nötig macht, die in dem rauhen Baubetrieb leicht zu Brüchen im Getriebe führen.

Wie sich das wirtschaftliche Bild bei einer Dampflokomotive und bei einer Diesellokomotive gestaltet, soll nachstehende Gegenüberstellung einer 30 PS-Henschel-Lokomotive und einer gleich starken Deutz-Diesellokomotive zeigen.

Tabelle 57. Vergleich der Zugkraft und Brutto-Anhängelasten.

Leistung 30 PS	Zug-kraft	Brutto-Anhängelast auf gerader Steigung							
	kg	0% t	2% t	5% t	10% t	20% t	30% t	40% t	50% t
Dampflokomotive bei einer Geschwindigkeit von 10 km/st	1060	174	122	83	53	28	18	12	8
Diesellokomotive bei einer Geschwindigkeit von 5,0 km/st	1325	110	95	75	57	37	27	20	16
7,5 km/st	775	65	55	44	32	20	14	10	7
14,0 km/st	375	31	27	20	14	7,3	4	1,8	0,4

Aus dieser Tabelle geht hervor, daß bei gleicher Geschwindigkeit die Dampflokomotive der Diesellokomotive an Zugkraft weit überlegen ist, daß sich jedoch dieses Verhältnis erheblich zugunsten der Diesellokomotive verschiebt, sobald man sich mit der halben Geschwindigkeit bei letzterer begnügt.

Betriebskostenvergleich:

a) 30 PS - Dampflokomotive:

Anlagekapital . . . . 8775,— RM.

Berechnungsgrundlagen:

Löhne:

Lokomotivführerlohn einschl. soz. Lasten . . . . . je Std. 1,30 „
Heizerlohn   „   „   „   . . . . . „   „   1,15 „
Werkstättenpersonallohn „   „   „   . . . . . „   „   1,25 „

Betriebsstoffe:

Kohle von 7500 Kal. Heizwert frei Verwendungsstelle je kg 0,04 „
Zylinderöl   „   „   „ „ 0,70 „
Maschinenöl   „   „   „ „ 0,60 „
Putzöl   „   „   „ „ 0,30 „
Putzwolle   „   „   „ „ 0,80 „
Wasser   „   „   „ m³ 0,20 „

Tabelle 58. Durchführung der Berechnung für eine jährliche Betriebszeit von 1000, 2000 und 6000 Std.

Jährliche Betriebszeit t . . . . Std.	1000	2000	6000
Verzinsung + Abschreibung gemäß Tab. 207 . . . %	19	19	35,7
Verzinsung + Abschreibung . . . . . . RM.	1667,25	1667,25	3132,68
Bedienung:			
Führer 1,20 × 1,30 × t . . . . . „	1560,—	3120,—	
1,15 × 1,30 × t . . . . . „			8970,—
Heizer 1,20 × 1,15 × t . . . . . „	1380,—	2760,—	
1,15 × 1,15 × t . . . . . „			7935,—
Betriebsstoffe:			
Kohle 21,50 × 0,04 × t . . . . . „	860,—	1720,—	
20,00 × 0,04 × t . . . . . „			4800,—
Zylinderöl 0,040 × 0,70 × t . . . . . „	28,—	56,—	168,—
Maschinenöl 0,070 × 0,60 × t . . . . . „	42,—	84,—	252,—
Putzöl 0,015 × 0,30 × t . . . . . „	4,50	9,—	27,—
Putzwolle 0,020 × 0,80 × t . . . . . „	16,—	32,—	96,—
Wasser 0,150 × 0,20 × t . . . . . „	30,—	60,—	180,—
Instandhaltung:			
Löhne (t : 4) × 1,25 . . . . . „	312,50	625,—	1875,—
t × 0,10 × 1,25 . . . . . „	125,—	250,—	750,—
Material (t : 2000) × 260,— . . . „	130,—	206,—	780,—
Gesamtkosten pro Jahr . . . . RM.	6155,25	10643,25	28965,68
„ „ Betriebsstunde . . . „	**6,16**	**5,32**	**4,83**

b) 30 PS - Diesellokomotive:

Anlagekapital . . . . 12000,— RM.

Berechnungsgrundlagen:

Löhne:

Lokomotivführerlohn einschl. soz. Lasten je Std. 1,30 RM.
Werkstättenpersonallohn „   „   „   „   „   1,25 „

Betriebsstoffe:

Treiböl   frei Verwendungsstelle . . . . je kg 0,18 „
Motorenöl   „   „   . . . . . „   „ 0,60 „
Maschinenöl „   „   . . . . . „   „ 0,60 „
Putzöl   „   „   . . . . . „   „ 0,30 „
Putzwolle   „   „   . . . . . „   „ 0,80 „

Tabelle 59. Durchführung der Berechnung für eine jährliche Betriebszeit von 1000, 2000 und 6000 Std.

Jährliche Betriebszeit t . . . . Std.	1000	2000	6000
Verzinsung + Abschreibung gemäß Tab. 207 . . . %	19	19	35,7
Verzinsung + Abschreibung . . . . . . RM.	2280,—	2280,—	4284,—
Bedienung:			
Führer 1,15 × 1,30 × t . . . . . „	1495,—	2990,—	
1,10 × 1,30 × t . . . . . „			8580,—
Betriebsstoffe:			
Treiböl 4,000 × 0,18 × t . . . . . „	720,—	1440,—	4320,—
Motorenöl 0,350 × 0,60 × t . . . . . „	210,—	420,—	1260,—
Maschinenöl 0,070 × 0,60 × t . . . . . „	42,—	84,—	252,—
Putzöl 0,020 × 0,30 × t . . . . . „	6,—	12,—	36,—
Putzwolle 0,025 × 0,80 × t . . . . . „	20,—	40,—	120,—
Instandhaltung:			
Löhne (t : 8) × 1,25 . . . . „	156,25	312,50	937,50
t × 0,15 × 1,25 . . . . . . „	187,50	375,—	1125,—
Material (t : 2000) × 360.— . . . „	180,—	360,—	1080,—
Gesamtkosten pro Jahr . . . . RM.	5296,75	8313,50	21994,50
„ „ **Betriebsstunde** . . . „	**5,30**	**4,16**	**3,67**

Der Fall, daß im Baubetrieb mit einer durchgehend . horizontalen Gleislage gerechnet werden kann, wird wohl kaum je vorkommen, und wenn man bei der Ermittlung der notwendigen Maschinenstärke etwa davon ausgehen muß, daß längere Steigungen von 1 % zu überwinden sind, so ist die Diesellokomotive (allerdings nur bei halber Geschwindigkeit) in bezug auf Anhängelast gleichwertig, ja bei größeren Steigungen sogar überlegen.

Nimmt man an, daß die Maschine in normalem Baubetrieb ungefähr 25 % der Gesamtbetriebszeit fährt, während sie die übrige Zeit entweder steht oder nur an den Baggern bzw. auf Kippen die Wagen verzieht, so ergibt sich daraus, daß die Diesellokomotive im ganzen genommen etwa um 25 % mehr an Zeit verbraucht als die Dampflokomotive. Geht es, wie dies häufig der Fall ist, bei der Dimensionierung des Geräteparks so hinaus, daß diese 25 % Mehr-Zeitaufwand nicht erheblich ins Gewicht fallen, so ist damit die Sache erledigt; trifft dies aber nicht zu, so bleibt nichts anderes übrig, als um eine der Dampflokomotive ebenbürtige Maschine zu haben, eine entsprechend stärkere Diesellokomotive zu wählen.

Der Vergleich der Tabellen 58 und 59 zeigt, daß die Diesellokomotive von 30 PS Leistung der gleich starken Dampflokomotive zweifellos wirtschaftlich überlegen ist. Der Nachteil der geringeren Geschwindigkeit kann durch den Vorteil der steten Betriebsbereitschaft und der Betriebsstofferparnis bei unfreiwilligen Betriebspausen als ausgeglichen gelten.

Der besseren Übersicht halber habe ich in Tabelle 60 die auf gleiche Weise ermittelten Betriebskosten für die sämtlichen bislang gebauten Diesel-Feldbahnlokomotiven der Motorenfabrik Deutz und der ihnen ungefähr entsprechenden Dampflokomotiven von Henschel & Sohn einander gegenübergestellt.

Tabelle 60. Gegenüberstellung der Leistungen und Betriebskosten von Dampflokomotiven und Diesellokomotiven.

<table>
<tr><td colspan="7">Dampflokomotiven</td><td colspan="7">Diesellokomotiven</td></tr>
<tr><td rowspan="3">PS</td><td rowspan="3">Preis</td><td rowspan="3">Ge-schwin-digkeit</td><td rowspan="3">Haken-zug-kraft</td><td colspan="3">Gesamtkosten je Betriebsstunde bei einer jährlichen Betriebszeit von Stunden</td><td rowspan="3">PS</td><td rowspan="3">Preis</td><td rowspan="3">Ge-schwin-digkeit</td><td rowspan="3">Haken-zug-kraft</td><td colspan="3">Gesamtkosten je Betriebsstunde bei einer jährlichen Betriebszeit von Stunden</td></tr>
<tr><td>1000</td><td>2000</td><td>6000</td><td>1000</td><td>2000</td><td>6000</td></tr>
<tr><td>R.M.</td><td>km/st</td><td>kg</td><td>R.M.</td><td>R.M.</td><td>R.M.</td><td>R.M.</td><td>km/st</td><td>kg</td><td>R.M.</td><td>R.M.</td><td>R.M.</td></tr>
<tr><td></td><td></td><td></td><td></td><td></td><td></td><td></td><td>8</td><td>4750</td><td>3,7
8,1</td><td>480
200</td><td>3,10</td><td>2,65</td><td>2,40</td></tr>
<tr><td></td><td></td><td></td><td></td><td></td><td></td><td></td><td>11</td><td>7500</td><td>3,5
8</td><td>700
250</td><td>3,65</td><td>3,—</td><td>2,70</td></tr>
<tr><td></td><td></td><td></td><td></td><td></td><td></td><td></td><td>15</td><td>9100</td><td>3,5
8</td><td>960
350</td><td>4,20</td><td>3,35</td><td>2,95</td></tr>
<tr><td>20</td><td>7775</td><td>9</td><td>820</td><td>4,60</td><td>3,85</td><td>3,50</td><td>20</td><td>10100</td><td>3,5
8</td><td>1200
470</td><td>4,55</td><td>3,60</td><td>3,20</td></tr>
<tr><td></td><td></td><td></td><td></td><td></td><td></td><td></td><td>24</td><td>10600</td><td>3,5
8,5</td><td>1500
540</td><td>4,75</td><td>3,75</td><td>3,35</td></tr>
<tr><td>30</td><td>8775</td><td>10</td><td>1060</td><td>6,15</td><td>5,30</td><td>4,85</td><td>30</td><td>12000</td><td>5
7,5
14</td><td>1325
775
375</td><td>5,30</td><td>4,15</td><td>3,65</td></tr>
<tr><td>40</td><td>9300</td><td>10</td><td>1310</td><td>6,45</td><td>5,60</td><td>5,05</td><td>40</td><td>19950</td><td>5,5
9
14,5</td><td>1450
900
500</td><td>7,20</td><td>5,30</td><td>4,55</td></tr>
<tr><td>50</td><td>9800</td><td>10</td><td>1660</td><td>6,80</td><td>5,85</td><td>5,30</td><td>50</td><td>18000</td><td>5
10</td><td>2225
950</td><td>7,05</td><td>5,35</td><td>4,65</td></tr>
</table>

Der hohe Preis der 40 PS-Diesellokomotive ist darauf zurückzuführen, daß diese Type mit einem Motor von 1000 Umdrehungen in der Minute ausgestattet ist und auf Wunsch mit einer vierten Geschwindigkeitsstufe von 19,5 km/st geliefert werden kann.

Im übrigen zeigen auch die Werte der Tabelle 60 deutlich, daß die Diesellokomotive der Dampflokomotive wirtschaftlich überlegen ist, sobald nur einigermaßen Aussicht besteht, daß für dieses in der Beschaffung verhältnismäßig teure Gerät ausreichende Beschäftigung vorhanden ist.

Der Betriebsstoffverbrauch schwankt sowohl bei der Dampflokomotive, als auch bei der Diesellokomotive je nach dem Grade der Ausnützung der Maschinen und ich habe bei der Ermittlung der Betriebskosten je Stunde jene Werte eingesetzt, mit denen man unter sonst normalen Verhältnissen erfahrungsgemäß durchschnittlich rechnen kann.

Für die größeren Dampflokomotiven ergeben sich auf gleicher Grundlage für die Betriebskosten je Stunde die in Tabelle 61 angegebenen Werte.

Neben den Dampf- und Diesellokomotiven kommen evtl. auch noch Benzollokomotiven und elektrische Lokomotiven in Betracht, doch sind

Tabelle 61. Betriebskosten von Dampflokomotiven.

Spur-weite	Leistung	Preis	Geschwin-digkeit	Haken-zugkraft	Gesamtkosten je Betriebsstunde bei einer jährlichen Betriebszeit von Stunden		
					1000	2000	6000
mm	PS	RM.	km/st	kg	RM.	RM.	RM.
600	20—50 siehe Tabelle 60!						
600	60	10250	10/20	1890	7,15	6,20	5,60
750	50	9950	10/20	1660	6,85	5,90	5,35
750	60	10400	10/20	1890	7,20	6,25	5,65
750	80	13900	10/25	2420	8,30	6,95	6,25
750	100	15500	10/25	2820	8,90	7,45	6,70
900	100	15600	10/25	2820	8,95	7,50	6,75
900	125	17700	11/30	3260	9,90	8,20	7,45
900	160	18800	11/30	3720	10,65	8,85	8,05
900	200	21500	11/30	4560	11,85	9,85	8,95
900	220	23200	11/30	∼5000	12,75	10,55	9,60

dieselben für den allgemeinen Tiefbau von so untergeordneter Bedeutung, daß sie hier außer acht gelassen werden können.

Eine mißliche Sache ist bei Mehrschichtenbetrieb stets die Lokomotivbeleuchtungsfrage und es dürfte interessieren, daß die Henschel & Sohn-A.-G. in Kassel hierfür eine sehr begrüßenswerte Lösung gefunden hat mit ihren **Turbo-Generatoren.** Dieselben werden betrieben vom Kesseldampf und arbeiten schon bei einem Dampfdruck von 3 Atm. Sie werden für Gleichstrom mit einer Klemmenspannung von 25/32/110 V gebaut, und zwar genügt in vorliegendem Falle die Bauart A 3 mit 0,3—0,5 kW-Leistung. Ihr **Gewicht ist 65 kg; der Preis für die Lieferung ohne Einbau 950 RM., mit Einbau ca. 1400 RM.** Der Einbau in bereits im Dienst befindliche Lokomotiven ist ohne weiteres möglich.

III. Geräte für den Einbau.

Für den Einbau des gewonnenen Materials gibt es drei Möglich keiten: die Handkippe, die halbmechanisierte Kippe und die mechani sierte Kippe.

Im allgemeinen Tiefbau kommt normal nur die Handkippe und die halbmechanisierte Kippe in Form der Pflugkippe in Frage; die halbmechanisierte Kippe in Form der Spülkippe wird nur außerordentlich selten in Betracht gezogen werden können und auch für die mechanisierte Kippe in Form der Absetzerkippe wird nur dann die Möglichkeit eines wirtschaftlichen Einsatzes vorhanden sein, wenn es sich um die Bewältigung großer Massen handelt.

1. Einebnungspflüge oder Kippenräumer.

Hier kommen in erster Linie die Planierpflüge nach System Beck in Betracht, außerdem aber auch für größere Arbeiten die Pflüge nach System Lauchhammer.

a) Planierpflug System Beck.

Der Pflug besteht aus einem kräftigen Oberwagen, der auf zwei Drehgestellen gelagert ist, so daß der Achsdruck bei voller Betriebslast von ca. 14000 kg auf jeder der vier Achsen nur etwa 60 % des Achsdruckes eines beladenen 5 m³-Wagens beträgt. Die Gleise werden durch den Pflug infolgedessen nicht zu stark beansprucht und man kann denselben unbedenklich auf einen frei unterstützten Gleisschwanz am Ende der Kippe schieben, um die Kippe selbst bis zu ihrem äußersten Ende ausnützen und trotzdem noch mit dem Pflug bedienen zu können. Ein Hauptvorzug des Beckschen Pfluges besteht in seiner tiefen Schwerpunktlage, durch die ein Aussetzen bei ordnungsmäßigem Betrieb kaum vorkommt.

Abb. 45. Planierpflug System Beck.

Die Schare sind untergeteilt in Vorschare und Hauptschare. Die Vorschare sind an den Drehgestellen befestigt und können auf der Innenseite oder bei Transportfahrten herangeschwenkt werden. Der untere Teil des Vorschars wird dabei fast senkrecht nach oben geklappt und befestigt, so daß die Pflüge auch über alle Weichen, Weichenböcke usw. leicht hinwegfahren können. Durch die Befestigung der Vorschare an den Drehgestellen wird erreicht, daß sie selbst in Kurven und bei schlechter Gleislage ihre Stellung zur Schiene und zu den Schwellen nicht ändern und infolgedessen so dicht an dieselben herangebaut werden können, daß unter allen Umständen ein tadellos sauberes Gleis hinterlassen wird. Die Hauptschare liegen vollkommen unabhängig vom Gleis vor den Schwellenköpfen und können dadurch den aus Abb. 45 ersichtlichen tiefen Graben vor den Schwellenköpfen herstellen und damit die Kippe besonders aufnahmefähig gestalten. Sie werden durch besondere Sicherheitswinden, die in jeder Stellung bei Loslassen der Kurbel stehenbleiben, gehoben und gesenkt. Für Baufirmen werden die inneren Aufhängepunkte der Hauptschare, die

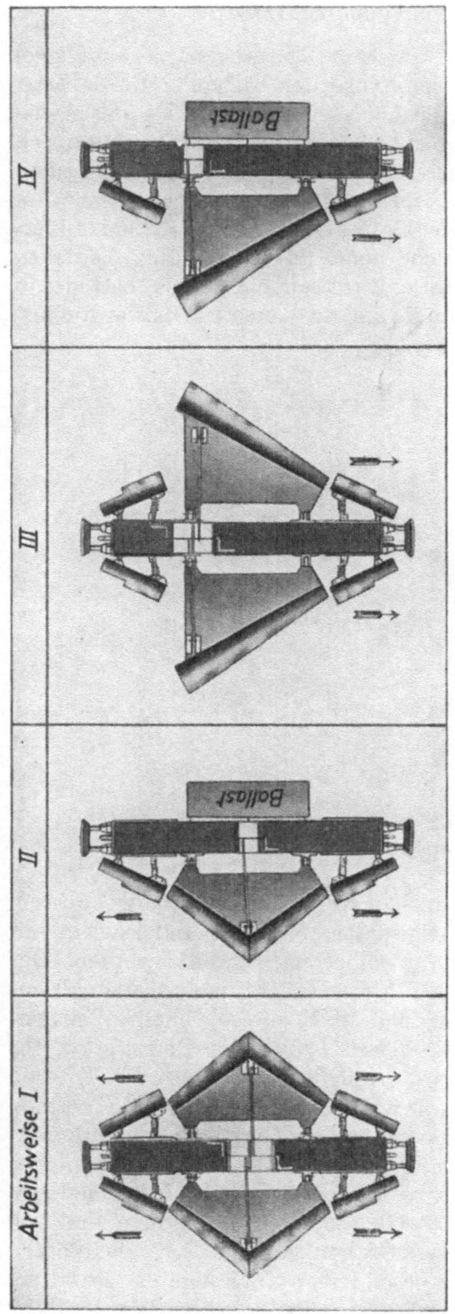

Abb. 46. Typen des Planierpflugs System Beck.

sog. Scharnierdrehpunkte, der Höhe nach verstellbar eingerichtet, so daß jedes beliebige waagrechte, aufsteigende oder abfallende Planum in jeder gewünschten Höhe eingestellt werden kann.

Abb. 46 zeigt die gebräuchlichsten Typen für 900 mm Spurweite. Für 750 mm Spurweite und 600 mm Spurweite werden den schwächeren Gleisen und Lokomotiven angepaßte leichtere Typen hergestellt. Für Tiefbaubetriebe kommt fast ausschließlich die Type P 10 Z mit Doppelschar auf jeder Seite und mit in der Höhe verstellbaren Scharnierdrehpunkten für eine Ausladung von 2,70 m von Gleismitte in Frage. Diese Ausladung genügt im allgemeinen vollkommen. Infolge der doppelseitigen Ausrüstung kann man in rascher Folge bald auf der einen und bald auf der anderen Seite kippen oder auch mit der einen Seite auf Böschung arbeiten und gleichzeitig mit der anderen Seite die Dammkrone einebnen.

Angaben über Gewichte, Preise und Kraftbedarf wollen aus Tabelle 62 entnommen werden. Bezüglich des Kraftbedarfs ist zu bemerken, daß sich derselbe natürlich ganz nach der Tiefe richtet, auf welche das Arbeitsschar eingestellt wird und daß man sich bei schwächeren Lokomotiven eben mit geringeren Schnittiefen begnügen und wiederholt fahren oder aber zwei Maschinen vorspannen muß.

Tabelle 62. Hauptdaten für Planierpflüge, System Beck.

Type	P 10 Z	P 10 E	P 20 Z	P 20 E
Normale Ausladung von Mitte Gleis ca. m	2—3	2—3	3—4	3—4
Gewicht bei				
600 mm Spurweite. . . ca. kg	4000	3800	4200	4100
750 mm Spurweite. . . ca. kg	7300	6900	10000	8500
900 mm Spurweite. . . ca. kg	10000	7800	11500	9600
Preis ab Werk bei				
600 mm Spurweite. . . ca. RM.	4800	4600	5100	4950
750 mm Spurweite. . . ca. RM.	8400	7900	11500	10000
900 mm Spurweite. . . ca. RM.	10700	9150	12100	10300
Kraftbedarf bei				
600 mm Spurweite . . . . ca. PS	50—60	50—60	50—60	50—60
750 mm Spurweite . . . . ca. PS	80—100	80—100	80—100	80—100
900 mm Spurweite . . . . ca. PS	125—160	125—160	125—160	125—160

Die Arbeitsweise des Planierpflugs ist meist so, daß er an den gekippten Zug angehängt wird und beim Vorziehen desselben die eben gekippten Massen planiert. Dann wird er abgehängt und vom nächsten Vollzug in seine Ausgangsstellung zurückgeschoben, worauf nach Kippen desselben das gleiche Spiel von neuem beginnt. Ein Nachhelfen von Hand erübrigt sich und für die ganze Planierarbeit kommt daher nur der Zeitverlust des An- und Abhängens an jeden Zug in Frage. Die Ersparnisse, welche durch Benützung des Planierpflugs erzielt werden können, sind offenkundig und lassen dessen Beschaffung für größere Arbeiten als unbedingt empfehlenswert erscheinen. Nachdem der Pflug sehr anspruchslos ist (abgesehen von Rädern und Achslagern findet kaum eine Abnützung statt) und ohne irgendwelche Montage auf einem Bahnwagen von einer zur anderen Baustelle geschafft werden kann, so macht er sich, wenn er erst einmal vorhanden ist, selbstverständlich auch bei kleineren Arbeiten bezahlt.

b) Planierpflug System Lauchhammer.

Die Lauchhammer-Kippenräumer sind wesentlich schwerer als die Kippenräumer System Beck. Sie kommen nur für 900 mm Spurweite in Frage und werden in zwei Ausführungen hergestellt: mit eigenem elektrischen Antrieb und ohne eigenen Antrieb. In letzterem Falle ist als Antriebskraft eine Vorspannlokomotive erforderlich.

Der Lauchhammer-Kippenräumer besteht in der Hauptsache aus zwei Drehgestellen, dem darauf ruhenden Oberwagen, den verstellbaren Scharen und den erforderlichen Antriebsteilen zum Verstellen derselben, sowie den Vorrichtungen zum Räumen der Schienen.

Die Anordnung der Pflugschare ist so getroffen, daß der Kippenräumer in jeder Fahrtrichtung arbeiten kann. Die Verstellbarkeit der Schare ist eine doppelte. Einmal kann durch Verstellen des Hauptauslegers mittels verzahnten Stahlgußsegmentes das Schar im ganzen gehoben und gesenkt werden und außerdem ist noch die Spitze des großen Schares durch eine Zahnstange beliebig einstellbar. Mit Hilfe dieser Einstellbarkeit ist es möglich, an dem Kippgleis entlang eine Mulde zu pflügen (Abb. 47), die ein einwandfreies und schnelles Entleeren der Kippwagen gewährleistet. Der Antrieb für beide Scharbewegungen erfolgt durch Handkurbel vom Führerstand aus. Diese

Abb. 47. Planierpflug System Lauchhammer beim Auspflügen einer Mulde.

Vorrichtung gestattet das Räumen der Kippe ganz nach den jeweiligen Erfordernissen. Die gesamten von den Zügen angefahrenen Massen werden einwandfrei über die Böschungskante hinweggepflügt (Abb. 48),

Abb. 48. Planierpflug System Lauchhammer beim Abräumen der geschütteten Massen.

bis der Boden so breit vorgelagert ist, daß das Gleis nachgerückt werden kann. Die zuletzt gepflügte Mulde wird dabei etwas flacher gehalten und mit den darauf gekippten Massen das Planum hergestellt. Zur Sicherung der Stabilität wird dieser Kippenräumer mit einem Gegengewicht aus alten Eisenbahnschienen oder dgl. belastet.

Für das Rücken der Kippgleise verwendet man zweckmäßig eine Gleisrückvorrichtung, welche nach Art der Auslegerrückmaschinen arbeitet und beliebig an der einen oder anderen Seite des Kippenräumers angebracht werden kann.

Die Daten des Lauchhammer-Kippenräumers sind folgende:

Gewicht bei 900 mm Spurweite ohne Gleisrückvorrichtung . ca. 18 000 kg
„   „ 900 „   „   mit   „   . „ 22 000 „
Preis ab Werk bei 900 mm Spurweite ohne Gleisrückvorrichtung ca. 20 500 RM.
„ „ „ „ 900 „   „   mit   „   „ 27 500 „
Kraftbedarf . . . . ca. 160 PS

Bei schwerem Boden müssen gegebenenfalls zwei Maschinen vorgespannt werden.

2. Pumpen usw. für Spülkippen.

Sie bilden einen wesentlichen Bestandteil bei der Errichtung einer Spülkippe, und es ist unter allen Umständen ratsam im wirklichen Bedarfsfalle ein Spezialangebot von einer leistungsfähigen Pumpenfabrik einzuholen. Um jedoch einen Anhaltspunkt zu geben, mit welchen Beträgen man annähernd zu rechnen hat, sollen in folgendem wenigstens überschlägige Angaben gemacht werden. Ich gehe dabei aus von den Fabrikaten der Klein, Schanzlin & Becker A.-G. in Frankenthal (Pfalz), und zwar von den für den vorliegenden Fall in erster Linie in Betracht kommenden **Monos-Kreiselpumpen** für Förderhöhen bis zu 50 m und für Fördermengen bis zu 800 m³ pro Stunde.

Abb. 49. Monos-Kreiselpumpe,
Ausführung I.

Abb. 50. Monos-Kreiselpumpe, Ausführung III.

Die Monos-Kreiselpumpen sind einstufige Kreiselpumpen mit Spiralgehäuse und einseitigem Wassereintritt und werden in zwei normalen Ausführungsarten hergestellt: Ausführung I (Abb. 49) mit Zapfenlager im axial gerichteten Saugstutzen und Ausführung III (Abb. 50) mit um je 90° verstellbarem Saugkrümmer und zweitem Ringschmierlager.

Bei Ausführung I erhält das Spiralgehäuse auf der Saugseite einen Saugstutzen mit axialem Wassereinlauf, in dem die Welle in einem Zapfenlager mit Fettbüchsenschmierung und leicht auswechselbarer Bronzebüchse gelagert ist. Auf der anderen Seite erfolgt der Antrieb.

Bei Ausführung III tritt an Stelle des axialen Saugstutzens ein Saugkrümmer. Die Welle wird durch diesen hindurchgeführt, in einem besonderen zweiten Ringschmierlager außerhalb gelagert und durch eine Stopfbüchse abgedichtet, die gleichfalls durch eine Druckwasserumführung gegen Lufteintritt abgeschlossen ist. Der Saugkrümmer kann beliebig senkrecht nach oben oder unten oder waagrecht nach rechts oder links angeordnet werden. Die Ausführung III bietet infolge der kräftigeren Lagerung eine noch höhere Sicherheit als Ausführung I. Bei den größten Stutzenweiten von 400 und 500 mm. Durchmesser wird nur Ausführung III hergestellt.

Die gebräuchlichste Antriebsart im Tiefbau ist der Riemenantrieb, und zwar die Ausführung der Pumpe mit Fest- und Losscheibe, Außenlager und Grundplatte.

Tabelle 63. Leistungstabellen

Fördermenge m³/st		960 Umdrehungen in der Minute — Gesamtförderhöhe in Metern				1160 Umdrehungen — Gesamtförder-		
		15	20	25	30	15	20	25
100	Mod. PS					NEG 125 / 8	NEZ 80 / 12	NEZ 100 / 16
150	Mod. PS	NEG 150 / 12,8				NEG 125 / 11	NEG 150 / 16	NEG 175 / 23
200	Mod. PS	NEG 175 / 15,5				NE 150 / 15	NEG 150 / 21	NEG 175 / 26
300	Mod. PS	NEG 175 / 23	NEG 200 / 30			NE 175 / 23	NEG 175 / 30	NEG 175 / 37
400	Mod. PS	NEG 200 / 32	NEG 250 / 40	NEG 250 / 54		NE 200 / 30	NEG 200 / 40	NEG 200 / 50
500	Mod. PS	NEG 250 / 37	NEG 250 / 50	NEG 250 / 63	NEG 300 / 81	NEK 300 / 39	NEG 200 / 50	NEG 200 / 62
600	Mod. PS	NEG 250 / 46	NEG 250 / 59	NEG 300 / 74		NEK 300 / 45	NEG 250 / 61	NEG 250 / 74
700	Mod. PS	NEG 250 / 55	NEG 250 / 70	NEG 300 / 86				
800	Mod. PS		NEG 300 / 80	NEG 300 / 97				

Fördermenge m³/st		1750 Umdrehungen in der Minute — Gesamtförderhöhe in Metern						
		15	20	25	30	35	40	50
100	Mod. PS	NE 100 / 8	NE 100 / 10	NE 125 / 13	NEG 100 / 17	NEG 100 / 19		
150	Mod. PS	NE 125 / 12	NE 125 / 15	NE 125 / 19	NE 125 / 23	NEG 125 / 27	NEG 125 / 31	
200	Mod. PS	NEK 200 / 16	NEK 200 / 23	NE 125 / 26	NE 150 / 31	NE 150 / 36	NE 150 / 42	NEG 150 / 53
300	Mod. PS	NEK 200 / 23		NE 175 / 40	NE 175 / 46	NE 175 / 53	NE 175 / 64	NEG 175 / 78
400	Mod. PS			NE 175 / 50	NE 175 / 59	NE 175 / 70	NE 175 / 80	NEG 175 / 105

Um je nach Bedarf auf einfache Weise die geeignete Monospumpe feststellen zu können, sind in Tabelle 63 alle hierzu nötigen Werte zusammengestellt, und zwar für die fünf gebräuchlichsten Drehzahlen, wobei zu beachten ist, daß die Drehzahl im allgemeinen um so geringer sein soll, je höher die von der Pumpe verlangte Leistung ist.

In der Tabelle ist in der ersten waagrechten Spalte die Anzahl der Umdrehungen in der Minute und in der zweiten waagrechten Spalte die Förderhöhe in Meter Flüssigkeitssäule, sowie in der linken senkrechten Spalte die stündliche Fördermenge in Kubikmeter angegeben. Man findet dann für eine bestimmte Förderhöhe und Fördermenge in der entsprechenden Rubrik das Modell (NEK, NE, NEG oder NEZ), sowie die Lichtweite des Druckstutzens aufgeführt. Darunter findet man

der Monos-Kreiselpumpen.

| in der Minute | | | 1450 Umdrehungen in der Minute | | | | | | |
| höhe in Metern | | | Gesamtförderhöhe in Metern | | | | | | |
30	35	40	15	20	25	30	35	40	50
NEZ 125 21			NE 125 8	NEG 100 11	NEG 125 13,3	NEG 125 16	NEZ 80 21	NEZ 80 24	
			NE 125 12	NEG 125 15	NEG 125 18,5	NEG 125 22,5	NEZ 100 31	NEZ 100 37	
			NE 150 16	NE 150 20	NE 150 25	NEG 150 30	NEG 150 35	NEG 175 48	
NEG 200 46			NE 175 24	NE 175 30	NE 175 37	NE 175 46	NEG 175 54	NEG 175 63	NEG 200 87
NEG 200 60			NE 175 31	NE 175 40	NE 175 50	NE 200 62	NEG 175 70	NEG 200 81	NEG 200 105
NEG 250 78	NEG 300 93		NEK 250 39	NE 200 56	NE 200 73			NEG 200 100	NEG 200 120
NEG 250 90	NEG 300 107	NEG 300 128		NEK 300 64	NEK 300 80			NEG 250 126	NEG 250 160
NEG 250 102	NEG 300 128	NEG 300 142		NEK 300 74	NEK 350 95			NEG 250 148	
	NEG 300 142	NEG 300 165		NEK 350 83					

| 2400 Umdrehungen in der Minute | | | | | |
| Gesamtförderhöhe in Metern | | | | | |
20	25	30	35	40	50
NEK 150 11,5	NEK 150 16	NE 100 17	NE 100 18	NE 100 21	NE 125 28
NEK 150 17	NEK 150 21	NEK 175 24	NE 125 29	NE 125 32	NE 125 39
NEK 150 22					

den Kraftbedarf der Pumpe an der Welle. Zu letzterem ist zu bemerken, daß bei Antrieb durch Elektromotor die Stärke des Motors stets etwas höher zu wählen ist, als diese Kraftbedarfszahl angibt, und zwar bei kleineren Pumpen um mindestens 20% und bei größeren um 10—15%.

**Tabelle 64. Hauptdaten der Monos-Kreiselpumpen
der Klein, Schanzlin & Becker A.-G., Frankenthal (Pfalz).**

Pumpen

Antriebsart	Modell	Lichte Weite des Druckstutzens mm	Riemenscheiben Durchmesser mm	Breite mm	Ausführung I Gewicht ca. kg	Preis ab Werk ca. RM.	Ausführung III Gewicht ca. kg	Preis ab Werk ca. RM.
Riemenantrieb mit Fest- und Losscheibe, Außenlager und Grundplatte	NEK	150	200	120	190	415	210	480
		175	200	120	220	480	245	545
		200	250	150	290	545	320	620
		250	300	200	550	860	600	965
		300	350	200	640	970	710	1180
		350	400	250	970	1450	1080	1620
	NE	100	200	120	165	365	185	425
		125	200	120	190	415	210	480
		150	250	150	230	470	250	535
		175	300	200	350	620	380	695
		200	350	200	500	790	540	880
	NEG	100	250	150	220	450	235	510
		125	300	200	350	590	390	650
		150	300	200	390	660	415	730
		175	350	200	580	890	620	970
		200	400	250	610	1030	655	1120
		250	450	300	1030	1560	1130	1720
		300	450	300	1100	1620	1200	1820
	NEZ	80	250	150	240	605	260	665
		100	300	200	380	750	410	820
		125	300	200	610	1080	665	1180

Zubehörteile

Rohrlichtweite . . mm	80	100	125	150	175	200	250	300	350
Saugkorb m. Lederklappe:									
Gewicht ca. kg	9	14	22	33	43	54	86	120	170
Preis ca. RM.	15,—	23,—	30,—	38,—	53,—	68,—	102,—	146,—	200,—
Rückschlagklappen:									
Gewicht ca. kg	27	45	57	80	105	125	185	260	400
Preis ca. RM.	27,—	39,—	52,—	68,—	85,—	104,—	143,—	208,—	280,—
Absperrschieber mit Flanschen: bis 5 Atm.									
Gewicht ca. kg	27	34	46	56	66	86	111	151	208
Preis ca. RM.	23,—	29,—	36,—	44,—	54,—	64,—	88,—	121,—	187,—
bis 20 Atm.									
Gewicht ca. kg	37	50	61	83	108	146	194	268	408
Preis ca. RM.	27,—	36,—	45,—	60,—	76,—	93,—	137,—	194,—	285,—
Auffülltrichter:									
Gewicht ca. kg	1	1	2	2	2,5	2,50	4	4	10
Preis ca. RM.	6,50	6,50	9,50	9,50	13,—	13,—	16,—	16,—	31,—

Pumpen usw. für Spülkippen. 105

Hat man an Hand von Tabelle 63 eine entsprechende Pumpe
gewählt, so sind alle weiteren Angaben aus Tabelle 64 zu entnehmen.

Reicht die Förderhöhe von 50 m nicht aus, so wären an Stelle
der Monos-Kreiselpumpen die KSB-Hochdruck-Kreiselpum-
pen, Modell HK für Förderhöhen bis zu 100 m und Modell HM
für Förderhöhen von 100—250 m ins Auge zu fassen; doch kann
auf Einzelheiten über diese Pumpen hier nicht näher eingegangen
werden.

Rohrleitung. Ein weiterer wesentlicher Bestandteil der Spülkippe
ist die Rohrleitung. Sie besteht gewöhnlich aus Flanschenrohren von
ca. 5 m Länge und an den Arbeitsstellen aus sog. Zapfrohren, das sind
Rohre, an welche in Abständen von ungefähr Wagenlänge Abzweigstutzen mit gewöhnlich 100 mm lichter Weite angeschweißt sind, von
denen aus die Zuleitung des Wassers zur Verwendungsstelle ca. 2—3 m
unter Kipprand erfolgt. Dicht hinter den Abzweigstutzen werden Ab-
sperrschieber eingebaut, um die Wasserabgabe an den Verbrauchs-
stellen nach Bedarf regulieren zu können. Angaben über Gewichte und
Preise der Rohrleitungsteile sind aus Tabelle 65 zu entnehmen.

Tabelle 65. Gewichte und Preise von Rohrleitungen.

Lichte Weite der Rohre	Autogengeschweißte Kuntze-Rohre aus Siemens-Martin-Stahl, 3 mm Wandstärke in Längen von 5 m, beiderseits mit drehbar aufgebördelten Flacheisenflanschen D.-N. gebohrt, innen und außen mit heißem Teerasphalt gestrichen, auf 10 Atm. geprüft		Schmiedeeiserne, gepreßte, aus 2 Schalen in der Mitte zusammengeschweißte Krümmer von 90°, 3 mm Wandstärke, Baulänge = Durchmesser + 100 mm, Radius = Durchmesser + 50 mm, beiderseits mit drehbar aufgebördelten Flacheisenflanschen D.-N. gebohrt, mit Anstrich innen und außen, auf 10 Atm. geprüft		Anzahl je Flanschverbindung	Schrauben				Dichtungen		Gewicht von 1 lfd. m normaler Rohrleitung	Preis von 1 lfd. m normaler Rohrleitung
						Durchmesser	Länge	Gewicht je Garnitur	Preis je Garnitur	Gewicht je Stück	Preis je Stück		
	Stückgewicht	Stückpreis	Stückgewicht	Stückpreis									
mm	ca. kg	ca. RM.	ca. kg	ca. RM.	St.	mm	mm	ca. kg	ca. RM.	ca. kg	ca. RM.	ca. kg	ca. RM.
80	38	29,25	7,5	15,45	4	16	60	0,80	0,64	0,06	0,25	7,80	6,—
100	47	32,60	10	22,20	4	19	65	1,25	0,91	0,06	0,30	9,70	6,75
125	58	36,10	14	25,30	4	19	65	1,25	0,91	0,08	0,40	11,90	7,50
150	72	39,60	17,5	28,40	6	19	65	1,90	1,37	0,09	0,50	14,80	8,30
175	82	43,65	21,5	32,25	6	19	70	1,95	1,40	0,12	0,65	16,80	9,15
200	95	47,75	26	36,05	6	19	70	1,95	1,40	0,15	0,80	19,40	10,—
250	118	56,80	34	43,60	8	19	70	2,60	1,87	0,20	1,05	24,20	12,—
300	143	66,20	46	51,65	8	19	75	2,70	1,95	0,24	1,30	29,20	13,90
350	173	76,50	60	65,—	10	22	80	4,50	3,20	0,27	1,60	35,60	16,30

3. Absetzapparate-Kippenbagger.

Die Absetzapparate bestehen normal aus dem Aufnahmegerät und dem Ausleger mit Gurtförderer.

Abb. 51. Kruppscher Absetzapparat mit Doppelbandtransporteur.

Abb. 52. Kruppscher Schwenkabsetzer.

Das Aufnahmegerät ist ein Bagger mit gewöhnlich 2,5 m Baggertiefe, der genau entsprechend den Eimerbaggern gebaut ist, das Material aus dem sog. Schöpfgraben entnimmt und auf ein Förderband abgibt, das es dann der gewünschten Einbaustelle zuführt.

Der Ausleger, auf welchem das Förderband läuft, kann entweder nach der Seite unbeweglich oder aber auch schwenkbar sein. Ist er unbeweglich, so wird er, um trotzdem eine möglichst große Fläche genau nach Bedarf beschicken zu können, mit Doppelbandtransporteur ausgerüstet, wie dies aus Abb. 51 ersichtlich ist. Man ist damit in der Lage, ohne weiteres Dämme u. dgl. profilgemäß zu schütten. Ist der Ausleger schwenkbar (Abb. 52), so bedarf es dieses Hilfsmittels nicht und man hat vor allem den großen Vorteil, daß er bei der Notwendigkeit Geländemulden zu überschreiten seinen Fahrdamm durch stetes Schwenken des Gurtförderers selbst vorschütten kann.

Für Absetzapparate besteht im allgemeinen Tiefbau nur eine Verwendungsmöglichkeit, wenn es sich um große Erdbewegungen handelt, und es ist infolgedessen klar, daß man bei der Neubeschaffung eines

Tabelle 66. Hauptdaten für Schwenkabsetzer der Friedr. Krupp A.-G. in Essen.

Type	$\frac{400}{34}$	$\frac{500}{40}$	$\frac{500}{47}$
Eimerinhalt l	**400**	**500**	**500**
Schüttungen je Minute bei vierfacher Schakung	30	28	28
Theoretische Stundenleistung . . . . . ca. m³	720	840	840
Ausladung des Gurtförderers von Schwenkachse bis Mitte Abwurftrommel . . ca. m	34	40	47
Größte Schütthöhe bei Dammschüttung ca. m	12	15	18
Schwenkbarkeit . . . . Grad	180	180	180
Förderbandbreite . . . . mm	1100	1200	1200
Förderbandlänge einschließlich Aufgabeband m	87	98	112
Gesamtstärke der Motoren . . . . . . ca. PS	345	400	420
Konstruktionsgewicht . . . . ca. t	**175**	**200**	**220**
Ballast . . . . ca. t	25	35	40
Dienstgewicht . . . . ca. t	210	247	272
Bedienungspersonal . . . . Mann	2	2	2
Preise:			
Bagger ab Werk . . . . ca. RM.	**234000**	**264000**	**286000**
Förderband . . . . ca. RM.	**7000**	**8500**	**9700**
Anstrich . . . . ca. RM.	**2000**	**2000**	**2000**
Verglasung . . . . ca. RM.	**1000**	**1000**	**1000**
Antriebsriemen und -seile . . . ca. RM.	**800**	**1000**	**1000**
Elektrische Ausrüstung . . . . ca. RM.	**34000**	**40000**	**42000**
Insgesamt . . . . ca. RM.	**278800**	**316500**	**341700**
Absetzergleis:			
Anzahl der Schienen . . . . St.	2×2	2×2	2×2
Gewicht je lfd. m Schiene . . . . . ca. kg	. 45	45	45
Schwellenabstand von Mitte Schwelle bis Mitte Schwelle . . . . cm	60—70	60—70	60—70
Länge der Schwellen . . . . cm	220	220	220
Breite der Schwellen . . . . cm	26	26	26
Höhe der Schwellen . . . . cm	20	20	20
bei Stromzuführung durch Freileitung			
Länge der Bockschwellen . . . . . . cm	400	400	400
Abstand der Bockschwellen . . . . . cm	1200	1200	1200

Tabelle 67. Gegenüberstellung verschiedener Absetzergleise.

Eimerinhalt des Absetzapparates l	400		500	
Absetzergleislänge .... m	480		600	
Schienenbefestigungsart	A	B	A	B
Gewichte:				
1472/1840 St. Absetzerschwellen ... ca. kg	85380	85380	106720	106720
128/160 St. Schienen, 15 m lang ∿ 45 kg/m schwer .... ca. kg	86400	86400	108000	108000
128/160 Paar Laschen dazu..... ca. kg	4045	4045	5060	5060
512/640 St. Bolzen, 22 × 115 mm .. ca. kg	410	410	510	510
2944/3680 St. Hakenplatten..... ca. kg	19625	—	24530	—
2944/3680 St. Gegenplatten..... ca. kg	7360	—	9200	—
2944/3680 St. Klemmplättchen ... ca. kg	1472	—	1840	—
8832/11040 St. Gebälkschrauben, 22 × 240 mm............. ca. kg	8832	—	11040	—
2944/3680 Garnituren Rudert-Befestigung Nr. 2 .... ca. kg	—	35622	—	44530
5888/7360 St. Gebälkschrauben, 22 × 240 mm............. ca. kg	—	5888	—	7360
Gesamtgewicht ....ca. kg	**213524**	**217745**	**266900**	**272180**
Gewicht je lfd. m Absetzergleis . . ca. kg	**445**	**454**	**445**	**454**
Preise:				
1472/1840 St. Absetzerschwellen (V) ca. RM.	7654	7654	9570	9570
ca. 90400/113000 kg Schienen und Laschen à 0,12 RM./kg .... ca. RM.	10848	10848	13560	13560
512/640 St. Bolzen à 0,27 RM./St. (V) ca. RM.	138	138	173	173
2944/3680 St. Hakenplatten à 1,10 RM./St. (V) .... ca. RM.	3238	—	4048	—
2944/3680 St. Gegenplatten à 0,50 RM./St. (V) .... ca. RM.	1472	—	1840	—
2944/3680 St. Klemmplättchen à 0,20 RM./St. (V) .... ca. RM.	589	—	736	—
8832/11040 St. Gebälkschrauben à 0,35 RM./St. (V) .... ca. RM.	3091	—	3864	—
2944/3680 Garnituren Rudert-Befestigung Nr. 2 à 3,10 RM......... ca. RM.	—	9126	—	11408
5888/7360 St. Gebälkschrauben à 0,35 RM./St.......... ca. RM.	—	2061	—	2576
Gesamtpreis ....ca. RM.	**27030**	**29827**	**33791**	**37287**
Preis je lfd. m Absetzergleis ... ca. RM.	**56,30**	**62,15**	**56,30**	**62,15**
Verzinsung + Abschreibung pro Jahr:				
Verschleißmaterial (V) .... %	27,5	19	27,5	19
ca. RM.	4450	1480	5564	1851
Schienen, Laschen und Rudert-Befestigung ca. RM.	1616	3283	2020	4104
Insgesamt .... ca. RM.	**6066**	**4763**	**7584**	**5955**
Kosten je lfd. m Absetzergleis . . ca. RM.	**12,65**	**9,90**	**12,65**	**9,90**

NB. Diese Tabelle umfaßt nur die 2 Absetzergleisstränge ohne das Zubringergleis!

derartigen Apparates nur ein Gerät wählen wird, das infolge seiner Konstruktion möglichst vielseitig verwendbar ist. In dieser Beziehung ist aber der Schwenkabsetzer dem Absetzer mit seitlich unbeweglichem Ausleger entschieden überlegen und ich kann mich deshalb darauf beschränken, in Tabelle 66 nur die Daten für Schwenkabsetzer der Friedr. Krupp A.-G. in Essen anzugeben.

Als Antrieb kommt für derartige Apparate nur elektrischer Antrieb in Frage.

4. Absetzergleis und Hilfsmittel zum Rücken desselben.

Hierfür gelten sinngemäß die Ausführungen, welche weiter vorne über Baggergleise für Eimerbagger gemacht wurden.

In Tabelle 67 sind die beiden Arten (A und B) von Schienenbefestigung einander gegenübergestellt, welche meines Erachtens für Absetzergleise einzig und allein in Frage kommen:

Befestigungsart A, welche die Befestigung der Schienen nach Abb. 6 vorsieht und

Befestigungsart B, welche die Rudertsche Schienenbefestigung vorsieht.

Das Ergebnis der Untersuchungen weist auch hier eine klare wirtschaftliche Überlegenheit der Rudertschen Schienenbefestigung auf.

Zu beachten ist bei diesen Zahlen, daß die Tabelle nur die beiden Absetzergleissträge umfaßt, nicht aber auch das Zubringergleis.

IV. Hilfsgeräte.

Als Hilfsgeräte bei der Ausführung von Erdarbeiten kommen in Frage solche, die zweckmäßig auf den Entladeplätzen für die betreffende Arbeit Verwendung finden und solche, die zu einer zeitgemäßen Ausrüstung der Werkplätze dienen.

Zu den ersteren gehört vornehmlich, sofern er am Entladebahnhof nicht ohnehin vorhanden ist, ein hinreichend tragfähiger **Portalkran,** der aber mit Rücksicht auf den provisorischen Charakter seiner Verwendung ruhig nur aus Kantholz hergestellt sein kann und je nach dem Umfang der Baustelle und damit der zu entladenden Güter entweder fest mit dem Boden verankert oder aber auch auf Schienen fahrbar konstruiert wird. Bei fester Verankerung sind für einen derartigen Kran von 5 m Höhe über Schienenoberkante und ca. 10 m Bockabstand bei 10 000 kg Tragkraft ungefähr 9 m³ Kantholz und 3000 kg I-Träger und Schienen nötig, was einem **Gesamtgewicht einschließlich Laufkatze** von etwa **9000 kg** und einem **Preis von etwa 2400 RM.** entspricht. Bei Herstellung in fahrbarer Konstruktion erhöhen sich diese Werte unter sonst gleichen Verhältnissen beim Gewicht auf ca. **10 500 kg** und beim Preis auf ca. **3000 RM.** Als Laufkatze verwendet man am einfachsten einen kurz gebauten Plattformwagen von 900 mm Spurweite.

Ein weiteres wertvolles Hilfsmittel auf diesem Gebiet ist dem Tiefbau erwachsen in dem **„B & K“-Auto-Patentkran** von Bues & Krauß, München, der in Abb. 53 dargestellt ist, wie er eben schwere Schienen ablädt.

Der Auto-Patentkran „B & K“ ist ein Drehscheibenkran modernster Bauart, der im Verhältnis zu seinem Gewicht von bisher unerreichter Leistungsfähigkeit ist. Er ist in seiner Ausführung so gehalten, daß er auf jedes normale Lastwagenfahrgestell von mindestens 5 t Tragfähig-

Abb. 53. „B & K“-Auto-Patentkran von Bues & Krauß, München.

keit einfach und mühelos aufgesetzt werden kann, wobei die Entfernung von Führersitzrückwand bis Mitte Hinterachse (s. Abb. 54) wenigstens 2670 mm betragen muß.

Die **Standfestigkeit** des Auto-Patentkrans ist dadurch gewährleistet, daß derselbe mit einer Sicherheitsvorrichtung gegen Überlastung versehen ist, die es ermöglicht, daß der Kran jeweils nur bis an die Grenze seiner Tragfähigkeit ausgenutzt werden kann.

Erwähnt zu werden verdient noch, daß der Auto-Patentkran auch auf einfache Weise als Greifer arbeiten kann, wobei lediglich der Kranhaken gegen den Greifkorb umzuwechseln ist. Der Inhalt des Zweiseilgreifers beträgt 0,35 m³ als Baggergreifer bzw. 0,50 m³ als Verladegreifer; seine Arbeitsweise ist genau die gleiche wie bei den üblichen Vierseilgreifern. Die Ausladung von der Drehachse bis Mitte Greifer beträgt 5 m bei 5 t-Fahrgestell und 6,5 m bei 7,5 t-Fahrgestell.

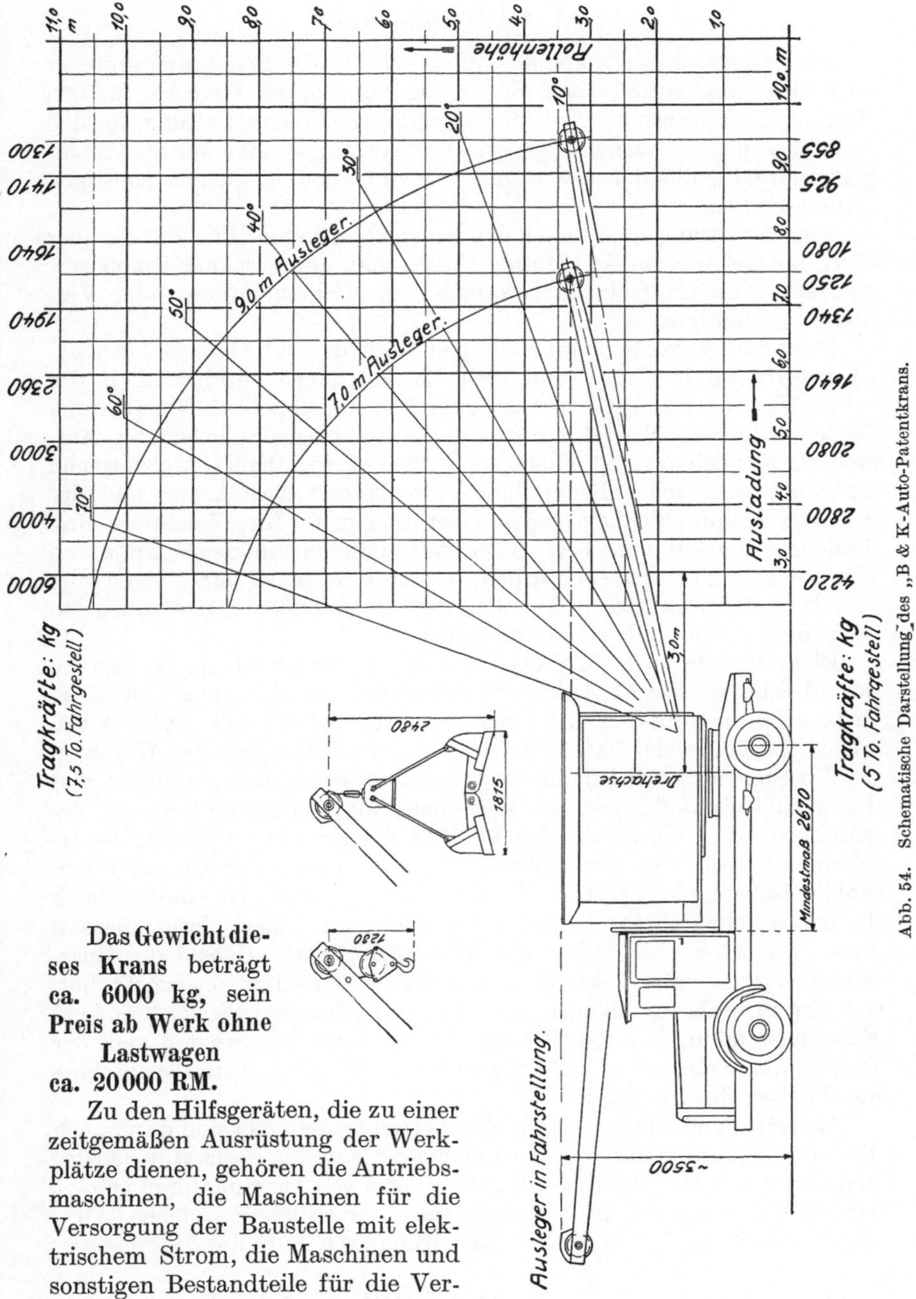

Abb. 54. Schematische Darstellung des „B & K-Auto-Patentkrans.“

Das Gewicht dieses Krans beträgt **ca. 6000 kg, sein Preis ab Werk ohne Lastwagen ca. 20000 RM.**

Zu den Hilfsgeräten, die zu einer zeitgemäßen Ausrüstung der Werkplätze dienen, gehören die Antriebsmaschinen, die Maschinen für die Versorgung der Baustelle mit elektrischem Strom, die Maschinen und sonstigen Bestandteile für die Versorgung der Baustelle mit Wasser und für eine etwaige Wasserhaltung und endlich die Maschinen und Geräte für die Werkstätte und Stellmacherei.

1. Antriebsmaschinen.

Antriebsmaschinen können benötigt sein für die Errichtung größerer oder kleinerer Zentralen zur Erzeugung elektrischen Stromes, für den Betrieb von Pumpen zur Wasserversorgung und Wasserhaltung, für den Antrieb von Holzbearbeitungs- und Werkzeugmaschinen auf den Werkplätzen und endlich für den Antrieb von allen möglichen sonstigen Baumaschinen.

Von Bedeutung ist es dabei, daß man sich in erster Linie klar darüber wird, welche Art von Antriebsmaschinen man am zweckmäßigsten verwendet: Dampfmaschinen (Lokomobilen), Elektromotoren oder Verbrennungsmotoren.

Sehr häufig werden vorerst immer noch die fahrbaren Dampflokomobilen benutzt, wenn auch die Zeit längst vorüber ist, in der sie im Tiefbau als Antriebsmaschinen fast ausschließlich Verwendung fanden. Sie verdanken ihre große Verbreitung neben der leichten Aufstellungsmöglichkeit und einfachen Bedienung vor allem der gediegenen und auch sehr roher Behandlung gewachsenen Ausführung und der geringen Empfindlichkeit gegen Überlastungen. Ihre Nachteile sind dieselben, die bei den Vergleichen mit anderen Antriebsarten schon früher wiederholt erörtert wurden, wenn sie auch bei der Verwendung von Dampfantrieb für die hier in Frage kommenden Zwecke nicht so sehr ins Gewicht fallen wie anderwärts.

Ebenso häufig, wenn nicht schon häufiger, wird heute im Baubetrieb der Elektromotor als Antriebsmaschine verwendet, von dem Dr. Garbotz schon vor Jahren mit Recht betonte, daß ihn sein geringes Gewicht, der minimale Platzbedarf, die Anspruchslosigkeit der Wartung, der Vorzug, nur so viel Strom aufzunehmen, als er Energie abgibt und die verhältnismäßig geringe Wirkungsgradverschlechterung bei Belastungen unter normal als für Baubetriebe geradezu prädestiniert erscheinen lassen. Daß der Elektromotor trotz dieser Vorzüge die Lokomobile bislang nicht noch mehr verdrängen konnte, ist ausschließlich darauf zurückzuführen, daß seine Verwendung von dem Vorhandensein eines geeigneten elektrischen Stromes abhängig ist. Sobald die Überlandversorgung mit Elektrizität eine solche Ausdehnung erreicht hat, daß der Strombezug allenthalben ohne besondere Schwierigkeiten und Extraaufwendungen erfolgen kann, ist bestimmt zu erwarten, daß der Elektromotor eine noch viel größere Verbreitung als Antriebsmaschine im Tiefbau finden wird.

Als dritte und letzte Gattung der Antriebsmaschinen sind dann noch die Verbrennungsmotoren zu nennen, die in der Form von Benzin-Benzolmotoren sowohl, als auch in der Form von Dieselmotoren gebaut werden und besonders in letzterer dank ihrer außerordentlichen Wirtschaftlichkeit eine immer größere Bedeutung auch im Bauwesen erlangen.

a) Lokomobilen.

Die Lokomobile (Abb. 55) als Antriebsmaschine ist so allgemein bekannt, daß es sich erübrigt, darüber weitere Worte zu verlieren. Die

Abb. 55. Fahrbare Patent-Heißdampf-Lokomobile der Gruppe LHFa der Maschinenfabrik Buckau R. Wolf A.-G.

Tabelle 68. Lokomobilen der Maschinenfabrik Buckau R. Wolf A.-G. in Magdeburg.

Bauart	Modell	Normalleistung PS	Maximale Dauerleistung PS	Vorübergehende Höchstleistung PS	Schwungrad Anzahl St.	Umdrehungen in der Minute	Durchmesser mm	Breite mm	Gewicht kg	Preis ab Werk RM.
	LF 2a	9	12	17	1	300	1250	110	3300	5700
	LF 3a	12	15	22	1	300	1250	130	3800	7000
Fahrbare Sattdampf-Einzylinderlokomobilen	LF 1b	17	22	29	1	300	1200	140	4000	7300
	LF 2b	21	27	36	1	300	1200	160	4500	7900
	LF 3b	26	33	44	1	300	1250	180	5300	9800
	LF 4b	33	40	54	1	300	1250	200	6050	11300
	BSF 8	40	50	68	1	250	1400	200	7500	14075
	BSF 9	50	65	85	1	250	1500	300	8600	15400
	LHF 4a	15	18	27	1	300	1250	130	3000	6850
	LHF 5a	18	22	33	1	300	1250	160	3000	7300
	LHF 6a	22	27	40	1	300	1250	160	3720	7900
	AHF 3b	26	33	44	1	300	1250	180	5350	10000
Fahrbare Patent-Heiß-dampflokomobilen	AHF 4b	33	40	54	1	300	1250	200	6200	11400
	AHF 5b	45	52	67	1	280	1500	220	7700	14300
	AHF 6b	53	67	83	1	275	1600	250	9000	16300
	AHF 7b	70	85	103	1	270	1700	280	10800	18925
	AHF 8b	90	105	125	1	260	1800	320	12200	23250
	AHF 9b	120	140	165	2	225	1900	260	17300	29500
Fahrbare Patent-Heiß-dampf-Verbundloko-mobilen mit Einspritz-kondensation	NCFK 8	150	185	205	2	230	1900	320	24100	50000
	NCFK 9	170	210	230	2	210	2000	370	27400	56500
	NCFK 10	205	250	275	2	210	2100	420	32600	65200

bedeutendste Fabrik für die Herstellung von Lokomobilen in Deutschland ist die Maschinenfabrik Buckau R. Wolf A.-G. in Magdeburg, und um einen Überblick zu gewinnen, was dieselbe zur Zeit an Maschinen, die für die vorliegenden Zwecke in Betracht kommen, auf dem Markt hat, sei auf die vorstehende Tabelle 68 verwiesen.

Wichtig für die Beurteilung dieser Maschinen in wirtschaftlicher Beziehung sind die Betriebskosten, und es soll deshalb in den Tabellen 69—71 für je eine Lokomobile der drei Gruppen eine diesbezügliche Berechnung auf einheitlicher Grundlage aufgemacht werden.

Die Durchführung der Berechnung erfolgt für eine jährliche Betriebszeit von 1000, 2000 und 6000 Stunden bei voller und halber Belastung unter den auf S. 115 oben zusammengestellten Annahmen.

Tabelle 69. Betriebskostenberechnung für eine fahrbare Sattdampf-Einzylinder-Lokomobile von 33 SP Normalleistung.

Anlagekapital . . . . RM. 11300.—

	Volle Belastung			Halbe Belastung		
Jährliche Betriebszeit t . . . . Std.	1000	2000	6000	1000	2000	6000
Jährliche Leistung . . . . PSst	33 000	66 000	198 000	16 500	33 000	99 000
Verzins.+Abschreibung gem. Tab. 208 %	14,9	14.9	27,4	14,9	14,9	27,4
Verzinsung + Abschreibung RM.	1683,70	1683,70	3096,20	1683,70	1683,70	3096,20
Bedienung:						
Maschinist 1,20 × 1,30 × t RM.	1560,—	3120,—		1560,—	3120,—	
1,15 × 1,30 × t RM.			8970,—			8970,—
Betriebsstoffe:						
Kohle 58,5 × 0,04 × t RM.	2340,—	4680,—				
57 × 0,04 × t RM.			13680,—			
50 × 0,04 × t RM.				2000,—	4000,—	
48 × 0,04 × t RM.						11520,—
Zylinderöl 0,08 × 0,70 × t RM.	56,—	112,—	336,—	56,—	112,—	336,—
Maschinenöl 0,12 × 0,60 × t RM.	72,—	144,—	432,—	72,—	144,—	432,—
Putzöl 0,02 × 0,30 × t RM.	6,—	12,—	36,—	6,—	12,—	36,—
Putzwolle 0,025×0,80×t RM.	20,—	40,—	120,—	20,—	40,—	120,—
Wasser 0,5 × 0,20 × t RM.	100,—	200,—	600,—			
0,4 × 0,20 × t RM.				80,—	160,—	480,—
Instandhaltung:						
Löhne (t : 10) × 1,25 . . RM.	125,—	250,—	750,—	125,—	250,—	750,—
t × 0,08 × 1,25 . . RM.	100,—	200,—	600,—	100,—	200,—	600,—
Material (t : 2000) × 340.— RM.	170,—	340,—	1020,—	170,—	340,—	1020,—
Gesamtkosten						
pro Jahr . . . . RM.	6232,70	10781,70	29640,20	5872,70	10061,70	27360,20
„ Betriebsstunde . . . RM.	6,24	5,39	4,94	5,87	5,03	4,56
„ eff. PSst . . . . . . Rpf.	**18,9**	**16,4**	**15,0**	**35,6**	**30,5**	**27,6**

In gleicher Weise wurden die Betriebskostenermittlungen für die sämtlichen in Tabelle 68 verzeichneten Lokomobilen durchgeführt und das Ergebnis dieser Berechnungen in Tabelle 72 niedergelegt.

Zu beachten ist, daß abgesehen von ganz wenigen Fällen bei Wasserhaltungsarbeiten die Lokomobilen im Baubetrieb nur selten voll belastet sein werden und daß man der Wirklichkeit wohl am nächsten

Bedienung:

Maschinistenlohn   einschl. soz. Lasten. . . . . je Std. 1,30 RM.
Werkstättenpersonallohn „   „   „   . . . . . „   „   1,25 „

Betriebsstoffe:
Kohle von 7500 Kal. Heizwert frei Verwendungsstelle je kg 0,04 RM.
Zylinderöl . . . .   „   „   „   „ 0,70 „
Maschinenöl . . . .   „   „   „   „ 0,60 „
Staufferfett . . . .   „   „   „   „ 0,60 „
Putzöl . . . .   „   „   „   „ 0,30 „
Putzwolle . . . .   „   „   „   „ 0,80 „
Wasser . . . .   „   „   „ m³ 0,20 „

Tabelle 70. Betriebskostenberechnung für eine fahrbare Patent-Heißdampf-Lokomobile von 33 PS Normalleistung.

Anlagekapital . . . . RM. 11400.—

	Volle Belastung			Halbe Belastung		
Jährliche Betriebszeit t . . . . Std.	1000	2000	6000	1000	2000	6000
Jährliche Leistung . . . . PSst	33 000	66 000	198 000	16 500	33 000	99 000
Verzins.+Abschreibung gem. Tab. 208 %	14,9	14,9	27,4	14,9	14,9	27,4
Verzinsung + Abschreibung RM.	1698,60	1698,60	3123,60	1698,60	1698,60	3123,60
Bedienung:						
Maschinist 1,20 × 1,30 × t RM.	1560,—	3120,—		1560,—	3120,—	
1,15 × 1,30 × t RM.			8970,—			8970,—
Betriebsstoffe:						
Kohle 50 × 0,04 × t RM.	2000,—	4000,—				
48 × 0,04 × t RM.			11520,—			
38 × 0,04 × t RM.				1520,—	3040,—	
35 × 0,04 × t RM.						8400,—
Zylinderöl 0,08 × 0,70 × t RM.	56,—	112,—	336,—	56,—	112,—	336,—
Maschinenöl 0,12 × 0,60 × t RM.	72,—	144,—	432,—	72,—	144,—	432,—
Putzöl 0,02 × 0,30 × t RM.	6,—	12,—	36,—	6,—	12,—	36,—
Putzwolle 0,025 × 0,80 × t RM.	20,—	40,—	120,—	20,—	40,—	120,—
Wasser 0,4 × 0,20 × t RM.	80,—	160,—	240,—			
0,3 × 0,20 × t RM.				60,—	120,—	360,—
Instandhaltung:						
Löhne (t : 10) × 1,25 . RM.	125,—	250,—	750,—	125,—	250,—	750,—
t × 0,08 × 1,25 . RM.	100,—	200,—	600,—	100,—	200,—	600,—
Material (t : 2000) × 340.— RM.	170,—	340,—	1020,—	170,—	340,—	1020,—
Gesamtkosten						
pro Jahr . . . . RM.	5887,60	10076,60	27147,60	5387,60	9076,60	24147,60
„ Betriebsstunde . . . RM.	5,89	5,04	4,49	5,39	4,54	4,02
„ eff. PSst . . . . . Rpf.	17,8	15,3	13,6	32,7	27,5	24,4

kommt, wenn man unter normalen Verhältnissen mit einer mittleren Belastung von 75% rechnet und demgemäß beim Vergleich der Wirtschaftlichkeit verschiedener Antriebsmaschinen für die Lokomobilen jeweils die Mittelwerte zwischen voller Belastung und halber Belastung in Tabelle 72 einsetzt. Selbstverständliche Voraussetzung ist dabei, daß man bei der Ermittlung der notwendigen Maschinenstärke sorgfältig vorgeht und nicht etwa aus irgendwelchen Gründen eine 40-PS-Lokomobile einsetzt, wo die Arbeit schon von einer halb so starken Maschine ebensogut geleistet werden kann.

Tabelle 71. Betriebskostenberechnung für eine fahrbare Patent-Heißdampfverbund-Lokomobile mit Einspritzkondensation von 150 PS Normalleistung.

Anlagekapital . . . . RM. 50000,—

	Volle Belastung			Halbe Belastung		
Jährliche Betriebszeit t . . . . Std. Jährliche Leistung . . . . PSst	1000 150 000	2000 300 000	6000 900 000	1000 75 000	2000 150 000	6000 450 000
Verzins.+Abschreibung gem. Tab. 208 %	14,9	14,9	27,4	14,9	14,9	27,4
Verzinsung $+$ Abschreibung RM.	7450,—	7450,—	13 700,—	7450,—	7450,—	13 700,—
Bedienung:						
Maschinist $1,20 \times 1,30 \times t$ RM.	1560,—	3120,—		1560,—	3120,—	
$1,15 \times 1,30 \times t$ RM.			8970,—			8970,—
Helfer $1,20 \times 1,20 \times t$ RM.	1440,—	2880,—		1440,—	2880,—	
$1,15 \times 1,20 \times t$ RM.			8280,—			8280,—
Betriebsstoffe:						
Kohle $172 \times 0,04 \times t$ RM.	6880,—	13 760,—				
$165 \times 0,04 \times t$ RM.			39 600,—			
$135 \times 0,04 \times t$ RM.				5400,—	10 800,—	
$125 \times 0,04 \times t$ RM.						30 000,—
Zylinderöl $0,27 \times 0,70 \times t$ RM.	189,—	378,—	1134,—	189,—	378,—	1134,—
Maschinenöl $0,33 \times 0,60 \times t$ RM.	198,—	396,—	1188,—	198,—	396,—	1188,—
Staufferfett $0,03 \times 0,60 \times t$ RM.	18,—	36,—	108,—	18,—	36,—	108,—
Putzöl $0,03 \times 0,30 \times t$ RM.	9,—	18,—	54,—	9,—	18,—	54,—
Putzwolle $0,035 \times 0,80 \times t$ RM.	28,—	56,—	168,—	28,—	56,—	168,—
Wasser $7,9 \times 0,20 \times t$. RM.	1580,—	3160,—	9480,—			
$5,5 \times 0,20 \times t$. RM.				1100,—	2200,—	6600,—
Instandhaltung:						
Löhne $(t:10) \times 1,25$ . . RM.	125,—	250,—	750,—	125,—	250,—	750,—
$t \times 0,15 \times 1,25$ . . RM.	187,50	375,—	1125,—	187,50	375,—	1025,—
Material $(t:2000) \times 1500,—$ RM.	750,—	1500,—	4500,—	750,—	1500,—	4500,—
Gesamtkosten						
pro Jahr . . . . RM.	20 414,50	33 379,—	89 057,—	18 454,50	29 459,—	66 577,—
„ Betriebsstunde . . . RM.	20,41	16,69	14,85	18,45	14,73	11,10
„ eff. PSst . . . . . Rpf.	13,6	11,1	9,9	24,6	19,6	16,1

b) Elektromotoren.

Bei den Elektromotoren ist zu unterscheiden zwischen den beiden Hauptgruppen der Gleichstrommotoren und der Drehstrommotoren.

Für den Baubetrieb kommen Gleichstrommotoren im allgemeinen nur in Betracht in Fällen, wo eben nur der Anschluß an ein vorhandenes Gleichstromnetz möglich ist; in weitaus den meisten Fällen werden Drehstrommotoren verwendet.

Gleichstrommotoren. Sie bestehen aus dem feststehenden Magnetgestell mit den Elektromagneten, dem umlaufenden Anker mit den Wicklungen, dem Kollektor und den Bürsten. Die einzige für den Baubetrieb in Betracht kommende Ausführungsart ist der Nebenschlußmotor und es sollen in Tabelle 73 die wesentlichsten Angaben über die gangbaren Größen von Nebenschlußmotoren samt Zubehör nach den Listen der Siemens-Schuckert-Werke gemacht werden.

Drehstrommotoren. Die Drehstrommotoren sind wesentlich einfacher und infolgedessen auch billiger als die Gleichstrommotoren. Sie bestehen aus dem feststehenden Ständer oder Stator mit den Wicklungen, dem

Tabelle 72. Betriebskosten von Dampflokomobilen.

Bauart	Modell	Normal-leistung PS	Maximale Dauerleistg. PS	Vorübergeh. Höchstleistg. PS	[1]	Volle Belastung Betriebsstunden pro Jahr			Halbe Belastung Betriebsstunden pro Jahr		
						1000	2000	6000	1000	2000	6000
Fahrbare Sattdampf-Einzylinderlokomobilen	LF 2a	9	12	17	a	3,80	3,40	2,90	3,65	3,20	2,75
					b	42,3	37,5	32,3	80,9	71,3	61,1
	LF 3a	12	15	22	a	4,15	3,65	3,35	3,95	3,45	3,10
					b	34,7	30,3	27,9	65,8	57,2	52,0
	LF 1b	17	22	29	a	4,45	3,95	3,60	4,25	3,70	3,35
					b	26,3	23,1	21,2	50,0	43,3	39,4
	LF 2b	21	27	36	a	5,05	4,35	3,95	5,00	4,10	3,65
					b	24,0	20,8	18,8	47,4	39,1	34,9
	LF 3b	26	33	44	a	5,60	4,85	4,50	5,20	4,50	4,00
					b	21,5	18,7	17,2	40,2	34,6	30,7
	LF 4b	33	40	54	a	6,25	5,40	4,95	5,85	5,05	4,55
					b	18,9	16,4	15,0	35,6	30,5	27,6
	BSF 8	40	50	68	a	7,05	6,00	5,50	6,55	5,50	4,95
					b	17,7	15,0	13,7	32,9	27,6	24,8
	BSF 9	50	65	85	a	8,05	6,90	6,25	7,35	6,20	5,90
					b	16,1	13,8	12,5	29,4	24,8	23,7
Fahrbare Patent-Heißdampflokomobilen	LHF 4a	15	18	27	a	4,10	3,60	3,30	3,85	3,35	3,05
					b	27,3	24,1	22,1	50,1	44,8	40,1
	LHF 5a	18	22	33	a	4,40	3,85	3,55	4,10	3,55	3,25
					b	24,4	21,4	19,6	45,5	39,5	35,9
	LHF 6a	22	27	40	a	4,85	4,20	3,75	4,55	3,90	3,50
					b	22,1	19,1	17,2	41,5	35,4	31,7
	AHF 3b	26	33	44	a	5,30	4,55	4,15	4,95	4,20	3,75
					b	20,4	17,4	15,9	38,1	32,2	28,9
	AHF 4b	33	40	54	a	5,90	5,05	4,50	5,40	4,55	4,00
					b	17,8	15,3	13,6	32,7	27,5	24,4
	AHF 5b	45	52	67	a	6,90	5,85	5,30	6,40	5,30	4,70
					b	15,4	13,0	11,7	28,4	23,6	20,8
	AHF 6b	53	67	83	a	8,20	7,00	6,40	7,60	6,40	5,70
					b	15,5	13,2	12,1	28,7	24,1	21,5
	AHF 7b	70	85	103	a	9,85	8,45	7,70	9,00	7,60	6,80
					b	14,1	12,1	11,1	25,7	21,7	19,5
	AHF 8b	90	105	125	a	12,05	10,30	9,45	10,75	9,05	8,05
					b	13,4	11,5	10,5	23,9	20,1	17,9
	AHF 9b	120	140	165	a	15,40	13,15	12,10	14,15	11,95	10,80
					b	12,8	10,9	10,1	23,6	19,9	18,0
Fahrbare Patent-Heißdampf-Verbundlokomobilen mit Einspritzkondensation	NCFK 8	150	185	205	a	20,40	16,70	14,85	18,45	14,75	11,10
					b	13,6	11,1	9,9	24,6	19,6	16,1
	NCFK 9	170	210	230	a	23,10	18,90	16,80	20,55	16,35	14,05
					b	13,6	11,1	9,9	24,2	19,2	16,6
	NCFK 10	205	250	275	a	26,60	21,75	19,35	23,30	18,45	15,85
					b	13,0	10,6	9,4	22,7	19,0	15,7

[1] a = Kosten je Betriebsstunde in Reichsmark.
b = Kosten je effektive Pferdestärkestunde in Reichspfennigen.

drehbaren Läufer oder Anker, der entweder als Kurzschlußläufer oder als Schleifringläufer ausgeführt sein kann, und den zwei Lagerschilden; bei den Schleifringläufern kommen dazu noch die Kohlebürsten mit den Bürstenhaltern und die Bürstenabhebevorrichtung.

Nach der Art der Ausführung ist zu wählen zwischen den offenen Motoren und den geschützten Motoren. Erstere kommen nur in Frage für Fälle, bei denen mit Feuchtigkeit oder Staubentwicklung nicht zu rechnen ist. Nachdem man aber, wie schon wiederholt erwähnt, im Baubetrieb immer das Bestreben haben sollte, nur solche Maschinen anzuschaffen, die möglichst vielseitig verwendbar sind, empfiehlt sich im allgemeinen die geschützte Ausführung (Abb. 56).

Am besten geeignet für den Baubetrieb ist der Drehstrommotor mit Schleifringanker, und ich habe im Hinblick auf meine obigen Ausführungen in Tabelle 74 die serienmäßig hergestellten geschützten Drehstrommotoren mit Schleifringläufer der Siemens-Schuckert-Werke mit ihren Hauptdaten zusammengefaßt.

Abb. 56. Geschützter Drehstrommotor mit Schleifringanker der Siemens-Schuckert-Werke Typen VR116 bis
VR 216 a.

Für die obere Gruppe bei den Umdrehungszahlen 3000, 1500, 1000 und 750 sind dabei jeweils Gewicht und Preis für einen luftgekühlten, für die übrigen Gruppen dagegen für einen ölgekühlten Anlasser eingesetzt, und zwar soweit nichts anderes vermerkt ist, für Anlauf mit voller Last.

Aus dieser Tabelle geht klar hervor, daß Gewicht und Preis der Drehstrommotoren mit sinkender Drehzahl ziemlich beträchtlich in die Höhe gehen. Man sollte deshalb in der Wahl der Drehzahl nicht weiter heruntergehen, als unbedingt nötig ist.

Am weitesten verbreitet dürften Motoren mit 1000 und 1500 Umdrehungen sein.

Um zu zeigen, wie sich die wirtschaftlichen Verhältnisse bei dieser Antriebsmaschine gestalten, wird im folgenden die Betriebskostenberechnung für einen geschützten 30-PS-Drehstrommotor mit Schleifringanker und der Umdrehungszahl 1000 aufgemacht.

Die Durchführung der Berechnung erfolgt wie bei den Lokomobilen für eine jährliche Betriebszeit von 1000, 2000 und 6000 Stunden bei voller und halber Belastung unter folgenden Annahmen:

Bedienung: Lohn für Wartung einschl. soz. Lasten je Std. 1,15 RM.
Kosten für den elektrischen Strom je kWst . . 0,15 RM.

Die Ermittlung des Strombedarfs N_e (kW) bei Inanspruchnahme der vollen Nennleistung N (kW) erfolgt dabei nach der Formel

$$N_e = \frac{N}{\eta \cdot \cos\varphi}.$$

Tabelle 73. Gleichstrom-Nebenschlußmotoren der Siemens-Schuckert-Werke.

Spannung Volt	Type	Nennleistung kW	PS	Strom ca. Amp.	Nenn-drehzahl U/min	regelbar aufwärts um%	Größte Länge mm	Breite mm	Höhe mm	Riemenscheiben-durchmesser mm	breite mm	Gewichte Motor ca. kg	Anlasser ca. kg	Spannschienen ca. kg	insgesamt ca. kg	Preise ab Werk Motor ca. RM.	Anlasser ca. RM.	Spannschienen ca. RM.	insgesamt ca. RM.
110	G 6	1.5	2	17,7	1410	43	617	300	350	100	85	66	2,5	10,5	79	350	30	14	394
	G 35	2,2	3	25	1420	23	562	350	395	125	85	85	4,3	10,5	99,8	390	31	14	435
	G 45	3	4	34	1420	16	610	380	420	125	100	106	4,3	1,65	126,8	475	31	19	525
	G 65b	5,5	7,5	61	1430	15	742	400	450	160	120	150	7,3	1,65	173,8	700	53	19	772
	GM 105	8,5	11,6	94	1400	25	828	542	543	200	120	220	27	18	265	1100	125	25	1250
	GM 125	11	15	122	1270	25	870	608	584	220	120	272	31	18	321	1400	147	25	1572
	GM 145	15	20,5	165	1275	25	979	678	636	260	140	355	38	18	411	1650	250	25	1925
	GM 185	20	27	215	880	15	1197	784	766	320	200	585	50	44	679	2400	289	65	2754
	GM 195	25	34	265	800	15	1238	816	830	360	230	700	50	44	794	2850	289	65	3204
	GM 245	32	43,5	335	590	15	1532	960	975	430	300	1130	113	85	1328	4150	480	113	4743
220	G 6	1,5	2	8,9	1410	43	617	300	350	100	85	66	2,5	10,5	79	330	30	14	374
	G 35	2,2	3	12,7	1420	23	562	350	395	125	85	85	4,3	10,5	99,8	375	31	14	420
	G 45	3	4	17	1420	16	610	380	420	125	100	106	4,3	16,5	126,8	420	31	19	470
	G 65b	5,5	7,5	30	1430	15	691	400	450	160	120	150	7,3	16,5	173,8	600	53	19	672
	GM 105	8,5	11,6	47	1390	50	798	542	543	200	120	215	27	18	260	1000	120	25	1145
	GM 125	11	15	60	1280	25	835	608	584	220	120	262	31	18	311	1200	135	25	1360
	GM 145	15	20,5	81	1280	25	924	678	636	260	140	345	38	18	401	1450	235	25	1710
	GM 185	20	27	108	895	15	1132	784	766	320	200	570	50	44	664	2200	279	65	2544
	GM 195	25	34	131	790	15	1198	816	830	360	230	680	50	44	774	2550	279	65	2894
	GM 245	32	43,5	167	600	15	1387	960	975	430	300	1090	113	85	1288	3650	445	113	4208
440	G 6	1,5	2	4,4	1410	42	617	300	350	100	85	66	2,5	10,5	79	340	30	14	384
	G 35	2,2	3	6,4	1420	23	562	350	395	125	85	85	4,3	10,5	99,8	395	31	14	440
	G 45	3	4	8,5	1420	16	610	380	420	125	100	106	4,3	16,5	126,8	445	31	19	495
	G 65b	5,5	7,5	15,2	1430	15	691	400	450	160	120	150	7,3	16,5	173,8	570	53	19	642
	GM 125	8	10,9	22,5	1000	50	835	608	584	220	120	262	27	18	307	1200	81	25	1306
	GM 145	11,5	15,5	32	1000	25	924	678	636	260	140	345	31	18	394	1450	98	25	1573
	GM 165	16,5	22,5	45	1010	25	1022	743	725	280	170	445	32	44	521	1700	164	65	1929
	GM 185	23	31,5	61	995	15	1082	784	766	320	200	560	45	44	649	2100	179	65	2344
	GM 235	27	37	71	670	15	1282	890	900	400	230	855	105	85	1045	3000	355	113	3468
	GM 245	36	49	93	660	15	1387	960	975	430	300	1075	112	85	1272	3600	455	113	4168

Tabelle 74. Geschützte Drehstrommotoren mit Schleifringläufer der Siemens-Schuckert-Werke.

Ausführung	Drehzahl U/min	Spannung Volt	Nennleistung kW	Nennleistung PS	Type	Nenn-drehzahl U/min	Wirkungs-grad η %	Leistungs-faktor cos φ	Auf-nahme ca. kW	Größte Länge mm	Größte Breite mm	Größte Höhe mm	Riemenscheiben durch-messer mm	Riemenscheiben breite mm	Gewichte Motor ca. kg	Gewichte Anlasser ca. kg	Gewichte Spann-schienen ca. kg	Gewichte ins-gesamt ca. kg	Preise Motor ca.RM.	Preise Anlasser ca.RM.	Preise Spann-schienen ca.RM.	Preise ins-gesamt ca.RM.
Ohne Bürsten-abheber	3000	125	1,5	2	R 44s — 2	2820	80	0,85	1,88	432	295	305	100	60	39	4,3	6	49,3	280	28	10	318
		220	2,2	3	R 44n — 2	2840	80,5	0,86	2,74	474	295	305	100	85	44	4,3	6	54,3	295	28	10	333
		380	3	4	R 54 s — 2	2850	81,5	0,86	3,7	526	343	355	125	85	59	4,3	10,5	73,8	340	28	15	383
		500	4	5,5	R 54n — 2	2860	82	0,86	4,9	555	343	355	125	100	69	7,3	10,5	86,8	375	38	15	428
			5,5	7,5	R 64s — 2	2880	82	0,87	6,7	597	383	395	160	100	82	7,3	10,5	99,8	440	38	15	493
			7,5	10	R 64n — 2	2900	83	0,87	9	633	383	395	160	120	94	18	10,5	122,5	465	88	15	568
Mit Bürstenabheber	3000	125	9,5	13	VR 76a — 2	2890	85	0,88	11	670	440	435	nur		106	20	—	126	740	74	—	814
		220	13	17,5	VR 96a — 2	2900	87,5	0,88	14,8	710	470	460	für		140	35	—	175	950	137	—	1087
		380	18	24,5	VR 116 — 2	2910	87,5	0,89	20,3	735	560	520	starre		195	35	—	230	1200	137	—	1337
		500	25	34	VR 126 — 2	2920	88,5	0,90	28	845	650	550	Kupp-		260	35	—	295	1570	137	—	1707
			35	47,5	VR 136 — 2	2920	89	0,90	39	910	690	610	lung		340	60	—	400	1910	238	—	2148
			45	61	VR 156 — 2	2930	89,5	0,90	49,5	1005	825	690			470	95	—	565	2450	385	—	2835
			55	75	VR 166 — 2	2930	89,5	0,91	60,5	1035	905	745			560	95	—	655	2850	385	—	3235
			70	95	VR 186 — 2	2940	89,5	0,91	77	1080	965	820			760	95	—	855	3500	385	—	3885
			90	122	VR 206 — 2	2940	90	0,91	98,5	1100	1035	910			845	180	—	1025	4050	590	—	4640
			110	150	VR 216 — 2	2950	90,5	0,91	120	1180	1035	910			1020	95[1]	—	1115	4400	385[1]	—	4785
Ohne Bürsten-abheber	1500	125	1,1	1,5	R 44s — 4	1400	78	0,78	1,41	432	295	305	100	60	40	4,3	6	50,3	260	28	10	298
		220	1,5	2	R 44n — 4	1410	79,5	0,80	1,89	474	295	305	100	85	45	4,3	6	55,3	280	28	10	318
		380	2,2	3	R 54s — 4	1415	80,5	0,82	2,74	526	343	355	125	85	61	4,3	10,5	75,8	320	28	15	363
		500	3	4	R 54n — 4	1420	82	0,83	3,66	555	343	355	125	100	71	4,3	10,5	85,8	350	28	15	393
			4	5,5	R 64s — 4	1420	83,5	0,84	4,8	597	383	395	160	100	84	7,3	10,5	101,8	405	38	15	458
			5,5	7,5	R 64n — 4	1425	84,5	0,84	6,5	633	383	395	160	120	98	7,3	10,5	115,8	465	38	15	518
Mit Bürstenabheber	1500	125	8,5	11,5	VR 76a — 4	1420	86,5	0,85	9,8	670	440	435	200	120	120	20	18	158	700	74	25	799
		220	11	15	VR 96a — 4	1430	87	0,86	12,7	710	470	460	225	120	155	20	18	193	870	74	25	969
		380	15	20,5	VR 116 — 4	1440	88,5	0,87	17	770	560	520	250	140	215	35	44	294	1100	137	65	1302
		500	22	30	VR 126 — 4	1450	90	0,88	24,5	910	650	550	280	170	295	35	44	374	1460	137	65	1662
			30	41	VR 136 — 4	1450	90,5	0,89	33	1005	690	610	320	200	375	60	44	479	1760	238	65	2063
			40	54,5	VR 156 — 4	1460	91	0,90	44	1125	825	690	360	230	515	60	85	660	2250	238	113	2601
			50	68	VR 166 — 4	1465	91,5	0,90	55	1160	905	745	400	230	600	95	85	780	2600	385	113	3098
			64	87	VR 166a — 4	1465	90,5	0,90	71	1190	905	745	450	260	695	95	85	865	3100	385	113	3598
			80	109	VR 186a — 4	1470	91	0,90	88	1275	965	820	500	300	900	180	85	1165	3650	590	113	4353
			100	135	VR 206a — 4	1470	91,5	0,90	109	1285	1030	910	560	300	1040	180	85	1305	4250	590	113	4953
			135	185	VR 216a — 4	1470	92	0,91	147	1280	1030	910	—	—	1115[2]	95[1]	85[3]	1295	4450[2]	385[1]	230[3]	5065

	min⁻¹	V			Type																	
Ohne Bürstenabheber	1000		0,8	1	R 44s — 6	910	74	0,73	1,08	432	295	305	100	60	40	4,3	6	**50,3**	280	28	10	**318**
		125	1,1	1,5	R 44n — 6	910	75,5	0,73	1,46	474	295	305	100	85	45	4,3	6	**55,3**	295	28	10	**333**
		220	1,5	2	R 54s — 6	910	77,5	0,74	1,94	526	343	355	125	85	61	4,3	10,5	**75,8**	345	28	15	**388**
		380	2,2	3	R 54n — 6	915	79,5	0,76	2,77	555	343	355	125	100	71	4,3	10,5	**85,8**	375	28	15	**418**
		500	3	4	R 64s — 6	920	81	0,78	3,7	597	383	395	160	100	84	4,3	10,5	**98,8**	430	28	15	**473**
			4	5,5	R 64n — 6	920	82	0,80	4,9	633	383	395	160	120	96	7,3	10,5	**113,8**	495	38	15	**548**
Mit Bürstenabheber	1000		6	8	VR 76a — 6	940	84,5	0,82	7,1	670	440	435	200	120	120	20	18	**158**	740	74	25	**839**
			7,5	10	VR 96a — 6	945	85,5	0,83	8,8	710	470	460	225	120	153	20	18	**191**	910	74	25	**1009**
			11	15	VR 116 — 6	950	86,5	0,84	12,7	770	560	520	250	140	208	20	44	**272**	1160	74	65	**1299**
		125	15	20,5	VR 126 — 6	960	88	0,85	17	910	650	550	280	170	290	35	44	**369**	1440	137	65	**1642**
		220	22	30	VR 136 — 6	960	88,5	0,86	24,8	1005	690	610	320	200	369	35	44	**448**	1800	137	65	**2002**
		380	30	41	VR 156 — 6	965	90	0,87	33,3	1125	825	690	360	230	504	60	85	**649**	2200	238	113	**2551**
		500	40	54,5	VR 166 — 6	965	90,5	0,88	44	1160	905	745	400	230	605	60	85	**750**	2600	238	113	**2951**
			50	68	VR 186 — 6	970	91	0,88	55	1235	965	820	450	260	805	95	85	**985**	3050	385	113	**3548**
			64	87	VR 206 — 6	970	91,5	0,89	70	1285	1035	910	500	300	910	95	85	**1090**	3450	385	113	**3948**
			80	109	VR 216 — 6	975	92	0,89	87	1365	1035	910	560	300	1075	180	85	**1340**	3950	590	113	**4553**
Ohne Bürstenabheber	750	125	1,1	1,5	R 54s — 8	670	73,5	0,66	1,5	526	343	355	125	85	59	4,3	10,5	**73,8**	365	28	15	**408**
		220	1,5	2	R 54n — 8	675	75,5	0,69	2	555	343	355	125	100	69	4,3	10,5	**83,8**	385	28	15	**428**
		380	2,2	3	R 64s — 8	690	77,5	0,72	2,84	597	383	395	160	100	84	4,3	10,5	**98,8**	460	28	15	**503**
		500	3	4	R 64n — 8	700	79	0,75	3,8	633	383	395	160	120	96	4,3	10,5	**110,8**	515	28	15	**558**
Mit Bürstenabheber	750		4,5	6	VR 76a — 8	690	81,5	0,77	5,5	670	440	435	200	120	120	20	18	**158**	760	74	25	**859**
			5,5	7,5	VR 96a — 8	700	82,5	0,79	6,7	710	470	460	225	120	152	20	18	**190**	930	74	25	**1029**
			7,5	10	VR 116 — 8	710	84	0,81	8,9	770	560	520	250	140	207	20	44	**271**	1230	74	65	**1369**
		125	11	15	VR 126 — 8	710	85	0,82	13	910	650	550	280	170	285	20	44	**349**	1570	74	65	**1709**
		220	15	20,5	VR 136 — 8	720	87	0,84	17,3	1005	690	610	320	200	367	35	44	**446**	1860	137	65	**2062**
		380	22	30	VR 156 — 8	720	88	0,85	25	1125	825	690	360	230	500	35	85	**620**	2300	137	113	**2550**
		500	30	41	VR 166 — 8	725	89,5	0,86	33,5	1160	905	745	400	230	600	60	85	**745**	2750	238	113	**3101**
			40	54,5	VR 186 — 8	725	90	0,87	44,5	1235	965	820	450	260	795	60	85	**940**	3250	238	113	**3601**
			50	68	VR 206 — 8	725	90,5	0,87	55	1285	1035	910	500	300	905	95	85	**1085**	3650	385	113	**4148**
			64	87	VR 216 — 8	730	91,5	0,88	70	1365	1035	910	560	300	1080	95	85	**1260**	4150	385	113	**4648**
Mit Bürstenabheber	600		7,5	10	VR 126—10	565	83,5	0,79	9	910	650	550	280	170	272	20	44	**336**	1570	74	65	**1709**
			11	15	VR 136—10	570	84,5	0,80	13	1005	690	610	320	200	347	20	44	**411**	1860	74	65	**1999**
		125	15	20,5	VR 156—10	570	86	0,81	17,5	1125	825	690	360	230	476	35	85	**596**	2300	137	113	**2550**
		220	22	30	VR 166—10	575	87,5	0,82	25	1160	905	745	400	230	565	35	85	**685**	2750	137	113	**3000**
		380	30	41	VR 186—10	580	88,5	0,83	34	1235	965	820	450	260	725	60	85	**870**	3250	238	113	**3601**
		500	40	54,5	VR 206—10	580	89	0,84	45	1285	1035	910	500	300	885	60	85	**1030**	3650	238	113	**4001**
			50	68	VR 216—10	580	90	0,85	55,5	1365	1035	910	560	300	1015	95	85	**1195**	4150	385	113	**4648**

[1] Läuferanlasser mit Ölkühlung für Halblastanlauf (sonst Vollastanlauf!).
[2] Preis und Gewicht ohne Riemenscheibe, weil Type VR 216a—4 nur für Kupplungsantrieb gebaut wird.
[3] Gewicht und Preis für elastische Zapfenkupplung.

Wirkungsgrad η und Leistungsfaktor $\cos\varphi$ für die Nennleistung ($^4/_4$ Last) sind aus der Tabelle 74 zu entnehmen; die Werte des Wirkungsgrads und Leistungsfaktors für Teillasten können aus Tabelle 75 herausgegriffen werden.

Tabelle 75. Änderungen von Wirkungsgrad und Leistungsfaktor bei den Siemens-Schuckert-Drehstrommotoren bei Teillasten.

Wirkungsgrad η bei						Leistungsfaktor $\cos\varphi$ bei					
$^1/_4$ Be-lastung etwa %	$^2/_4$ Be-lastung etwa %	$^3/_4$ Be-lastung etwa %	$^4/_4$ Bela-stung etwa %	$^5/_4$ Be-lastung etwa %	$^6/_4$ Be-lastung etwa %	$^1/_4$ Be-lastung etwa	$^2/_4$ Be-lastung etwa	$^3/_4$ Be-lastung etwa	$^4/_4$ Bela-stung etwa	$^5/_4$ Be-lastung etwa	$^6/_4$ Be-lastung etwa
88	92,5	93,5	94	93,5	92,5	0,75	0,87	0,90	0,91	0,91	0,90
87	91,5	92,5	93	92,5	91,5	0,72	0,85	0,89	0,90	0,90	0,89
86	91	92	92	91,5	90	0,67	0,82	0,87	0,89	0,89	0,88
85	90	91	91	90	88,5	0,63	0,80	0,86	0,88	0,88	0,87
83	89	90	90	89	87	0,60	0,78	0,85	0,87	0,87	0,86
82	88	89	89	88	86	0,58	0,77	0,84	0,86	0,87	0,86
80	87	88	88	87	85	0,56	0,74	0,82	0,85	0,86	0,86
79	86	87	87	85,5	83	0,54	0,72	0,81	0,84	0,85	0,85
77	84,5	86	86	84,5	82	0,50	0,70	0,80	0,83	0,84	0,84
76	83,5	85	85	83,5	81	0,49	0,69	0,78	0,82	0,83	0,82
74,5	82,5	84	84	82,5	80	0,48	0,68	0,77	0,81	0,82	0,82
73	81,5	83	83	81,5	79	0,47	0,67	0,76	0,80	0,81	0,81
71,5	80,5	82	82	80	77	0,46	0,65	0,75	0,79	0,80	0,80
70,5	79,5	81	81	79	76	0,44	0,63	0,73	0,78	0,80	0,80
69	78,5	80	80	78	75	0,42	0,62	0,72	0,77	0,79	0,79
67	77	79	79	77	74	0,40	0,60	0,70	0,76	0,78	0,78

Das Wirtschaftsbild ist dann folgendes:

Tabelle 76.

Anlagekapital (ohne Anschlußkosten) . . . . 2000,— RM.

	Volle			Halbe Belastung		
Jährliche Betriebszeit t . . Std.	1000	2000	6000	1000	2000	6000
Leistung. . . . . PSst.	30 000	60 000	180 000	15 000	30 000	90 000
Verzinsung + Abschreibung nach Tabelle 209. . . . . . %	12,4	12,4	22,4	12,4	12,4	22,4
Verzins. + Abschreib. RM.	248,—	248,—	448,—	248,—	248,—	448,—
Wartung:						
0,05 × 1,15 × t . . . RM.	57,50	115,—		57,50	115,—	
0,04 × 1,15 × t . . . RM.			276,—			276,—
Stromkosten:						
$\dfrac{22}{0,885 \times 0,86} \times 0,15 \times t$ RM.	4317,—	8634,—	25902,—			
$\dfrac{11}{0,875 \times 0,77} \times 0,15 \times t$ RM.				2449,50	4899,—	14697,—
Schmier- u. Putzmittel RM.	30,—	40,—	50,—	30,—	40,—	50,—
Instandhaltung . . . RM.	50,—	100,—	200,—	50,—	100,—	200,—
Gesamtkosten pro Jahr RM.	4702,50	9137,—	26876,—	2835,—	5402,—	15671,—
Gesamtkosten pro Stunde . . . RM.	4,70	4,57	4,48	2,84	2,70	2,61
Gesamtkosten pro PSst. . . . . Rpf.	15,7	15,7	14,9	18,9	18,0	17,4

Aus Tabelle 76 ist deutlich zu ersehen, daß die ausschlaggebende Rolle bei den Betriebskosten für Elektromotoren einzig und allein die Stromkosten spielen und, um einen bequemen Vergleich mit den entsprechenden Werten der Lokomobilen (Tabelle 72) zu ermöglichen, habe ich in Tabelle 77 die Betriebskosten für Drehstrommotoren mit 1000 und 1500 Umdrehungen je bei einem Strompreis von 0,10 RM. und 0,20 RM. pro Kilowattstunde zusammengestellt. Die Werte für dazwischenliegende Strompreise können auf einfache Weise durch geradlinige Interpolation ermittelt werden.

Zu bemerken ist, daß die Betriebskosten bei $^3/_4$ Belastung bei den Drehstrommotoren nicht aus den Werten von voller und halber Belastung errechnet werden können, sondern auf Grund der Werte für η und $\cos \varphi$ in Tabelle 75 neu ermittelt werden müssen. Ein Blick in die Tabelle genügt, um zu sehen, daß sie bei den in Tabelle 77 aufgeführten Motoren nur um ganz wenig abweichen von den Werten für volle Belastung.

c) Verbrennungsmotoren.

Bei den Verbrennungsmotoren ist zu unterscheiden zwischen den Benzin-Benzolmotoren und den Dieselmotoren.

Benzin-Benzolmotoren. Benzin-Benzolmaschinen kommen im allgemeinen nur bis etwa 16 PS in Frage, weil größere Vergasermotoren bei den heutigen Brennstoffpreisen mit den Dieselmotoren nicht mehr konkurrieren können. Sie finden im Baubetrieb noch häufig Verwendung zum Antrieb von Betonmischmaschinen, Pumpen, Winden u. dgl., und zwar sind es besonders die Fabrikate der Motorenfabrik Deutz A.-G., welche man sehr häufig antrifft.

Die Motorenfabrik Deutz liefert diese Maschinen entweder ortsfest oder auch fahrbar, und ich habe in Tabelle 78 die wesentlichsten Angaben für beide Arten, soweit sie mir zugänglich waren, zusammengestellt.

Was den Bauingenieur immer wieder in erster Linie interessieren wird, das sind die Betriebskosten, und ich habe deshalb auch für diese Maschinengattung ein Beispiel durchgeführt, und zwar für eine ortsfeste Maschine Modell MA 511 bei 5 PS Dauerleistung und eine jährliche Betriebszeit von 1000, 2000 und 6000 Stunden bei voller und halber Belastung unter folgenden Annahmen:

Bedienung:	Lohn für Wartung einschl. soz. Lasten je Std.		1,30	RM.
Betriebsstoffe:	Brennstoff frei Verwendungsstelle . .	„ 1	0,34	„
	Motorenöl „ „ . .	„ kg	0,60	„
	Putzwolle „ „ . .	„ „	0,80	„

Hinsichtlich der Bedienung ist zu bemerken, daß in der Berechnung nur der Wert der Wartung für den Motor als solchen eingesetzt wurde; im allgemeinen wird es jedoch so sein, daß ein und derselbe Mann den Motor und die Arbeitsmaschine bedient und man hat dann, um den Gesamtbetrag der Bedienungskosten zu erhalten, zu den Werten der Tabelle 79 jeweils noch den Betrag eines Stundenlohnes hinzuzurechnen.

Tabelle 77. Betriebskosten

Nenn-leistung		Betriebsstd. pro Jahr . . . . / Strompreis Rpf./kWst . .	Drehzahl 1000									
			Volle Belastung								Halbe	
			1000		2000		6000		1000		2000	
kW	PS		10	20	10	20	10	20	10	20	10	20
11	15	a^1	1,80	3,30	1,70	3,20	1,65	3,15	1,15	2,05	1,10	2,—
		b^2	11,9	22	11,3	21,4	10,9	21	15,6	27,6	14,4	26,4
15	20,5	a	2,35	4,35	2,20	4,20	2,15	4,15	1,50	2,65	1,40	2,55
		b	11,4	21,1	10,8	20,6	10,4	20,2	14,6	26	13,5	25
22	30	a	3,25	6,15	3,15	6,—	3,—	5,95	2,—	3,65	1,90	3,50
		b	10,8	20,6	10,3	20,1	10	19,8	13,4	24,4	12,6	23,4
30	41	a	4,30	8,15	4,15	7,95	4,05	7,85	2,65	4,80	2,45	4,65
		b	10,2	19,9	10,1	19,4	10	19,2	12,8	23,4	12	22,6
40	54,5	a	5,55	10,60	5,35	10,40	5,25	10,25	3,35	6,15	3,15	5,95
		b	10,2	19,4	9,9	19,1	9,6	18,9	12,2	22,5	11,5	21,8
50	68	a	6,90	13,15	6,65	12,90	6,50	12,75	4,10	7,60	3,85	7,35
		b	10,1	19,3	9,8	19	9,5	18,8	12,1	22,3	11,4	21,6
64	87	a	8,55	16,45	8,30	16,15	8,15	16,—	5,—	9,35	4,75	9,05
		b	9,9	18,9	9,5	18,6	9,3	18,4	11,6	21,5	10,9	20,8
80	109	a	10,55	20,35	10,25	20,—	10,05	19,85	5,80	10,80	5,50	10,50
		b	9,7	18,7	9,4	18,4	9,2	18,2	10,5	19,8	10,1	19,3
100	135	a										
		b										
135	185	a										
		b										

Tabelle 78.
Hauptdaten für Benzin-Benzolmotoren der Motorenfabrik Deutz A.-G.

Modell	MA 508		MA 511			MA 416		MA 516	
Dauerleistung . . . . PS	2	3	4	5	6	6	8	12	16
Umdrehungen je Minute	1200	1600	1000	1200	1400	700	850	750	1000
Riemenscheibendurchmesser . . mm	150		200			250		320	
Riemenscheibenbreite . . . . mm	110		142			197		225	
Gewicht des Motors allein . ca. kg	83		140			240		430	
Gewicht des Motors mit Schleife . . . . ca. kg	123		180			285		—	
Gewicht des Motors mit Fahrgestell . . . . . . ca. kg	193		250			370		540	
Preis des Motors allein . . ca. RM.	425		595			825		1200	
Preis des Motors mit Schleife ca. RM.	473		643			878		—	
Preis des Motors mit Fahrgestell . . . . ca. RM.	555		725			995		1440	

In Tabelle 80 habe ich für die sämtlichen in Tabelle 78 aufgeführten Motoren die auf gleicher Grundlage errechneten Werte aufgeführt.

---

[1] a = Kosten je Betriebsstunde in Reichsmark.
[2] b = Kosten je effektive Pferdestärkestunde in Reichspfennigen.

von Drehstrommotoren.

Belastung		Drehzahl 1500												
		Volle Belastung						Halbe Belastung						
6000		1000		2000		6000		1000		2000		6000		
10	20	10	20	10	20	10	20	10	20	10	20	10	20
1,—	1,60	1,70	3,15	1,65	3,10	1,60	3,05	1,05	1,90	1,—	1,80	0,95	1,75
13,6	25	11,3	21,1	10,8	20,6	10,5	20,3	14	25,1	13,1	24,2	12,5	23,5
1,30	2,45	2,20	4,15	2,10	4,05	2,05	4,—	1,35	2,45	1,30	2,40	1,20	2,30
12,6	24	10,8	20,2	10,3	19,8	10	19,5	12,9	24,1	12,6	23,2	11,9	22,6
1,80	3,40	3,10	5,90	3,—	5,80	2,90	5,70	1,90	3,45	1,75	3,30	1,70	3,25
12	22,8	10,4	19,6	10	19,3	9,8	19	12,6	22,8	11,8	22,1	11,3	21,9
2,35	4,50	4,15	7,85	4,—	7,70	3,90	7,60	2,45	4,50	2,30	4,35	2,20	4,25
11,5	22	10	19,2	9,7	18,8	9,5	18,6	11,9	21,9	11,2	21,2	10,8	20,7
3,—	5,80	5,35	10,25	5,20	10,10	5,10	9,95	3,10	5,70	2,95	5,55	2,80	5,45
11,1	21,3	9,9	18,9	9,5	18,5	9,3	18,3	11,4	21	10,8	20,3	10,3	20
3,70	7,30	6,65	12,70	6,45	13,50	6,30	12,35	3,80	7,05	3,60	6,85	3,50	6,75
11	21,1	9,8	18,7	9,5	18,4	9,3	18,1	11,2	20,8	10,6	20,1	10,2	19,8
4,60	8,90	8,50	16,35	8,25	16,15	8,10	16,—	4,85	9,05	4,60	8,80	4,45	8,65
10,6	20,5	9,8	18,8	9,5	18,5	9,3	18,4	11,2	20,9	10,6	20,3	10,3	19,9
5,30	10,30	10,55	20,30	10,25	20,—	10,05	19,85	6,—	11,25	5,70	10,95	5,55	10,75
9,8	18,9	9,7	18,6	9,4	18,4	9,2	18,2	11	20,6	10,5	20,1	10,1	19,8
		13,—	25,15	12,70	24,85	12,50	24,60	7,40	13,90	7,05	13,55	6,85	13,35
		9,7	18,6	9,4	18,4	9,2	18,2	10,9	20,6	10,4	20,1	10,1	19,8
		17,05	33,15	16,70	32,80	16,45	32,60	9,45	18,—	9,10	17,60	8,85	17,40
		9,2	18	9	17,8	8,9	17,6	10,2	19,4	9,8	19	9,6	18,8

Tabelle 79. Betriebskostenberechnung für einen ortsfesten Benzin-Benzolmotor der Motorenfabrik Deutz A.-G. mit 5 PS Dauerleistung bei einem
Anschaffungspreis von 600,—RM.

Anlagekapital . . . . 600.— RM.

	Volle Belastung			Halbe Belastung		
Jährliche Betriebszeit t . . . . . Std.	1000	2000	6000	1000	2000	6000
„ Leistung . . . . PSst	5000	10 000	30 000	2500	5000	15 000
Verzins.+Abschreibung gem. Tab. 207 %	19	19	35,7	19	19	35,7
Verzinsung + Abschreibung RM.	114,—	114,—	214,20	114,—	114,—	214,20
Wartung:						
0,0625 × 1,30 × t . . . . . RM.	81,25	162,50		81,25	162,50	
0,05 × 1,30 × t . . . . . RM.			390,—			390,—
Betriebsstoffe:						
Brennstoff 1,75 × 0,34 × t RM.	595,—	1190,—	3570,—			
1,05 × 0,34 × t RM.				357,—	714,—	2142,—
Motorenöl 0,125 × 0,60 × t RM.	75,—	150,—	450,—	75,—	150,—	450,—
Putzwolle 0,01 × 0,80 × t RM.	8,—	16,—	48,—	8,—	16,—	48,—
Instandhaltung . . . . . . RM.	18,—	30,—	120,—	18,—	30,—	120,—
Gesamtkosten pro Jahr . . RM.	891,25	1662,50	4792,20	653, 25	1186,50	3364,20
Gesamtkosten pro Stunde . MR.	**0,89**	**0,83**	**0,80**	**0,65**	**0,59**	**0,56**
„ „ PSst . . Rpf.	**17,8**	**16,6**	**16,0**	**26,0**	**23,6**	**22,4**

Tabelle 80. Betriebskosten von Benzinmotoren.

Modell	Dauerleistung PS	1)	Motor allein						Motor mit Schleife						Motor mit Fahrgestell					
			Volle Belastung			Halbe Belastung			Volle Belastung			Halbe Belastung			Volle Belastung			Halbe Belastung		
			Betriebsstunden pro Jahr			Betriebsstunden pro Jahr			Betriebsstunden pro Jahr			Betriebsstunden pro Jahr			Betriebsstunden pro Jahr			Betriebsstunden pro Jahr		
			1000	2000	6000	1000	2000	6000	1000	2000	6000	1000	2000	6000	1000	2000	6000	1000	2000	6000
MA 508	2	a	0,57	0,53	0,50	0,43	0,39	0,36	0,58	0,53	0,50	0,44	0,40	0,36	0,60	0,54	0,51	0,46	0,40	0,37
		b	28,5	26,5	24,9	43,5	39,2	36,2	29,0	26,6	25,0	44,4	39,7	36,5	29,8	27,0	25,3	45,9	40,5	36,9
	3	a	0,66	0,62	0,59	0,49	0,45	0,42	0,67	0,63	0,60	0,50	0,46	0,43	0,69	0,63	0,60	0,52	0,46	0,43
		b	22,2	20,7	19,8	33,0	30,2	28,3	22,5	20,9	19,9	33,6	30,5	28,5	23,0	21,2	20,1	34,6	31,0	28,8
MA 511	4	a	0,80	0,74	0,71	0,59	0,53	0,50	0,81	0,74	0,71	0,60	0,54	0,50	0,82	0,75	0,71	0,62	0,55	0,51
		b	19,9	18,4	17,6	29,7	26,7	25,0	20,1	18,2	17,7	30,1	27,9	25,2	20,5	18,7	17,8	30,9	27,3	25,4
	5	a	0,89	0,83	0,80	0,65	0,59	0,56	0,90	0,84	0,80	0,66	0,60	0,56	0,92	0,84	0,81	0,68	0,61	0,57
		b	17,8	16,6	16,0	26,0	23,6	22,4	18,0	16,7	16,0	26,1	23,9	22,5	18,3	16,9	16,1	27,1	24,2	22,7
	6	a	0,99	0,93	0,89	0,72	0,66	0,62	1,—	0,93	0,90	0,72	0,66	0,63	1,01	0,94	0,90	0,74	0,67	0,63
		b	16,5	15,5	14,9	23,9	21,8	20,8	16,6	15,5	15,0	24,1	22,0	20,8	16,9	15,7	15,0	24,7	22,2	21,0
MA 416	6	a	1,12	1,04	0,98	0,85	0,77	0,71	1,13	1,04	0,99	0,86	0,77	0,70	1,15	1,05	0,99	0,88	0,78	0,72
		b	18,7	17,3	16,4	28,3	25,5	23,7	18,8	17,4	16,4	28,6	25,7	23,2	19,2	17,6	16,5	29,4	26,1	24,1
	8	a	1,37	1,29	1,23	1,02	0,93	0,88	1,38	1,29	1,24	1,03	0,94	0,88	1,41	1,30	1,24	1,05	0,95	0,89
		b	17,2	16,1	15,4	25,4	23,3	21,9	17,3	16,2	15,5	25,7	23,4	22,0	17,8	16,3	15,6	26,2	23,7	22,2
MA 516	12	a	1,95	1,83	1,76	1,40	1,28	1,22	—	—	—	—	—	—	1,99	1,85	1,78	1,45	1,31	1,23
		b	16,2	15,2	14,7	23,4	21,4	20,3	—	—	—	—	—	—	16,6	15,4	14,8	24,1	21,8	20,5
	16	a	2,40	2,28	2,22	1,70	1,58	1,51	—	—	—	—	—	—	2,45	2,31	2,23	1,74	1,60	1,52
		b	15,0	14,3	13,8	21,2	19,8	18,9	—	—	—	—	—	—	15,3	14,4	13,9	21,8	20,0	19,0

1) a = Kosten je Betriebsstunde in Reichsmark.   b = Kosten je effektive Pferdestärkestunde in Reichspfennigen.

Dieselmotoren. Bei der überaus wirtschaftlichen Weise, in welcher die Dieselmotoren arbeiten, war es begreiflich, daß das Streben der Technik nach Verbesserungen sich auf diesem Gebiet in besonders augenfälliger Weise geltend machte und vor allem darauf hinzielte, die Maschine so auszubauen, daß ihr ein möglichst weites Feld als Antriebsmaschine für alle möglichen Zwecke gesichert war. Diese Bestrebungen führten u. a. zum Bau von sog. Kleindieselmotoren, und heute kann man mit der erfreulichen Tatsache rechnen, daß ortsfeste und fahrbare Maschinen dieser Art bis zu Leistungen von 5 PS herunter zur Verfügung stehen und schon außerordentlich vielfach Eingang in den Baubetrieben gefunden haben.

Es ist nicht der Zweck dieses Buches, auf konstruktive Einzelheiten einzugehen. und so will ich mich darauf beschränken, in Tabelle 81 die Typen

Abb. 57. Diesellokomobile der Motorenfabrik Deutz A.-G.

der fahrbaren Kleindieselmotoren (Diesellokomobilen, Abb. 57) der Motorenfabrik Deutz A.-G. in Köln-Deutz und in Tabelle 82 die Typen der ortsfesten Kleindieselmotoren (Abb. 58) der Motorenfabrik Hatz G. m. b. H. in Ruhstorf bei Passau (Ndbay.) mit ihren wesentlichsten Daten anzugeben.

Tabelle 81. Fahrbare Kleindieselmotoren (Diesellokomobilen) der Motorenfabrik Deutz A.-G.

Modell	MAH 514			MAH 516			MAH 322		MJH 328		MJH 332		MJH 336	
Dauerleistung . . . . PS	5	6	7,5	8	9	10	10	12	15	18	20	24	25	30
Umdrehungen je Minute .	800	950	750	800	900	1000	500	600	450	540	400	480	350	420
Riemenscheibendurchmesser mm	250			320			500		540		600		700	
Riemenscheibenbreite mm	195			225			216		270		330		370	
Gewicht des Motors . ca. kg	250			430			740		1380		1755		2280	
Gewicht des Fahrgestells ca. kg	210			210			500		750		750		1000	
Gesamtgewicht . . ca. kg	**460**			**640**			**1240**		**2130**		**2505**		**3280**	
Preis des Motors ab Werk ca. RM.	1050			1400			2200		4270		4850		6000	
Preis des Fahrgestells ab Werk . . . . . ca. RM.	240			240			600		760		760		1100	
Gesamtpreis ab Werk ca. RM.	**1290**			**1640**			**2800**		**5030**		**5610**		**7100**	

Um auch hier zu zeigen, mit welchen Aufwendungen man zu rechnen hat, soll im folgenden je eine Betriebskostenberechnung für eine fahrbare und für eine ortsfeste Kleindieselmaschine von

Abb. 58.   Ortsfester Dieselmotor der Motorenfabrik Hatz G. m. b. H.

Tabelle 82.   Kompressorlose Hatz-Dieselmotoren in normaler
Serienausführung für ortsfeste Aufstellung.

Bauart	Einzylinder-Motoren				Zweizylinder-Motoren		
Typenbezeichnung	2	3	4	5	32	42	52
Leistung . . . . PS	6	10	15	20	20	30	40
Umdrehungen je Minute	750	600	500	430	600	500	430
Riemenscheibendurchmesser . . . . . mm	250	300	350	450	400	500	650
Riemenscheibenbreite . . . . mm	200	260	300	350	320	440	500
Gewicht des Motors . . . . ca. kg	338	537	769	1451	1007	1376	2435
Gewicht der Druckluftanlaßvorrichtung ca. kg	—	—	63	99	63	81	84
Gesamtgewicht . . . . ca. kg	338	537	832	1550	1070	1457	2519
Preis des Motors ab Werk . . . . ca. RM.	1540	2030	2580	3850	3900	4950	7370
Preis der Druckluftanlaßvorrichtung ab Werk ca. RM.	—	—	275	275	275	275	275
Gesamtpreis ab Werk . . . . . ca. RM.	1540	2030	2855	4125	4175	5225	7645

30 PS Leistung, und zwar wiederum für 1000, 2000 und 6000 Stunden
bei voller und halber Belastung durchgeführt werden.

Berechnungsgrundlagen:

      Bedienung: Maschinistenlohn einschl. soz. Lasten . je Std. 1,30 RM.
      Betriebsstoffe: Treiböl   frei Verwendungsstelle . . . ,, kg 0,18 ,,
                  Motorenöl ,,   ,,   . . . ,, ,, 0,60 ,,
                  Putzwolle ,,   ,,   . . . ,, ,, 0,18 ,,

Bei der Bedienung habe ich es gehalten wie bei den Benzin-Benzolmotoren und in der Berechnung nur den Wert der Wartung für den
Motor als solchen eingesetzt; im allgemeinen wird es auch hier so sein,
daß ein und derselbe Mann den Motor und die Arbeitsmaschine bedient, und man hat dann, um den Gesamtbetrag der Bedienungskosten

zu erhalten, zu den Werten der Tabellen 83 u. 84 jeweils noch den Betrag eines Stundenlohnes hinzuzurechnen.

Tabelle 83. Betriebskostenberechnung für eine Diesellokomobile der Motorenfabrik Deutz A.-G. mit 30 PS Leistung bei einem Anschaffungspreis von 7100 RM.

	Volle Belastung			Halbe Belastung		
Jährliche Betriebszeit t . . . . . . Std.	1000	2000	6000	1000	2000	6000
„ Leistung. . . . . PSst	30 000	60 000	180 000	15 000	30 000	90 000
Verzins. + Abschreibung gem. Tab. 207 %	19	19	35,7	19	19	35,7
Verzinsung + Abschreibung RM.	1 349,—	1 349,—	2 534,70	1 349,—	1 349,—	2 534,70
Wartung:						
0,25 × 1,30 × t . . . . . . RM.	325,—	650,—		325,—	650,—	
0,20 × 1,30 × t . . . . . . RM.			1 560,—			1 560,—
Betriebsstoffe:						
Treiböl 6,000 × 0,18 × t RM.	1 080,—	2 160,—	6 480,—			
3,500 × 0,18 × t RM.				630,—	1 260,—	3 780,—
Motorenöl 0,300 × 0,60 × t RM.	180,—	360,—	1 080,—	180,—	360,—	1 080,—
Putzwolle 0,025 × 0,80 × t RM.	20,—	40,—	120,—	20,—	40,—	120,—
Instandhaltung . . . . . RM.	200,—	350,—	1 200,—	200,—	350,—	1 200,—
Gesamtkosten pro Jahr . . RM.	3 154,—	4 909,—	12 974,70	2 704,—	4 009,—	10 274,70
Gesamtkosten pro Stunde . RM.	**3,15**	**2,45**	**2,16**	**2,70**	**2,—**	**1,71**
„ „ PSst Rpf.	**10,5**	**8,2**	**7,2**	**18,0**	**13,4**	**11,4**

Tabelle 84. Betriebskostenberechnung für einen ortsfesten Hatz-Dieselmotor mit 30 PS Leistung bei einem Anschaffungspreis von 5225 RM.

	Volle Belastung			Halbe Belastung		
Jährliche Betriebszeit t . . . . . . Std.	1000	2000	6000	1000	2000	6000
„ Leistung. . . . . PSst	30 000	60 000	180 000	15 000	30 000	90 000
Verzins. + Abschreibung gem. Tab. 207 %	19	19	35,7	19	19	35,7
Verzinsung + Abschreibung RM.	992,75	992,75	1 865,30	992,75	992,75	1 865,30
Wartung:						
0,25 × 1,30 × t . . . . . . RM.	325,—	650,—		325,—	650,—	
0,20 × 1,30 × t . . . . . . RM.			1 560,—			1 560,—
Betriebsstoffe:						
Treiböl 6,000 × 0,18 × t RM.	1 080,—	2 160,—	6 480,—			
3,500 × 0,18 × t RM.				630,—	1 260,—	3 780,—
Motorenöl 0,300 × 0,60 × t RM.	180,—	360,—	1 080,—	180,—	360,—	1 080,—
Putzwolle 0,025 × 0,80 × t RM.	20,—	40,—	120,—	20,—	40,—	120,—
Instandhaltung . . . . . RM.	180,—	320,—	1 000,—	180,—	320,—	1 000,—
Gesamtkosten pro Jahr . . RM.	2 777,75	4 522,75	12 105,30	2 327,75	3 622,75	9 405,30
Gesamtkosten pro Stunde . RM.	**2,78**	**2,26**	**2,02**	**2,33**	**1,81**	**1,57**
„ „ PSst Rpf.	**9,3**	**7,5**	**6,7**	**15,5**	**12,1**	**10,5**

Tabelle 85 enthält eine Zusammenstellung der auf gleicher Grundlage errechneten Betriebskosten für die sämtlichen in Tabelle 81 und 82 aufgeführten Motoren.

Tabelle 85. Betriebskosten von Dieselmotoren.

Bauart	Modell	Lei-stung PS	1)	Volle Belastung Betriebsstunden pro Jahr			Halbe Belastung Betriebsstunden pro Jahr		
				1000	2000	6000	1000	2000	6000
Diesel-lokomobilen	MAH 514	5	a	0,93	0,80	0,70	0,85	0,72	0,62
			b	18,6	16,0	14,0	34,0	28,8	24,8
		6	a	0,98	0,85	0,75	0,88	0,75	0,65
			b	16,4	14,2	12,5	29,5	25,1	21,8
	MAH 516	7,5	a	1,11	0,94	0,83	0,99	0,83	0,72
			b	14,8	12,6	11,1	26,5	22,1	19,1
		8	a	1,14	0,97	0,86	1,02	0,85	0,74
			b	14,2	12,2	10,8	25,4	21,2	18,4
		9	a	1,19	1,02	0,91	1,05	0,88	0,77
			b	13,2	11,4	10,1	23,3	19,7	17,1
		10	a	1,24	1,07	0,96	1,09	0,92	0,81
			b	12,4	10,7	9,6	21,7	18,4	16,2
	MAH 322	10	a	1,49	1,21	1,06	1,33	1,05	0,91
			b	14,9	12,1	10,6	26,7	21,1	18,1
		12	a	1,58	1,30	1,15	1,39	1,11	0,96
			b	13,2	10,8	9,6	23,2	18,5	16,0
	MJH 328	15	a	2,19	1,69	1,59	1,96	1,46	1,26
			b	14,6	11,3	9,9	26,1	19,4	16,7
		18	a	2,32	1,83	1,62	2,04	1,54	1,33
			b	12,9	10,2	9,0	22,6	17,1	14,8
	MJH 332	20	a	2,52	1,95	1,74	2,20	1,64	1,42
			b	12,6	9,8	8,7	22,0	16,4	14,2
		24	a	2,65	2,08	1,87	2,29	1,73	1,51
			b	11,0	8,7	7,8	19,0	14,4	12,6
	MJH 336	25	a	2,99	2,30	2,02	2,61	1,92	1,63
			b	12,0	9,2	8,1	20,8	15,4	13,1
		30	a	3,15	2,45	2,16	2,70	2,—	1,71
			b	10,5	8,2	7,2	18,0	13,4	11,4
Ortsfeste kompressor-lose Hatz-Diesel-motoren	2	6	a	1,03	0,88	0,77	0,94	0,78	0,68
			b	17,2	14,7	12,9	31,2	26,1	22,6
	3	10	a	1,32	1,12	1,—	1,17	0,96	0,84
			b	13,2	11,2	10,0	23,3	19,3	16,9
	4	15	a	1,72	1,43	1,29	1,48	1,20	1,05
			b	11,4	9,6	8,6	19,8	16,0	14,0
	5	20	a	2,20	1,78	1,60	1,88	1,46	1,28
			b	11,0	8,9	8,0	18,8	14,6	12,8
	32	20	a	2,21	1,78	1,60	1,89	1,47	1,29
			b	11,0	8,9	8,0	18,9	14,7	12,9
	42	30	a	2,78	2,26	2,02	2,33	1,81	1,57
			b	9,3	7,5	6,7	15,5	12,1	10,5
	52	40	a	3,71	2,95	2,64	3,10	2,34	2,03
			b	9,3	7,4	6,6	15,5	11,7	10,1

[1] a = Kosten je Betriebsstunde in Reichsmark.
 b = Kosten je effektive Pferdestärkestunde in Reichspfennigen.

Tabelle 86. Vergleich der verschiedenen Antriebsmaschinen.

| Maschinengattung | Anschaffungspreis | Volle Belastung | | | Halbe Belastung | | |
| | | Betriebskosten je eff. PSst in Reichspfennigen bei einer Betriebsstundenzahl pro Jahr von Stunden | | | | | |
	ca. RM.	1000	2000	6000	1000	2000	6000
Sattdampflokomobile von 17 PS Normalleistung	7300	26,3	23,1	21,2	50,0	43,3	39,4
Heißdampflokomobile von 15 PS Normalleistung	6850	27,3	24,1	22,1	50,1	44,8	40,1
Drehstrommotor mit Schleifringanker: 15 PS Drehzahl 1000 .	1300	16,9	16,3	15,9	21,6	20,4	19,3
15 PS Drehzahl 1500 .	970	16,2	15,7	15,4	19,5	18,6	18,0
Benzin-Benzolmotor von 16 PS Dauerleistung	1440	15,3	14,4	13,9	21,8	20,0	19,0
Diesellokomobile von 15 PS. Dauerleistung	5030	14,6	11,3	9,9	26,1	19,4	16,7
Ortsfester Hatz-Dieselmotor mit 15 PS Dauerleistung	2855	11,4	9,6	8,6	19,8	16,0	14,0
Sattdampflokomobile von 33 PS Normalleistung	11300	18,9	16,4	15,0	35,6	30,5	27,6
Heißdampflokomobile von 33 PS Normalleistung	11400	17,8	15,3	13,6	32,7	27,5	24,4
Drehstrommotor mit Schleifringanker: 30 PS Drehzahl 1000 .	2000	15,7	15,2	14,9	18,9	18,0	17,4
30 PS Drehzahl 1500 .	1660	15,0	14,7	14,4	17,7	16,9	16,6
Diesellokomobile von 30 PS Dauerleistung	7100	10,5	8,2	7,2	18,0	13,4	11,4
Ortsfester Hatz-Dieselmotor von 30 PS Dauerleistung	5225	9,3	7,5	6,7	15,5	12,1	10,5

Dabei wurde unter sonst gleichen Verhältnissen für alle Arten von Maschinen zugrunde gelegt:

für die Dampflokomobilen ein Kohlenpreis von 0,04 RM. je Kilogramm frei Verwendungsstelle,

„ „ Drehstrommotoren ein Strompreis von 0,15 RM. je Kilowattstunde (ohne Anschlußkosten),

„ „ Benzin-Benzolmotoren ein Brennstoffpreis von 0,34 RM. je Liter,

„ „ Dieselmotoren ein Treibölpreis von 0,18 RM. je Kilogramm.

Die Gegenüberstellung gibt ein klares Bild von der absoluten wirtschaftlichen Überlegenheit der Dieselmotoren. Eine Konkurrenz erwächst dieser Maschinengattung höchstens in den Elektromotoren, wenn der Strompreis nicht mehr als etwa 0,10 RM. je Kilowattstunde beträgt.

2. Versorgung der Baustelle mit elektrischem Strom.

Dieselbe gestaltet sich verhältnismäßig einfach, wenn Strom in der Nähe der Baustelle zu angemessenen Preisen zu haben ist oder, wie dies auch zuweilen beim Bau von Wasserkraftanlagen vorkommt, von der Bauherrschaft geliefert wird.

Trifft keines von beiden zu, so ist unter Umständen die Errichtung einer Zentrale für die Erzeugung elektrischen Stromes auf der Baustelle selbst ins Auge zu fassen. In diesem Falle ist zunächst eine möglichst genaue Aufstellung zu machen, mit welchem Bedarf man zu rechnen hat und dann als erstes die Frage zu untersuchen, welche Antriebskraft für die Generatoren am vorteilhaftesten verwendet wird. Praktisch kommen dafür nur Heißdampf-Verbundlokomobilen oder Dieselmotoren in Frage, und zwar sind es vornehmlich letztere, die sich für derartige Zwecke immer mehr durchsetzen.

Abb. 59 zeigt eine solche elektrische Zentrale, welche von der Siemens-Bauunion zur Erzeugung des Stroms für die Bauarbeiten zur Wasserkraftanlage am Shannon in Irland errichtet wurde

Abb. 59. Kraftzentrale für den Bau der Wasserkraftanlage am Shannon (Irland) durch die Siemens-Bauunion.

und in der neun mit Drehstromgeneratoren direkt gekuppelte Dieselmaschinen von insgesamt 4500 PS Leistung aufgestellt sind.

Einzelheiten über die Planung und Ausführung derartiger Zentralen würden zu weit führen. Um aber wenigstens einen Begriff zu geben, mit welchen Beträgen man für solche Anlagen annähernd zu rechnen hat, will ich in Tabelle 87 die Werte anführen, welche mir von der Maschinenfabrik Augsburg-Nürnberg (MAN) hierfür in liebenswürdiger Weise zur Verfügung gestellt wurden.

Irgendwelche Kosten für die rein baulichen Anlagen (Fundamente, Maschinenhaus) sind in diesen Preisen nicht enthalten. Bei der Aufteilung der Maschinen für größere Anlagen wurde darauf geachtet, daß einerseits beim Ausfall einer Maschine eine genügende Leistung für die wichtigsten Arbeiten erhalten bleibt und andererseits die Gesamtzahl der Maschinen mit Rücksicht auf den Raumbedarf und einen einfachen und übersichtlichen Betrieb nicht zu groß genommen wurde.

Tabelle 87. Dieselmotor-Drehstrom-Aggregate der Maschinenfabrik Augsburg-Nürnberg (MAN), Werk Augsburg für Baukraftzentralen.

Die Preise und Gewichte verstehen sich für die Dieselmotoren samt dem zum normalen Betrieb der Anlage notwendigen Zubehör und einschließlich der Kosten für die Montage. Fundamentkosten sind im Preis nicht enthalten und gesondert zu berechnen.

Leistung in kW	Anzahl der Maschinen	Umdrehungen je Minute	Fundamentinhalt ca. m³	Gewicht ca. kg	Preis ca. RM.	Preis der Generatoren
100	1	500	20	9000	20000	etwa $^1/_4$ des Dieselmotorpreises
200	2	500	40	18000	40000	
300	2	500	46	20000	52000	
400	2	500	52	24000	67000	
500	2	375	87	32000	88000	etwa $^1/_3$ des Dieselmotorpreises
600	2	375	93	36000	100000	
800	3	375	135	51000	142000	
1000	4	375	174	64000	176000	
1500	3	250	255	147000	286000	
2000	3	250	300	183000	366000	
2500	4	250	385	232000	460000	
3000	5	250	470	280000	555000	

3. Versorgung der Baustelle mit Wasser und Wasserhaltung.

Der wesentlichste Bestandteil derartiger Anlagen sind in beiden Fällen die Pumpen und die Rohrleitungen; für die Wasserversorgung kommen außerdem noch die Behälter in Frage.

A. Wasserversorgung.

a) Pumpen. Bei den für diesen Zweck in Betracht kommenden Pumpen hat man zu unterscheiden zwischen den Pumpen für Handbetrieb und den Pumpen für Kraftbetrieb, und bei letzteren wiederum zwischen den Kolbenpumpen, bei denen die Förderung durch die hin- und hergehende Bewegung eines Kolbens in einem Zylinder erfolgt und den Kreiselpumpen, bei denen hierfür ein umlaufendes Schaufelrad benutzt wird.

Pumpen für Handbetrieb. Die im Baubetrieb gebräuchlichsten Handpumpen sind die doppelt- und vierfach wirkenden Flügelpumpen für 7 m Saughöhe und 20 m Gesamtförderhöhe. Reicht diese Förderhöhe nicht aus, so können an Stelle der Flügelpumpen die HandKolbenpumpen „Franconia" von Klein, Schanzlin & Becker treten, die geeignet sind für Förderhöhen bis zu 30 m. Nähere Angaben über diese Pumpen und ihre Zubehörteile sind aus Tabelle 88 zu entnehmen.

Pumpen für Kraftbetrieb. Als Pumpen für Kraftbetrieb kommen in Frage einfach- und doppeltwirkende Plungerpumpen und Kreiselpumpen. Die Hauptdaten für einfach- und doppeltwirkende Plungerpumpen für verschiedene Förderhöhen und ihre Zubehörteile sind in den Tabellen 89 und 90 zusammengefaßt.

Bezüglich der normalen Kreiselpumpen für Wasserversorgung verweise ich auf meine Ausführungen unter III, 2 auf S. 101ff.

Tabelle 88. Angaben über Handpumpen für Wasserversorgung
der Klein, Schanzlin & Becker A.-G., Frankenthal.

Flügelpumpen

Größe	0	1	2	3	4	5	6	7	8
a) doppeltwirkend:									
Rohranschlußweite . . . . . mm	13	19	25	32	32	38	38	51	51
Doppelhübe je Minute	75	75	75	60	60	60	45	45	45
Leistung bei dieser Hubzahl . ca. l	15	22,5	34,5	37	50	75	85	112	156
Gewicht . . . . ca. kg	5	6,5	8,5	12	15,5	19	26	29	45
Preis . . . . ca. RM.	13,50	15,—	18,—	22,—	27,—	30,—	36,—	49,—	64,—
b) vierfachwirkend:									
Rohranschlußweite . . . . . mm	13	19	25	32	32	38	38	51	51
Doppelhübe je Minute	75	75	75	60	60	60	45	45	45
Leistung bei dieser Hubzahl . ca. l	19	28	40,5	51	70	88	112	127	172
Gewicht . . . . ca. kg	4,5	6	9	12	15	19	25	33	45
Preis . . . . ca. RM.	16,—	19,—	21,—	27,—	33,—	38,—	46,—	59,—	80,—

Hand-Kolbenpumpe Franconia

Größe	1	2	3	4	5
Rohranschlußweite . . . . mm	19	25	32	38	51
Doppelhübe je Minute	75	75	60	60	45
Leistung bei dieser Hubzahl . . . . ca. l	20	36	56	78	110
Gewicht . . . . ca. kg	11,3	17	27	37	56
Preis . . . . ca. RM.	20,—	26,—	33,—	41,—	55,—

Zubehörteile

Rohranschlußweite . . . . . mm	13	19	25	32	38	51
Fußventil in Eisen m. Eisenkegel . . — Gewicht ca. kg	1,3	1.9	2,9	3,4	4,4	6,9
Fußventil in Eisen m. Eisenkegel . . — Preis ca. RM.	2,20	2,80	3,40	4,—	4.60	6,60
Zwischenventil i. Eisen m. Eisenkegel — Gewicht ca. kg	1,0	1,6	2,6	2,8	3,8	5,7
Zwischenventil i. Eisen m. Eisenkegel — Preis ca. RM.	1,80	2,10	2,70	3,30	3,70	5,30
Seiher aus Eisen m. Messingsieb . — Gewicht ca. kg	0,5	0,8	0,9	1,2	1,8	2,3
Seiher aus Eisen m. Messingsieb . — Preis ca. RM.	1,—	1,20	1,40	1,60	2,—	2,80
Windkessel m. oberem Auslauf . . — Gewicht ca. kg	3,7	4,5	5,3	6,8	8,2 | 9,6	13,1 | 17,0
Windkessel m. oberem Auslauf . . — Preis ca. RM.	3,10	3,60	4,10	5,30	6,50 | 9,—	13,— | 14,50
Windkessel m. seitlichem Auslauf — Gewicht ca. kg	3,4	4,0	4,6	6,1	7,0 | 8,7	11,7 | 15,0
Windkessel m. seitlichem Auslauf — Preis ca. RM.	2,35	2,55	3,40	4,25	5,10 | 7,70	12,— | 13,—
Windkessel m. ob. u. seitl. Auslauf — Gewicht ca. kg	4,4	5,3	6,4	8,0	9,4 | 12,2	16,0 | 21,0
Windkessel m. ob. u. seitl. Auslauf — Preis ca. RM.	3,80	4,70	5,30	6,80	7,70 | 10,—	14,— | 16,—

Eine Pumpe besonderer Art, welche ich an dieser Stelle nicht unerwähnt lassen möchte, ist die **überdrucklose Unterwasserpumpe Uta** (Abb. 60 und 60a).

Sie besteht aus einer vertikalen, ein- oder mehrstufigen Kreiselpumpe und einem unmittelbar angebauten Drehstrom-Kurzschlußankermotor, dessen Stator durch eine patentierte Konstruktion wasserdicht abgekapselt ist. Es ist daher möglich, den ganzen Maschinensatz unter Wasser arbeiten zu lassen; jede Saugleistung wird überflüssig und zur Wasserentnahme können auf diese Weise auch noch sehr tiefe Brunnen ohne weiteres ausgenutzt werden.

Der geringe Außendurchmesser des Aggregates ermöglicht die Unterbringung desselben nicht nur in jedem gemauerten Brunnen, sondern auch in Rohrbrunnen von ca. 260—320 mm lichter Weite. Der Pumpensatz wird in einfachster Weise durch Flanschen oder

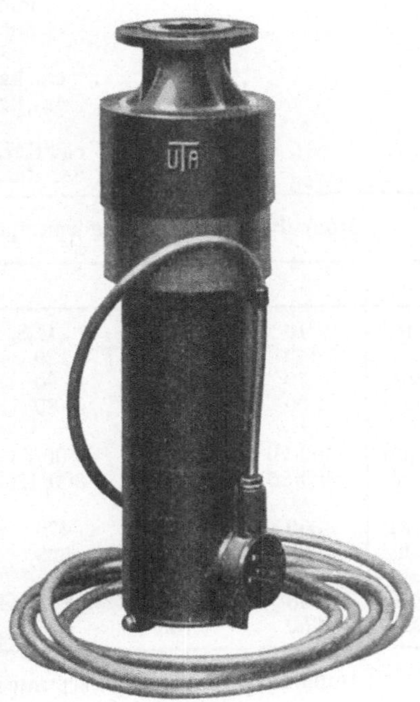

Abb. 60. Überdrucklose Unterwasserpumpe „Uta".

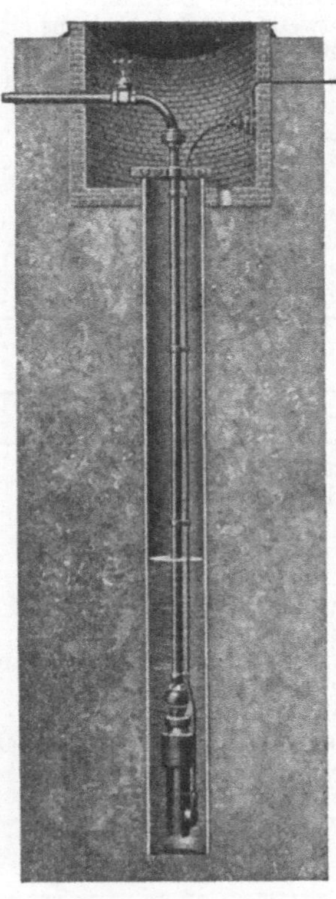

Abb. 60a. „Uta"-Pumpe in einem Brunnen eingebaut.

Muffenverbindung mit der Druckrohrleitung verbunden und an die Entnahmestelle abgesenkt. Die vertikale Druckrohrleitung wird alsdann durch eine an der Brunnenoberkante befestigte Tragschelle getragen. Das Ein- und Ausbringen der Unterwasserpumpe Uta bedingt schon im Gegensatz zu anderen Tiefbrunnenpumpen nur eine ganz geringe Arbeitszeit und kann mit den einfachsten Hilfsmitteln erfolgen.

Der Antriebsmotor der Pumpe ist ein Drehstrom-Kurzschlußankermotor besonders schlanker Bauart und wird gebaut für Spannungen von 110, 190, 220, 380 und 500 Volt.

Die Stromzuführung erfolgt durch ein Spezialgummischlauchkabel, welches durch eine Stopfbüchse in den Klemmkasten eingeführt wird. Der Klemmkasten ist durch einen eingeschraubten

Tabelle 89. Angaben über Kolbenpumpen für Kraft-

Einfachwirkende Plungerpumpen

Größe	
Stündliche Leistung .... ca. m³	
Umdrehungen je Minute	
Lichtweite des Saugstutzens .... mm	
Lichtweite des Druckstutzens .... mm	
Riemenscheibendurchmesser und -breite	
bei 30 m Förderhöhe .... mm	
bei 50 m Förderhöhe .... mm	
Gewicht einschließlich Riemenscheibe	
bei 30 m Förderhöhe .... ca. kg	
bei 50 m Förderhöhe .... ca. kg	
Preis einschließlich Riemenscheibe	
bei 30 m Förderhöhe .... ca. RM.	
bei 50 m Förderhöhe .... ca. RM.	

Doppeltwirkende Plungerpumpen

Größe	1	2	3
Stündliche Leistung ...... ca. m³	10	12	14,8
Umdrehungen je Minute..........	145	130	120
Lichtweite des Saugstutzens ..... mm	70	80	90
Lichtweite des Druckstutzens .... mm	60	70	80
Riemenscheibendurchmesser und -breite			
bei 20 m Förderhöhe .... mm	400/70	400/70	500/85
bei 50 m Förderhöhe .... mm	500/85	630/100	800/120
Gewicht einschließlich Riemenscheibe			
bei 20 m Förderhöhe ..... ca. kg	350	370	470
bei 50 m Förderhöhe ..... ca. kg	360	390	520
Preis einschließlich Riemenscheibe			
bei 20 m Förderhöhe ..... ca. RM.	635	710	845
bei 50 m Förderhöhe ..... ca. RM.	650	730	875

Doppeltwirkende Plungerpumpen

Größe	1	2
Stündliche Normalleistung .... ca. m³	6	8,2
hierbei Umdrehungen je Minute.	115	105
Stündliche Höchstleistung ..... ca. m³	7,8	10,5
hierbei Umdrehungen je Minute	150	135
Lichtweite des Saugstutzens ...... mm	60	70
Lichtweite des Druckstutzens...... mm	50	60
Riemenscheibendurchmesser und -breite		
bei 130 m Förderhöhe .... mm	710/100	800/120
Gewicht einschließlich Riemenscheibe		
bei 130 m Förderhöhe ...... ca. kg	410	510
Preis einschließlich Riemenscheibe		
bei 130 m Förderhöhe ..... ca. RM.	715	860

und sorgfältig abgedichteten Klemmbrettdeckel verschlossen und wird
zur weiteren Sicherung gegen Eindringen von Feuchtigkeit mit einer

betrieb der Klein, Schanzlin & Becker A.-G., Frankenthal (Pf.).

für Förderhöhen bis zu 50 m

1	2	3	4	5
0,85	**1,50**	**3**	**5,40**	**7,40**
200	200	140	130	120
25	30	40	60	60
25	30	35	50	50
280/70	280/70	400/70	500/85	630/100
280/70	280/70	500/85	630/100	710/120
80	**100**	**130**	**180**	**260**
80	**100**	**140**	**190**	**290**
285	**306**	**370**	**465**	**535**
285	**306**	**385**	**480**	**565**

für Förderhöhen bis zu 50 m

4	5	6	7	8	9	10
19,5	**25**	**33**	**40**	**48**	**65**	**78**
110	100	80	70	70	65	60
100	125	125	150	150	175	175
90	100	125	125	125	150	150
710/100	710/120	900/120	1000/140	1000/140	1250/170	1400/200
900/120	1000/170	1250/170	1250/200	1600/200	1800/260	—
640	**780**	**1010**	**1220**	**1310**	**1790**	**2280**
660	**830**	**1140**	**1380**	**1610**	**2140**	—
1010	**1170**	**1510**	**1850**	**2060**	**2900**	**3540**
1050	**1235**	**1640**	**1970**	**2360**	**3300**	—

für Förderhöhen bis zu 130 m

3	4	5	6	7
10,7	**12,5**	**14**	**20**	**30**
95	80	70	70	70
13,5	15,6	18,0	24,3	34,3
120	100	90	85	80
80	90	90	100	125
70	80	80	90	100
1000/170	1120/170	1250/170	1250/200	1800/200
620	**790**	**940**	**1180**	**1700**
1020	**1190**	**1360**	**1610**	**2450**

Isoliermasse ausgegossen. Zur Vermeidung von Beschädigungen wird
das Kabel durch Schellen an der Druckrohrleitung befestigt.

Tabelle 90.

Zubehörteile zu Plungerpumpen

Bis zu Rohranschlußweiten von 50 mm siehe Tabelle 88

Rohranschlußweite .... mm	60	70	80	90	100	125	150	175
Saugkorb mit Lederklappe								
Gewicht ca. kg	6	8	9	13,5	14	22	33	43
Preis ca. RM.	9,—	11,—	15,—	18,—	23,—	30,—	38,—	53,—
Rückschlagklappen								
Gewicht ca. kg	19	21	27	34	45	57	80	105
Preis ca. RM.	21,—	24,—	27,—	33,—	39,—	52,—	68,—	85,—
Absperrschieber mit Flanschen								
bis 5 Atm.								
Gewicht ca. kg	20	23	27	30	34	46	56	66
Preis ca. RM.	18,—	20,—	23,—	26,—	29,—	36,—	44,—	54,—
bis 20 Atm.								
Gewicht ca. kg	22	30	37	43	50	61	83	108
Preis ca. RM.	21,—	26,—	27,—	32,—	36,—	45,—	60,—	76,—
Auffülltrichter								
Gewicht ca. kg	1	1	1	1	1	2	2	2,5
Preis ca. RM.	6,50	6,50	6,50	6,50	6,50	9,50	9,50	13,—

Der Querschnitt der Gummischlauchkabel bei den verschiedenen Spannungen ergibt sich aus Tabelle 91.

Tabelle 91.

Motorstärke .... PS	1,5	2,5	4	6	8	10	15
Querschnitt				$3 \times mm^2$			
110 Volt	1,5	4,0	10,0	16,0	16,0	16,0	—
190 ,, ...	1,5	1,5	4,0	6,0	10,0	10,0	16
220 ,, ...	1,5	1,5	2,5	4,0	6,0	10,0	16
380 ,, ...	1,5	1,5	1,5	1,5	2,5	4,0	10
500 ,, ...	1,5	1,5	1,5	1,5	2,5	2,5	6

Angaben über die Maße der Pumpe sind aus Tabelle 92 zu entnehmen.

Die elektrische Montage der Pumpe besteht in der Verbindung des Kabels mit dem Motorschutz, dem Anlaßapparat, falls ein solcher von dem zuständigen Elektrizitätswerk verlangt wird, und den Netzzuleitungen. Die Motorschutzvorrichtung ist jeder Uta-Pumpe vorzuschalten, um den Motor besonders bei Ausbleiben einer Phase vor dem Durchbrennen zu schützen. Welche Motorschutzvorrichtung bei den verschiedenen Spannungen in Frage kommt, ist aus nachstehender Tabelle ersichtlich.

Motorstärke .... PS	1,5	2,5	4	6	8	10	15
110 Volt ...... Größe	S 1	S 2	S 2	P 4	P 4	P 5	—
190 ,, ... ,,	S 1	S 1	S 2	S 2	S 2	P 4	P 5
220 ,, ... ,,	S 1	S 1	S 2	S 2	S 2	P 3	P 4
380 ,, ... ,,	S 1	S 1	S 1	S 1	S 2	S 2	S 2
500 ,, ... ,,	S 1	S 1	S 1	S 1	S 2	S 2	S 2

Tabelle 92. Maßtabelle für Uta-Pumpen.

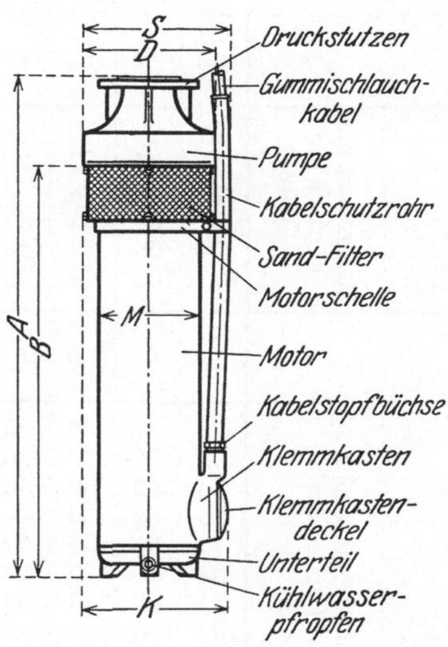

Maß	A			B	K			M	D		
Stufenzahl	1	2	3	1—3	1	2	3	1—3	1	2	3
Type P + OG 1,5 PS . . mm	591	667	743	440							
2,5 „ . . mm	591	667	743	440							
4,0 „ . . mm	681	757	833	530							
6,0 „ . . mm	711	787	863	560	241	242	244	171	220	222	226
8,0 „ . . mm	761	837	913	610							
10,0 „ . . mm	841	917	993	690							
15,0 „ . . mm	—	1017	—	790							
Type R + OG 10,0 PS . . mm	876	—	—	810	241	—	—	171	261	—	—
15,0 „ . . mm	976	—	—	810	241	—	—	171	261	—	—

Maß S in mm.

Type	PS	Spannungen	Stufenzahl		
			1	2	3
P + OG	1,5 2,5 4 und 6	alle 190—500 Volt 380—500 „	239	241	245
	2,5 4 und 6 8 10 15	110 Volt 190—220 „ 220—500 „ 380—500 „ 500 „	247	249	253
	4 und 6 8 10 15	110 Volt 110—190 „ 110—220 „ 190—380 „	258	260	264
R + OG	10 15	380—500 Volt 500 „	288	—	—
	10 15	110—220 Volt 190—380 „	299	—	—

Tabelle 93. Leistungstabelle für überdrucklose Unterwasserpumpen Uta.

Fördermenge in m³/st		3,0	3,6	4,2	4,8	6,0	6,9	Rohran-schlußweite mm
P 35 + OG 15	Manometrische Förderhöhe in Metern	25	22	19	15	—	—	40 oder 50
P 37 + OG 15		35	34	32	30	25	17	
P 35 II + OG 25		49	44	38	—	—	—	
P 37 II + OG 40		70	68	64	60	50	34	
P 35 III + OG 40		74	66	57	45	—	—	
P 37 III + OG 60		105	102	98	92	75	51	

Fördermenge in m³/st		6,0	7,5	9,0	10,5	12,0	14,4	Rohran-schlußweite mm
P 45 + OG 25	Manometrische Förderhöhe in Metern	28	27	26	23	21	16	50
P 47 + OG 40		35	33	30	26	21	—	
P 45 II + OG 40		56	53	50	46	41	31	
P 47 II + OG 40		70	65	59	—	—	—	
P 47 II + OG 60		70	65	59	52	42	—	
P 45 II + OG 60		84	80	75	69	63	—	
P 45 III + OG 80		84	80	75	69	63	45	
P 47 III + OG 60		108	100	—	—	—	—	
P 47 III + OG 80		108	100	90	78	63	—	

Fördermenge in m³/st		9,0	12,0	15,0	18,0	21,0	24,0	Rohran-schlußweite mm
P 56 + OG 25	Manometrische Förderhöhe in Metern	31	29	—	—	—	—	50
P 56 + OG 40		31	29	27	23	20	15	60
P 56 II + OG 60		62	59	54	—	—	—	50
P 56 II + OG 80		62	59	54	47	40	30	60
P 56 III + OG 100		95	90	81	70	—	—	60
P 67 + OG 60		—	38	38	36	35	33	60
P 67 II + OG 100		—	76	75	73	70	66	60

Fördermenge in m³/st		21,0	24,0	30,0	36,0	42,0	51,0	Rohran-schlußweite mm
P 65 + OG 60	Manometrische Förderhöhe in Metern	30	28	23	16	—	—	80
P 67 + OG 80		35	33	28	21	—	—	
P 65 II + OG 100		60	56	47	33	—	—	
P 67 II + OG 150		70	66	56	42	—	—	
P 85 + OG 60		27	27	25	—	—	—	
P 85 + OG 80		27	27	25	23	21	16	
P 87 + OG 80		37	37	34	30	26	18	
P 85 II + OG 100		54	54	51	—	—	—	
P 85 II + OG 150		54	54	51	47	42	31	
P 87 II + OG 150		76	74	68	60	52	36	

Fördermenge in m³/st		36,0	42,0	48,0	60,0	72,0	84,0	120,0	Rohran-schlußweite mm
P 105 + OG 80	Mano-metrische Förderhöhe in Metern	27	26	25	21	14	—	—	100
P 105 II + OG 150		54	52	50	42	28	—	—	100
P 125 + OG 100		28	28	27	26	24	21	—	125
R 126 + OG 100		—	—	—	30	28	—	—	125
R 126 + OG 150		—	—	—	30	28	26	15	125

Tabelle 94. Gewichte und Preise der Uta-Pumpen nebst Zubehör.

Uta-Pumpen

Type	Motorleistung PS	Gewicht ca. kg	Preis ab Werk ca. RM,	Type	Motorleistung PS	Gewicht ca. kg	Preis ab Werk ca. RM.	Type	Motorleistung PS	Gewicht ca. kg	Preis ab Werk ca. RM.
P 35 +OG 15	1,5	58	705	P 47 III+ OG 60	6,0	96	1580	P 85 +OG 60	6,0	77	1860
P 35 II +OG 25	2,5	68	805	P 47 III+ OG 80	8,0	107	1875	P 85 +OG 80	8,0	87	2160
P 35 III+OG 40	4,0	89	1035	P 56 + OG 25	2,5	58	960	P 85 II +OG 100	10,0	106	2760
P 37 +OG 15	1,5	58	720	P 56 + OG 40	4,0	69	1140	P 85 II +OG 150	15,0	122	3360
P 37 II +OG 40	4,0	79	1020	P 56 II + OG 60	6,0	86	1565	P 87 +OG 80	8,0	87	2220
P 37 III+OG 60	6,0	96	1430	P 56 II + OG 80	8,0	97	1860	P 87 II +OG 150	15,0	122	3420
P 45 +OG 25	2,5	58	830	P 56 III+ OG 100	10,0	116	2320	P105 +OG 80	8,0	87	2345
P 45 II +OG 40	4,0	79	1105	P 65 + OG 60	6,0	77	1620	P105 II +OG 150	15,0	122	3660
P 45 II +OG 60	6,0	86	1405	P 65 II + OG 100	10,0	106	2400	P125 +OG 100	10,0	96	2820
P 45 III+OG 80	8.0	107	1750	P 67 + OG 60	6,0	77	1740	R126 +OG 100	10,0	96	2950
P 47 +OG 40	2,5	69	1060	P 67 + OG 80	8,0	87	2040	R126 +OG 150	15,0	130	3540
P 47 II +OG 40	4,0	79	1155	P 67 II + OG 100	10,0	106	2530				
P 47 II +OG 60	6,0	86	1455	P 67 II + OG 150	15,0	122	3120				

Zubehör

Gummischlauchkabel:

		3×1,5	3×2,5	3 × 4	3 × 6	3 × 10	3 × 16
Querschnitt	mm²	3×1,5	3×2,5	3 × 4	3 × 6	3 × 10	3 × 16
Gewicht je lfd. m	ca. kg	0,20	0,35	0,55	0,90	1,50	2,30
Preis je lfd. m	ca. RM.	1,80	2,30	2,60	3,30	5,20	6,30

Motorschutzvorrichtung:

	S			P	
Type					
Größe	1	2	3	4	5
Gewicht . . . . ca. kg	7	10	14	7	10
Preis . . . . ca. RM.	68,—	140,—	180,—	80,—	110,—

Wasserdichte Steckdose . . . . { Gewicht ca. kg. 1 / Preis ca. RM. 26,—

Kabelendmuffe . . . . { Gewicht ca. kg. 0,50 / Preis ca. RM. 2,50

Tragschelle . . . . { Gewicht ca. kg. 12 / Preis ca. RM. 30,—

Leitungsarmaturen:

		40	50	60	80	100	125
Rohrweite i. L.	mm	40	50	60	80	100	125
Wasserschieber mit Flanschen für 2,5 Atm.	Gewicht ca. kg	11	13	19	30	39	48
	Preis ca. RM.	16,—	18,50	21,—	24,—	27,—	35,—
Wasserschieber mit Flanschen für 12 Atm.	Gewicht ca. kg	13	15	21	33	44	55
	Preis ca. RM.	17,—	20,—	23,—	26,—	30,—	40,—
Spez.-Rückschlagklappe einerseits Flansch, anders. Muffe	Gewicht ca. kg	12	15	19	27	45	57
	Preis ca. RM.	18,—	23,—	24,—	27,—	38,—	55,—

Gegenflansch für Gasgewinde:

		1¹/₂	2	2¹/₂	3	4	5
Rohranschlußweite	engl. Zoll	1¹/₂	2	2¹/₂	3	4	5
Gewicht je Stück	ca. kg	1,5	2,0	2,7	3,4	4,7	6,0
Preis je Stück	ca. RM.	1,70	2,10	2,90	3,90	5,60	7,50

Für die Pumpe sind, wie bei anderen Kreiselpumpen auch, eine Rückschlagklappe, welche meist dicht oberhalb der Pumpe angeordnet wird, und ein Regulierschieber erforderlich. Letzterer wird zweckmäßig an möglichst gut erreichbarer Stelle in die Druckleitung eingebaut.

Angaben über die Leistungsfähigkeit der Pumpen sowie der Gewichte und Preise für die Pumpen und ihre Zubehörteile sind aus den Tabellen 93 und 94 zu entnehmen.

b) Rohrleitungen und Behälter. Rohrleitungen. Als Rohrleitungen kommen für kleinere Durchmesser in erster Linie schwarze oder verzinkte schmiedeeiserne Röhren mit Gewinde und Muffen in Frage, dann aber auch autogengeschweißte Kuntze-Rohre aus Siemens-Martin-Stahl mit 3 mm Wandstärke, beiderseits mit drehbar aufgebördelten Flacheisenflanschen, letztere allerdings in der Hauptsache nur für Rohrlichtweiten von 100 mm aufwärts. Nähere Angaben über beide Arten von Rohrleitungen sind aus Tabelle 95 zu entnehmen.

Tabelle 95.

Rohrleitungen.

Rohranschlußweite . . . . . . mm	13	19	25	32	38	51	64	76	89	102
Schmiedeeiserne Röhren mit Gewinde und Muffen:										
Schwarz { Gew. je lfd. m ca. kg	1,27	1,65	2,46	3,19	3,94	5,30	6,84	8,61	10,58	11,92
Schwarz { Preis je lfd. m ca. RM.	0,56	0,75	1,05	1,45	1,80	2,65	3,40	4,—	5,—	6,20
Verzinkt { Gew. je lfd. m ca. kg	1,36	1,76	2,64	3,42	4,22	5,67	7,32	9,21	11,32	12,75
Verzinkt { Preis je lfd. m ca. RM.	0,76	0,95	1,35	1,85	2,30	3,30	4,50	5,25	6,70	8,15

Rohranschlußweite . . . . ca. mm	60	70	80	90	100	125	150	175
Autogengeschweißte Kuntze-Rohre aus Siemens-Martin-Stahl von 3 mm Wandstärke 5,0 m lang								
Gewicht je Stück ca. kg	28,5	33	38	42	47	58	72	82
Preis je Stück ca. RM.	26,—	27,25	29,25	31,—	32,60	36,10	39,60	43,65
Schmiedeeiserne, gepreßte, aus zwei Schalen zusammengeschweißte **Krümmer** von 90° u. 3 mm Wandstärke. Baulänge = Durchmesser + 100 mm Gewicht je Stück ca. kg	5,5	6,5	7,5	8	10	14	17,5	21,5
Preis je Stück ca. RM.	13,90	14,50	15,45	16,80	22,20	25,30	28,40	32,25
Gummidichtungen 3 mm stark Gewicht ca. kg	0,04	0,05	0,06	0,06	0,06	0,08	0,09	0,12
Preis ca. RM.	0,20	0,20	0,25	0,30	0,30	0,40	0,50	0,65
Schrauben: Gewicht je Garnitur ca. kg.	0,76	0,76	0,80	0,80	1,25	1,25	1,90	1,95
Preis je Garnitur ca. RM.	0,64	0,64	0,64	0,64	0,91	0,91	1,37	1,40
Gewicht je lfd. m gerade Leitung ca. kg	5,86	6,76	7,77	8,57	9,66	11,87	14,80	16,82
Preis je lfd. m gerade Leitung ca. RM.	5,37	5,62	6,03	6,39	6,76	7,48	8,29	9,14

Behälter. Als Behälter werden für kleinere Dimensionen meist Holzbottiche, für größere Dimensionen altbrauchbare Behälter aus Brauereien u. dgl. verwendet. Werden eiserne Behälter neu beschafft, so können nachstehende Gewichte und Preise von G. Kuntze in Göppingen (Württ.) als Anhaltspunkt dienen:

Tabelle 96. Runde Behälter mit Mannloch und Blindflansche sowie je 1 Ein- und Austrittsstutzen.

Inhalt . . . . . . ca. m³	1	2	3	5	10	15	20	25
Gewicht . . . ca. kg	290	415	620	855	1575	2000	2735	3240
Preis ab Werk ca. RM.	183	238	312	388	750	930	1195	1435

B. Wasserhaltung.

a) Pumpen. Bei den Pumpen für Wasserhaltung hat man ebenfalls zu unterscheiden zwischen solchen für Handbetrieb und solchen für Kraftbetrieb.

Pumpen für Handbetrieb. Hier kommt in erster Linie die Diaphragmapumpe in Frage. Sie hat als Saugpumpe eine größte Förderhöhe von etwa 8,50 m und wird in zwei Ausführungsarten hergestellt: einfachwirkend mit Druckhebel und doppeltwirkend mit zwei festen Lagern und zwei Schwungrädern. Reicht die Förderhöhe von 8,50 m nicht aus, was sehr leicht der Fall sein kann, z. B. beim Entleeren tiefer Gruben u. dgl., so treten an Stelle der einfachen Saugpumpen zweckmäßig Diaphragma-Saug- und Hebepumpen, welche bis zu einer Gesamtförderhöhe von etwa 12 m gute Dienste zu leisten vermögen. Die Herstellung dieser Pumpen erfolgt gleichfalls in zwei Ausführungsarten: einfachwirkend mit Druckhebel und doppeltwirkend mit einem festen Lager und zwei langen eisernen Hebeln mit hölzernen Quergriffen. Nähere Angaben über Diaphragmapumpen für Handbetrieb und ihre Zubehörteile sind aus Tabelle 97 zu entnehmen.

Pumpen für Kraftbetrieb. Als Pumpen für Kraftbetrieb sind für Wasserhaltungszwecke zu nennen die Dia-Baupumpen von Hammelrath & Schwenzer und für große Leistungen wiederum die Kreiselpumpen.

Dia-Baupumpen. Die Dia-Baupumpen entsprechen im Prinzip den schon erwähnten Diaphragmapumpen mit dem Abmaße, daß der Antrieb hier entweder durch einen Elektromotor oder durch einen Benzinmotor erfolgt und daß die ganze Anlage auf einem Fahrgestell montiert und infolgedessen sehr beweglich ist.

Sie haben als Saugpumpen (Abb. 61) eine größte Förderhöhe von ebenfalls 8,5 m und werden für beide Antriebsarten je in drei Ausführungen hergestellt:

einfachwirkend für Stundenleistungen von 10, 22 und 30 m³,
doppeltwirkend für Stundenleistungen von 36 und 60 m³,
dreifachwirkend für Stundenleistungen von 80 m³.

Abb. 61. Dreifachwirkende Dia-Saugpumpe von Hammelrath & Schwenzer mit Antrieb durch Elektromotor (Anlage „Trier").

Für größere Förderhöhen bis zu 12 m werden auch diese Pumpen als Saug- und Druckpumpen (Abb. 62) gebaut, und zwar für beide Antriebsarten je in drei Ausführungen:

einfachwirkend bei Elektroantrieb für Stundenleistungen von 4, 12, 20, 30 m³,
einfachwirkend bei Benzinantrieb für Stundenleistungen von 12, 20 und 30 m³,
doppeltwirkend für Stundenleistungen von 34 und 55 m³,
dreifachwirkend für Stundenleistungen von 75 m³.

Abb. 62. Einfachwirkende Dia-Saug- und Hebepumpe von Hammelrath & Schwenzer mit Antrieb durch Benzin-Benzolmotor (Anlage „Laubenheim").

Tabelle 97. Diaphragmapumpen von Hammelrath & Schwenzer.

Saugpumpen

Wirkungsweise	Einfachwirkend				Doppeltwirkend		
Type	A				C/08		
Größe.	0	I	II	III	I	II	III
Stundenleistung bis zu . . . l	5000	12 000	22 000	30 000	15 000	30 000	50 000
Nötige Bedienung bei Höchstleistung . . . . Mann	1	1	1	2	2	2	2
Innerer Durchmesser der Saugleitung . . . . mm	51	65	76	102	65	76	102
Gewicht . . . . ca. kg	27	52	68	112	180	250	355
Preis . . . . ca. RM.	53	56	70	100	238	284	432

Saug- und Druckpumpen

Wirkungsweise	Einfachwirkend					Doppeltwirkend	
Type		D		F	S	K	
Größe.	0	I	II	III		II	III
Stundenleistung bis zu . . . l	5000	12 000	18 000	24 000	4000	25 000	40 000
Nötige Bedienung bei Höchstleistung . . . . Mann	1	1	1	2	1	4	4
Innerer Durchmesser der Saugleitung . . . . mm	51	65	76	102	51	76	102
Gewicht . . . . ca. kg	37	66	93	167	29	300	400
Preis . . . . ca. RM.	61	85	107	171	39	385	500

Zubehörteile

Größe	0	I	II	III
Anschlußweite . . . . mm	51	65	76	102
Gummispiralschlauch				
Gewicht je lfd. m ca. kg	3,6	4,6	6,1	8,5
Preis je lfd. m ca. RM.	7,60	10,70	12,20	18,20
Zweiteilige Verschraubungen				
aus Gußeisen . . . . . . { Gewicht ca. kg	1,8	3,2	4,5	7,5
{ Preis ca. RM.	4,55	5,20	6,50	10,40
aus Gußeisen mit Messingmutter { Gewicht ca. kg	1,8	2,9	4,1	6,4
{ Preis ca. RM.	5,85	7,80	9,40	14,—
aus Messing . . . . . . { Gewicht ca. kg	1,4	2,2	2,8	4,8
{ Preis ca. RM.	9,75	13,—	15,60	23,40
Saugkorb aus Gußeisen				
ohne Ventil . . . . . . { Gewicht ca. kg	1,5	3	3	4,5
{ Preis ca. RM.	2,90	3,70	5,40	8,90
mit Lederklappenventil . { Gewicht ca. kg	4,5	4,6	9	15
{ Preis ca. RM.	6,—	10,60	12,—	18,—
mit Gummikugelventil . { Preis ca. kg	5	10	11	18
{ Preis ca. RM.	8,90	15,—	20,80	30,—
Rohrbogen				
mit Übergangsstück zur { Gewicht ca. kg	—	4	5	7
Schonung des Schlauchs { Preis ca. RM.	—	11,60	13,50	25,50

Weitere Angaben über diese Pumpen sind aus Tabelle 98 zu entnehmen.

Tabelle 98.
Dia-Pumpen für Kraftbetrieb von Hammelrath & Schwenzer.

Dia-Pumpen

	Einfachwirkend			Doppelt-wirkend		Drei-fach-wir-kend
Wirkungsweise						
Type	B			C/12		CC
Größe	I	II	III	II	III	III

Saugpumpen für Antrieb durch Elektromotor

Stundenleistung bis zu l	10 000	22 000	30 000	36 000	60 000	80 000
Kraftbedarf bei Höchstleistung ca. PS	0,75	1,50	2	2	3	4
Innerer Durchmesser d. Saugleitung mm	65	76	102	76	102	125
Gewicht . . . . ca. kg	200	230	345	565	650	1100
Preis . . . . ca. RM.	428	504	592	792	1164	1576

Saugpumpen für Antrieb durch Benzinmotor

Stundenleistung bis zu l	10 000	22 000	30 000	36 000	60 000	80 000
Kraftbedarf bei Höchstleistung ca. PS	1	1,50	2	2	3	4
Innerer Durchmesser d. Saugleitung mm	65	76	102	76	102	125
Gewicht . . . . ca. kg	260	320	375	600	800	1300
Preis . . . . ca. RM.	989	1015	1068	1255	1710	2054

	Einfachwirkend				Doppelt-wirkend	Drei-fach-wir-kend
Wirkungsweise						
Type	SK				SK	SK
Größe	0	I	II	III	II b	III b	III c

Saug- und Druckpumpen für Antrieb durch Elektromotor

Stundenleistung bis zu . . . l	4 000	12 000	20 000	30 000	34 000	55 000	75 000
Kraftbedarf bei Höchstleistung ca. PS	0,5	1	2	4	3	6	8
Saug- und Druckleitungsanschluß mm	51	65	76	102	76	102	125
Gewicht . . . . ca. kg	120	200	295	520	620	775	1030
Preis . . . . ca. RM.	400	528	740	985	1280	1768	2335

Saug- und Druckpumpen für Antrieb durch Benzinmotor

Stundenleistung bis zu l	12 000	20 000	30 000	34 000	55 000	75 000
Kraftbedarf bei Höchstleistung ca. PS	1	2	4	3	6	8
Saug- und Druckleitungsanschluß . mm	65	76	102	76	102	125
Gewicht . . . . ca. kg	300	360	550	690	880	1230
Preis . . . . ca. RM.	1057	1194	1450	1814	2298	2721

Kreiselpumpen. Handelt es sich um größere Wassermassen, so reichen die Dia-Baupumpen nicht mehr aus und man wird auch hier zu der für solche Zwecke wie keine andere Wasserhebemaschine geeigneten Kreiselpumpe greifen.

Eine Pumpe dieser Art, welche sich vorzüglich für die Hebung verschmutzter Wasser eignet, ist die Patent-Kreiselpumpe Type SNO

Abb. 63. Patent-Kreiselpumpe Type SNO der Amag-Hilpert-Pegnitzhütte, Nürnberg.

der Amag-Hilpert-Pegnitzhütte, Nürnberg (Abb. 63). Ihre besonderen Vorzüge sind die leichte Zugänglichkeit durch große Reinigungs-

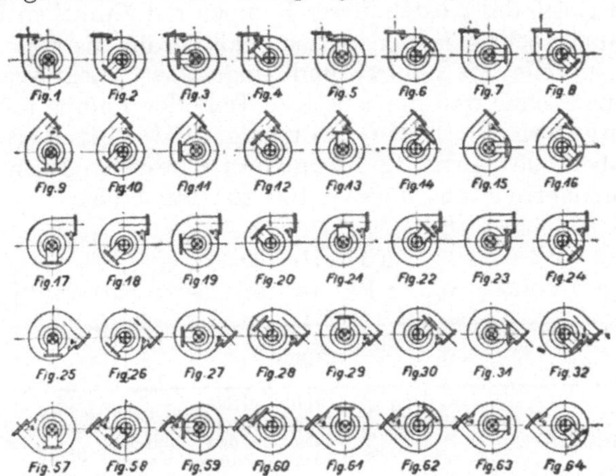

Abb. 64. Stutzenstellungen der in Abb. 63 wiedergegebenen Pumpe.

deckel am Saugstutzen und Druckgehäuse, und ihre große Anpassungsfähigkeit an alle möglichen Verhältnisse durch die Drehbarkeit der Saug- und Druckstutzen. Die verschiedenen Stutzenstellungen sind aus Abb. 64 zu entnehmen.

Tabelle 99. Leistungstabelle der Amag·
n = Anzahl der Umdrehungen je Minute;

			SNO 12,5					SNO 15			
Type											
Rohranschlußweite . . mm			125					150			
Fördermenge m³/st		72	90	120	150	180	120	150	180	210	240
2	n	515	520				520	560	650	660	
	N	0,9	1,2				1,5	2	2,4	2,9	
4	n	690	710	760			690	725	765	800	860
	N	1,8	2,3	3,1			3,3	3,8	4,5	5,3	8,2
6	n	830	850	900	940		820	845	880	920	970
	N	2,9	3,4	4,5	5,9		4,9	5,7	6,8	7,9	9,5
8	n	960	970	1010	1060	1100	920	950	975	1010	1060
	N	3,9	4,6	6	7,5	9,6	6,5	7,7	9	10,4	12,4
10	n	1050	1070	1110	1150	1200	1010	1030	1060	1090	1140
	N	5	6	7,5	9,7	11,5	8,4	10,3	11,1	12,8	15,3
12	n	1140	1160	1190	1240	1270	1080	1115	1140	1170	1215
	N	6,3	7,2	9,2	11,3	13,6	10,6	11,7	13,5	15,3	18,3
14	n	1220	1240	1280	1320	1360	1160	1190	1215	1240	1275
	N	7,5	8,6	10,7	13,2	15,8	12,8	13,8	16,4	17,9	21,4
16	n		1330	1360	1400	1440	1220	1260	1280	1310	1350
	N		10	12,7	15,1	17,2	14,8	16	21,4	22,7	24,5
18	n		1400	1430	1460	1500	1300	1325	1350	1370	1415
	N		11,5	14,4	17,2	20,4	17,3	19	22	23,4	27,6
20	n		1460	1500	1530	1580	1380	1390	1410	1430	1470
	N		13,2	16	19,1	22,7	20	21,4	23	26,3	31,2

(Zeilenbeschriftung links: Manometrische Förderhöhe in m)

Beim Vergleich der Kosten dieser Pumpen mit ähnlichen Fabrikaten
darf nicht außer acht gelassen werden, daß bei ihr die dem Verschleiß
unterworfenen Teile, wie Laufrad und Ringplatten, leicht ausgewechselt
werden können, ohne daß die sonstigen Teile der Pumpe minderwertig
werden. Angaben über die Leistungsfähigkeit dieser Pumpen
sind aus Tabelle 99; sonstige Angaben über die Pumpe selbst
und ihre Zubehörteile aus Tabelle 100 zu entnehmen.

Tabelle 100.
Hauptdaten der Amag-Hilpert-Patent-Kreiselpumpen Type SNO.

	Pumpen						
Antriebsart	Rohranschlußweite mm	Größte Länge der Pumpe ca. mm	Größte Breite der Pumpe ca. mm	Riemenscheibendurchmesser mm	breite mm	Gewicht ca. kg	Preis ab Werk ca. RM.
Riemenantrieb mit Fest- und Losscheibe, Pumpe u. Außenlager auf gemeinsamer Grundplatte	125	1100	725	300	120	320	550
	150	1375	800	350	170	420	750
	200	1535	850	400	200	600	920
	250	1730	975	450	230	800	1100
	300	2160	1050	500	300	1100	1375

Hilpert-Patent-Kreiselpumpen Type SNO.

$N =$ Kraftbedarf hierbei in PS.

SNO 20					SNO 25					SNO 30				
200					250					300				
180	210	252	300	360	252	300	360	420	480	360	420	480	600	720
420 2,26	440 2,7	475 3,6			390 3,28	430 4,4	460 5,35			350 4,45	370 5,56			
550 4,45	570 5,2	600 6,2	630 7,8	680 10,9	495 5,92	520 7,3	550 9,7	580 12	630 14,2	440 7,9	460 9,9	480 11,4	540 15,4	
650 6,8	670 7,8	695 9,2	725 11,1	770 14,3	580 8,9	600 10,4	630 12,9	660 15,7	700 19,4	520 12,1	540 13,9	550 15,9	590 21,2	645 27,6
740 9,35	760 10,4	775 12,2	805 14,6	850 18,1	660 12	680 14,1	700 16,7	730 20	760 24,1	600 16,4	610 18,6	620 21,2	660 26,5	705 32,8
820 11,9	830 13,3	850 15,5	870 18,2	920 22	730 15,6	750 18	770 20,8	790 24,7	820 29,2	660 21,2	670 23,6	680 26,2	720 32,7	755 39,8
890 14,5	910 16,4	925 17,1	950 21,1	990 26,2	800 19,3	810 21,9	825 25,4	850 29,2	875 33,9	730 25,8	740 28,7	750 31,4	770 39,2	805 47
960 17,4	975 19,5	990 21,8	1015 25,5	1050 30,7	860 22,9	870 26,4	885 30,1	910 34	930 38,9	770 30,6	780 35,1	790 37,7	830 46,5	865 55,6
1025 21	1040 23,6	1050 25,4	1075 29,6	1110 35	920 27,7	930 30,7	940 35	960 39,6	980 44,5	820 36,8	840 40,7	850 44,5	870 53,9	915 63,6
1090 24	1100 26	1110 29	1130 33,4	1160 39,4	970 31,8	985 35,2	990 40	1010 45,2	1025 50	870 41,4	880 48,4	890 53,4	910 60,6	945 74
1140 28	1150 29,4	1160 32,8	1185 37,6	1210 44,5	1020 36	1025 39,8	1035 45,2	1060 51	1070 56,5		920 56,5	930 61,4	950 71,6	985 83,5

Tabelle 100 (Fortsetzung).

Zubehörteile

Rohranschlußweite . . . . mm	125	150	200	250	300
Saugkorb mit Fußventil aus Gußeisen und Ventilklappe aus Leder Gewicht ca. kg	22	33	54	86	120
Preis ca. R.M.	33,—	40,—	65,—	95,—	140—
Saugkorb mit Fußventil aus Gußeisen mit Eisenkegel und Ledernachdich- tung . . . . Gewicht ca. kg	36	48	80	118	193
Preis ca. R.M.	64,—	73,—	103,—	158,—	206,—
Rückschlagklappen . . Gewicht ca. kg	58	66	120	170	225
Preis ca. R.M.	48,—	63,—	96,—	132,—	192,—
Absperrschieber mit Flanschen bis 4 Atm. . . . . . . Gewicht ca. kg	41	50	73	106	139
Preis ca. R.M.	33,—	40,—	60,—	81,—	112,—
bis 12 Atm. . . . . Gewicht ca. kg	64	87	132	200	268
Preis ca. R.M.	42,—	54,—	86,—	127,—	180,—
Anfülltrichter . . . . Preis ca. R.M.	7,60	7,60	10,—	10,—	15,75

Handelt es sich nicht nur um gewöhnliche Wasserhaltungen, bei denen mit einer einfachen Pumpenanlage auszukommen ist, sondern um die Notwendigkeit, das Wasser auf größere Höhen zu heben, wie sie

häufig bei Tiefgründungen u. dgl. vorkommt, so werden auch hier
an Stelle der vielfach üblichen Absenkung des Wassers in mehreren
Staffeln mit Vorteil Uta-Pumpen eingesetzt, als deren gängigste
Normaltype bei Grundwasserabsenkungen und starkem Wasserandrang
sich die Bauart P 125 + OG 100 mit einer Förderleistung von 90 m³
je Stunde bei 20 m Gesamtförderhöhe ergeben hat.

b) Rohrleitungen. Als Rohrleitungen für die Dia-Baupumpen
werden meist Gummispiralschläuche mit innerer und äußerer verzinkter
Eisendrahtspirale verwendet, welche durch zweiteilige Verschraubungen
aus Gußeisen oder Messing miteinander verbunden werden. Angaben
hierüber finden sich in Tabelle 97.

Als Rohrleitungen für Kreiselpumpen verwendet man meist
eine Garnitur von Flanschenröhren verschiedener Länge, und zwar sind
meines Wissens hierfür sehr weit verbreitet die Fabrikate der Firma
G. Kuntze, Göppingen (Wttbg.). Die geraden Rohre dieser Firma
sind aus Siemens-Martin-Stahl autogen geschweißt, besitzen 3 mm
Wandstärke und auf beiden Seiten drehbar aufgebördelte Flacheisenflanschen, sind innen und außen mit heißem Teerasphalt gestrichen und
vor Verlassen des Werks auf 10 Atm. geprüft.

Tabelle 101. Rohrgarnituren für

Rohranschlußweite .... mm	100		125	
	Gewicht ca. kg	Preis ca. RM.	Gewicht ca. kg	Preis ca. RM.
Autogengeschweißte Kuntze-Rohre aus Siemens-Martin-Stahl von 3 mm Wandstärke:				
2 St. je 0,25 m lang	20	26,—	26	28,80
2 „ „ 0,50 „ „	24	28,—	30	31,—
2 „ „ 1,00 „ „	32	31,80	41	35,30
2 „ „ 2,00 „ „	49	41,20	60	45,20
2 „ „ 3,00 „ „	64	49,20	79	54,20
Schmiedeeiserne, gepreßte, aus 2 Schalen zusammengeschweißte Krümmer von 90° und 3 mm Wandstärke, 3 St.	30	66,60	42	75,90
Schmiedeeiserne, autogengeschweißte Teleskoprohre aus Siemens-Martin-Stahl mit einer Mindestlänge von 1500 mm und einer Höchstlänge von 2500 mm und 3 mm Wandstärke, 1 St.	42	66,30	50	71,40
Gummidichtungen, 3 mm stark, einschließlich Reserve, 20 St.	0,12	6,—	0,16	8,—
Schrauben einschließlich Reserve, je 18 Garnituren:				
Garnitur zu 4 St. 19 × 65 mm	22,50	16,38	22,50	16,38
„ „ 6 „ 19 × 65 „				
„ „ 6 „ 19 × 70 „				
„ „ 8 „ 19 × 70 „				
„ „ 8 „ 19 × 75 „				
Vollständige Garnitur	**283,62**	**331,48**	**350,66**	**366,18**

Die **Krümmer** sind aus Schmiedeeisen gepreßt und aus zwei Schalen in der Mitte zusammengeschweißt; ihr Winkel ist 90°, die Baulänge = Durchmesser + 100 mm und der Radius = Durchmesser + 50 mm. Im übrigen entsprechen sie in der Ausführung den geraden Rohren.

Eine Spezialität dieser Firma sind deren **Teleskoprohre**, aus Siemens-Martin-Stahl autogen geschweißt, mit einer Mindestlänge von 1500 mm und einer Höchstlänge von 2500 mm und 3 mm Wandstärke. Diese Rohre haben abgedrehte Dichtungsflächen und Rundgummidichtung und das Degenrohr ist gegen Herausschieben durch vier versetzt angeschweißte Nocken geschützt, deren Anordnung so getroffen ist, daß es zwecks Einschieben oder Erneuerung der Rundgummidichtung herausgenommen werden kann. Das ganze Teleskoprohr ist innen und außen mit schwarzer Siderosthen-Lubrose-Farbe gestrichen. **Alle sonstigen Angaben sind aus Tab. 101 zu entnehmen.**

Außer diesen **Kuntze**-Röhren kommen für die Rohrleitungen noch gußeiserne Flanschenrohre in Betracht. Gewicht und Preis sind aber für dieselben nicht unbeträchtlich höher, so daß ich hier nicht weiter darauf eingehen will.

Niederdruck-Zentrifugalpumpen.

150		175		200		250		300	
Gewicht ca. kg	Preis ca. RM.	Gewicht ca. kg	Preis ca. RM.	Gewicht ca. kg	Preis ca. RM.	Gewicht ca. kg	Preis ca. RM.	Gewicht ca. kg	Preis ca. RM.
32,2	31,50	38,8	34,40	46,6	37,30	56	44,—	69,4	50,30
38	34,—	45,6	37,20	54,2	40,30	65,6	47,60	80,8	54,60
49,6	38,80	59	42,50	69,4	46,20	84,6	54,60	103,8	62,90
72,8	49,20	86	54,—	100	58,90	122,8	69,80	149,6	80,80
96	59,20	113	65,10	130,6	71,10	171	84,40	195,4	98,—
52,5	85,20	64,5	96,75	78	108,15	102	130,80	138	154,95
60	76,50	70	86,70	76	97,—	97	117,30	115	137,70
0,18	10,—	0,24	13,—	0,3	16,—	0,4	21,—	0,5	26,—
34,20	24,66	35,10	25,20	35,10	25,20	46,80	33,66	48,60	35,10
435,48	**409,06**	**512,24**	**454,85**	**590,20**	**500,15**	**746,20**	**603,16**	**901,10**	**700,35**

4. Maschinen und Geräte für Werkplatz, Werkstätte und Stellmacherei.

Der scharfe Wettbewerb auf dem Baumarkt zwingt die Unternehmungen mit allen Mitteln danach zu trachten, daß sie aus ihren Baustellen herausholen, was irgendwie geht. Diese Bemühungen werden aber nur dann erfolgreich sein, wenn die Baustellen auf ihren Werkplätzen der Art und dem Umfang der jeweiligen Arbeit entsprechend so mit Hilfsgeräten und Maschinen ausgestattet sind, daß die im Baubetrieb leider unvermeidlichen und je nach den örtlichen Verhältnissen oft recht umfangreichen und schwierigen Reparaturen so rasch als möglich an Ort und Stelle fach- und sachgemäß erledigt werden können.

Um einen Überblick zu geben, was hierzu neben einer zweckentsprechenden und ausreichenden Ausstattung der Magazine mit Ersatzteilen und Material aller Art noch nötig sein kann, wird im folgenden eine Zusammenstellung gegeben, die es gestattet, auf bequeme Weise zu ermitteln, mit welchen Aufwendungen man von Fall zu Fall annähernd zu rechnen hat.

Tabelle 102.

a) Amboße.

Einheitsamboße ins Gesenk geschmiedet; Arbeitsfläche gehobelt, gehärtet u. geschliffen,						
mit 1 Horn . Gewicht ca. kg	—	18—20	23—25	40—42	50—52	60—63
Preis ca. RM.	—	30,—	35,—	48,—	55,—	64,—
mit 2 Hörnern Gewicht ca. kg	13—15	18—20	23—25	33—35	50—52	70—74
Preis ca. RM.	24,—	30,—	35,—	42,—	55,—	73,—
Schwere Schmiedeamboße mit 2 Hörnern, Voramboß und Stauch . . . Gewicht ca. kg	100	125	150	200	250	300
Preis ca. RM.	106,—	130,—	154,—	200,—	250,—	300,—

Tabelle 103.

b) Bandsägen.

Rollendurchmesser . . . . mm	700	800	900
Schnitthöhe . . . . mm	400	500	600
Länge der Maschine. . . . . ca. mm	1250	1400	1500
Breite der Maschine. . . . . ca. mm	950	1050	1100
Höhe der Maschine . . . . ca. mm	1900	2050	2200
Durchmesser der Voll- und Leerscheibe . . . . mm	280	320	400
Breite der Voll- und Leerscheibe . . . . mm	170	200	200
Umdrehungen je Minute.	550	500	450
Kraftbedarf . . . . ca. PS	1	1,5	2
Gewicht. . . . . **ca. kg**	530	660	800
Preis ab Werk . . . . **ca. RM.**	840	950	1060

c) Bohrmaschinen.

α) Für Fuß - oder Handbetrieb.

Tabelle 104.

Säulenbohrmaschine für Fußbetrieb.

Für Bohrlöcher bis zu . . . . mm	20	30
Ausladung . . . . ca. mm	255	345
Bohrtiefe . . . . ca. mm	110	125
Größte Entfernung zwischen Spindel und Schraubstock bzw. Tisch . . . . ca. mm	495	510
Anzahl der Bohrspindelgeschwindigkeiten	1	2
Durchmesser des Schwungrades . . . . ca. mm	700	800
Gewicht . . . . ca. kg	120	200
Preis ab Werk einschließlich Räderschutz und Schraubstock . . . . ca. RM.	285	300

Tabelle 105.

Ständerbohrmaschinen (Tischbohrmaschinen) für Handbetrieb.

Für Bohrlöcher bis zu . . . . mm	25	30	40
Ausladung . . . . ca. mm	225	280	345
Bohrtiefe . . . . ca. mm	115	145	150
Größte Entfernung zwischen Spindel und Schraubstock . . . . ca. mm	170	185	200
Anzahl der Bohrspindelgeschwindigkeiten	2	2	2
Durchmesser des Schwungrades . . . . . ca. mm	700	900	1000
Gewicht . . . . ca. kg	78	155	175
Preis ab Werk einschließlich Räderschutz und Schraubstock . . . . ca. RM.	190	250	300

Tabelle 106.

Wandbohrmaschinen für Handbetrieb.

Ausführungsart	Ohne Tisch		Mit Tisch und Schraubstock	
Für Bohrlöcher bis zu . . . . mm	18	23	18	23
Entfernung vom Bohrer zur Wand . ca. mm	330	330	330	330
Bohrtiefe . . . . ca. mm	110	110	110	110
Anzahl der Bohrspindelgeschwindigkeiten . .	1	1	1	1
Durchmesser des Schwungrades . . ca. mm	500	600	500	600
Gewicht . . . . ca. kg	40	45	70	75
Preis ab Werk einschließlich Räderschutz ca. RM.	85	95	160	170

β) Für Kraftbetrieb.

Tabelle 107.

Säulenschnellbohrmaschinen.

Für Bohrlöcher bis zu . . . mm	10	15	18	23	30	32	40	50	60	70
Ausladung . . . . ca. mm	160	180	200	220	235	260	275	300	340	380
Bohrtiefe . . . . . ca. mm	80	100	120	140	155	170	185	200	220	235
Größte Entfernung zwischen Spindel und Tisch ca. mm	680	665	655	670	635	690	725	650	635	645
Größte Entfernung zwischen Spindel und Grundplatte ca. mm	—	—	—	—	—	1035	1055	970	985	1040
Anzahl der Bohrspindelgeschwindigkeiten	2	3	3	4	4	4	4	8	8	8
Größte Höhe der Maschine ca. mm	1775	1800	1860	1890	1990	2115	2100	2050	2350	2500
Größte Breite der Maschine ca. mm	450	500	500	560	620	600	600	950	1050	1150
Größte Tiefe der Maschine ca. mm	580	720	930	1070	1230	1475	1580	1700	1800	2000
Breite der Stufenscheiben ca. mm	30	35	40	45	50	55	60	65	70	75
Durchmesser der Los- und Festscheibe . . . ca. mm	140	160	180	200	220	240	260	280	300	320
Breite der Los- und Festscheibe . . . . . ca. mm	35	40	45	50	60	65	70	75	80	85
Umdrehungen derselben je Minute	350	600	550	500	475	475	425	475	570	425
Kraftbedarf . . . . . ca. SP	0,3	0,6	0,7	1	1,5	1,5	2,5	3—4	5	5,5
Gewicht . . . . ca. kg	70	110	150	200	315	475	520	800	1050	1500
Preis ab Werk . . ca. RM.	160	230	275	350	790	980	1050	1830	2180	2900
Gewicht von 1 Satz Bohrer ca. kg	1	2	3	4	8	9	16	29	39	53
Preis von 1 Satz Bohrer ca. RM.	11	23	31	48	85	93	138	227	287	378

d) Drehbänke.

Tabelle

Spitzenhöhe über dem Bett mm	200			250			
Entfernung zwischen den Spitzen . . . . mm	1000	1500	2000	1500	2000	2500	3000
Spitzenhöhe in der Kröpfung . . . . mm	320	320	320	375	375	375	375
Breite der Kröpfung vor der Planscheibe . . mm	215	215	215	250	250	250	250
Größter Durchmesser über dem Bett . . . . . mm	420	420	420	540	540	540	540
Größter Durchmesser über dem Support . . . mm	275	275	275	350	350	350	350
Planscheibendurchmesser mm	400	400	400	500	500	500	500
Platzbedarf: Länge . . . . ca. mm	2750	3250	3750	3500	4000	4500	5000
Breite . . . . ca. mm	600	600	600	650	650	650	650

Tischbohrmaschinen.

Tabelle 108.

Für Bohrlöcher bis zu . . . . mm	10	13	13	16
Ausladung . . . . ca. mm	160	180	180	200
Bohrtiefe . . . . ca. mm	80	100	100	120
Größte Entfernung zwischen Spindel und Tisch . . . . ca. mm	165	290	290	300
Anzahl der Bohrspindelgeschwindigkeiten . .	2	3	4	3
Größte Höhe der Maschine . . . . ca. mm	770	1000	1000	1160
Größte Breite der Maschine . . . . ca. mm	300	350	350	400
Größte Tiefe der Maschine . . . . ca. mm	580	830	830	930
Breite der Stufenscheiben . . . . . ca. mm	30	35	35	40
Durchmesser der Los- und Festscheibe ca. mm	140	160	160	180
Breite der Los- und Festscheibe . . ca. mm	35	40	40	45
Umdrehungen derselben je Minute	350	600	475	550
Kraftbedarf . . . . ca. PS	0,5	0,6	0,6	0,8
Gewicht . . . . ca. kg	**38**	**75**	**80**	**100**
Preis ab Werk . . . . ca. RM.	**121**	**196**	**200**	**238**

Wandschnellbohrmaschinen.

Tabelle 109.

Für Bohrlöcher bis zu . . . . mm	30	30
Bohrtiefe . . . . ca. mm	200	200
Entfernung von Mitte Bohrspindel bis zur Wand . ca. mm	700	800
Anzahl der Bohrspindelgeschwindigkeiten	4	4
Größte Höhe der Maschine . . . . ca. mm	1000	1000
Größte Breite der Maschine . . . . ca. mm	500	500
Größte Tiefe der Maschine . . . . ca. mm	1000	1000
Breite der Stufenscheiben . . . . ca. mm	60	60
Riemenscheibendurchmesser des Deckenvorgeleges . ca. mm	245	245
Riemenscheibenbreite des Deckenvorgeleges . . . . ca. mm	60	60
Umdrehungen des Deckenvorgeleges je Minute	420	420
Kraftbedarf . . . . ca. PS	1	1,5
Gewicht der Maschine mit Gegenstufenscheibe und Deckenvorgelege . . . . ca. kg	220	260
Preis der Maschine mit Gegenstufenscheibe und Deckenvorgelege ab Werk . . . . ca. RM.	280	340

110.

300				350			400			450		
1500	2000	2500	3000	2000	2500	3000	2500	3000	3500	2500	3000	3500
455	455	455	455	500	500	500	595	595	595	650	650	650
300	300	300	300	325	325	325	350	350	350	390	390	390
660	660	660	660	740	740	740	840	840	840	940	940	940
440	440	440	440	520	520	520	600	600	600	690	690	690
600	600	600	600	700	700	700	800	800	800	900	900	900
3750	4250	4750	5250	4300	4800	5300	5250	5750	6250	5600	6100	6600
750	750	750	750	800	800	800	900	900	900	1000	1000	1000

Tabelle 110

Spitzenhöhe über dem Bett mm	200			250			
Entfernung zwischen den Spitzen . . . . mm	1000	1500	2000	1500	2000	2500	3000
Stufenscheibe x-fach . x =	4	4	4	4	4	4	4
Stufenbreite . . . . mm	67	67	67	77	77	77	77
Deckenvorgelege: Durchmesser der Fest- und Losscheibe . mm	240	240	240	300	300	300	300
Gesamtbreite der Fest- und Losscheibe . mm	480	480	480	600	600	600	600
Riemenbreite der Fest- und Losscheibe . mm	75	75	75	90	90	90	90
Umdrehungen je Minute	200	200	200	175	175	175	175
Kraftbedarf . . . ca. PS	2	2	2	3	3	3	3
Passendes Dreibacken-Drehbankfutter: Außendurchmesser . mm	190	190	190	215	215	215	215
Gewicht der Drehbank ca. kg	950	1010	1110	1540	1720	1780	1920
Gewicht des Dreibacken-Drehbankfutters mit je 3 St. Dreh- und Bohrbacken . . . . . ca. kg	13	13	13	18	18	18	18
Gewicht des Ansatzfutters . . . . . ca. kg	9	9	9	10	10	10	10
Gewicht insgesamt ca. kg	972	1032	1132	1568	1748	1808	1948
Preis der Drehbank ab Werk . . . . ca. RM.	1800,—	1885,—	1965,—	2500,—	2600,—	2725,—	2850,—
Preis des Dreibacken-Drehbankfutters ca. RM.	55,50	55,50	55,50	67,50	67,50	67,50	67,50
Preis des Ansatzfutters ca. RM.	4,50	4,50	4,50	5,50	5,50	5,50	5,50
Preis insgesamt ca. RM.	1860,—	1945,—	2025,—	2573,—	2673,—	2798,—	2923,—

NB. Die Angaben verstehen sich jeweils für Drehbänke nur mit Leitspindel einnehmerscheibe, 1 Satz Wechselräder, je 1 feststehenden und mitlaufenden Setzstock mit je und Kurbeln.

Tabelle 111.

e) Dreiböcke (Nutzhöhe = Gesamthöhe — 2 m für Hebezeuge usw.).

Nutzhöhe . . . . ca. m	6	8	10	12
Baumlänge. . . . . ca. m	8,50	10.50	12,75	15,00
Baumdurchmesser unten . . . . ca. mm	280	320	360	400
Baumdurchmesser oben . . . . ca. mm	210	240	270	300
Gewicht . . . . ca. kg	750	1000	1650	2250
Preis . . . . ca. RM.	200	280	400	550

(Fortsetzung).

300				350			400			450		
1500	2000	2500	3000	2000	2500	3000	2500	3000	3500	2500	3000	3500
4	4	4	4	4	4	4	5	5	5	5	5	5
88	88	88	88	95	95	95	105	105	105	115	115	115
370	370	370	370	370	370	370	450	450	450	450	450	450
600	600	600	600	600	600	600	720	720	720	720	720	720
95	95	95	95	95	95	95	105	105	105	115	115	115
150	150	150	150	150	150	150	125	125	125	125	125	125
4	4	4	4	4,5	4,5	4,5	5	5	5	6	6	6
240	240	240	240	270	270	270	325	325	325	380	380	380
2320	2500	2610	2750	2920	3090	3260	4350	4600	4850	5270	5570	5870
24	24	24	24	31	31	31	47	47	47	64	64	64
12	12	12	12	15	15	15	18	18	18	21	21	21
2356	2536	2646	2786	2966	3136	3306	4415	4665	4915	5355	5655	5955
3400	3575	3750	3900	4100	4300	4500	5500	5750	6000	6450	6750	7050
79	79	79	79	91	91	91	156	156	156	226	226	226
7	7	7	7	9	9	9	14	14	14	19	19	19
3486	3661	3836	3986	4200	4400	4600	5670	5920	6170	6695	6995	7295

schließlich Deckenvorgelege mit Ringschmierung, 1 Universalplanscheibe mit 4 Kloben, 1 Mit-
3 Backen, 2 Körnerspitzen, 1 Gewindetabelle, den nötigen Schutzvorrichtungen, Schlüsseln

f) Hebezeuge aller Art.

α) Flaschenzüge.　　　　Tabelle 112.

Tragkraft .. kg	1000	2000	3000	4000	5000	6000	7500	10000	12500	15000
Gewicht bei 3 m Hub . . ca. kg	34	57	78	105	120	145	180	300	350	475
Gewicht der Ketten für jeden weiteren m Hub ca. kg	3,8	6,4	7,8	10,5	13	14	16,5	35	42	52,7
Preis bei 3 m Hub. ca. RM.	47,—	65,—	76,—	100,—	120,—	150,—	180,—	250,—	470,—	680,—
Preis der Ketten für jeden m Mehrhub. ca. RM.	4,—	6,—	7,20	8,—	10,—	11,50	12,—	18,—	35,—	37,—

Tabelle 113.

β) Hebgeschirre.

Tragkraft . . . . kg	15 000	20 000	30 000
Spindeldurchmesser . . . . ca. mm	60	65	85
Höhe bei eingeschraubter Spindel (niedrigster Stand) . . . . ca. mm	400	430	580
Hub . . . . ca. mm	170	190	320
Größe des Fußes . . . . ca. mm	240×240	260×260	310×310
Größe des Kopfes . . . . ca. mm	100×100	130×130	180×180
Gewicht . . . . **ca. kg**	**32**	**40**	**80**
Preis . . . . **ca. RM.**	**32**	**35**	**50**

Tabelle 114.

γ) Laufkatzen mit eingebautem Schraubenhebezeug.

Tragkraft . . . . kg	1000	2000	3000	4000	5000	6000	7500	10 000
Gewicht einschl. Ketten bei 3 m Laufbahnhöhe auf dem unteren I-Trägerflansch laufend ca. kg	75	120	140	200	250	300	375	500
auf dem I-Träger laufend . . . . . . ca. kg	85	130	160	200	250	300	375	500
Gewicht der Ketten für 1 m Mehrhub . . ca. kg	5,1	7,8	9,4	12,7	15	16	18	26
Preis einschl. Ketten bei 3 m Laufbahnhöhe auf dem unteren I-Trägerflansch laufend ca. RM.	96,—	123,—	145,—	200,—	250,—	300,—	370,—	480,—
auf dem I-Träger laufend . . . . . ca. RM.	110,—	150,—	166,—	200,—	250,—	300,—	370,—	480,—
Preis der Ketten für 1 m Mehrhub . . . ca. RM.	4,80	6,40	7,50	9,60	11,50	13,—	14,—	20,—

Tabelle 115.

δ) Lokomotivhebeböcke.

Gesamttragkraft des Satzes . . . . kg	8000	10 000	15 000	20 000	25 000	30 000
Spindeldurchmesser . . . . . ca. mm	45	48	52	65	65	70
Tatsächlicher Hub . . . . . . ca. mm	1200	1200	1200	1400	1400	1350
Ganze Höhe. . . . . ca. mm	1640	1640	1640	1890	1890	1870
Höhe bis Oberkante Tragbalken im höchsten Stand. . . . . ca. mm	1575	1575	1585	1830	1830	1820
im niedrigsten Stand . . . ca. mm	375	375	385	430	430	470
Abstand der Böcke (lichte Weite) ca. mm	2700	2700	2700	3280	3280	3200
Spannweite der Träger . . . . ca. mm	2800	2800	2800	3500	3500	3500
Trägerprofil . . . . N. P.	16	20	24	28	28	30
Gewicht eines Bockes . . . . . ca. kg	176	177	179	295	295	345
„ „ Trägers . . . . . ca. kg	68	96	122	210	210	250
Gewicht eines Satzes, bestehend aus 4 Böcken und 2 Trägern . . ca. kg	840	900	960	1600	1600	1880
Preis eines Satzes ab Werk . ca. RM.	**830**	**865**	**890**	**1200**	**1200**	**1335**

Tabelle 116.

ε) Lokomotivwinden.

Tragkraft . . . . kg	5000	10 000	15 000	20 000
Höhe einschließlich Horn . . . . . ca. mm	800	880	880	900
Hubhöhe . . . . ca. mm	370	360	360	365
Gewicht . . . . ca. kg	46	73	85	95
Preis . . . . ca. RM.	85	180	230	260

Tabelle 117.

ζ) Universalwinden (leichte Bauart).

Tragkraft . . . . kg	2000	5000	8000
Höhe einschließlich Horn . . . . ca. mm	735	740	800
Hubhöhe . . . . ca. mm	400	370	370
Gewicht . . . . ca. kg	27	32	46
Preis . . . . ca. RM.	48	63	82

Tabelle 118.

g) Kaltsägen.

Ausführungsart	Ohne Wasserkühlung			Mit Wasserkühlung
Arbeitsbereich ○- und □-Material bis . . . . mm	125/125	150/150	250/250	150/150
Gehrungsschnitte bei 45° bis zu . . mm	85/125	110/150	175/250	110/150
„ „ 60° „ „ . . mm	105/125	135/150	215/250	135/150
„ „ 75° „ „ . . mm	120/125	150/150	240/250	150/150
Sägeblattlänge . . . . mm	250	300	550	300
Sägeblattbreite . . . . mm	20	20	25	20
Sägeblattstärke . . . . mm	0,9	0,9	1,25	0,9
Höhe der Schraubstockbacken normal mm	70	86	130	86
Hub einstellbar von . . . . mm	70/168	90/200	205/370	90/200
Platzbedarf:				
Länge . . . . ca. mm	1050	1200	2000	1200
Breite . . . . ca. mm	430	420	600	420
Riemenscheibendurchmesser . . . . mm	300	350	500	350
Umdrehungen je Minute normal	75	65	40	105
„ „ „ für sehr harte Stähle	55	48	35	70
Kraftbedarf . . . . ca. PS	0,25	0,35	0,50	0,65
Gewicht . . . . ca. kg	64	90	275	120
Preis ab Werk . . . . ca. RM.	90	125	385	180

h) Kesseldruckpumpen. Tabelle 119.

Verwendbar bis zu einem Druck von . . . . Atm.	25	50
Durchmesser des Kastens . . . . ca. mm	375	440
Höhe des Kastens . . . . ca. mm	440	480
Gewicht . . . . ca. kg	**30**	**105**
Preis einschließlich Manometer . . . . ca. RM.	**70**	**120**

i) Kreissägen. Tabelle 120.

Sägeblattdurchmesser . . . . mm	600	750	900
Größte Schnitthöhe . . . . ca. mm	200	250	300
Größte Länge der Maschine . . . . . ca. mm	1400	1700	1900
Größte Breite der Maschine . . . . . ca. mm	1000	1100	1250
Größte Höhe der Maschine . . . . . . ca. mm	900	900	900
Durchmesser der Riemenscheibe an der Sägewelle . . . . ca. mm	140	180	225
Breite der Riemenscheibe an der Sägewelle ca. mm	140	140	140
Umdrehungen derselben je Minute	1600	1300	1100
Deckenvorgelege:			
Durchmesser der Riemenscheibe . . . ca. mm	250	320	320
Breite der Riemenscheibe . . . . ca. mm	240	280	280
Umdrehungen je Minute	600	500	500
Kraftbedarf . . . . ca. PS	4	5,5	7
Gewicht der Maschine . . . . ca. kg	**470**	**500**	**660**
„ des Deckenvorgeleges . . . . ca. kg	**85**	**95**	**110**
Preis der Maschine ab Werk . . . ca. RM.	**650**	**745**	**880**
„ des Deckenvorgeleges ab Werk ca. RM.	**95**	**105**	**120**

k) Loch- und Gesenkplatten.

  α) **Drehbar.**

    Länge der Loch- und Gesenkplatte ohne Drehzapfen . . . . mm 950
    Breite „ „ „ „ . . . . mm 300
    Stärke „ „ „ „ . . . . mm 150
    Gewicht der Loch- und Gesenkplatte einschl. Gestell . ca. kg **350**
    Preis „ „ „ „ „ „ ca. RM. **270**

β) **Fest.** Tabelle 121.

Größe	1	2	3	4	5	6	7	8	9
Länge der Platte . . . ca. mm	300	350	400	450	450	480	500	550	550
Breite der Platte . . . ca. mm	300	350	400	450	450	480	500	550	550
Höhe der Platte . . . ca. mm	80	80	100	100	125	90	100	110	120
Gewicht der Platte . . . ca. kg	**40**	**55**	**85**	**105**	**125**	**135**	**150**	**170**	**200**
Preis ab Werk . . . . ca. RM.	**26**	**31**	**35**	**45**	**55**	**60**	**64**	**72**	**90**
Schmiedeeisernes Untergestell dazu von 680 mm Höhe:									
Gewicht . . . . ca. kg	**40**	**44**	**48**	**52**	**52**	**54**	**56**	**60**	**60**
Preis . . . . ca. RM.	**56**	**57**	**60**	**62**	**62**	**65**	**66**	**70**	**70**

Tabelle 122.

l) Lufthämmer.

Bärgewicht . . . . kg	30	50	85	125	175
Schmiedet vorteilhaft Eisen bis zu einem Durchmesser von . . . . mm	40	60	90	120	150
Größter Bärhub . . . . ca. mm	300	350	380	420	570
Ausladung v. Mitte Bär bis Ständer ca. mm	270	300	320	350	400
Entfernung zwischen Untergesenk und Unterkante Bärführung. . . . ca. mm	220	260	300	370	420
Hauptabmessungen:					
Höhe . . . . ca. mm	1800	1900	2000	2150	2400
Breite . . . . ca. mm	950	1000	1000	1100	1200
Länge . . . . ca. mm	1900	2000	2100	2300	2500
Schlagzahl bzw. Umdrehungen je Minute .	210	200	190	180	150
Schwungraddurchmesser . . . . ca. mm	570	720	800	870	1030
Schwungradbreite . . . . ca. mm	90	110	150	180	210
Kraftbedarf am Schwungrad gemessen ca. PS	3	5,5	9	14	20
Gewicht der Schabotte . . . . . ca. kg	**620**	**870**	**1400**	**1650**	**2935**
„ des Hammers . . . . . . ca. kg	**1500**	**2050**	**2700**	**3600**	**5165**
Gesamtgewicht . . . . ca. kg	**2120**	**2920**	**4100**	**5250**	**8100**
Preis ab Werk für Transmissionsantrieb ca. RM.	**1620**	**2125**	**2720**	**3450**	**4575**

Tabelle 123.

m) Richtplatten (Oberfläche gehobelt).

α) **Mit Rippen** für leichte Arbeiten:						
Länge . . . . ca. mm	500	600	700	800	900	1000
Breite . . . . ca. mm	500	600	700	800	900	1000
Plattenstärke . . . . ca. mm	50	50	60	60	60	60
Rippenhöhe . . . . ca. mm	50	50	60	60	60	60
Gewicht . . . . ca. kg	**118**	**169**	**275**	**340**	**423**	**522**
Preis ab Werk . . . . . ca. RM.	**56**	**80**	**94**	**160**	**200**	**245**
β) **Ohne Rippen,** massiv, für schwere Arbeiten:						
Länge . . . . ca. mm	500	600	700	800	900	1000
Breite . . . . ca. mm	500	600	700	800	900	1000
Plattenstärke . . . . . . ca. mm	80	90	90	100	110	110
Gewicht . . . . ca. kg	**146**	**236**	**321**	**467**	**650**	**765**
Preis ab Werk . . . . . ca. RM.	**65**	**104**	**145**	**200**	**280**	**330**
Schmiedeeiserne Untergestelle dazu von 800 mm Höhe:						
Länge . . . . ca. mm	510	610	710	810	910	1010
Breite . . . . ca. mm	600	700	800	900	1000	1100
Gewicht . . . . ca. kg	**65**	**77**	**90**	**95**	**100**	**115**
Preis . . . . ca. RM.	**72**	**74**	**84**	**88**	**95**	**100**

n) Schleifsteine.   Tabelle 124.

Antriebsart	Fuß- und Handbetrieb			Kraftbetrieb		
Steingröße (Durch-messer) . . ca. mm	**500**	**570**	**700**	**500**	**570**	**700**
Steinbreite . ca. mm	90—100	100—110	110—120	90—100	100—110	110—120
Durchmesser der Fest- u. Losscheibe ca. mm	—	—	—	200	200	200
Breite der Fest- u. Los-scheibe . . ca. mm	—	—	—	60	60	60
Umdrehungen je Mi-nute	—	—	—	100—110	90—100	75—90
Kraftbedarf . ca. PS	—	—	—	0,2	0,25	0,30
Gewicht ohne Stein . . . ca. kg	65	70	110	65	75	110
Gewicht mit Stein . . ca. kg	105—115	120—130	200—210	105—115	125—135	200—210
Preis der vollständigen Garnitur . ca. RM.	90	120	145	110	145	170

o) Schmiedefeuer.

α) Feldschmieden.   Tabelle 125.

Länge der Herdplatte . . . . ca. mm	800	800	1000
Breite der Herdplatte . . . . ca. mm	600	800	800
Höhe bis zur Herdplatte . . . . ca. mm	800	800	800
Gewicht . . . . ca. kg	105	120	150
Preis . . . . ca. RM.	90	110	130

β) Schmiedeherde: Tabelle 126.

Anzahl der Feuer	1			2		
Länge der Herdplatte . . ca. mm	800	1000	1200	1400	1600	1800
Breite der Herdplatte . . ca. mm	800	800	810	1000	1200	1200
Höhe bis zur Herdplatte . ca. mm	800	800	800	800	800	800
Ausführung ohne Gebläse:						
Gewicht einschließlich Eßeisen und Löschtrog . . . . . ca. kg	130	145	175	260	370	410
Preis einschließlich Eßeisen und Löschtrog . . . . . ca. RM.	140	165	175	230	320	350
Ausführung als vollständige An-lage mit Trittvorrichtung:						
Gewicht der Anlage, bestehend aus Herd, Eßeisen, Löschtrog, Ventilator, Schwungrad, Wand-lager, Trittvorrichtung, Kon-sole und Rauchfang . . ca. kg	240	255	270	395	510	550
Preis der vollständigen Anlage ca. RM.	200	225	240	360	450	480
Durchmesser des Schwungrades zum Ventilator . . . . ca. mm	1000	1000	1000	1250	1250	1250

Tabelle 127.

γ) Ventilatoren.

Höchstzahl der zu speisenden Schmiedefeuer. . . .	1	2	3	4
Flügelraddurchmesser . . . . ca. mm	420	480	520	600
Weite der Ausblaseöffnung . . . . ca. mm	50	60	80	110
Durchmesser d. Antriebsriemenscheibe ca. mm	40	45	55	75
Breite der Antriebsriemenscheibe . . ca. mm	35	45	55	75
Umdrehungen je Minute.	3000	3000	3000	3000
Kraftbedarf . . . . ca. PS	0,25	0,4	0,5	0,75
Gewicht. . . . . ca. kg	24	28	45	75
Preis . . . . ca. RM.	41	52	75	105

p) Schmirgelböcke.

Tabelle 128.

α) Für Handbetrieb.

Durchmesser der Schmirgelscheibe . . . . ca. mm	280	290	280	290
Breite der Schmirgelscheibe . . . . ca. mm	150	160	150	160
Schleift Spiralbohrer von . . . . mm	—	—	2—16	3—25
Gewicht der Maschine samt Scheibe ca. kg	6,5	9	12,5	13,5
Preis der Maschine samt Scheibe ca. RM.	28	34	50	64

Tabelle 129.

β) Für Kraftbetrieb.

Schmirgelscheibendurchmesser. . . . . . . ca. mm	250	300	350	400
Schmirgelscheibenbreite . . . . ca. mm	30	40	50	50
Entfernung zwischen den Schmirgelscheiben ca mm.	285	415	455	530
Durchmesser der Voll- u. Leerscheiben ca. mm	70	80	90	110
Breite der Voll- und Leerscheiben . ca. mm	45	60	60	70
Umdrehungen je Minute.	1700	1600	1600	1400
Deckenvorgelege:				
Durchmesser d. Voll- u. Leerscheiben ca. mm	180	180	180	180
Breite der Voll- und Leerscheiben . ca. mm	70	70	70	70
Umdrehungen je Minute	500	450	500	500
Kraftbedarf . . . . ca. PS	0,5	1,5	1,75	2
Ausführung mit Voll- und Leerlaufscheibe, Ausrücker, Naßschleifeinrichtung, Schutzbügel und Untersatz:				
Gewicht . . . . ca. kg	115	150	165	230
Preis ab Werk einschl. Vorgelege ca. RM.	160	230	265	310
Ausführung mit Voll- und Leerlaufscheibe, Ausrücker, links Naßschleif-, rechts Spiralbohrerschleifeinrichtung und Untersatz:				
Gewicht . . . . ca. kg	—	160	175	240
Preis ab Werk einschl. Vorgelege ca. RM.	—	280	320	350

Tabelle 130.

q) Schnellhobelmaschinen (Shapingmaschinen).

Hub des Stößels . . . . mm	450	550	650
Kleinster einstellbarer Hub ca. mm	0	0	0
Seitliche selbsttätige Tischbewegung . . . . ca. mm	590	635	750
Vertikalverstellung des Tisches ca. mm	400	420	430
Vertikalverstellung des Hobelkopfes . . . . ca. mm	130	140	150
Abmessungen des Tisches ca. mm	450×330×360	550×350×400	650×400×430
Anzahl der Schnittgeschwindigkeiten	4	4	4
Platzbedarf . . . . . . ca. mm	2000×1250	2350×1300	2700×1450
Abmessungen des Fußes ca. mm	1160×570	1400×660	1500×760
Größter Durchmesser der Antriebsscheibe . . . . ca. mm	380	450	450
Kleinster Durchmesser der Antriebsscheibe . . . . . ca. mm	180	220	220
Stufenbreite der Antriebsscheibe ca. mm	70	75	75
Deckenvorgelege: Durchmesser der Fest- und Losscheibe . . . . ca. mm	300	400	400
Breite der Fest- und Losscheibe ca. mm	160	170	170
Umdrehungen je Minute für Werkzeugstahl	140	160	130
Umdrehungen je Minute für Schnellschnittstahl bis zu . .	260	280	250
Kraftbedarf . . . . ca. PS	2,5	3	3,5
Gewicht der Maschine einschl. Deckenvorgelege . . . ca. kg	1100	1500	1800
Preis der Maschine einschl. Deckenvorgelege ab Werk ca. RM.	1500	1960	2425

r) Schraubstöcke.

Tabelle 131.

α) Gewöhnliche Schraubstöcke.

Backenbreite . . . ca. mm	100	110	120	130	140	150	160	170	180	200
Spannweite . . . . ca. mm	110	120	130	140	150	160	170	180	190	210
Gewicht . . . . . ca. kg	20	25	30	35	44	54	60	70	80	95
Preis . . . . ca. RM.	26	28	32	35	43	52	60	70	80	100

Tabelle 132.

β) Schwere Schmiede- oder Feuerschraubstöcke.

Backenbreite . . . . . . ca. mm	170	180	200	210	225	240	250
Spannweite . . . . ca. mm	180	190	200	210	225	240	250
Gewicht . . . . ca. kg	70	80	90	100	125	150	175
Preis . . . . ca. RM.	70	80	100	150	200	250	300

Tabelle 133.

γ) Parallelschraubstöcke.

	100	120	140	160
Backenbreite . . . . ca. mm	100	120	140	160
Spannweite . . . . ca. mm	120	140	160	180
Spanntiefe . . . . ca. mm	90	95	100	105
Gewicht . . . . ca. kg	16	21	32	45
Preis . . . . ca. RM.	34	41	56	76

s) Transmissionen.

Tabelle 134.

α) Kupplungen.

Schalenkupplungen					Scheibenkupplungen				
Bohrung mm	Länge mm	Durchmesser mm	Gewicht ca. kg	Preis ca. RM.	Bohrung mm	Länge mm	Durchmesser mm	Gewicht ca. kg	Preis ca. RM.
30	130	110	4	4,—	35	150	130	5	9,—
35	130	110	4	4,—	40	150	130	5	11,—
40	150	120	6	5,50	45	170	150	7	12,—
45	150	120	6	5,50	50	170	150	7	20,—
50	200	140	16	10,—	55	190	170	11	23,—
55	200	140	16	10,—	60	200	190	15	24,—
60	250	160	20	13,50	65	200	190	15	26,—
65	250	160	20	13,50	70	270	210	26	28,—
					75	290	230	32	30,—
					80	290	230	32	30,—
					85	320	260	43	39,—

Tabelle 135.

β) Lager: Ringschmier-Hängelager.

Bohrung mm	Ausladung mm	Schraubenentfernung mm	Gewicht ca. kg	Preis ca. RM.	Bohrung mm	Ausladung mm	Schraubenentfernung mm	Gewicht ca. kg	Preis ca. RM.
30—35	200	250	8,5	5,—	60—65	300	425	38	21,—
	250	270	10	5,40		350	445	40	22,—
	300	285	10,5	5,60		400	480	42	23,—
	350	300	10,8	5,80		450	500	44	24,—
	400	370	11,2	6,50		500	530	47	26,—
40—45	200	250	8,8	5,90	70	400	480	37	25,—
	250	270	10,3	6,10		500	535	41,5	27,—
	300	285	10,8	6,70		600	595	45,5	30,—
	350	300	11	7,—		700	660	46,5	31,50
	400	370	11,5	7,60					
50—55	300	335	18	16,—	75	400	480	47,5	29,50
	350	360	19	17,—		500	535	50,5	31,—
	400	385	20	18,—		600	595	55	32,50
	450	410	21	19,—		700	660	58,5	35,—
	500	435	22	20,—					

Tabelle 136.

Ringschmier-Stehlager.

Bohrung . . . . mm	30—35	40—45	50—55	60—65	70—75	80—85
Schalenlänge . . ca. mm	175	200	230	265	300	340
Mittelhöhe . . . ca. mm	75	85	105	125	145	160
Sohlplatte. . . . ca. mm	210×60	240×65	290×80	320×90	390×115	410×115
Schraubenentfernung ca. mm	160	185	225	250	300	320
Gewicht . . . . . ca. kg	6,5	8	13,5	21,5	33	43
Preis . . . . . . ca. RM.	6,—	6,60	9,50	14,20	20,—	27,50

Tabelle 137.

Ringschmier-Wandlager.

Bohrung	Ausladung	Schraubenentfernung	Gewicht	Preis	Bohrung	Ausladung	Schraubenentfernung	Gewicht	Preis
mm	mm	mm	ca. kg	ca. RM.	mm	mm	mm	ca. kg	ca. RM.
30—35	250	290	8,5	5,40		300	460	30	18,50
	300	320	10	5,60		350	510	32,5	19,—
	350	350	10,5	6,40	60	400	560	35	19,50
	400	380	11	6,70		450	610	37,5	20,50
						500	660	40	21,50
40—45	250	290	9	6,—					
	300	320	10,5	6,40		300	460	31,5	19,—
	350	350	11	7,20		350	510	34	19,50
	400	380	11,5	8,20	65	400	560	36,5	20,—
						450	610	39	21,—
50—55	250	400	24	16,50		500	660	41,5	22,—
	300	450	26	17,—					
	350	500	28	17,50					
	400	550	30	18,—					
	450	600	33	19,—					
	500	650	36	20,—					

Tabelle 138.

γ) Wellen.

Wellendurchmesser	Gewicht von 1 lfd. m	Wellenlänge normal 6 m Preis für Wellen mit einer Länge					
		bis zu 1 m	bis zu 2 m	bis zu 3 m	bis zu 4 m	bis zu 5 m	bis zu 6 m
mm	ca. kg	ca. RM.	ca. RM.	ca. RM.	ca. RM.	ca. RM.	ca. RM.
30	5,6	1,80	3,40	4,90	6,50	8,10	9,40
35	7,6	2,35	4,50	6,60	8,75	10,85	12,80
40	9,9	3,—	5,80	8,55	11,35	14,10	16,70
45	12,6	3,75	7,25	10,80	14,30	17,80	21,10
50	15,5	4,60	9,—	13,35	17,70	22,—	26,10
55	18,8	5,60	10,85	16,10	21,35	26,50	31,50
60	22,3	6,50	12,65	18,80	24,95	31,10	36,90
65	26,2	8,50	16,60	24,70	32,80	40,90	48,60
70	30,4	9,30	18,20	27,10	36,—	44,90	53,40
75	34,9	10,70	20,90	31,10	41,30	51,50	61,20
80	39,7	12,20	23,80	35,40	47,—	58,60	69,70
85	44,8	13,80	26,90	40,—	53,10	66,20	78,70

δ) Riemenscheiben: Nachstehende Angaben gelten für zwei-teilige Stahlblech-Riemenscheiben. Dieselben haben vor guß-eisernen Scheiben den Vorzug, daß ihr Gewicht um 40—50% ge-ringer ist als bei jenen. Die Scheiben werden mit einer Bohrung von 70 oder 95 mm geliefert; für andere Wellenstärken wird eine Stahl-blechbüchse beigegeben.

Scheiben von mehr als 150 mm Breite werden je nach Bedarf aus zwei oder mehr Scheiben zusammengesetzt.

Tabelle 139.

Durch-messer mm	Breite 45 mm		Breite 100 mm		Breite 125 mm		Breite 150 mm	
	Gewicht ca. kg	Preis ca. RM.	Gewicht ca. kg	Preis ca. RM.	Gewicht ca. kg	Preis ca. RM.	Gewicht ca. kg	Preis ca. RM.
200	2,8	6,—	3,7	7,—	4,8	8,80	5,6	9,60
200	3,2	6,60	4,3	8,—	5,3	9,50	6,6	11,—
250	3,6	7,—	4,5	8,20	5,6	10,—	7	11,50
280	3,9	7,50	4,9	9,20	6,2	10,40	7,4	12,80
300	4,2	8,—	5,4	10,—	6,5	12,—	7,9	13,60
320	4,4	8,40	5,6	10,50	7,4	13,20	8,7	15,—
350	5,4	9,—	6,4	11,30	7,6	14,50	9	16,—
380	5,6	9,80	6,8	12,—	8,9	15,—	9,9	17,—
400	5,8	10,20	7,3	13,20	9,3	16,—	10,8	18,20
420	6,6	11,50	8,5	14,60	10,4	17,—	12,1	19,50
450	7,4	12,60	8,9	15,—	11	18,40	12,4	20,—
480	8,2	13,50	9,2	16,—	11,5	19,80	13,4	22,—
500	8,5	14,—	10	17,—	12,4	20,50	14,2	24,—
520			10,4	18,40	13	23,—	14,7	26,—
550			10,6	19,50	13,2	24,—	15	27,—
580			11,4	20,20	13,5	24,20	15,9	28,—
600			13,9	23,—	17,2	27,80	19,8	32,—
650			16,3	25,—	20,2	31,—	23,4	36,—
700			17,1	27,50	21,1	32,50	24,5	37,—
750			18,4	28,—	22	35,—	26,4	38,50
800			19,2	30,—	23,1	37,—	27,7	42,—
900			28,5	48,—	34	57,—	38	66,—
1000			31	50,—	37	63,—	42,5	70,—
1100			35	56,—	41,5	76,—	46,5	75,—
1200			38	60,—	45,5	80,—	51	82,—

t) Treibriemen. Es gibt vier Arten von Treibriemen, welche je nach dem Verwendungszweck in Frage kommen können: die Lederriemen, die Balatariemen, die Gummiriemen und die Kamelhaartreibriemen.

α) Lederriemen. Der Lederriemen ist wohl der bekannteste und am meisten verwendete Treibriemen. Er eignet sich für alle Betriebe, ausgenommen solche, bei denen er sehr starker Nässe oder Feuchtigkeit ausgesetzt ist. Er hat gegenüber Textilriemen den Vorteil, daß er von jedem guten Riemensattler bei irgendwelchen Beschädigungen wieder einwandfrei und vollwertig repariert werden kann.

Erfährt der Lederriemen eine sorgsame Pflege, insbesondere dadurch, daß er von Zeit zu Zeit mit einem guten Lederöl behandelt wird (be-sonders zu empfehlen ist das bekannte Sozon-Lederöl), so ist eine lange Lebensdauer dieses Riemens gewährleistet.

Gewicht: Das spezifische Gewicht des Lederriemens beträgt ca. 1,0, so daß die Gesamtgewichte der Riemen auf sehr einfache Weise errechnet werden können.

Preis: Die Preise für Lederriemen sind je nach den Notierungen der börsenmäßig gehandelten Rohhäute schwankend, was sich in entsprechenden Rabatten oder Aufschlägen auf die in Tabelle 140 angegebenen Grundpreise (Stärke × Breite des Riemens in Millimeter ergibt den Grundpreis pro Meter in Pfennigen) auswirkt. Gegenwärtig wird Großverbrauchern z. B. bis zu 20% Rabatt gewährt.

Tabelle 140. Grundpreise für Lederriemen.

Breite in mm	Stärke in ca. mm				Breite in mm	Stärke in ca. mm			
	4	5	6	7		5	6	7	8
20	0,80	1,—	1,20	1,40	140	7,—	8,40	9,80	11,20
25	1,—	1,25	1,50	1,75	150	7,50	9,—	10,50	12,—
30	1,20	1,50	1,80	2,10	160	8,—	9,60	11,20	12,80
35	1,40	1,75	2,10	2,45	170	8,50	10,20	11,90	13,60
40	1,60	2,—	2,40	2,80	180	9,—	10,80	12,60	14,40
45	1,80	2,25	2,70	3,15	190	9,50	11,40	13,30	15,20
50	2,—	2,50	3,—	3,50	200	10,—	12,—	14,—	16,—
55	2,20	2,75	3,30	3,85	220			15,40	17,60
60	2,40	3,—	3,60	4,20	250			17,50	20,—
65	2,60	3,25	3,90	4,55	280			19,60	22,40
70	2,80	3,50	4,20	4,90	300			21,—	24,—
75	3,—	3,75	4,50	5,25	350			24,50	28,—
80	3,20	4,—	4,80	5,60	400			28,—	32,—
85	3,40	4,25	5,10	5,95	450			31,50	36,—
90	3,60	4,50	5,40	6,30	500			35,—	40,—
95	3,80	4,75	5,70	6,65	550			38,50	44,—
100	4,—	5,—	6,—	7,—	600			42,—	48,—
110		5,50	6,60	7,70	700			49,—	56,—
120		6,—	7,20	8,40	800			56,—	64,—
130		6,50	7,80	9,10					

Die Lederriemen werden geleimt und genäht oder wasserfest gekittet geliefert; in letzter Zeit werden hauptsächlich wasserfest gekittete Riemen verwendet.

Ein ausgezeichnetes Hilfsmittel zur schnellen Berechnung von Treibriemen sind die von der „Acla" Rheinische Maschinenleder- und Riemenfabrik von A. Cahen-Leudesdorff & Cie. A.-G., Köln-Mülheim, auf Grund ihrer langjährigen Erfahrungen ausgearbeiteten Riemenkurven, die in den graphischen Tabellen Abb. 65 und 66 wiedergegeben sind und ihre Zweckmäßigkeit in jeder Hinsicht erwiesen haben. Sie haben vor ähnlichen Tabellen den großen Vorzug, daß man nicht erst aus der Zahl der Pferdekräfte, Umdrehungen und Scheibendurchmesser die Umfangskraft und Riemengeschwindigkeit zu berechnen braucht, wobei bekanntlich sehr häufig Irrtümer entstehen. Aus den Kurven lassen sich alle diese Zahlen ohne weiteres ablesen. Ihre Anwendung ist sehr einfach und aus folgendem Beispiel ersichtlich:

Es sollen bei einem Durchmesser der kleinen Scheibe von 2000 mm und 150 Umdrehungen per Minute 30 PS übertragen werden. Nach

Tabelle Abb. 65 (einfache Riemen): der Schnittpunkt der senkrechten
Linie 2,0 und der Kurvenlinie 150 liegt auf 3,8; ein einfacher Riemen

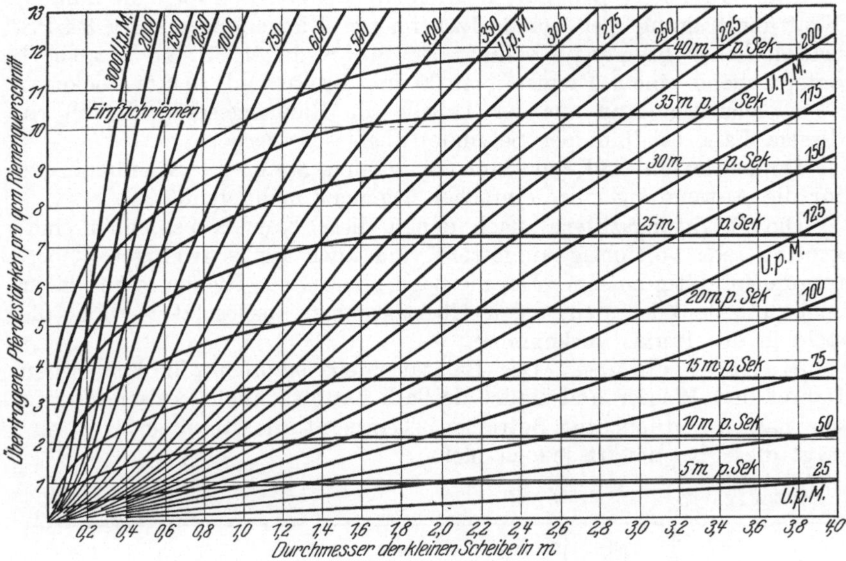

Abb. 65. Tabelle zur Dimensionierung einfacher Lederriemen.

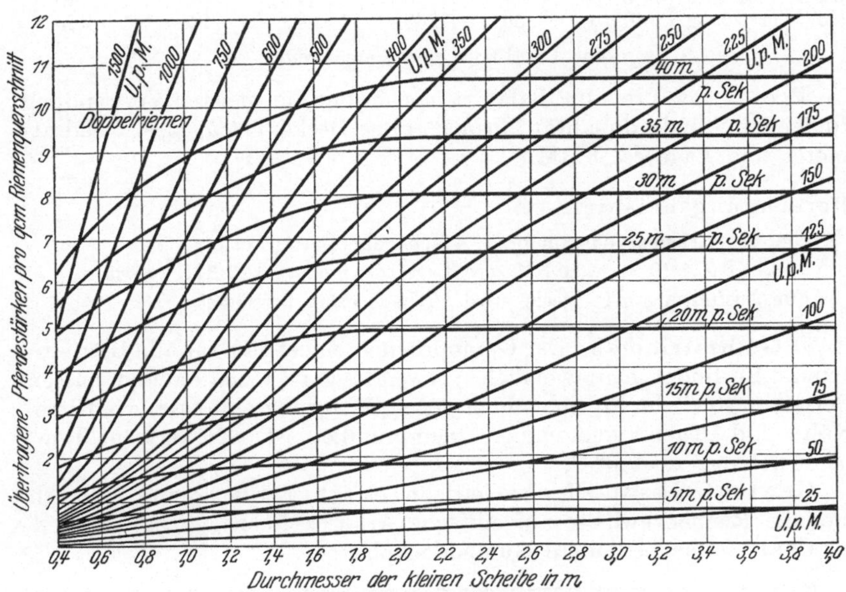

Abb. 66. Tabelle zur Dimensionierung von Doppellederriemen.

überträgt also per Quadratzentimeter Querschnitt 3,8 PS; zur Über-
tragung von 30 PS ist daher ein Riemenquerschnitt 30 : 3,8 = 7,9 cm²

erforderlich, was einem Riemen von 130 mm Breite und 6 mm Dicke entspricht.

Nach Tabelle Abb. 66 (Doppelriemen) ergeben sich folgende Zahlen: Kraftübertragung per Quadratzentimeter Riemenquerschnitt 3,4 PS, erforderlicher Riemenquerschnitt für 30 PS daher $30 : 3,4 = 8,8$ cm^2, entsprechend einem Riemen von 90 mm Breite und 10 mm Dicke.

Gleichzeitig kann aus der Tabelle die Riemengeschwindigkeit (in diesem Falle ca. 16 m per Sekunde) abgelesen werden.

Doppelriemen sind nur dann zu wählen, wenn die Scheibenbreite für die Anwendung eines einfachen Riemens nicht genügt.

Die Erfahrungsziffern, nach denen diese Kurven berechnet sind, wurden sehr vorsichtig aufgestellt, um auch für schwierigere Übertragungen gültig zu sein. Ein hiernach bemessener Riemen kann daher auch unbedenklich denjenigen Überlastungen ausgesetzt werden, die stets in der Praxis vorkommen.

β) Balatariemen. Der Balatariemen ist unempfindlich gegen Dampf und Wasser und findet deshalb hauptsächlich Verwendung in sehr nassen und feuchten Betrieben. Temperaturen von über 30° C verträgt diese Riemenart jedoch nicht.

Gewicht:

	3 fach	4 fach	5 fach	6 fach	7 fach	8 fach
Stärke . ca. mm	$3^3/_4$	5	$6^1/_4$	$7^1/_2$	$8^3/_4$	10
Gewicht . ca. g	40	50	65	80	95	115

für 1 m Länge und 1 cm Breite.

Preis: Der Preis für Balatariemen in der am meisten Verwendung findenden Standardqualität „Prima“, ohne Decke, beträgt pro Quadratmeter und Lage ca. 8 RM.

Berechnungsbeispiel:

Ein Balatariemen 100 mm breit, 4 fach ohne Decke kostet:

8,— RM. : 10 = —,80 RM. pro Lage × 4 fach = 3,20 RM. pro m.

Für Ausführung mit Decke wird $^1/_2$ Lage extra berechnet.

γ) Gummiriemen. Der Gummiriemen eignet sich für alle Betriebsarten. Er findet hauptsächlich Verwendung in feuchten und nassen Betrieben sowie im Freien, weil er gegen Witterungseinflüsse, wie Hitze, Kälte und Regen, vollkommen unempfindlich ist. Er verträgt Temperaturen bis zu 100° C.

Gewicht: Das spezifische Gewicht beträgt ca. 1,8, woraus sich auch hier die Riemengewichte auf einfache Art errechnen lassen.

Preis (ohne besondere Gummideckplatte):

Einlagen	3	4	5	6	7
Stärke . . . . . ca. mm	4	5	$6^1/_4$	$7^1/_2$	$8^3/_4$
Preis pro m^2 . . . RM.	37,50	50.—	62,50	75.—	87,50

Hierzu kommt für Gummideckplatte je 1 mm beiderseits 14,70 RM. per Quadratmeter.

Riemen unter 300—100	100—50	50 mm Breite
+ 5 %	+ 10 %	+ 20 % Aufschlag.

Für endlose Riemen wird 1 m extra berechnet.

δ) **Kamelhaarriemen.** Der Kamelhaarriemen findet in erster Linie Verwendung bei Sand- und Steinaufbereitungsanlagen. Dieser Riemen hat den Vorteil der Billigkeit und wird bei derartigen Betrieben häufig an Stelle von Lederriemen verwendet. Unter den verschiedenen auf dem Markt befindlichen Qualitäten gilt als Standardqualität die Qualität „Prima".

Stärke . . . . ca. mm	5—6	7	9	11
Gewicht . . . . ca. g	55	70	90	110
Preis . . . . ca. RM.	—,30	—,36	—,46	—,56

pro cm Breite und 1 m Länge.

u) Werkzeug. Bei den Werkzeugen hat man zu unterscheiden zwischen jenen, welche im allgemeinen nur in der Werkzeugausgabestelle vorhanden sind und bloß von Fall zu Fall ausgegeben werden und jenen, welche jeder einzelne Handwerker zur dauernden Benutzung erhält.

A. Werkzeuge für die Werkzeugausgabestelle.

Für Dreher:

6 Drehbankherze für 30—100 mm Durchmesser,
   Gewicht ca. 8 kg; Preis ca. 20 RM.
6 St. Schruppstähle, ca. 20—40 cm lang,
je 3 „ rechte und linke Seitenstähle, ca. 30 cm lang,
3 „ Durchstechstähle, ca. 30 cm lang,
3 „ Bohrstähle, ca. 40 cm lang,
3 „ Gewindestähle, ca. 30 cm lang,
3 „ Rundstähle, ca. 30 cm lang,
Dimension der Stähle je nach den anfallenden Arbeiten 15/20, 20/30 und
   30/30 mm.

	Gewicht der Garnitur	Preis der Garnitur
bei 15/20 mm Stärke	ca. 18,5 kg	ca. 300 RM.
„ 20/30 „ „	„ 37 „	„ 525 „
„ 30/30 „ „	„ 55,5 „	„ 750 „

Für Elektromonteure.

Bei kleinen Anlagen:

1 Werkzeugkiste, enthaltend:

1 Paar Flaschenzüge 40 mm,	1 Lötkolben 250 g,
2 Froschklemmen,	2 Hämmer 300 und 500 g,
20 m Hanfseil 8 mm,	1 Stechbeitel 25 mm,
1 Bohrwinde,	1 Hohlbeitel 25 mm,
3 Maurerbohrer 10 × 500 und 20 × 500,	1 Kaltmeißel,
1 Stangenbohrer 12 mm,	1 Flachmeißel,
1 Stützenbohrer 12 mm,	1 Spachtel,
2 Zentrumbohrer 12 und 16 mm,	1 Pinsel,
5 Nagelbohrer 3—8 mm,	1 Stahlband,
1 Lötlampe,	1 Montagemesser,

1 Stichsäge 300 mm,
1 Fuchsschwanz 300 mm,
1 Beißzange 200 mm,
1 Kombinationszange 160 mm,
1 desgleichen isoliert,
1 Biegezange 7—16 mm,
2 Flachzangen 140 und 160 mm,
2 Rundzangen 140 und 160 mm,
2 Zwickzangen 160 und 180 mm,
1 Gaszange 250 mm,

4 verschiedene Schraubenzieher,
1 Winkelschraubenzieher,
1 Feilkloben 120 mm,
2 Flachfeilen 8″ und 12″,
1 Halbrundfeile 12″,
1 Rundfeile 12″,
1 Winkelreibahle,
5 Feilenhefte,
1 Paar Steigeisen,
1 Sicherheitsgürtel.

Gewicht ca. 35 kg; Preis ca. 150 RM.

Bei mittelgroßen Anlagen:

1 Werkzeugkiste, enthaltend:

1 Tasterzirkel 150 mm,
1 Schieblehre 200 mm,
1 Querschnittslehre,
1 Bandmaß 25 m,
1 Maßstab,
1 Stahl-Einziehband 20 m lang und 4 cm breit,
1 Wasserwaage 500 mm,
1 Senkel 300 g,
1 Umlaufzähler,
1 Paar Flaschenzüge 50 mm,
2 Froschklemmen,
30 m Hanfseil 8 mm,
1 Bohrwinde,
1 Handbohrmaschine,
4 Maurerbohrer 15 × 500,   20 × 500, 20 × 800, 30 × 800,
2 Stangenbohrer 16 und 26 mm,
1 Stützenbohrer 12 mm,
3 Zentrumbohrer 16, 20 und 26 mm,
3 Spiralbohrer 5, 10 und 15 mm,
3 Gewindebohrer $^1/_4$, $^3/_8$ und $^1/_2$″ Whitworth,
1 Versenkbohrer,
2 Rohrbohrer,
6 Nagelbohrer 2—8 mm,
1 Krauskopf 16 mm,
1 Benzinlötlampe,
1 Taschenlötlampe,
2 Lötkolben 250 und 500 g,
3 Hämmer 300, 500 und 800 g,
1 Handfäustl 2 kg,
1 Holzhammer,
1 Stechbeitel 26 mm,
1 Hohlbeitel 26 mm,

1 Setzeisen für Stahldübel,
1 Mutterschlüssel für Stahldübel,
2 Flachmeißel 175 und 250 mm,
1 Kreuzmeißel 250 mm,
1 Kaltmeißel,
1 Spachtel,
1 Pinsel,
1 Bügelsäge 600 mm,
1 Stichsäge 300 mm,
1 Fuchsschwanz 300 mm,
1 Metallsägebogen mit 6 Blättern,
1 Beißzange 200 mm,
1 Kombinationszange 160 mm,
1 desgleichen isoliert,
3 Biegezangen 7—16, 23 und 29 mm,
3 Flachzangen 140, 160 und 200 mm,
3 Rundzangen 140, 160 und 200 mm,
2 Zwickzangen 160 und 180 mm,
1 Kneifzange,
2 Gaszangen 200 und 250 mm,
1 Drahtabschneider 250 mm,
5 verschiedene Schraubenzieher,
1 Winkelschraubenzieher,
1 Schraubenschlüssel 250 mm,
1 Feilkloben 120 mm,
3 Flachfeilen 8″ und 12″,
2 Halbrundfeilen 8″ und 12″,
2 Rundfeilen 8″ und 12″,
1 Halbrundraspel 10″,
1 Rundraspel 10″,
1 Sägefeile,
10 Feilenhefte,
1 Montagemesser,
1 Paar Steigeisen,
1 Sicherheitsgürtel.

Gewicht ca. 65 kg; Preis ca. 265 RM.

Bei großen Anlagen:

1 vollständiges Elektromonteur-Werkzeug, bestehend aus:

1 Tasterzirkel 150 mm,
2 Spitzzirkel 125 und 300 mm,
1 Schieblehre 200 mm,
1 Querschnittslehre,

2 Reißnadeln,
1 Winkel mit Anschlag,
1 Bandmaß 25 m,
1 Maßstab,

1 Stahl-Einziehband 20 m lang und 4 cm breit,
1 Wellendraht 10 m lang 5 mm Durchmesser,
1 Wasserwaage 500 mm,
1 Senkel 300 g,
1 Umlaufzähler,
je 1 Paar Flaschenzüge 40 und 50 mm,
3 Froschklemmen verschiedener Größe,
25 m Hanfseil 8 mm,
50 m Hanfseil 5 mm,
1 Bohrknarre,
1 verstellbarer Bohrbügel,
8 Bohrknarrenbohrer 6—26 mm,
1 Bohrwinde,
1 Handbohrmaschine,
20 Maurerbohrer 6—30 mm,
4 Stangenschlangenbohrer 12, 16, 20 und 26 mm,
1 Stützenbohrer 12 mm,
5 Zentrumbohrer 10, 12, 16, 20 und 26 mm,
30 Spiralbohrer 2—15 mm,
2 Versenkbohrer,
2 Rohrbohrer,
6 Nagelbohrer 2—8 mm,
3 Krausköpfe 12, 16 und 20 mm,
5 Reibahlen 6—16 mm,
2 Winkelreibahlen 125 und 150 mm,
3 Feilkloben 120, 145 und 180 mm,
2 Dreikant-B-Feilen 8″ und 12″,
2 Flach-B-Feilen 8″ und 12″,
2 Halbrund-B-Feilen 8″ und 12″,
2 Rund-B-Feilen 8″ und 12″,
2 Flach-S-Feilen 8″ und 12″,
2 Halbrund-S-Feilen 8″ und 12″,
2 Rund-S-Feilen 8″ und 12″,
1 Sägefeile,
2 Flachraspeln 10″ und 12″,
2 Halbrundraspeln 10″ und 12″,
2 Rundraspeln 10″ und 12″,
1 Feilenbürste,
20 Feilenhefte,
2 Paar Steigeisen,
2 Sicherheitsgürtel,
3 Gewindeschneidkluppen mit 10 Paar Backen und 20 Bohrern,
1 Ölspritzkanne,
1 Blechkanne,

1 Benzinlötlampe,
1 Taschenlötlampe,
2 Lötkolben 250 und 500 g,
1 Ölstein,
4 Hämmer 300, 500, 800 und 1000 g,
2 Handfäustel 2 und 3 kg,
1 Holzhammer,
3 Stechbeitel 10, 16 und 26 mm,
3 Hohlbeitel 10, 16 und 26 mm,
1 Setzeisen für Dübel,
1 Mutterschlüssel,
1 Vorschlageisen,
2 Steinmeißel 500 und 600 mm,
3 Flachmeißel 175, 250 und 350 mm,
3 Kreuzmeißel 175, 250 und 300 mm,
1 Kaltmeißel,
3 Durchschläge 5, 6 und 8 mm.
2 Körner,
1 Spachtel,
2 Pinsel,
1 Baumsäge,
1 Bügelsäge 600 mm,
1 Stichsäge 300 mm,
1 Fuchsschwanz 350 mm,
2 Handbeile,
1 Metallsägebogen mit 12 Blättern,
1 Blechschere,
1 Beißzange 200 mm,
2 Kombinationszangen 160 mm,
1 desgleichen isoliert,
2 Brennerzangen,
3 Biegezangen 7—16, 23 und 29 mm,
6 Flachzangen 120, 130, 140, 160, 180, 200 mm.
3 Rundzangen 140, 160 und 200 mm,
2 Zwickzangen 160 und 180 mm,
2 Gaszangen 200 und 250 mm,
1 Parallelzange 160 mm,
1 Parallelgaszange 175 mm,
1 Drahtabschneider 250 mm,
1 Bolzenabschneider 630 mm,
6 verschiedene Schraubenzieher,
3 Winkelschraubenzieher,
1 Schraubenschlüssel 250 mm,
1 Rollgabelschlüssel,
8 Gabelschlüssel $^1/_4 \times {}^5/_{16}″ — {}^3/_4 \times {}^7/_8″$,
2 Steckschlüssel,
2 Montagemesser.

Gewicht ca. 150 kg; Preis ca. 400 RM.

Für Schlosser.

Bei kleinen Arbeiten. Bei kleinen Arbeiten ist es nicht üblich, eine eigene Schlosserei einzurichten, sondern es werden in solchen Fällen einfach dem Schmiedewerkzeug noch die notwendigsten Schlosserwerkzeuge usw. hinzugefügt.

Es wird deshalb hier nur auf die Schmiedeausstattung für kleine Arbeiten verwiesen.

Bei mittelgroßen Arbeiten:

1 Tasterzirkel 150 mm,
1 Spitzzirkel 150 mm,
1 Lochzirkel 250 mm,
1 Anschlagwinkel 300 × 175 mm,
1 Lineal 1000 mm,
1 Reißnadel,
1 Schieblehre,
1 Maßstab 2 m,
2 Körner,
1 Abziehstein,
1 Bohrwinde,
1 Handbohrmaschine,
1 Satz Spiralbohrer,
je 6 Windenbohrer 2, 3, 4, 5, 6 und
   8 mm,
2 Versenker,
1 Krauskopf 16 mm,
1 Nagelbohrer,
3 Gewindeschneidkluppen mit 10 Paar
   Backen und 20 St. Bohrern,
1 Ölspritzkanne,
1 Lötlampe,
1 Lötkolben 250 g,
1 Handhammer $1^1/_2$ kg,
1 Niethammer $^1/_2$ kg,
1 Bleihammer 2 kg,
2 Bleibacken,
1 Flachmeißel 200 mm,
2 Kreuzmeißel 200 und 300 mm,
3 Durchschläge 4, 6 und 10 mm,
1 Beißzange 200 mm,

1 Zwickzange,
1 Flachzange 160 mm,
1 Rundzange 160 mm,
1 Splintzieher,
3 Schraubenzieher 10, 12 und 14 mm,
1 Reibahle,
1 Bolzenabschneider 630 mm,
1 engl. Schraubenschlüssel 300 mm,
je 2 Gabelschlüssel 12/14, 14/16, 16/20,
   22/25, 25/28, 32, 35, 38, 42, 45 und
   50 mm,
2 Rohrzangen,
1 Blechschere,
1 Metallsägebogen mit 6 Blättern,
1 Flachschaber,
1 Hohlschaber,
2 Feilkloben 120 und 160 mm,
1 Dreikant-B-Feile 12″,
1 Vierkant-B-Feile 12″,
2 Flach-B-Feilen 12″ und 16″,
1 Halbrund-B-Feile 12″,
1 Rund-B-Feile 12″,
1 Dreikant-S-Feile 12″,
1 Vierkant-S-Feile 12″,
2 Flach-S-Feilen 12″ und 16″,
1 Halbrund-S-Feile 12″,
1 Rund-S-Feile 12″,
1 Armfeile,
1 Halbrundraspel,
14 Feilenhefte,
1 Feilenbürste.

Gewicht ca. 100 kg; Preis ca. 320 RM.

Bei großen Arbeiten:

1 Tasterzirkel 150 mm,
1 Spitzzirkel 300 mm,
2 Spitzzirkel mit Bogen 150 und
   300 mm,
2 Lochzirkel 125 und 250 mm,
2 Reißnadeln,
1 Schieblehre,
2 Schlosserwinkel ohne Anschlag
   200 × 130 und 300 × 175 mm,
2 Anschlagwinkel 200 × 130 und
   300 × 175 mm,
1 Lineal 1000 mm,
1 Maßstab 2 m,
3 Körner,
2 Abziehsteine,
1 Benzinlötlampe,
1 Taschenlötlampe,
2 Lötkolben 250 und 500 g,
2 Handhämmer $1^1/_2$ und 2 kg,
2 Niethämmer $^1/_2$ und 1 kg,
2 Nietendöpper $^1/_2$ und 1 kg,
1 Bleihammer 2 kg,

2 Paar Bleibacken 120 mm breit,
1 Kupferhammer 1,5 kg,
2 Kupferbacken 120 mm breit,
2 Flachmeißel 200 und 300 mm,
2 Kreuzmeißel 200 und 300 mm,
5 Durchschläge 4, 6, 8, 10 und 12 mm,
2 Beißzangen 200 und 250 mm,
2 Zwickzangen,
2 Flachzangen 160 und 200 mm,
2 Rundzangen 160 und 200 mm,
2 Rohrzangen,
1 Blechschere,
1 Drahtabschneider 320 mm,
2 Bolzenabschneider 630 und 750 mm,
6 verschiedene Schraubenzieher,
2 Splintzieher,
2 Reibahlen,
1 Winkelreibahle 150 mm,
1 Bohrknarre,
1 verstellbarer Bohrbügel,
8 Bohrknarrenbohrer 6—26 mm,
1 Bohrwinde,

2 Handbohrmaschinen,
2 Sätze Spiralbohrer,
je 6 Windenbohrer 2, 3, 4, 5, 6 und 8,
2 Versenker,
3 Krausköpfe 12, 16 und 20 mm,
2 Nagelbohrer,
3 Gewindeschneidkluppen mit 10 Paar Backen und 20 St. Bohrern,
2 Ölspritzkannen,
3 engl. Schraubenschlüssel 300 mm,
3 Rollgabelschlüssel,
je 3 Gabelschlüssel 12/14, 14/16, 16/18, 18/20, 20/22, 22/25, 25/28, 30, 32, 35, 38, 42, 45 und 50 mm,
1 Satz Autogabelschlüssel,
1 Metallsägebogen mit 12 Blättern,
2 Flachschaber,

2 Hohlschaber,
2 Feilkloben 120 und 160 mm,
1 Dreikant-B-Feile 12″,
1 Vierkant-B-Feile 12″,
2 Flach-B-Feilen 12″ und 16″,
1 Halbrund-B-Feile 12″,
1 Rund-B-Feile 12″,
1 Dreikant-S-Feile 12″,
1 Vierkant-S-Feile 12″,
2 Flach-S-Feilen 12″ und 16″,
1 Halbrund-S-Feile 12″,
1 Rund-S-Feile 12″,
1 Armfeile,
2 Halbrundraspeln,
15 Feilenhefte,
1 Feilenbürste.

Gewicht ca. 150 kg; Preis ca. 480 RM.

Für Schmiede.

Bei kleinen Arbeiten (einschließlich Schlosserwerkzeug usw.):

1 Tasterzirkel 150 mm,
1 Spitzzirkel mit Bogen 150 mm,
1 Lochzirkel 150 mm,
1 Schlosserwinkel 300 × 175 mm,
1 Reißnadel,
1 Schieblehre,
1 Maßstab 2 m,
2 Körner,
1 Abziehstein,
1 Ölspritzkanne,
1 Lötlampe,
1 Lötkolben 250 g,
je 1 Vorschlaghammer 5 und 6 kg,
3 Handhämmer 1, 1,5 und 2 kg,
1 Schrotmeißel 1 kg,
1 Flachmeißel 200 mm,
1 Kreuzmeißel 200 mm,
1 Abschroter,
1 Spitzstöckchen,
2 Gesenke,
1 Lochhammer,
1 Schlichthammer,
2 Ballhämmer,
1 Niethammer,
1 Nietendöpper,
2 Setzhämmer,
3 Vierkantdurchschläge,
3 runde Durchschläge,
10 verschiedene Feuerzangen,
1 Flachschaber,
1 Hohlschaber,
1 Metallsägebogen mit 6 Blättern,
1 Bohrwinde,
1 Handbohrmaschine,

1 Satz Spiralbohrer,
je 3 Windenbohrer 2, 3, 4, 5, 6 und 8 mm,
1 Versenker,
1 Krauskopf,
1 Nagelbohrer,
3 Gewindeschneidkluppen mit 10 Paar Backen und 20 Bohrern,
3 Nageleisen,
1 Feilkloben 160 mm,
1 Dreikant-B-Feile 12″,
1 Vierkant-B-Feile 12″,
1 Flach-B-Feile 12″,
1 Halbrund-B-Feile 12″,
1 Rund-B-Feile 12″,
1 Dreikant-S-Feile 12″,
1 Vierkant-S-Feile 12″,
1 Flach-S-Feile 12″,
1 Halbrund-S-Feile 12″,
1 Rund-S-Feile 12″,
1 Armfeile,
1 Halbrundraspel,
12 Feilenhefte,
1 Feilenbürste,
1 Bolzenabschneider 600 mm,
2 Rohrzangen,
1 Blechschere,
1 Rohrschraubstock Pionier,
1 Rohrabschneider bis 1″,
1 Schneidkluppe bis 1″,
1 engl. Schraubenschlüssel 300 mm,
1 Satz Schraubenschlüssel,
1 Beißzange 200 mm,
1 Reibahle.

Gewicht ca. 180 kg; Preis ca. 375 RM.

Bei mittelgroßen Arbeiten:

<table>
<tr><td>

1 Tasterzirkel 150 mm,
1 Spitzzirkel mit Bogen 150 mm,
1 Lochzirkel 150 mm,
1 Reißnadel,
1 Schieblehre,
1 Anschlagwinkel 300 mm,
1 Maßstab,
3 Körner,
1 Abziehstein,
je 1 Vorschlaghammer 5 und 6 kg,
2 Handhämmer 1,5 und 2 kg,
1 Schrotmeißel 1 kg,
1 Warmmeißel 1 kg,
1 Abschroter,
1 Hörnchen schlank,

</td><td>

1 Hörnchen gedrungen,
2 Lochhämmer,
2 Schlichthämmer,
2 Ballhammer-Oberteile,
2 Ballhammer-Unterteile,
2 Setzhämmer,
6 Paar Gesenke,
6 runde Durchtreiber 8—26 mm,
6 vierkantige Durchtreiber 8—26 mm,
6 verschiedene Nageleisen,
12 verschiedene Feuerzangen,
1 Flach-B-Feile 16″,
1 Halbrund-B-Feile 14″,
1 Rund-B-Feile 14″,
3 Feilenhefte.

</td></tr>
</table>

Gewicht ca. 130 kg; Preis ca. 200 RM.

Bei großen Arbeiten:

<table>
<tr><td>

2 Tasterzirkel 150 und 250 mm,
2 Spitzzirkel mit Bogen 150 und 300 mm,
1 Lochzirkel 150 mm,
1 Reißnadel,
1 Schieblehre,
1 Anschlagwinkel 300 mm,
1 Maßstab,
6 Körner,
2 Abziehsteine,
je 1 Vorschlaghammer 5 und 6 kg,
3 Handhämmer 1, 1,5 und 2 kg,
2 Kaltmeißel 1 kg,
2 Warmmeißel 1 kg,
1 Abschroter,
1 Hörnchen schlank,
1　　 ,,　　 gedrungen,

</td><td>

3 Lochhämmer,
3 Schlichthämmer,
3 Ballhammer-Oberteile,
3 Ballhammer-Unterteile,
2 Setzhämmer,
10 Paar Gesenke,
6 runde Durchtreiber 8—26 mm,
6 vierkantige Durchtreiber 8—26 mm,
6 verschiedene Nageleisen,
12 verschiedene Feuerzangen,
1 Flach-B-Feile 16″,
1 Halbrund-B-Feile 14″,
1 Rund-B-Feile 14″,
1 Armfeile,
4 Feilenhefte,
1 Feilenbürste.

</td></tr>
</table>

Gewicht ca. 150 kg; Preis ca. 240 RM.

Für Wasserleitungsmonteure.

Bei kleinen Arbeiten:

1 Rohrschraubstock Pionier,
1 Kiste, enthaltend:

<table>
<tr><td>

1 Schneidkluppe $\frac{1}{4}$—1″,
1 Rohrabschneider bis 1″,
2 Rohrzangen,
2 Rohrzangen „Blitz",

</td><td>

1 Gaszange 225 mm,
1 kombinierter Gasrohr- und Schraubenschlüssel,
1 Schmierkanne.

</td></tr>
</table>

Gewicht ca. 60 kg; Preis ca. 120 RM.

Bei mittelgroßen Arbeiten:

<table>
<tr><td>

1 Werkbank mit verschließbarer Schublade, 65 × 100 cm groß, mit Schraubstock von 110 mm Backenbreite, Rohrschraubstock für Rohre bis 3″ und Rohrauflage.

</td><td>

1 Kiste, enthaltend:
1 Schneidkluppe $\frac{1}{4}$—1″,
1　　　 ,,　　　 $\frac{1}{2}$—2″,
1 Rohrabschneider bis 1″,
1　　　 ,,　　　 ,, 2″,

</td></tr>
</table>

4 Rohrzangen,
2   „   Blitz,
1 Gaszange 225 mm,
1 kombinierter Gasrohr- und
  Schraubenschlüssel,
1 Lötlampe,
1 Hammerlötkolben,
1 Bohrwinde mit Zentrierkopf,
6 verschiedene Windenbohrer,
1 Spitzeisen 300 mm,
1 Flacheisen 300 mm,
1 Kaltmeißel,

1 Handhammer 1 kg,
2 Durchschläge,
2 Flachfeilen 10″ und 14″,
2 Halbrundfeilen 10″ und 14″,
2 Rundfeilen 10″ und 14″,
6 Feilenhefte,
1 Feilenbürste,
1 Feilkloben 160 mm,
1 Metallsägebogen mit 6 Blättern,
1 Schlosserwinkel 500 × 280 mm,
1 Schmierkanne.

Gewicht ca. 200 kg; Preis ca. 360 RM.

Bei großen Arbeiten:

1 Werkbank mit verschließbarem
  Schrank, 70 × 110 cm groß, mit
  Schraubstock von 120 mm Backen-
  breite, Rohrschraubstock für Rohre
  bis 4″, Rohrauflage und Vorhängschloß,
1 Rohrschraubstock Pionier,
je 1 Schneidkluppe $^1/_4$—1″, $^1/_2$—2″
  und $2^1/_4$—4″.
1 Kiste, enthaltend:
je 1 Rohrabschneider bis 1″, 2″
  und 4″,
4 große Rohrzangen,
je 2 Rohrzangen Blitz bis $1^1/_2$″ und
  $2^1/_2$″,
1 Gaszange 225 mm,
1 kombinierter Gasrohr- und
  Schraubenschlüssel,
1 engl. Schraubenschlüssel,
1 Lötlampe,
1 Hammerlötkolben,

1 Bohrwinde mit Zentrierkopf,
6 verschiedene Windenbohrer,
1 Scheibenschneider,
1 Handhammer 1 kg,
1 Handfäustel 2 kg,
2 Spitzeisen 300 mm,
2 Flacheisen 300 mm,
2 Kaltmeißel,
2 Kreuzmeißel,
2 Durchschläge,
2 Flachfeilen 10″ und 14″,
2 Halbrundfeilen 10″ und 14″,
2 Rundfeilen 10″ und 14″,
6 Feilenhefte,
1 Feilenbürste,
1 Feilkloben 160 mm,
1 Metallsägebogen mit 12 Blättern,
1 Schlosserwinkel 500 × 280 mm,
1 Schmierkanne,
1 Rohrprobierpumpe.

Gewicht ca. 350 kg; Preis ca. 680 RM.

B. Werkzeuge für den einzelnen Handwerker usw.

Für Dreher:

2 Schruppstähle ca. 200—400 mm,
je 1 rechten und linken Seitenstahl
  300 mm,
1 Durchstechstahl 300 mm,
1 Bohrstahl 400 mm,

1 Gewindestahl 300 mm,
1 Rundstahl 300 mm,
1 Vorhängschloß,
5 Werkzeugmarken.

	Gewicht der Garnitur	Preis der Garnitur
bei 15/20 mm Stärke	ca. 6,2 kg	ca. 100 RM.
„ 20/30 „ „	„ 12,4 „	„ 175 „
„ 30/30 „ „	„ 18,6 „	„ 250 „

Für Elektromonteure:

1 Tasche, enthaltend:

3 Nagelbohrer 2, 4 und 6 mm,
1 Hammer 300 g,
1 Stechbeitel,
1 Hohlbeitel,

1 Kaltmeißel,
1 Beißzange,
1 Kombinationszange,
1 Flachzange,

1 Rundzange,   1 Flachfeile,
1 Zwickzange,   1 Halbrundfeile,
1 Biegzange,   1 Rundfeile,
1 Gaszange,   1 Stichsäge,
2 Schraubenzieher,   1 Montagemesser,
1 Feilkloben,   10 Werkzeugmarken.

Gewicht ca. 6 kg; Preis ca. 32 RM.

Für Gleisrichter:

1 Hebebaum 20—25 kg,   1 Stopfhacke 4—5 kg,
1 Nagelhammer 3—4 kg,   1 Schraubenschlüssel.
1 Geißfuß 6—10 kg,

Spurweite des Gleises . . . . mm	600	750	900
Gewicht der Garnitur . . . ca. kg	35	40	50
Preis der Garnitur . . . . ca. RM.	36	43	57

Für Schlosser:

1 Tasterzirkel,   2 Durchschläge,
1 Spitzzirkel,   1 Schaber,
1 Anschlagwinkel,   1 Schraubenzieher,
1 Reißnadel,   1 Beißzange,
1 Schieblehre,   1 Blitzzange,
2 Körner,   1 Feilkloben,
1 Handhammer,   1 Armfeile,
1 Bankhammer,   5 verschiedene B-Feilen,
1 Niethammer,   5   „   S-Feilen,
1 Nietendöpper,   11 Feilenhefte,
1 Flachmeißel,   1 Feilenbürste,
1 Kreuzmeißel,   1 Vorhängschloß,
4 Schraubenschlüssel $^1/_4$—$^3/_4''$,   10 Werkzeugmarken.

Gewicht ca. 20 kg; Preis ca. 50 RM.

Für Schmiede:

1 Tasterzirkel,   1 Abschroter,
1 Spitzzirkel mit Bogen,   1 Hörnchen,
1 Schieblehre,   6 Paar Gesenke,
1 Winkel,   3 runde Durchtreiber,
2 Körner,   3 vierkantige Durchtreiber,
je 1 Vorschlaghammer 4 und 6 kg, 3 Nageleisen,
je 1 Handhammer $1^1/_2$ und 2 kg, 6 Feuerzangen,
1 Lochhammer,   3 B-Feilen,
1 Schlichthammer,   1 Armfeile,
2 Ballhämmer,   4 Feilenhefte,
2 Setzhämmer,   1 Vorhängschloß,
je 1 Schrotmeißel für kalt und warm, 10 Werkzeugmarken.

Gewicht ca. 65 kg; Preis ca. 100 RM.

Anhang.

Ich habe schon eingangs dieser Ausführungen erwähnt, daß zu einer entsprechenden Ausstattung des Werkplatzes mit Maschinen und Werkzeug auch eine hinlängliche Ausstattung der Magazine mit Ersatzteilen und Material gehört und will hier eine Aufstellung geben, was ein derartiges Magazin auf einer Baustelle, bei welcher große Erdarbeiten zu bewältigen waren, alles enthalten hat.

Magazinausstattung für eine Großbaustelle.

Allgemeine Abteilung:

1 Dezimalwaage mit 1 Satz Gewichte

	Anschweißenden	100 St. 13 mm Durchmesser	100 St. 22 mm Durchmesser
	„	200 „ 16 „ „	50 „ 25 „ „
	„	400 „ 19 „ „	10 „ 32 „ „

Holzschrauben mit flachem Kopf
je 1 Groß 17/3,5, 30/3,5, 50/4, 40/4,5, 70/5.

Holzschrauben mit halbrundem Kopf
je 1 Groß 17/3,5, 20/3,5, 30/3,5, 80/5,5, 70/6.

Maschinenschrauben

200 St. 7/25 mm,	200 St. 16/40 mm,	100 St. 19/100 mm,
200 „ 8/30 „	100 „ 16/50 „	100 „ 19/150 „
100 „ 10/30 „	300 „ 16/60 „	100 „ 19/180 „
100 „ 10/40 „	100 „ 16/80 „	100 „ 19/280 „
100 „ 10/50 „	100 „ 16/160 „	100 „ 22/60 „
200 „ 12/35 „	100 „ 16/220 „	100 „ 22/80 „
200 „ 13/40 „	100 „ 19/40 „	100 „ 25/60 „
200 „ 13/60 „	100 „ 19/50 „	100 „ 25/80 „
200 „ 13/70 „	500 „ 19/60 „	
200 „ 13/90 „	100 „ 19/80 „	

Schlüsselschrauben

200 St. 8/80 mm,	100 St. 12/100 mm,	100 St. 19/120 mm,
200 „ 10/90 „	100 „ 12/140 „	100 „ 19/120 „
100 „ 12/80 „	100 „ 16/150 „	

Flügelschrauben
je 20 St. $^1/_4$, $^5/_{16}$, $^3/_8$, $^1/_2$, $^5/_8$ und $^3/_4''$.

Schloßschrauben

100 St. 5/50 mm,	200 St. 12/80 mm,	100 St. 12/130 mm,
100 „ 8/60 „	200 „ 12/90 „	100 „ 12/140 „
200 „ 9/70 „	200 „ 12/100 „	100 „ 12/150 „
200 „ 12/60 „	200 „ 12/110 „	100 „ 12/170 „
200 „ 12/70 „	200 „ 12/120 „	

Beilagscheiben
je 100 St. $^1/_4''$, $^5/_{16}''$, $^3/_8''$, $^1/_2''$, $^5/_8''$, $^3/_4''$, $^7/_8''$, 1'', $1^1/_4''$ und $1^1/_2''$.

Federnde Unterlagsscheiben
je 200 St. $^1/_2''$, $^5/_8''$, $^3/_4''$, $^5/_8''$, 1'' und $1^1/_4''$.

Blechnieten
300 St. Nr. 11, | 200 St. Nr. 13,   200 St. Nr. 15.

Faßnieten
1000 St. Nr. 3, | 50 St. 13/30 mm, | 100 St. 16/40 mm,
1000 „   „ 4, | 50 „ 13/80 „ | 50 „ 16/55 „
 500 „   „ 5, | 50 „ 14/50 „ | 50 „ 16/100 „
 100 „ 10/22 mm, | |

Kesselnieten
100 St. 19/40 mm,   100 St. 22/40 mm,
100 „ 19/60 „ | 100 St. 22/50 „ ,

Versenkte Nieten
100 St. 16/35 mm, | 100 St. 16/70 mm, | 100 St. 19/80 mm,
100 „ 16/50 „ | 100 „ 19/65 „ |

Dachpappstifte 28/30 mm 30 Pakete,

Deckleistenstifte 25/50 mm 20 Pakete,

Schreinerstifte 20/40 mm 10 Pakete.

Drahtstifte
2 Kisten 500er, | 10 Kisten 2000er, | 10 Kisten 5000er,
3 „   1000er, | 20 „   3000er, | 6 „   6000er,
5 „   1500er, | 20 „   4000er, |

Zimmermannsstifte
10 Pakete 16 cm lang, | 10 Pakete 21 cm lang,
10   „   18 „   „ | 5   „   24 „   „

Klammern 1000 St.,

Dachpappe 125er 50 Rollen,

Draht
je 50 kg $^1/_2$, 1, 2 und 3 mm stark.

Wasserleitungsmaterial:

je 5 Bögen 90⁰   für Rohre von $^3/_4$, 1, $1^1/_4$, $1^1/_2$ und 2″,
 „ 2   „   45⁰   „   „   „ $^3/_4$, 1, $1^1/_4$, $1^1/_2$ „ 2″,
 „ 5 Winkel 90⁰   „   „   „ $^3/_4$, 1, $1^1/_4$, $1^1/_2$ „ 2″,
 „ 5 T-St.   „   „   „ $^3/_4$, 1, $1^1/_4$, $1^1/_2$ „ 2″,
 „ 20 Muffen   „   „   „ $^3/_4$, 1, $1^1/_4$, $1^1/_2$ „ 2″,
 „ 20 Doppelnippel   „   „   „ $^3/_4$, 1, $1^1/_4$, $1^1/_2$ „ 2″,
 „ 5 Reduktionen   „   „   „ $^3/_4$, 1, $1^1/_4$, $1^1/_2$ „ 2″,
 „ 5 Verschraubungen „   „   „ $^3/_4$, 1, $1^1/_4$, $1^1/_2$ „ 2″,
 „ 10 Stopfen   „   „   „ $^3/_4$, 1, $1^1/_4$, $1^1/_2$ „ 2″,
 „ 5 Flanschen   „   „   „ $^3/_4$, 1, $1^1/_4$, $1^1/_2$ „ 2″,
15 Messingauslaufhähne $^3/_4$″,
10   „   1″,
 2   „ $1^1/_4$″,
 1   „ $1^1/_2$ und 2″,
20 Messingentleerungshähne $^1/_4$″,
20 Durchgangsventile 1″,
10   „ $1^1/_4$″,
je 2 Haupthähne $1^1/_2$ und 2″,
Werkzeug lt. Sonderaufstellung Seite 177 doppelt.

Maschinenabteilung:
Für jede Gattung von Maschinen und Großgeräten 1 vollständiger Satz
Reserveteile; bei den Rollwagen gleicher Art auf je 30 Wagen 1 vollständiger
Satz Reserveteile; bei weniger als 100 Wagen derselben Art auf je 15 Wagen
1 vollständiger Satz Reserveteile.
1 schwerer Montage-Dreibock mit 12 m Nutzhöhe,
2 mittelschwere Montage-Dreiböcke mit 8 und 10 m Nutzhöhe,
2 leichte Montage-Dreiböcke mit 6 m Nutzhöhe,

2 Flaschenzüge von 1000 kg Tragkraft und 5 m Hub,
2   ,,   ,, 2000 ,,   ,,   ,, 5 ,, ,,
1   ,,   ,, 3000 ,,   ,,   ,, 5 ,, ,,
1   ,,   ,, 5000 ,,   ,,   ,, 5 ,, ,,
1   ,,   ,, 10000 ,,   ,,   ,, 5 ,, ,,
1   ,,   ,, 15000 ,,   ,,   ,, 5 ,, ,,
4 einfache Seilrollen,
4 doppelte   ,,
2 dreifache   ,,
6 gewöhnliche Baurollen,
4 Hebegeschirre von 30000 kg Tragkraft,
3 Reservelokomotivwinden von 15000 kg Tragkraft,
1   ,,   ,, 20000 ,,   ,,
je 3 Universalwinden von 2000, 5000 und 8000 kg Tragkraft,
  50 m Kranenketten 8 mm Durchmesser,
  50 ,,   ,,   14 ,,   ,,
  50 ,,   ,,   20 ,,   ,,
100 ,, Hanfseil 20 mm Durchmesser,
  50 ,,   ,,   30 ,,   ,,

Dichtungs- und Packungsmaterial usw.:

   1 m² Asbestplatten 5 mm,
je 2 kg Asbestschnur 3, 4, 6 und 9 mm,
  50 ,, Dichtungspappe,
je 10 ,, Glanzpappe 1, 2 und 4 mm,
   5 ,, Gummiplatte 3 mm,
je 1 m² Klingerit 2 und 4 mm,
  10 Zöpfe Hanf,
  30 m Mannlochpackung 6 × 12 mm,
  30 ,,   ,,   7 × 12 ,,
  40 ,,   ,,   8 × 17 ,,
  50 ,, Stopfbüchsenpackung 6 mm,
  50 ,,   ,,   9 ,,
  50 ,,   ,,   11 ,,
  20 ,,   ,,   16 ,,
   5 ,,   ,,   20 ,,
   5 ,,   ,,   22 ,,
  50 ,, Talgpackung 10 mm,
  10 ,,   ,,   16 ,,
je 10 St. Ölstandsgläser 16 × 90, 17 × 95 und 20 × 85 mm,
,, 10 ,, Wasserstandsgläser 15 × 250, 15 × 270, 15 × 310 und 16 × 330 mm,
,, 10 ,, Spiralbohrer 1—10 mm,
,, 5 ,,   ,,   10—23 ,,
,, 2 ,,   ,,   24—30 ,,
,, 1 ,,   ,,   32, 34, 36, 38 und 40 mm.

Bleche:

2 Tafeln Schwarzblech ½ mm,
je 4   ,,   ,,   1, 2, 3, 6, 8 und 10 mm,
1 m² Kupferblech,
je 1 ,, Messingblech 1, 3 und 5 mm.

Bolzen und Büchsen usw.:

je 0,5 m Graugußbüchsen 10/20, 15/30, 15/40, 20/50, 20/60, 30/100 mm,
,, 0,5 ,, Rotgußbüchsen 10/20, 15/30, 15/40, 20/50, 20/60, 30/100 mm,
,, 0,5 ,, Rotgußbolzen 15, 20, 25, 30, 40, 50 mm,
 50 kg Lagerweißmetall,
 10 St. Staufferbüchsen Nr. 2,
 20 ,,   ,,   ,, 3,

20 St. Staufferbüchsen Nr. 4,
30 „ „ „ 5,
100 St. Kupfernieten,
je 1 Groß Rundkopf-Eisengewindeschrauben $^1/_4 \times 20$ und $^5/_{16} \times 30$ mm,
„ 1 „ versenkte Eisengewindeschrauben $^1/_4 \times 20$, $^1/_4 \times 40$, $^3/_8 \times 25$ und
$^1/_2 \times 30$ mm,
„ 100 Splinte 3 und 5 mm,
„ 50 „ 8 „ 10 „
1 kg Stahldraht 1 mm,
1 „ „ $2^1/_2$ mm,
2 „ „ 4 „
2 „ „ 6 „
je 5 Siederohrbürsten 38, 42 und 45 mm,
1 Satz Rohrwalzen 26—45 mm (7 St.),
10 kg Riemenwachs,
5 „ Sozon-Lederöl,
5 „ Riemenkitt,
5 „ Riemenleim,
2 „ Nähriemen,
1 Riemen-Nähwerkzeug,
je 10 St. Riemenverbinder für 25, 30, 40, 50, 60 und 100 mm breite Riemen,
30 kg Graphit,
5 „ Schmirgel,
je 100 Bogen Schmirgelpapier Nr. 00, 0 und 1,
50 kg Eisenkitt,
50 „ Eisenmennig,
10 „ Lötzinn,
10 „ Borax,
5 „ Kali,
30 l Salzsäure.

Werkzeugabteilung:

5 Senkel,
50 Hebebäume,
100 Kipprügel,
100 Kippstricke 3 m lang,
30 Kippketten,
50 Gleisnagelhämmer,
50 Geißfüße,
50 Gleisschraubenschlüssel,
50 Stopfhacken,
50 Pickel 4 kg schwer,
30 Böschungshauen,
100 Pickelstiele,
100 Schlegelstiele,
50 Hammerstiele,
10 Maurerhämmer,
10 Handfäustel $1^1/_2$—$2^1/_2$ kg,
je 5 Schlegel 4, 6 und 8 kg,
„ 20 Gabelschlüssel 10/12, 12/14, 14/16,
16/22, 22/25, 25/28, 28/32, 35, 38,
42, 45 und 50 mm,
30 verstellbare Schraubenschlüssel,
je 5 leichte, mittelschwere und schwere
Franzosen,
5 Bundsägen,
5 Handsägen,
10 Bügelsägen,
3 Fuchsschwänze,

5 Äxte,
10 Handbeile,
10 Stemmeisen (Stechbeitel),
je 20 Bund- und Handsägefeilen,
10 Messerfeilen,
20 Schwertfeilen,
je 3 Holzbohrer 8, 10 und 12 mm,
„ 2 „ 14, 16, 18, 20, 22, 25
und 28 mm,
„ 1 Holzbohrer 30, 32, 36, 38, 40, 45
und 50 mm,
2 Brustleiern,
je 12 Spitzeisen und Flacheisen 200 bis
600 mm,
10 Stahldrahtbürsten,
je 5 Petroleumkannen 5 und 10 l,
5 Ölvorratskannen 10 l,
je 5 Schmierkannen 0,35 und 0,5 l,
3 Fülltrichter,
5 Ölspritzen,
5 Faßpumpen,
20 Wassereimer,
20 Gießkannen,
20 Sturmlaternen,
30 Reservezylinder zu Sturmlaternen,
20 schwere Vorhängschlösser,
50 leichte Vorhängschlösser.

Eisenlager:

Bandeisen

20/2 100 kg,	24/4 300 kg,
20/4 200 kg,	80/6 100 kg.

Flacheisen

40/8 und 40/10 je 100 kg,	75/22 200 kg,
50/8 und 50/10 je 200 kg,	80/10 200 kg,
60/8, 60/12 und 60/18 je 100 kg,	100/20 300 kg,
70/7 100 kg,	110/8 und 110/12 je 200 kg,
70/16 200 kg,	140/20 mm 400 kg.

Rundeisen

Durchmesser 10, 12, 14, 16 mm je 100 kg,

„ 19, 20, 21, 22, 23 und 24 mm je 150 kg,

„ 25, 28, 30, 32 und 34 mm je 200 kg,

„ 36, 40, 45, 50, 55 und 60 mm je 150 kg,

„ 80 mm 200 kg.

∪-Eisen

60/30 mm 200 kg; 80/40 mm 200 kg.

Vierkanteisen 12/12, 14/14, 16/16, 20/20, 22/22, 25/25, 30/30, 35/35, 40/40, 50/50 je 100 kg.

Winkeleisen 50/50/5, 60/60/6, 65/65/6, 70/70/7, 80/80/7 je 200 kg,
90/90/8, 100/100/10, 130/130/10 je 300 kg.

Stahllager:

Flachstahl	20 × 5 mm	10 kg,		
Naturharter Stahl	30 × 15	„	30	„
	30 × 30	„	20	„
Schweißstahl	25 × 15	„	30	„
	30 × 30	„	30	„
Durchmesser	20	„	20	„
„	30	„	20	„
Werkzeugstahl	20 × 15	„	30	„
	30 × 20	„	20	„
	40 × 20	„	30	„
	70 × 20	„	100	„

Böhler Rapidstahl 30/30 und 35/35 je 30 kg.

Das **Gewicht dieser Magazinausstattung** beträgt ohne die Reserveteile für die Maschinen und Rollwagen **ca. 35000 kg**; der **Preis** dafür wäre unter den heutigen Verhältnissen **ca. 20000 RM.**

Selbstverständlich ist eine solche Ausstattung je nach den örtlichen Verhältnissen und den zur Verwendung kommenden Maschinen beträchtlichen Schwankungen unterworfen und muß jeweils entsprechend zusammengestellt werden.

Verzeichnis bekannter Lieferfirmen.

Absetzapparate.

Friedr. Krupp A.-G., Essen. Lübecker Maschinenbaugesellschaft, Lübeck. Maschinenfabrik Buckau R. Wolf A.-G., Magdeburg-Buckau. Mitteldeutsche Stahlwerke A.-G., Lauchhammerwerk, Lauchhammer (Prov. Sa.).

Antriebsmaschinen.

Benzin-Benzolmotoren: Motorenfabrik Deutz A.-G., Köln-Deutz. Münchener Motorenfabrik, München-Sendling, Gmunder Str. 14. Reform-Motoren-Fabrik A.-G., Leipzig.

Elektromotoren: Allgemeine Elektrizitäts-Gesellschaft (AEG), Berlin. Bergmann-
   Elektrizitätswerke A.-G., Berlin. Pöge-Elektrizitäts-A.-G., Chemnitz (Sa.).
   Siemens-Schuckert-Werke, Berlin-Siemensstadt.
Großdieselmotoren: Friedr. Krupp A.-G., Essen. Maschinenfabrik Augsburg-
   Nürnberg (MAN), Augsburg. Motorenfabrik Deutz A.-G., Köln-Deutz.
Kleindieselmotoren: Motorenfabrik Deutz A.-G., Köln-Deutz. Motorenfabrik
   Hatz G. m. b. H., Ruhstorf bei Passau (Niederbayern). Motorenfabrik Anton
   Schlüter, München 8, Balanstr. 30.
Lokomobilen: Maschinenfabrik Buckau R. Wolf A.-G., Magdeburg-Buckau.
   Henschel & Sohn A.-G., Kassel.

Bagger.
Bear-Cat-Universalraupenbagger: „Erba“ Raupenbagger und Raupengeräte
   G. m. b. H., Berlin W 15, Kurfürstendamm 206/207.
Eimerbagger.
Portalbagger: Friedr. Krupp A.-G., Essen. Lübecker Maschinenbaugesellschaft,
   Lübeck. Maschinenfabrik Buckau R. Wolf A.-G., Magdeburg-Buckau. Uebigau
   A.-G., Schiffswerft, Maschinen- und Kesselfabrik, Dresden-N. 31.
Seitenschütter: Lübecker Maschinenbaugesellschaft, Lübeck. Orenstein & Koppel
   A.-G., Berlin SW 61, Tempelhofer Ufer 23/24. Alwin Taatz A.-G., Halle a. S.
   Weserhütte A.-G., Bad Oeynhausen i. W., Postschließfach Nr. 28.
Greifbagger: Baumaschinenfabrik Bünger A.-G., Düsseldorf 103, Schloßstr. 31/45.
   Demag-Polyp-Greifer G. m. b. H., Duisburg, Friedrich-Wilhelm-Str. 8. Mukag,
   Maschinen- und Kranbau A.-G., Düsseldorf, Fürstenplatz 3. Menck & Ham-
   brock G. m. b. H., Altona-Hamburg, Große Brunnenstr. 78.
Löffelbagger älterer Bauart: Menck & Hambrock G. m. b. H., Altona-Hamburg,
   Große Brunnenstr. 78. Orenstein & Koppel A.-G., Berlin SW 61, Tempelhofer
   Ufer 23/24. Weserhütte A.-G., Bad Oeynhausen i. W., Postschließfach Nr. 28.
Universalraupenbagger: Baumaschinenfabrik Bünger A.-G., Düsseldorf 103,
   Schloßstr. 31/45. Menck & Hambrock G. m. b. H., Altona-Hamburg, Große
   Brunnenstr. 78. Orenstein & Koppel A.-G., Berlin SW 61, Tempelhofer Ufer
   23/24. Weserhütte A.-G., Bad Oeynhausen i. W., Postschließfach Nr. 28.

Feldbahnmaterial.
Eichelgrün & Co., Feldbahnfabrik, Frankfurt a. M., Platz der Republik 58.
   F. C. Glaser & R. Pflaum, Berlin SW 68, Lindenstr. 80/81. Martin Kallmann,
   Feldbahnen, Mannheim, Kirchenstr. 7. Leipziger & Co., G. m. b. H., Feld-
   und Industriebahnwerke, Berlin W 15, Kurfürstendamm 206/207. Orenstein
   & Koppel A.-G., Berlin SW 61, Tempelhofer Ufer 23/24.

Gleisbaumaschinen.
Gleisbauanstalt Robel & Co., München S 50, Talkirchnerstr. 210/222.

Gleisrückmaschinen.
Braunkohlenmaschinen-G. m. b. H., Berlin-Dahlem, Starstr. 7. Mitteldeutsche
   Stahlwerke A.-G., Lauchhammerwerk, Lauchhammer (Prov. Sa.).

Hebezeuge.
Bues & Krauß, München 2 NW, Luisenstr. 41. Gebr. Theisen A.-G., Nürnberg,
   Färberstr. 41.
Keystone-Henke-Dauerschmierung.
Horst & Co., G. m. b. H., Fabrik deutscher Sparschmiermittel, Hagen i. W.,
   Sedanstr. 37.
Kraftfahrzeuge.
Lastkraftwagen: Automobilwerke H. Büssing A.-G., Braunschweig. Henschel
   & Sohn A.-G., Kassel. Friedr. Krupp A.-G., Essen. Maschinenfabrik Augsburg-
   Nürnberg (MAN), Nürnberg.
Lastkraftwagenanhänger: Wagenbauanstalt F. X. Meiller, München, Lilienstr. 2/4.
   Wagenbauanstalt J. Rockinger, München, Orleansstr. 12.
Motorschlepper: Hannoversche Maschinenbau A.-G. (Hanomag), Hannover-
   Linden. Maschinenfabrik J. A. Maffei A.-G., München, Gyßlingstr. 18.

Lokomotiven.

Dampflokomotiven: Hannoversche Maschinenbau A.-G. (Hanomag), Hannover-Linden. Henschel & Sohn A.-G., Kassel. Lokomotivfabrik Arnold Jung G. m. b. H., Jungenthal bei Kirchen a. d. Sieg (Rheinland). Lokomotivfabrik Krauß & Co. A.-G., München, Maillinger Str. 33. Orenstein & Koppel A.-G., Berlin SW 61, Tempelhofer Ufer 23/24.

Diesellokomotiven: Fürst Stolberg-Hütte, Ilsenburg a. Harz. Lokomotivfabrik Arnold Jung G. m. b. H., Jungenthal bei Kirchen a. d. Sieg. Motorenfabrik Deutz A.-G., Köln-Deutz. Orenstein & Koppel A.-G., Berlin SW 61, Tempelhofer Ufer 23/24.

Planierpflüge.

Mitteldeutsche Stahlwerke A.-G., Lauchhammerwerk, Lauchhammer (Prov. Sa.).

Pumpen.

Dia-Baupumpen: Hammelrath & Schwenzer G. m. b. H., Düsseldorf, Aachener Str. 26.

Kolbenpumpen: Amag-Hilpert-Pegnitzhütte, Nürnberg. Klein, Schanzlin & Becker A.-G., Frankenthal (Pfalz).

Kreiselpumpen: Amag-Hilpert-Pegnitzhütte, Nürnberg. Hammelrath & Schwenzer G. m. b. H., Düsseldorf, Aachener Str. 26. Klein, Schanzlin & Becker A.-G., Frankenthal (Pfalz). Vereinigung Deutscher Pumpenfabriken G. m. b. H., Berlin W 9, Linkstr. 19.

Uta-Pumpen: Uta-Pumpen G. m. b. H., Berlin W 8, Unter den Linden 20.

Rohrleitungen.

Autogengeschweißte Stahlrohre: G. Kuntze, Röhrenwerk, Apparate- und Behälterbau, Göppingen (Württ.).

Gußeiserne Flanschenrohre: Hammelrath & Schwenzer G. m. b. H., Düsseldorf, Aachener Str. 26.

Rollwagen.

Martin Eichelgrün & Co., Feldbahnfabrik, Frankfurt a. M., Platz der Republik 58 (Patent-Bandion-Rollenlager). F. C. Glaser & R. Pflaum, Berlin SW 68, Lindenstr. 80/81 (Alleinvertrieb der Kruppschen Wagen). Leipziger & Co., G. m. b. H., Feld- und Industriebahnwerke, Berlin W 15, Kurfürstendamm 206/207. Orenstein & Koppel A.-G., Berlin SW 61, Tempelhofer Ufer 23/24. Konrad Rein Söhne, Michelstadt (Hessen).

Schienenbefestigungsmaterial.

Schienenbefestigung System Rudert: Franz Rudert, Halle a. S., Blumenstr. 13.

Werkzeuge, Werkzeug- und Holzbearbeitungsmaschinen.

Gebrüder Theisen A.-G., Nürnberg, Färberstr. 41.
Weitere Firmen für diese Artikel befinden sich an jedem größeren Platz.

Zweiter Teil

Unterlagen zur Ermittlung des angemessenen Preises für Erdarbeiten.

I. Bauprogramm und Festsetzung der Bautermine.

Bauprogramm und Bautermine sind zwei Dinge, welche in engster Beziehung zu einander stehen: der Bauherr braucht ein wohldurchdachtes Bauprogramm, um die Termine so festsetzen zu können, daß deren Einhaltung möglich ist, und der Unternehmer braucht ein solches, um sich klar zu werden, ob und auf welche Weise die geforderte Arbeit innerhalb der gestellten Frist bewältigt werden kann.

Sind die Termine zu knapp bemessen, so ist die natürliche Folge, daß die einzelnen Arbeitsstellen in unrationeller Weise übersetzt werden und daß die wirtschaftliche Durchführung der Arbeit in erheblichem Maße Schaden leidet.

Dieser Nachteil muß in Kauf genommen werden, wenn es sich um Arbeiten handelt, deren rascheste Durchführung ohne Rücksicht auf die damit verbundenen Kosten im allgemeinen Interesse liegt, z. B. bei Behebung von Schäden, welche durch irgendwelche Katastrophen od. dgl. entstanden sind.

Er kann unter Umständen noch gerechtfertigt sein in Fällen, wo die mit einer rascheren Fertigstellung des Werkes verknüpften Vorteile den damit verbundenen Mehraufwand an Baukosten bestimmt aufwiegen. Die Entscheidung hierüber ist nur nach eingehender Prüfung aller einschlägigen Verhältnisse möglich, und es sollte dabei nie übersehen werden, daß zu sehr forcierte Betriebe häufig zu Störungen führen und damit ohne irgendein Verschulden der Beteiligten die erhofften Vorteile großenteils illusorisch machen.

Der Normalfall müßte unter allen Umständen der sein, daß die Termine so bemessen werden, wie es eine ordnungsgemäße Durchführung ohne jede unnatürliche Beeinflussung erfordert, und nachdem eine solche Terminfestsetzung nur an Hand des Bauprogrammes erfolgen kann, mögen zunächst die drei bei dessen Aufstellung wesentlichen Bestandteile erörtert werden:

A. Arbeits- und Betriebszeit,
B. Zeitaufwand für Baustellenaufschließung und -einrichtung.
C. Leistungsfähigkeit der Geräte.

A. Arbeits- und Betriebszeit.

Nach Abzug der Sonntage und gesetzlichen Feiertage verbleiben in den protestantischen Gegenden Deutschlands etwas mehr, in den katholischen etwas weniger als 300 Arbeitstage, im Mittel also etwa 300 Arbeitstage pro Jahr oder 25 Arbeitstage pro Monat.

Im Tiefbau handelt es sich fast ausnahmslos um Arbeiten, die im Freien ausgeführt werden müssen und bei denen infolgedessen die Witterung eine erhebliche Rolle spielt, und man wird darum für die Baudisposition und Veranschlagung niemals mit 25 Betriebstagen pro Monat rechnen dürfen, sondern stets nur mit einer geringeren Zahl.

Janssen gibt in seinem Buch „Der Bauingenieur in der Praxis'' den Ausfall an Betriebstagen wegen ungünstiger Witterung mit 50 an und rechnet außerdem, daß bei maschinellen Betrieben für Unterbrechungen durch Reparaturen, Revisionen usw. weitere Betriebstage verlorengehen, so daß für solche Baustellen überhaupt nur 230 Betriebstage pro Jahr angesetzt werden dürften.

Diese Zahl erscheint mir für die Durchführung von Erdarbeiten unter den heutigen Verhältnissen auf alle Fälle zu gering, und ich muß demgegenüber darauf verweisen, daß eingehende Untersuchungen, die ich angestellt habe und die sich auf die verschiedensten Verhältnisse im Verlaufe einer ganzen Reihe von Jahren und während aller Jahreszeiten erstreckten, das Ergebnis gezeitigt haben, daß man für Erdarbeiten größeren Umfanges, bei denen Eimerbagger verwendet wurden, mit durchschnittlich 23 Betriebstagen im Monat und für solche, bei denen Löffelbagger eingesetzt waren, mit durchschnittlich 22 Betriebstagen im Monat rechnen konnte.

Zu bemerken ist dabei, daß sich die Untersuchungen zum größten Teil auf Baggerungen aus dem Trockenen erstreckten; für Baggerungen aus dem Wasser wird man mit Rücksicht auf den größeren und zwingenderen Einfluß der Witterung im Durchschnitt wohl nur mit 20 Betriebstagen im Monat rechnen dürfen.

Die von mir festgestellte verhältnismäßig hohe Anzahl von Betriebstagen ist einmal darauf zurückzuführen, daß bei Maschinenbetrieben der Neigung der Arbeiterschaft, bei ungünstiger Witterung die Arbeit niederzulegen, im allgemeinen viel energischer entgegengetreten wird, dann aber auch darauf, daß eine sorgsame Behandlung der Geräte bei gut geleiteten Unternehmungen und der Ausbau der Reparaturwerkstätten auf den Baustellen den Verlust an Betriebstagen wegen Reparaturen auf ein Mindestmaß herabgedrückt hat.

Bei mittleren und kleineren Betrieben werden die Verhältnisse meistens nicht ganz so günstig liegen, und ich halte es deshalb für angebracht, wenn man rechnet,

bei großen Erdarbeiten mit etwa 275 Betriebstagen im Jahr und bei mittleren und kleineren Erdarbeiten mit etwa 250 Betriebstagen im Jahr.

Diese Zahlen können selbstverständlich nur verwendet werden für Arbeiten, welche sich auf einen größeren Zeitraum erstrecken. Handelt es sich dagegen um eine Arbeit, deren Durchführung nur kurze Zeit erfordert, so ist unter allen Umständen auf die Jahreszeit entsprechende Rücksicht zu nehmen und die anzunehmende Zahl der Betriebstage evtl. demgemäß zu berichtigen.

Das gleiche ist der Fall, wenn die Arbeiten etwa in einem Gebiet auszuführen sind, dessen Witterungsverhältnisse erheblich ungünstiger sind als der Durchschnitt.

B. Zeitaufwand für Baustellenaufschließung und Baustelleneinrichtung.

Ein weiterer wesentlicher Punkt für die Festsetzung der Bautermine ist die richtige Einschätzung des Zeitaufwandes, welcher notwendig ist, bis die eigentliche Arbeit beginnen kann.

Dieser Zeitaufwand ist in erster Linie abhängig von den Aufschließungsmöglichkeiten:

ob ausreichende Entladegelegenheit auf der nächsten Bahnstation bereits vorhanden ist oder erst geschaffen werden muß,

ob die Aufstellung eines Portalkranes für die Entladung der Waggons möglich ist oder ob auch die schweren und unhandlichen Teile ohne dieses wichtige Hilfsmittel ausgeladen werden müssen,

ob der Transport der Baugeräte und Werkzeuge von der Entladestation zur Verwendungsstelle mittels Rollbahn erfolgen kann oder ob dafür Fuhrwerke bzw. Kraftwagen in Anspruch genommen werden müssen, und endlich

ob in letzterem Falle die vorhandenen Straßen und Kunstbauten ohne weiteres einen derartigen Verkehr aufnehmen können oder ob sie erst besonderer Zurichtung bedürfen.

Bei großen Erdarbeiten sollten diese Fragen zusammen mit den übrigen Vorarbeiten stets vorweg geklärt und womöglich auch gleich erledigt werden, damit keine kostbare Zeit verloren geht.

Kann dies aus irgendwelchen Gründen nicht geschehen, so ist die dafür nötige Zeit im Bauprogramm vorzusehen und bei der Terminfestsetzung zu berücksichtigen.

In zweiter Linie ist für die Bestimmung des Zeitpunktes der Inbetriebnahme von Baggern und damit des Beginnes der eigentlichen Bauarbeiten maßgebend:

1. innerhalb welcher Frist der Antransport der Bestandteile zur Montagestelle möglich ist,

2. ob mit der Montage sofort begonnen werden kann,

3. welche Zeit für die Montage erforderlich ist und

4. welche Zeit die betriebsfertige Herstellung der zum Abtransport der geförderten Massen notwendigen Gleisanlagen beansprucht.

Zu Ziffer 1 ist zu bemerken, daß in erster Linie berücksichtigt werden muß, ob sich die vorgesehenen Geräte im Besitz der Unternehmung befinden oder erst beschafft werden müssen und, wenn letzteres zutrifft, mit welchen Lieferfristen man zu rechnen hat.

Die für den Bahntransport nötige Zeit wird man hinreichend genau schätzen können, und wenn sich die Geräte erst einmal auf dem Entladebahnhof für die Baustelle selbst befinden, so kann man annehmen, daß eine Entladekolonne von 8 Mann mit Hilfe eines Portalkrans in der Lage ist in 8 Stunden etwa 2 Waggons mit zusammen 30 t Baggerteile auf andere Transportmittel umzuladen, und daß es unter einigermaßen normalen Verhältnissen nicht allzu schwer sein wird, diese innerhalb 24 Stunden an die Montagestelle zu verbringen und dort abzuladen. Zu beachten ist dabei, daß die Verladedispositionen immer so getroffen werden, daß die Teile in der richtigen Reihenfolge einlaufen und nach Möglichkeit vermieden wird, daß Waggons mit schweren Teilen in größerer Anzahl gleichzeitig eintreffen.

Ziffer 2 wird im allgemeinen mit Ja zu beantworten sein. Bei Eimerbaggerarbeiten kann es jedoch vorkommen, daß zu einer wirtschaftlichen Durchführung derselben schon vor der Inangriffnahme der Baggermontage größere Erdarbeiten zu erledigen sind, und es ist dann die dafür erforderliche Zeit auf Grund der örtlichen Verhältnisse und der etwa bei Förderung von Hand zu erzielenden Leistungen möglichst genau zu schätzen.

Die Einführung dieses Zeitaufwandes in die Bauzeitberechnung ist nur notwendig, soweit derselbe dem Beginn der Montage vorangeht bzw. falls die Gesamtvorbereitung bis zum möglichen Beginn der Baggerung mehr Zeit erfordert als die Baggermontage selbst.

Ziffer 3 behandelt die Montagezeit für die einzelnen Bagger und kann angenommen werden wie folgt:

a) **Eimerbagger auf Schienen fahrbar (L.M.G.).**

	neu	gebraucht
Type NE I	ca. 48 Arbeitstage	ca. 30 Arbeitstage
„ E II	„ 39 „	„ 24 „
„ B	„ 36 „	„ 22 „
„ E III	„ 32 „	„ 20 „
„ A		„ 18 „
„ O	wird kaum	„ 15 „
„ C	mehr	„ 12 „
„ F	vorkommen	„ 10 „

Das Legen der Baggergleise wird sich, von besonderen Fällen abgesehen, in denen damit nicht rechtzeitig genug begonnen werden kann oder sonstige Hindernisse vorliegen, meist ebenfalls innerhalb dieser Frist erledigen lassen.

b) **Eimerbagger auf Raupenketten (L.M.G.).**

	neu	gebraucht
Type R IVs	ca. 32 Arbeitstage	ca. 20 Arbeitstage
„ R IIIs	„ 24 „	„ 15 „
„ R IIs verstärkt	„ 20 „	„ 12 „
„ R IIs	„ 16 „	„ 10 „
„ R Is	„ 15 „	„ 9 „
„ R 0s	„ 10 „	„ 6 „

c) **Löffelbagger älterer Bauart (M. & H.).**

	gebraucht
Modell G 20 und G	ca. 12 Arbeitstage
„ F 2	„ 10 „
„ F 1	„ 8 „
„ E und C 2	„ 6 „

d) Greifbagger älterer Bauart (M. & H.).

		gebraucht
Größe F 2	ca. 10	Arbeitstage
„ F 1	„ 8	„
„ E	„ 6	„
„ C 2 und C 1	„ 4	„

e) Universalraupenbagger (O. & K.).

	neu		gebraucht	
Type 16	ca. 16	Arbeitstage	ca. 12	Arbeitstage
„ 14	„ 15	„	„ 10	„
„ 9	„ 12	„	„ 8	„
„ 6	„ 8	„	„ 6	„
„ D (gebrauchsfertig zu verladen)	—		—	

f) Absetzapparate (Krupp).

	neu		gebraucht	
Type $\frac{400}{34}$	ca. 72	Arbeitstage	ca. 45	Arbeitstage
„ $\frac{500}{40\text{—}47}$	ca. 84—90	„	ca. 52—56	„

Zu diesen Angaben ist zu erwähnen, daß dieselben unter Berücksichtigung von täglich 8 Stunden Arbeitszeit gelten und daß darin bereits dem Umstande Rechnung getragen wurde, daß es bei Eröffnung einer Baustelle immer einige Zeit dauert, bis man eine für solche Arbeiten geeignete Mannschaft beisammen hat.

Ziffer 4 betrifft die betriebsfertige Herstellung der Transportgleise und wird einer besonderen Berücksichtigung nur bedürfen, wenn der dafür erforderliche Zeitaufwand den für Ziffer 2 und 3 ohnehin erforderlichen noch überschreitet.

Die genaue Feststellung muß an Hand eines Gleisplanes erfolgen, und es kann angenommen werden, daß von einer Stelle aus bei flotter Materialanlieferung in 8 Stunden unter sonst einfachen Verhältnissen, d. h. bei nicht zu vielen Erdarbeiten, etwa 200 m Gleis betriebsfähig hergestellt werden können.

Bei Einsatz mehrerer Bagger ist stets die Entlademöglichkeit zu berücksichtigen und in die Bauzeitberechnung eine angemessene Zeitspanne einzuführen.

Sind für die Inbetriebnahme der Bagger besondere Anlagen, wie elektrische Zentralen u. dgl. nötig, so wird dafür je nach Umfang und Ausstattung noch ein entsprechender Zuschlag zu machen sein.

C. Leistungsfähigkeit der Geräte.

Maßgebend für die Leistungsfähigkeit der Geräte ist vor allem die Beschaffenheit des Bodens, und es ist deshalb notwendig, die verschiedenen Bodenarten nach dem Widerstand, den sie einer Loslösung aus ihrer Umgebung entgegensetzen, in eine beschränkte Anzahl von Gruppen einzuteilen, was am zweckmäßigsten geschieht in folgender Weise:

1. Leichter Boden, wie Humus, loser trockener Sand und Kies, Dammerde, d. h. Erdarten ohne jeden inneren Zusammenhang, welche zu ihrer Lösung keines besonderen Arbeitsaufwandes bedürfen und mit gewöhnlichen Schaufeln gewonnen und verladen werden (Schaufelboden);

2. mittelschwerer Boden, wie festgelagerter Sand, feiner fester Kies, leichtere Lehmarten, welche sich noch mit dem Spaten stechen lassen, Torf, d. h. Erdarten mit geringem inneren Zusammenhang (Stichboden);

3. schwerer Boden, wie grober festgelagerter Kies, die verschiedenen Tonarten, schwerer Letten und Lehm, Mergel, mit losen Steinen durchsetzte Bodenschichten, d. h. Erdarten mit großem inneren Zusammenhang (Hackboden);

4. sehr schwerer Boden, wie schwerer Mergel, Trümmergestein, Gerölle, weicher, mit der Spitzhacke noch zu lösender Felsen, d. h. Erdarten, welche bereits den Übergang zum festen Felsen bilden (schwerer Hackboden);

5. Felsen in Bänken und Massengestein (Sprengboden).

Für die Gewinnung mittels Eimerbagger kommen nur die 1. bis 3. Gruppe in Frage, für jene mit Löffelbagger dazu noch die 4. Gruppe.

Neben der Beschaffenheit des Bodens ist von ausschlaggebender Bedeutung für die Leistungsfähigkeit der Geräte, ob die Baggerung aus dem Trockenen erfolgt oder aus dem Wasser; letzterer Fall kann natürlich nur vorkommen bei Verwendung von Eimerbaggern oder Greiferbaggern und neuerdings auch bei Tieflöffelbaggern und Schleppschaufelbaggern.

Ist Wasser vorhanden und es besteht die Aussicht, daß dasselbe abgesenkt werden kann, so ist es Sache einer vergleichenden Kostenberechnung, festzustellen, was wirtschaftlicher ist: Baggerung aus dem Wasser oder Baggerung unter Wasserhaltung aus dem Trockenen.

Als Leistungen, welche dauernd pro tatsächlich geleistete Betriebsstunde erzielt werden können, darf man annehmen:

Bei Baggern.

1. Baggerung aus dem Trockenen.

a) Eimerbagger der L.M.G. auf Schienen fahrbar und mit Dampfantrieb.

Tabelle 141.

Type	NE I	E II	E II	B	E III	A	O	C	F
Eimerinhalt l	300	300	250	250	200	180	140	100	60
Effektive Stundenleistung									
in leichtem Boden m³	270	235	215	180	175	140	100	70	40
„ mittelschwerem Boden . „	225	200	180	150	145	110	75	50	30
„ schwerem Boden . „	150	130	120	100	95	75	50	30	20

b) Eimerbagger der L.M.G. auf Schienen fahrbar und mit Elektroantrieb.

Tabelle 142.

Type	NE I	E II	E II	B	E III	A
Eimerinhalt l	300	300	250	250	200	180
Effektive Stundenleistung						
in leichtem Boden m³	270	245	225	215	175	140
„ mittelschwerem Boden „	225	210	190	180	145	110
„ schwerem Boden „	150	135	125	120	95	75

c) Eimerbagger der L.M.G. auf Raupenketten.

Tabelle 143.

Type	R 0 s	R I s	R II s		R II s verstärkt		R III s	R IV s
Eimerinhalt	15	25	25	50	25	50	75	100
Effektive Stundenleistung								
in leichtem Boden . m³	15	25	27	45	30	50	75	100
„ mittelschwerem Boden m³	10	18	20	30	25	40	54	72
„ schwerem Boden m³	—	—	—	—	15	25	35	45

d) Löffelbagger älterer Bauart von M. & H.

Tabelle 144.

Modell	G 20	F 2	F 1	E	C 2
Löffelinhalt m³	2—2,5	1,6	1,3	1,0	0,75
Effektive Stundenleistung					
in leichtem Boden m³	100—125	80	65	50	40
„ mittelschwerem Boden m³	90	70	55	40	30
„ schwerem Boden m³	70	48	35	—	—
„ sehr schwerem Boden m³	45	30	—	—	—

e) Greifbagger älterer Bauart.

Die Leistungen der Greifbagger wechseln je nach der Bodenart, ja
sogar bei der gleichen Bodenart je nach dem Zustand, ob feucht oder
trocken, außerdem nach Hubhöhe, Drehwinkel und den sonstigen Verhältnissen der Baustelle derartig, daß allgemeine Angaben darüber vollkommen zwecklos sind.

f) Universalraupenbagger von O. & K. als Löffelbagger mit Dampfantrieb.

Tabelle 145.

Type	6	9	14	16
Löffelinhalt m³	0,75	1,0	1,5	2,0
Effektive Stundenleistung				
in leichtem Boden m³	80	96	145	190
„ mittelschwerem Boden m³	50	64	95	135
„ schwerem Boden m³	22	40	65	85
„ sehr schwerem Boden m³	—	—	40	60

g) Universalraupenbagger von O. & K. als Löffelbagger mit Dieselantrieb.

Tabelle 146.

Type	D	6	9	14
Löffelinhalt m³	0,40	0,75	1,0	1,5
Effektive Stundenleistung				
in leichtem Boden m³	40	64	75	115
„ mittelschwerem Boden m³	25	40	50	75
„ schwerem Boden m³	—	18	32	52
„ sehr schwerem Boden m³	—	—	—	32

h) Universalraupenbagger von O. & K. als Löffelbagger mit Elektroantrieb.

Tabelle 147.

Type		D	6	9	14	16
Löffelinhalt	m³	0,40	0,75	1,0	1,5	2,0
Effektive Stundenleistung						
in leichtem Boden	m³	40	72	85	130	170
„ mittelschwerem Boden	„	25	45	58	85	125
„ schwerem Boden	„	—	20	36	58	78
„ sehr schwerem Boden	„	—	—	—	36	54

i) Universalraupenbagger in anderer Verwendung.

Hier gilt hinsichtlich der zu erzielenden Leistungen das gleiche, was ich weiter oben bei den Greifbaggern älterer Bauart gesagt habe.

2. Baggerung aus dem Wasser.

Für die Baggerung aus dem Wasser eignen sich, wie schon erwähnt, neben den Eimerbaggern auch die Greifbagger älterer Bauart sowie die Universalraupenbagger bei Verwendung als Tieflöffelbagger, Schleppschaufelbagger und Greifbagger.

Hinsichtlich der Leistungen ist ganz allgemein zu unterscheiden zwischen Bodenarten, welche gegen Wasser weniger empfindlich sind (z. B. Sand und Kies) und solchen, welche durch das Vorhandensein von Wasser erheblich beeinflußt werden (z. B. Lehm, Mergel usw.).

a) Eimerbagger der L.M.G. auf Schienen fahrbar und mit Dampfantrieb.

Tabelle 148.

Type	NE I	E II	E II	B	E III	A	O	C	F
Eimerinhalt l	300	300	250	250	200	180	140	100	60
Effektive Stundenleistung bei gegen Wasser wenig empfindlichem Material									
in leichtem Boden m³	240	210	195	160	155	125	90	65	35
„ mittelschwerem Boden „	200	180	160	135	130	100	70	45	25
„ schwerem Boden „	135	115	108	90	85	70	45	25	18
Effektive Stundenleistung bei gegen Wasser empfindlichem Material									
in leichtem Boden m³	215	190	175	145	140	110	80	55	30
„ mittelschwerem Boden „	165	145	130	110	105	80	55	35	20
„ schwerem Boden „	110	100	90	75	70	55	35	20	15

b) Eimerbagger der L.M.G. auf Schienen fahrbar und mit Elektroantrieb.

Tabelle 149.

Type	NE I	E II	E II	B	E III	A
Eimerinhalt l	300	300	250	250	200	180
Effektive Stundenleistung bei gegen Wasser wenig empfindlichem Material						
in leichtem Boden . . . . m³	240	215	200	190	155	125
„ mittelschwerem Boden . . . „	200	185	165	160	130	100
„ schwerem Boden . . . „	135	120	110	105	85	70
Effektive Stundenleistung bei gegen Wasser empfindlichem Material						
in leichtem Boden . . . . m³	215	195	180	175	140	110
„ mittelschwerem Boden . . . „	165	150	135	130	105	80
„ schwerem Boden . . . „	110	105	95	90	70	55

c) Eimerbagger der L.M.G. auf Raupenketten.

Tabelle 150.

Type	R 0 s	R I s	R II s		R II s verstärkt		R III s	R IV s
Eimerinhalt . . .	15	25	25	50	25	50	75	100
Effektive Stundenleistung bei gegen Wasser wenig empfindlichem Material								
in leichtem Boden . m³	13,5	22,5	24	40	27	45	68	90
„ mittelschwerem Boden m³	9	16	18	27	22,5	36	48	65
„ schwerem Boden . m³	—	—	—	—	13,5	22,5	32	40
Effektive Stundenleistung bei gegen Wasser empfindlichem Material								
in leichtem Boden . m³	12	20	22	36	24	40	60	80
„ mittelschwerem Boden m³	8	15	16	24	20	32	44	58
„ schwerem Boden . m³	—	—	—	—	12	20	28	36

Für die Greifbagger älterer Bauart sowohl, als auch für die Universalraupenbagger bei Verwendung als Tieflöffelbagger, Schleppschaufelbagger und Greifbagger gilt auch hier das bei Baggerung aus dem Trockenen Gesagte.

Bei Absetzern.

Bei den Absetzern oder Kippenbaggern kommt nur Schüttboden in Frage, so daß man das Richtige treffen wird, wenn man mit etwa 90% Eimerfüllung rechnet.

Tabelle 151.

Type	$\dfrac{400}{34}$	$\dfrac{500}{40—47}$
Eimerinhalt l	400	500
Effektive Stundenleistung an gewachsenem Material		
bei leichtem Boden . . . . m³	520	600
„ mittelschwerem Boden . . . . „	480	560
„ schwerem Boden . . . . „	450	520

Die Stundenleistungsangaben der Tabellen 141—150 sind
von Wichtigkeit für die Dimensionierung des Fahrparks und
für diesen Zweck ausschließlich zu verwenden. Direkt verkehrt wäre es dagegen, diese Werte auch für die Bauzeit-
bestimmung und Kostenberechnung im allgemeinen her-
zunehmen.

Der Grund ist darin zu suchen, daß diese Zahlen die Leistungen
pro tatsächlich geleistete Betriebsstunde darstellen und noch
nicht berücksichtigen, daß Anzahl der möglichen Betriebsstunden und
Anzahl der wirklich geleisteten Betriebsstunden Dinge sind, die
bei jedem Bau mehr oder weniger voneinander abweichen.

Das Verhältnis der tatsächlichen zu den möglichen Betriebsstunden
hängt hauptsächlich ab von folgenden drei Faktoren:

1. der Bodenart,
2. der täglichen Arbeitszeit und
3. der Aufnahmefähigkeit der Kippen.

Bezüglich der Bodenart kann man bei Eimerbaggerbetrieben wie bei
Löffelbaggerbetrieben sagen, daß sich das Verhältnis um so ungünstiger
gestaltet, je schwieriger das zu fördernde Material ist.

Hinsichtlich der täglichen Arbeitszeit ist ein Unterschied zu machen
zwischen Eimerbaggerbetrieben und Löffelbaggerbetrieben insofern, als
bei Eimerbaggern ein ununterbrochener Tag- und Nachtbetrieb das Verhältnis in erheblichem Maße ungünstig beeinflußt, während bei Löffelbaggern dieser Umstand weniger ins Gewicht fällt.

Was den dritten Punkt anbetrifft, so ist zu bemerken, daß für die
Bereitstellung ausreichender Kippmöglichkeiten unbedingt gesorgt
werden muß, wenn man nicht riskieren will, daß die Leistung der Bagger
ganz wesentlich beeinträchtigt wird.

Sind ausreichende Kippmöglichkeiten weder vorhanden noch zu
beschaffen, so ist dieser Umstand bei der Bauzeitfestsetzung und Kostenberechnung entsprechend zu berücksichtigen.

Von ganz besonderen Fällen abgesehen, werden sich die Störungen
im Baggerbetrieb ziemlich gleichmäßig über die ganze Bauzeit ver-
teilen, und man dürfte deshalb der Wirklichkeit am nächsten kommen,
wenn man als Leistung für die ganze Anzahl der möglichen
Betriebsstunden folgende Werte annimmt:

Bei Baggern.

1a. Baggerung aus dem Trockenen und Betrieb mit Pausen.

a) Eimerbagger der L.M.G. auf Schienen fahrbar und mit Dampfantrieb.

Tabelle 152.

Type	NE I	E II	E II	B	E III	A	O	C	F.
Eimerinhalt l	300	300	250	250	200	180	140	100	60
Effektive Stundenleistung in leichtem Boden . . . . m³	250	215	200	165	160	128	92	65	36
„ mittelschwerem Boden . „	190	170	152	128	120	95	65	42	25
„ schwerem Boden. . . . „	120	105	96	80	75	60	40	24	16

b) Eimerbagger der L.M.G. auf Schienen fahrbar und mit Elektroantrieb.

Tabelle 153.

Type	NE I	E II	E II	B	E III	A
Eimerinhalt l	300	300	250	250	200	180
Effektive Stundenleistung in leichtem Boden . . . . m³	250	225	205	200	160	128
„ mittelschwerem Boden . . . . . „	190	180	160	150	120	95
„ schwerem Boden. . . . . „	120	108	100	95	75	60

c) Eimerbagger der L.M.G. auf Raupenketten.

Tabelle 154.

Type	R 0 s	R I s	R II s		R II s verstärkt		R III s	R IV s
Eimerinhalt l	15	25	25	50	25	50	75	100
Effektive Stundenleistung in leichtem Boden . m³	14	23	25	42	28	46	70	92
„ mittelschwerem Boden m³	8,5	15	17	25	21	34	46	62
„ schwerem Boden. m³	—	—	—	—	12	22	28	36

d) Löffelbagger älterer Bauart von M. & H.

Tabelle 155.

Modell	G 20	F 2	F 1	E	C 2
Löffelinhalt . . . . m³	2,0—2,5	1,6	1,3	1,0	0,75
Effektive Stundenleistung in leichtem Boden . . . . m³	96—120	75	60	45	35
„ mittelschwerem Boden . . . „	75	60	48	35	25
„ schwerem Boden . . . . . . „	55	40	28	—	—
„ sehr schwerem Boden . . . . „	32	24	—	—	—

e) Universalraupenbagger von O. & K. als Löffelbagger mit Dampfantrieb.

Tabelle 156.

Type		6	9	14	16
Löffelinhalt	m³	0,75	1,0	1,5	2,0
Effektive Stundenleistung					
in leichtem Boden	m³	75	90	135	180
„ mittelschwerem Boden	„	42	55	80	125
„ schwerem Boden	„	18	32	52	68
„ sehr schwerem Boden	„	—	—	30	48

f) Universalraupenbagger von O. & K. als Löffelbagger mit Dieselantrieb.

Tabelle 157.

Type		D	6	9	14
Löffelinhalt	m³	0,40	0,75	1,0	1,5
Effektive Stundenleistung					
in leichtem Boden	m³	38	60	70	110
„ mittelschwerem Boden	„	22	35	42	65
„ schwerem Boden	„	—	15	25	40
„ sehr schwerem Boden	„	—	—	—	24

g) Universalraupenbagger von O. & K. als Löffelbagger mit Elektroantrieb.

Tabelle 158.

Type		D	6	9	14	16
Löffelinhalt	m³	0,40	0,75	1,0	1,5	2,0
Effektive Stundenleistung						
in leichtem Boden	m³	38	68	80	125	160
„ mittelschwerem Boden	„	22	40	50	72	110
„ schwerem Boden	„	—	16	30	45	60
„ sehr schwerem Boden	„	—	—	—	27	40

1 b. Baggerung aus dem Trockenen und Betrieb ohne Unterbrechung.

a) Eimerbagger der L.M.G. auf Schienen fahrbar und mit Dampfantrieb.

Tabelle 159.

Type		NE I	E II	E II	B	E III	A	O	C	F
Eimerinhalt	l	300	300	250	250	200	180	140	100	60
Effektive Stundenleistung										
in leichtem Boden	m³	240	210	195	160	155	125	90	62,5	35
„ mittelschwerem Boden	„	180	160	144	120	115	90	60	40	24
„ schwerem Boden	„	110	95	85	70	65	55	35	21	14

b) Eimerbagger der L.M.G. auf Schienen fahrbar und mit Elektroantrieb.

Tabelle 160.

Type	NE I	E II	E II	B	E III	A
Eimerinhalt l	300	300	250	250	200	180
Effektive Stundenleistung						
in leichtem Boden . . . . m³	240	220	200	195	155	125
„ mittelschwerem Boden . . . . . . „	180	168	152	145	115	90
„ schwerem Boden . . . . „	110	100	90	85	65	55

c) Eimerbagger der L.M.G. auf Raupenketten.

Tabelle 161.

Type	R 0 s	R I s	R II s		R II s verstärkt		R III s	R IV s
Eimerinhalt l	15	25	25	50	25	50	75	100
Effektive Stundenleistung								
in leichtem Boden . m³	13,5	22	24	40	27	45	68	90
„ mittelschwerem Boden m³	8	14	16	24	20	32	44	58
„ schwerem Boden . m³	—	—	—	—	10	20	25	32

d) Löffelbagger älterer Bauart von M. & H.

Tabelle 162.

Modell	G 20	F 2	F 1	E	C 2
Löffelinhalt . . . . m³	2,0—2,5	1,6	1,3	1,0	0,75
Effektive Stundenleistung					
in leichtem Boden . . . . m³	92—115	72	58	44	34
„ mittelschwerem Boden . . . „	72	58	46	34	24
„ schwerem Boden . . . . . . „	52	38	27	—	—
„ sehr schwerem Boden . . . . „	30	22	—	—	—

e) Universalraupenbagger von O. & K. als Löffelbagger mit Dampfantrieb.

Tabelle 163.

Type	6	9	14	16
Löffelinhalt . . . . m³	0,75	1,0	1,5	2,0
Effektive Stundenleistung				
in leichtem Boden . . . . m³	72	88	132	175
„ mittelschwerem Boden . . . . „	38	52	78	120
„ schwerem Boden . . . . „	14	28	48	65
„ sehr schwerem Boden . . . . „	—	—	25	45

f) Universalraupenbagger von O. & K. als Löffelbagger mit Dieselantrieb.

Tabelle 164.

Type	D	6	9	14
Löffelinhalt. . . . . m³	0,40	0,75	1,0	1,5
Effektive Stundenleistung				
in leichtem Boden . . . . m³	35	58	68	105
„ mittelschwerem Boden . . . . „	20	32	40	62
„ schwerem Boden . . . . „	—	12	24	38
„ sehr schwerem Boden . . . . „	—	—	—	22

g) Universalraupenbagger von O. & K. als Löffelbagger mit Elektroantrieb.

Tabelle 165.

Type	D	6	9	14	16
Löffelinhalt . . . . m³	0,40	0,75	1,0	1,5	2,0·
Effektive Stundenleistung					
in leichtem Boden . . . . m³	35	66	78	120	155
„ mittelschwerem Boden . . . . . „	20	38	48	70	105
„ schwerem Boden. . . . . „	—	15	28	43	58
„ sehr schwerem Boden . . . . . „	—	—	—	25	38

2a. Baggerung aus dem Wasser und Betrieb mit Pausen.

a) Eimerbagger der L.M.G. auf Schienen fahrbar und mit Dampfantrieb.

Tabelle 166.

Type.	NE I	E II	E II	B	E III	A	O	C	F
Eimerinhalt l	300	300	250	250	200	180	140	100	60
Effektive Stundenleistung bei gegen Wasser wenig empfindlichem Material									
in leichtem Boden . . . . m³	220	192	180	150	140	115	82	60	32
„ mittelschwerem Boden . „	170	152	135	115	105	85	60	38	22
„ schwerem Boden. . . . „	110	90	85	75	68	55	35	20	15
Effektive Stundenleistung bei gegen Wasser empfindlichem Material									
in leichtem Boden . . . . m³	192	170	158	130	125	100	72	50	27
„ mittelschwerem Boden . „	140	125	110	95	90	68	48	30	17
„ schwerem Boden. . . . „	90	80	72	60	55	45	28	16	12

b) Eimerbagger der L.M.G. auf Schienen fahrbar und mit Elektroantrieb.

Tabelle 167.

Type	NE I	E II	E II	B	E III	A
Eimerinhalt l	300	300	250	250	200	180
Effektive Stundenleistung bei gegen Wasser wenig empfindlichem Material						
in leichtem Boden . . . . m³	220	200	185	175	140	115
„ mittelschwerem Boden . . . . . „	170	158	140	135	105	85
„ schwerem Boden . . . . „	110	95	88	85	68	55
Effektive Stundenleistung bei gegen Wasser empfindlichem Material						
in leichtem Boden . . . . m³	192	175	162	158	125	100
„ mittelschwerem Boden . . . . . „	140	128	115	110	90	68
„ schwerem Boden . . . . „	90	85	75	72	55	45

c) Eimerbagger der L.M.G. auf Raupenketten.

Tabelle 168.

Type	R 0 s	R I s	R II s		R II s verstärkt		R III s	R IV s
Eimerinhalt l	15	25	25	50	25	50	75	100
Effektive Stundenleistung bei gegen Wasser wenig empfindlichem Material								
in leichtem Boden . m³	12,5	20	22	36	25	40	62	82
„ mittelschwerem Boden m³	7,5	13,5	15	23	19	30	40	55
„ schwerem Boden m³	—	—	—	—	11	18	25	32
Effektive Stundenleistung bei gegen Wasser empfindlichem Material								
in leichtem Boden . m³	11	18	20	32	22	36	54	72
„ mittelschwerem Boden m³	7	13	13,5	20	17	27	37,5	50
„ schwerem Boden . m³	—	—	—	—	10	16	22	28

2b. Baggerung aus dem Wasser und Betrieb ohne Unterbrechung.

a) Eimerbagger der L.M.G. auf Schienen fahrbar und mit Dampfantrieb.

Tabelle 169.

Type	NE I	E II	E II	B	E III	A	O	C	F
Eimerinhalt l	300	300	250	250	200	180	140	100	60
Effektive Stundenleistung bei gegen Wasser wenig empfindlichem Material									
in leichtem Boden . . . . m³	210	185	175	145	135	112	80	58	30
„ mittelschwerem Boden . „	160	145	130	110	100	80	56	35	20
„ schwerem Boden . . . „	100	92	78	68	62	50	32	18	13

Tabelle 169 (Fortsetzung).

Type	NE I	E II	E II	B	E III	A	O	C	F
Eimerinhalt . . . l	300	300	250	250	200	180	140	100	60
Effektive Stundenleistung bei gegen Wasser empfindlichem Material									
in leichtem Boden . . . . m³	185	165	153	125	120	98	70	48	25
„ mittelschwerem Boden . „	132	120	105	90	85	65	45	28	15
„ schwerem Boden . . . „	82	74	65	54	50	40	25	14	10

b) Eimerbagger der L.M.G. auf Schienen fahrbar und mit Elektroantrieb.

Tabelle 170.

Type	NE I	E II	E II	B	E III	A
Eimerinhalt . . . l	300	300	250	250	200	180
Effektive Stundenleistung bei gegen Wasser wenig empfindlichem Material						
in leichtem Boden . . . . m³	210	192	178	168	135	112
„ mittelschwerem Boden . . . . . „	160	150	142	128	100	80
„ schwerem Boden. . . . . „	100	88	80	78	62	50
Effektive Stundenleistung bei gegen Wasser empfindlichem Material						
in leichtem Boden . . . . m³	185	168	155	150	120	98
„ mittelschwerem Boden . . . . . „	132	120	108	102	85	65
„ schwerem Boden. . . . . „	82	78	68	65	50	40

c) Eimerbagger der L.M.G. auf Raupenketten.

Tabelle 171.

Type	R 0 s	R I s	R II s		R II s verstärkt		R III s	R IV s
Eimerinhalt . . . l	15	25	25	50	25	50	75	100
Effektive Stundenleistung bei gegen Wasser wenig empfindlichem Material								
in leichtem Boden . m³	11	18	20	32	22	36	56	75
„ mittelschwerem Boden m³	6,5	12	13,5	20	17	27	36	50
„ schwerem Boden . m³	—	—	—	—	10	16	22,5	28
Effektive Stundenleistung bei gegen Wasser empfindlichem Material								
in leichtem Boden . m³	10	16	18	28,5	20	32	48	65
„ mittelschwerem Boden m³	6	11	12	18	15	24	34	45
„ schwerem Boden . m³	—	—	—	—	9	14,5	20	25

Bei Absetzern.

1. Betrieb mit Pausen.

Tabelle 172.

Type	$\frac{400}{34}$	$\frac{500}{40-47}$
Eimerinhalt l	400	500
Effektive Stundenleistung an gewachsenem Material		
bei leichtem Boden . . . . m³	500	570
„ mittelschwerem Boden . . . . „	440	515
„ schwerem Boden . . . . „	400	465

2. Betrieb ohne Unterbrechung.

Tabelle 173.

Type	$\frac{400}{34}$	$\frac{500}{40-47}$
Eimerinhalt l	400	500
Effektive Stundenleistung an gewachsenem Material		
bei leichtem Boden . . . . m³	475	540
„ mittelschwerem Boden . . . . „	400	475
„ schwerem Boden . . . . „	360	420

Es wird ausdrücklich darauf hingewiesen, daß die Zahlen der Tabellen 152—171 Durchschnittswerte unter normalen Verhältnissen darstellen und einer entsprechenden Korrektur bedürfen, sobald solche nicht vorhanden sind. Unter normalen Verhältnissen ist dabei zu verstehen, daß nicht etwa aus Gründen, die bei der Unternehmung liegen, ein B-Bagger verwendet wird, wo die Arbeit genau so gut durch einen O-Bagger geleistet werden könnte, oder daß beim Einsatz von Löffelbaggern eine der Baggergröße entsprechende Wandhöhe vorhanden ist; ferner daß eine zügige Entwicklung des Baggerbetriebs nicht durch das Vorhandensein zahlreicher Kunstbauten oder ähnlicher Hindernisse vereitelt wird und endlich, worauf schon weiter oben hingewiesen wurde, daß ausreichende Kippmöglichkeiten vorhanden sind oder geschaffen werden können. Der letzte dieser Punkte vermag allein schon die obigen Werte um 15—20% herabzudrücken, und es geht daraus klar hervor, wie überaus wichtig eine richtige Einschätzung derartiger Einflüsse ist.

Die Tabellen 152—171 reichen vollkommen aus, um in Verbindung mit den vorangehenden Ausführungen in jedem einzelnen Falle die notwendige Bauzeit hinlänglich genau zu bestimmen, ein vernünftiges Bauprogramm zu entwickeln und die Bautermine so festzusetzen, daß eine tunlichst wirtschaftliche Durchführung des Werkes möglich ist.

Bei der Festsetzung der Bautermine ist zu beachten, ob bis zu dem betreffenden Zeitpunkt nur das Werk hergestellt oder ob bis dahin auch schon die Baustelle geräumt sein soll. In letzterem Falle ist für Abmontierung, Aufräumung und Abtransport ungefähr die gleiche Zeit vorzusehen wie für die Einrichtung der Baustelle.

II. Dimensionierung des Geräteparks.

A. Geräte für das Lösen und Laden.

1. Eimerbagger.

Für den Bauherrn hat dieser Punkt bereits seine Erledigung gefunden durch die Voruntersuchungen für die Festsetzung der Bautermine. Der Unternehmer kürzt die sich aus dem gestellten Termin ergebende Bauzeit zunächst um den auf Grund seiner Erfahrungen für die Baustellenaufschließung und -einrichtung (sowie evtl. auch Abräumung) erforderlichen Betrag und stellt dann an Hand der Ausführungen in Abschn. I A fest, wie viele Arbeitstage ihm noch für die eigentliche Arbeit verbleiben. Diese Anzahl der Arbeitstage multipliziert mit 8, 16 oder 24, je nachdem ein-, zwei- oder dreischichtiger Betrieb ins Auge gefaßt wird, ergibt alsdann die mögliche Betriebsstundenzahl, und die zu leistenden Kubikmeter geteilt durch diese mögliche Betriebsstundenzahl ergeben die in jeder möglichen Betriebsstunde insgesamt zu bewältigende Leistung.

Nachdem man sich an Hand der Pläne und der Ortsbesichtigung entschlossen hat, welche Geräte man am zweckmäßigsten ansetzt, ist es eine einfache Rechenaufgabe unter Zuhilfenahme der einschlägigen Tabellen aus Abschn. I C die Anzahl der nötigen Bagger zu ermitteln.

Baggergleis.

Bei den Eimerbaggern wird der Transportzug normalerweise bereitgestellt und der Bagger fährt neben demselben entlang (bei Seitenschüttern) oder über denselben hinweg (bei Portalbaggern).

Dies bedingt, daß das Baggergleis eine bestimmte Länge haben muß, um einen ungestörten Arbeitsfortgang auch dann noch zu gewährleisten, wenn dasselbe nachgerückt werden muß. Diese Mindestlänge sollte im allgemeinen nie weniger als 3 Zugslängen betragen; es ist jedoch vorteilhaft, wenn man sie etwas größer nimmt und ich gebe nachstehend für die einzelnen Typen der auf Schienen fahrbaren Eimerbagger jene Baggergleislängen an, welche ich für am empfehlenswertesten halte:

Portalbagger, Type N E I . . . . 400 m
                  E II . . . . 360—400 „
                  B . . . . 360 „
Seitenschütter, Type E III u. A . . . . . . 300 „
                  O . . . . 240 „
                  C . . . . 180 „
                  F . . . . 135 „

Einzelheiten über die Baggergleise selbst sind aus den Tabellen 1—4 und 6—9 im 1. Teil des Buches zu entnehmen.

Gleisrückmaschinen.

a) Gleisrückmaschinen für das Rücken der Gleise von Portalbaggern.

Für das Rücken schwerer Baggergleise kommen heute praktisch für den Tiefbau nur mehr die Gleisrückmaschine System Arbenz-Kammerer und die Gleisrückmaschine System Lauchhammer in Betracht. Beide sind in der Lage infolge ihrer leichten Transportfähigkeit eine ganze Anzahl von Baggern zu bedienen, so daß die Frage, wieviele Gleisrückmaschinen für ein Bauvorhaben nötig sind, wohl im allgemeinen dahin beantwortet werden kann, daß eine Maschine vollauf genügt.

Nicht ganz so einfach ist die Beantwortung der Frage, von welcher Menge ab der Einsatz einer Gleisrückmaschine wirtschaftlich ist, und ich will deshalb in Anlehnung an die in Heft 2 der Mitteilungen aus dem Braunkohlenforschungsinstitut Freiberg i. Sa. „Das Braunkohlenarchiv" im Jahre 1922 veröffentlichte Abhandlung über „Die Wirtschaftlichkeit des maschinellen Gleisrückens in Braunkohlentagebauen" von Dipl.-Ing. M. Letz, Magdeburg, dafür einige Unterlagen geben.

Die Gegenüberstellung der Kosten für die verschiedenen möglichen Arten die Baggergleise zu rücken ergibt folgendes Bild:

α) **Kosten des Gleisrückens mit Hand.** Die Kosten des Rückens mit Hand sind in erster Linie abhängig von der Größe der Rückfläche in einer Rückung, d. h. von der Länge l des gerückten Baggergleises und von der Rückbreite r und außerdem von der Beschaffenheit des Bodens und vom Gewicht des Baggergleises.

Unter der Annahme, daß zum Heben des Baggergleises Gleishebewinden und zum Rücken des Gleises Rückeisen Verwendung finden, setzen sich die gesamten Rückkosten folgendermaßen zusammen:

1. Löhne für das Ausräumen und Anheben des Gleises,
2. Löhne für das Rücken des Gleises,
3. Löhne für die Zeiten des An- und Abmarsches der Rückkolonne,
4. Anschaffungskosten für die Rückeisen,
5. Verzinsung und Abschreibung der Gleishebewinden.

Berechnungsgrundlagen:

x = Anzahl der Arbeiter ⎫ zum Ausräumen und Anheben von
t_a = Zeitaufwand in Minuten ⎭ 100 m Baggergleis,
y = Anzahl der Arbeiter ⎫ zum Rücken über eine Fläche von
t_r = Zeitaufwand in Minuten ⎭ 100 m²,
t_m = Zeitaufwand in Minuten für den An- und Abmarsch der Rückkolonne,
g = Stundenlohn einschl. sozialer Lasten in Reichsmark,
w = Anzahl der erforderlichen Gleishebewinden,
A_g = Anschaffungskosten für 1 Gleishebewinde in Reichsmark,
z = Anzahl der verbrauchten Rückeisen pro Mann und Jahr,
A_r = Anschaffungskosten für 1 Rückeisen in Reichsmark,

Q = jährliche Baggerleistung in Kubikmeter,
q = durchschnittliche Baggerleistung je Rückperiode in Kubikmeter
$\quad (= l \cdot r \cdot s)$,
l = Länge des Baggergleises in Meter,
r = Rückbreite in einer Rückperiode in Meter,
s = Schnittiefe des Baggers in Meter.

Es sind dann:

1. Die Löhne für das Ausräumen und Anheben des Gleises

$$L_a = \frac{x \cdot t_a \cdot l \cdot g}{60 \cdot 100}, \tag{1}$$

2. die Löhne für das Rücken des Gleises

$$L_r = \frac{y \cdot t_r \cdot l \cdot r \cdot g}{60 \cdot 100}, \tag{2}$$

3. die Löhne für die Zeiten des An- und Abmarsches der Rückkolonne

$$L_m = \frac{y \cdot t_m \cdot g}{60}, \tag{3}$$

4. die jährlichen Anschaffungskosten für Rückeisen

$$K_r = y \cdot z \cdot A_r, \tag{4}$$

5. die jährlichen Kosten für Verzinsung und Abschreibung der Gleishebewinden

$$K_w = 0{,}3 \cdot w \cdot A_g. \tag{5}$$

Die Kosten für die Gleisrückarbeit ergeben sich wie folgt:

a) Jährliche Kosten

$$K_j = \frac{Q}{q} \cdot (L_a + L_r + L_m) + K_r + K_w, \tag{6}$$

b) Kosten je Kubikmeter

$$K_{\mathrm{m}^3} = K_j : Q. \tag{7}$$

Die entsprechenden Zahlenwerte für die einzelnen Baggergleise von Portalbaggern sind aus Tabelle 174 zu entnehmen. Diese Werte ändern sich nicht wesentlich, ob der Bagger nur kürzere Zeit arbeitet oder ein volles Jahr.

Erheblich günstiger gestaltet sich das Gleisrücken von Hand, wenn an Stelle der Gleishebewinden die Gleisrückwinden der Maschinenfabrik Buckau verwendet werden. In diesem Falle setzen sich die gesamten Rückkosten folgendermaßen zusammen:

1. Löhne für das Ausräumen des Gleises,
2. Löhne für das Rücken des Gleises,
3. Löhne für den An- und Abtransport der Gleisrückwinden, sowie für die Zeiten des An- und Abmarsches der Rückkolonne,
4. Anschaffungskosten für die Rückeisen,
5. Verzinsung und Abschreibung der Gleisrückwinden.

Tabelle 174. Kosten des Gleisrückens bei Portalbaggern, wenn dasselbe vo[r]

Baggertype.	NE I						E II 300 l					
Bodenart. .	Leicht		Mittelschwer		Schwer		Leicht		Mittelschwer		Schwer	
x . . Mann	10		12		18		8		10		15	
y . . ,,	60		66		72		52		56.		60	
w . . St.	4		5		6		4		5		6	
l . . . m	400		400		400		400		400		400	
Q . . m³	550 000		418 000		264 000		473 000		374 000		231 000	
q . . . ,,	8000	16 000	8000	16 000	8000	16 000	6400	11 200	6400	11 200	6400	11 200
s . . . m	10	20	10	20	10	20	8	14	8	14	8	14
L_a . RM.	40,—		48,—		72,—		32,—		40,—		60,—	
L_r . ,,	240,—		264,—		288,—		208,—		224,—		240,—	
L_m . ,,	30,—		33,—		36,—		26,—		28,—		30,—	
K_r . ,,	600	300	660	330	720	360	520	295	560	320	600	345
K_w . ,,	180,—		225,—		270,—		180,—		225,—		270,—	
K_j . RM.	22 170	11 175	19 170	9698	14 058	7164	20 384	11 913	18 013	10 473	12 750	7545
$K_{m³}$ Rpf.	4,03	2,03	4,59	2,32	5,33	2,72	4,31	2,52	4,82	2,80	5,52	3,27

$$t_a = 60 \text{ Min.} \qquad g = 1.— \text{ RM./st}$$
$$t_r = 30 \text{ ,,} \qquad A_g = 150 \text{ RM./St.}$$
$$t_m = 30 \text{ ,,} \qquad A_r = 5 \text{ ,,}$$

Tabelle 175. Kosten des Gleisrückens bei Portalbaggern, wenn dasselbe von Hand, jedoch

Baggertype.	NE I						E II 300 l					
Bodenart. .	Leicht		Mittelschwer		Schwer		Leicht		Mittelschwer		Schwer	
x . . Mann	10		12		18		8		10		15	
y . . ,,	36		42		48		33		36		39	
w . . St.	3		4		5		3		3		4	
l . . . m	400		400		400		400		400		400	
Q . . m³	550 000		418 000		264 000		473 000		374 000		231 000	
q . . . ,,	8000	16 000	8000	16 000	8000	16 000	6400	11 200	6400	11 200	6400	11 200
s . . . m	10	20	10	20	10	20	8	14	8	14	8	14
L_a . RM.	40,—		48,—		72,—		32,—		40,—		60,—	
L_r . ,,	144,—		168,—		192,—		132,—		144,—		156,—	
L_m . ,,	18,—		21,—		24,—		16,50		18,—		19,50	
K_r . ,,	300	150	340	170	380	190	270	155	300	170	310	180
K_w . ,,	540,—		720,—		900,—		540,—		540,—		720,—	
K_j . RM.	14 778	7659	13 621	7171	10 784	5842	14 167	8457	12 758	7578	9508	5846
$K_{m³}$ Rpf.	2,69	1,39	3,26	1,72	4,08	2,21	3,00	1,79	3,41	2,03	4,12	2,53

$$t_a = 60 \text{ Min.} \qquad g = 1.— \text{ RM./st}$$
$$t_r = 30 \text{ ,,} \qquad A_g = 600 \text{ RM./St.}$$
$$t_m = 30 \text{ ,,} \qquad A_r = 5 \text{ ,,}$$

Berechnungsgrundlagen:

x = Anzahl der Arbeiter
t_a = Zeitaufwand in Minuten $\Big\}$ zum Ausräumen von 100 m Baggergleis,

y = Anzahl der Arbeiter
t_r = Zeitaufwand in Minuten $\Big\}$ für das Heben und Rücken des Baggergleises über eine Fläche von 100 m²,

t_m = Zeitaufwand in Minuten für den An- und Abtransport der Gleisrückwinden, sowie den An- und Abmarsch der Hilfsrückkolonne,

.and unter Verwendung von Gleishebewinden und Rückeisen vorgenommen wird.

E II 2501			B		
Leicht	Mittelschwer	Schwer	Leicht	Mittelschwer	Schwer
8	10	15	8	10	15
52	56	60	52	56	60
3	4	5	3	4	5
360	360	360	360	360	360
440000	334400	211200	363000	281600	176000
5760 | 11520	5760 | 11520	5760 | 11520	5760 | 10800	5760 | 10800	5760 | 10800
8 | 16	8 | 16	8 | 16	8 | 15	8 | 15	8 | 15
28,80	36,—	54,—	28,80	36,—	54,—
187,20	201,60	216,—	187,20	201,60	216,—
26,—	28,—	30,—	26,—	28,—	30,—
520 | 260	560 | 280	600 | 300	520 | 280	560 | 300	600 | 320
135,—	180,—	225,—	135,—	180,—	225,—
9289 | 9712	16411 | 8296	11925 | 6075	15901 | 8688	13755 | 7386	10125 | 5645
4,39 | 2,21	4,91 | 2,48	5,65 | 2,88	4,38 | 2,39	4,88 | 2,63	5,76 | 3,21

$$r = 2,00 \text{ m}$$
$$z = \text{maximal 2 St.}$$

.ter Zuhilfenahme von Gleisrückwinden der Maschinenfabrik Buckau A.-G. erfolgt.

E II 2501			B		
Leicht	Mittelschwer	Schwer	Leicht	Mittelschwer	Schwer
8	10	15	8	10	15
33	36	39	33	36	39
3	3	4	3	3	4
360	360	360	360	360	360
440000	334400	211200	363000	281600	176000
5760 | 11520	5760 | 11520	5760 | 11520	5760 | 10800	5760 | 10800	5760 | 10800
8 | 16	8 | 16	8 | 16	8 | 15	8 | 15	8 | 15
28,80	36,—	54,—	28,80	36,—	54,—
118,80	129,60	140,40	118,80	129,60	140,40
16,50	18,—	19,50	16,50	18,—	19,50
270 | 135	300 | 150	310 | 155	270 | 144	300 | 160	310 | 165
540,—	540,—	720,—	540,—	540,—	720,—
13446 | 6993	11673 | 6107	8945 | 4833	11149 | 6264	9837 | 5474	7661 | 4522
3,06 | 1,59	3,49 | 1,83	4,24 | 2,29	3,07 | 1,73	3,49 | 1,95	4,36 | 2,57

$$r = 2,00 \text{ m}$$
$$z = \text{maximal 2 St.}$$

g = Stundenlohn einschl. sozialer Lasten in Reichsmark,

w = Anzahl der erforderlichen Gleisrückwinden,

A_g = Anschaffungskosten für 1 Gleisrückwinde einschl. Aufhängekette in Reichsmark,

z = Anzahl der verbrauchten Rückeisen pro Mann und Jahr,

A_r = Anschaffungskosten für 1 Rückeisen in Reichsmark,

Q = jährliche Baggerleistung in Kubikmeter,

q = durchschnittliche Baggerleistung je Rückperiode in Kubikmeter
$(= l \cdot r \cdot s)$,
l = Länge des Baggergleises in Meter,
r = Rückbreite in einer Rückperiode in Meter,
s = Schnittiefe des Baggers in Meter.

Es sind dann:

1. Die Löhne für das Ausräumen des Gleises wie Gl. (1)

$$L_a = \frac{x \cdot t_a \cdot l \cdot g}{60 \cdot 100},$$

2. die Löhne für das Rücken des Gleises wie Gl. (2)

$$L_r = \frac{y \cdot t_r \cdot l \cdot r \cdot g}{60 \cdot 100},$$

3. die Löhne für den An- und Abtransport der Gleisrückwinden, sowie für die Zeiten des An- und Abmarsches der Hilfsrückkolonne wie Gl. (3)

$$L_m = \frac{y \cdot t_m \cdot g}{60},$$

4. die jährlichen Anschaffungskosten für Rückeisen wie Gl. (4)

$$K_r = y \cdot z \cdot A_r,$$

5. die jährlichen Kosten für die Verzinsung und Abschreibung der Gleisrückwinden wie Gl. (5)

$$K_w = 0,3 \cdot w \cdot A_g.$$

Die Kosten für die Gleisrückarbeit ergeben sich wie folgt:

a) Jährliche Kosten wie Gl. (6)

$$K_j = \frac{Q}{q} \cdot (L_a + L_r + L_m) + K_r + K_w,$$

b) Kosten je Kubikmeter wie Gl. (7)

$$K_{m^3} = K_j : Q.$$

Die entsprechenden Zahlenwerte für die einzelnen Baggergleise von Portalbaggern bei dieser Arbeitsweise sind aus Tabelle 175 zu entnehmen.

Der Vergleich zwischen den Tabellen 174 und 175 zeigt, daß die Kapitalanlage beim Rücken der Baggergleise unter Zuhilfenahme von Gleisrückwinden von jener bei Verwendung von Gleishebewinden nicht erheblich abweicht, wogegen die auf den Kubikmeter umgelegten Kosten in ersterem Falle durchgehends um 25—30% geringer sind als im zweiten Fall. Es empfiehlt sich deshalb, wo aus irgendwelchen Gründen Baggergleise von Hand gerückt werden, unter allen Umständen die Gleisrückwinden der Maschinenfabrik Buckau zu verwenden.

Ich habe bei den Tabellen 174 und 175 absichtlich keinen Unterschied gemacht, ob mit den Winden nur ein oder mehrere Bagger bedient werden, weil ich auf dem Standpunkt stehe, daß bei Bedienung mehrerer

Bagger die Winden früher unbrauchbar werden, so daß in diesem Falle der sich ergebende höhere Abschreibungssatz ohne weiteres gerechtfertigt ist.

β) **Kosten des Gleisrückens mit Maschinen.** Beim maschinellen Gleisrücken sind die Betriebskosten von der Beschaffenheit des Bodens und vom Gewicht des Baggergleises in geringerem Maße abhängig als beim Gleisrücken mit Hand. Aber dennoch gilt auch hier: je schwerer der Boden und je größer das Gewicht des Baggergleises ist, um so mehr erhöht sich der Kraftbedarf der Antriebsmaschine und der Verschleiß an Material.

Ganz allgemein kann man sagen, daß sich die jährlichen Rückkosten beim maschinellen Gleisrücken zusammensetzen wie folgt:

1. Löhne,
2. Kosten für Schmiermittel,
3. Kosten der Bedienungslokomotive,
4. Aufwendungen für Ersatzteile und Reparaturen,
5. Aufwendungen für Verzinsung und Abschreibung der Gleisrückmaschine,
6. etwaige Lizenzgebühren.

Berechnungsgrundlagen:

l = Länge des Baggergleises in Meter,

v = Fahrgeschwindigkeit der G.R.M. in Meter je Minute,

b = Rückbreite eines Doppelganges (Hin- und Rückfahrt) in Meter,

r = Gesamtrückbreite je Rückung in Meter,

$Z = \dfrac{r}{b}$ = Zahl der Doppelfahrten je Rückung,

a = Zeitdauer für Ein- und Abstellen der G.R.M. in Minuten,

p = Pause während des Rückens an jeder Endstelle in Minuten,

t = Zeitdauer in Minuten einer Rückung der Baggergleise einschl. Ein- und Abstellen der G.R.M.

$$= \frac{l}{v} \cdot Z + (Z - 1) \cdot p + a,$$

c = Zeitaufwand in Minuten für den Transport der G.R.M. zwischen dem Abstellpunkt und dem Bagger,

g = Stundenlohn einschl. sozialer Lasten in Reichsmark,

S_b = Schmiermaterialkosten pro Betriebsstunde in Reichsmark,

A = Anschaffungskosten der G.R.M. in Reichsmark,

K_b = Kosten der Bedienungslokomotive je Betriebsstunde in Reichsmark,

R = Reparaturkosten pro Jahr in Reichsmark,

Q = jährliche Baggerleistung in Kubikmeter,

q = durchschnittliche Baggerleistung je Rückperiode in Kubikmeter,

s = Schnittiefe des Baggers in Meter.

Von dem Ansatz besonderer Kosten für die Verstärkung des Baggergleises sehe ich ab, nachdem aus den Tabellen 7—9 klar hervorgeht, daß sich diese Aufwendungen auf andere Weise von selbst bezahlt machen.

Legt man nun für die Gleisrückarbeit eine **Gleisrückmaschine System Arbenz-Kammerer (AK-Maschine)** zugrunde, so gilt:

1. Lohnkosten L je Rückung in Reichsmark

$x = 1 =$ Anzahl der Bedienungsmannschaften beim Rücken und Transport zwischen Abstellpunkt und Bagger,

$y = x + 3 = 4 =$ Anzahl der Bedienungsmannschaften beim Ein- und Abstellen der AK-Maschine.

Dazu kommen noch Lohnkosten für das Rücken des Gleisendes, wenn diese Arbeit von Hand gemacht werden muß. Im allgemeinen Tiefbau ist das Transportgleis fast ausnahmslos durchgehend angeordnet, so daß das Baggergleis auch mit der AK-Maschine auf seine ganze Länge maschinell gerückt werden kann. Es ist dann

$$L = \frac{a \cdot y + (t - a) \cdot x + c \cdot x}{60} \cdot g = \frac{3a + t + c}{60} \cdot g \,. \tag{8}$$

2. Kosten für Schmiermittel S je Rückung in Reichsmark.
Dieselben ergeben sich aus der Gleichung

$$S = \frac{t + c}{60} \cdot S_b \,. \tag{9}$$

3. Kosten der Bedienungslokomotive K_L je Rückung in Reichsmark

$$K_L = \frac{t + c}{60} \cdot K_b \,. \tag{10}$$

4. Kosten für Ersatzteile und Reparaturen in Reichsmark.
Dieselben sind um so größer, je schwerer der Boden ist und werden am besten in einer Pauschalsumme P pro Jahr angegeben.

5. Kosten für Verzinsung und Abschreibung der AK-Maschine in Reichsmark.
Dieselben betragen nach Abschn. III B, Gruppe II, pro Jahr bei einschichtigem Betrieb

$$K_g = 0{,}19 \cdot A \,. \tag{11}$$

6. Lizenzgebühren N in Reichsmark.
Solche sind bei der AK-Maschine bis zum Juni 1941 zu bezahlen.
Sie werden von der Braunkohlenmaschinen-G. m. b. H. je nach der Ausnützungsmöglichkeit mit einem Betrag festgesetzt, der 8000 bis 10000 RM. pro Jahr beträgt und in monatlichen Raten F verrechnet wird.
Der in die Kostenberechnung einzuführende Betrag ergibt sich dann zu

$$N = F \cdot \frac{M}{q_m} \,, \tag{12}$$

wenn M die insgesamt zu fördernde Masse und q_m die durchschnittliche Monatsleistung des Baggers in Kubikmeter bedeutet. Der Ausdruck $\dfrac{M}{q_m}$ wird dabei auf die nächste ganze Zahl aufgerundet.

Die Gesamtkosten der Gleisrückarbeit bei Verwendung der AK-Maschine ergeben sich dann wie folgt:

Unveränderliche Kosten für jedes angefangene Jahr (11)

$$K_u = K_g = 0{,}19\,A\;.\tag{11a}$$

Veränderliche Kosten

$$K_v = \frac{M}{q}\,(L + S + K_L) + \frac{M}{Q}\cdot P + F\cdot\frac{M}{q_m}\;.\tag{13}$$

Die Kosten für ein volles Jahr sind dann

$$K_j = K_u + K_v\;,\tag{14}$$

und die Kosten je Kubikmeter in diesem Falle wie Gl. (7)

$$K_{\mathrm{m}^3} = K_j \cdot Q\;.$$

Die entsprechenden Zahlenwerte für die einzelnen Gleise von Portalbaggern bei dieser Arbeitsweise sind aus Tabelle 176 zu entnehmen.

Aus Tabelle 176 geht hervor, daß die Gleisrückkosten je Kubikmeter
rasch sinken mit einer gesteigerten Ausnützungsmöglichkeit der Maschine.
Diese Erscheinung gestattet auf einfache Weise jene Menge rechnerisch
zu ermitteln, bis zu welcher das Rücken von Hand theoretisch wirtschaftlicher ist, als das Rücken mit der Maschine, worin allerdings nicht
berücksichtigt ist, daß das Rücken von Hand stets mit Störungen des
Betriebs verbunden ist, während mit der Maschine gerückt werden
kann, ohne daß eine fühlbare Beeinträchtigung der Arbeitsfähigkeit des
Baggers eintritt.

Für die Berechnung der Grenzwerte zwischen Hand-
rückung und maschineller Rückung mit AK-Maschine gilt
dann folgende Beziehung:

$$x \cdot K_{\mathrm{m}^3 H} = x \cdot K_v + K_u\;,\tag{15}$$

worin $K_{\mathrm{m}^3 H}$ die Gleisrückkosten bei Rückung von Hand bedeuten
und für diesen Zweck stets aus Tabelle 175 zu entnehmen sind.

Diese Gleichung ist theoretisch insofern nicht ganz richtig, als der
Ausdruck K_v auch den Wert $F\cdot\dfrac{M}{q_m}$ in sich schließt, in welchem praktisch der Quotient $\dfrac{M}{q_m}$ jeweils auf die nächsthöhere ganze Zahl aufzu-
runden ist, nachdem die Lizenzgebühr für jeden angefangenen Monat
voll bezahlt werden muß. Es ist jedoch nicht zu übersehen, daß auch
der Wert q_m nur ein Durchschnittswert ist, der unvermeidlichen Schwankungen unterliegt, und insofern kann man auch die Gleichung (15) als
für die Praxis in jeder Hinsicht ausreichend ansehen.

In Zahlen ausgedrückt sind diese Grenzwerte in dem letzten Absatz
der Tabelle 176 angegeben. In verschiedenen Rubriken dieses Absatzes
sind keine Zahlen angegeben, was zu bedeuten hat, daß für die betreffenden Fälle die AK-Maschine bei einschichtigem Betrieb
nicht in Frage kommt, weil ihre Betriebskosten mit Rücksicht auf
die hohen Lizenzgebühren höher sind, als die Kosten des Gleisrückens
von Hand.

Tabelle 176. Kosten des Gleisrückens bei Portalbaggern, wenn hierzu

Baggertype	NE I			E II 300 l		
Bodenart	Leicht	Mittelschwer	Schwer	Leicht	Mittelschwer	Schwer
l . . . . m	400	400	400	400	400	400
t . . . . . Min.	49	49	49	49	49	49
K_b (Tab. 61) RM./st	9,85	9,85	10,55	8,85	8,85	9,85
Q . . . . m³	550 000	418 000	264 000	473 000	374 000	231 000
q_m . . . . . ~ „	45 800	34 800	22 000	39 400	31 150	19 250
q . . . . „	8000 16 000	8000 16 000	8000 16 000	6400 11 200	6400 11 200	6400 11 200
s . . . . . . m	10 20	10 20	10 20	8 14	8 14	8 14
L . . . . . RM.	1,82	1,82	1,82	1,82	1,82	1,82
S . . . . . . „	1,57	1,57	1,57	1,57	1,57	1,57
K_L . . . . „	12,95	12,95	13,90	11,65	11,65	12,95
$R = P$ . . „	500 250	600 300	750 375	475 270	570 325	710 405
K_g . . . . „	2850	2850	2850	2850	2850	2850
K_v/m³ bei Bedienung von 1 Bagger . Rpf.	1,75 1,60	2,26 2,09	3,53 3,28	2,02 1,88	2,52 2,36	4,02 3,78
2 „ . „	1,11 0,96	1,42 1,25	2,21 1,95	1,28 1,14	1,58 1,42	2,50 2,27
3 „ . „	0,90 0,75	1,14 0,97	1,76 1,51	1,03 0,89	1,27 1,11	2,00 1,76
$K_{m³}$ bei Bedienung von 1 Bagger . Rpf.	2,26 2,12	2,94 2,77	4,61 4,36	2,62 2,48	3,28 3,12	5,25 5,01
2 „ . „	1,37 1,22	1,76 1,59	2,75 2,49	1,58 1,44	1,96 1,80	3,12 2,89
3 „ . „	1,07 0,92	1,37 1,20	2,12 1,87	1,23 1,09	1,53 1,36	2,41 2,17
Wirtschaftliche Grenze der Anwendungsmöglichkeit bei $m \cdot 1000$m³ pro Jahr. Bei Bedienung von 1 Bagger . $m =$	303 —	285 —	— —	290 —	320 —	— —
2 „ . $m =$	180 663	154 607	153 —	166 438	156 467	176 —
3 „ . $m =$	160 445	134 380	123 407	145 317	133 310	166 347

$$b = 0{,}25 \text{ m} \qquad\qquad a = 10 \text{ Min.}$$
$$r = 2{,}00 \text{ „} \qquad\qquad p = 1 \quad \text{„}$$
$$z = r : b = 8 \qquad\qquad c = 30 \quad \text{„}$$

Wird im Mehrschichtenbetrieb gearbeitet, so kann man für überschlägige Ermittlungen bei einem Bagger in Doppelschicht die für Bedienung von zwei Baggern angegebenen Werte und bei einem Bagger in dreifacher Schicht die für die Bedienung von drei Baggern angegebenen Werte annehmen.

Außer der AK-Maschine ist es die Gleisrückmaschine System Lauchhammer (L-Maschine), welche in immer größerem Umfang Eingang in den Tiefbaubetrieben findet, und ich will deshalb die gleiche Untersuchung auch für diese Maschine durchführen, und zwar für deren kleinste Type mit Bedienung der Kurbeln im Führerhaus von Hand.

Unter Beibehaltung der gleichen Bezeichnungen wie bei der AK-Maschine gilt für die L-Maschine:

Gleisrückmaschinen System Arbenz-Kammerer verwendet werden.

E II.250 l						B					
Leicht		Mittelschwer		Schwer		Leicht		Mittelschwer		Schwer	
360		360		360		360		360		360	
45,8		45,8		45,8		45,8		45,8		45,8	
8,85		8,85		9,85		8,85		8,85		9,85	
440000		334400		211200		363000		281600		176000	
36650		27850		17600		30250		23450		14650	
5760	11520	5760	11520	5760	11520	5760	10800	5760	10800	5760	10800
8	16	8	16	8	16	8	15	8	15	8	15
1,76		1,76		1,76		1,76		1,76		1,76	
1,51		1,51		1,51		1,51		1,51		1,51	
11,20		11,20		12,45		11,20		11,20		12,45	
425	213	510	255	640	320	425	225	510	270	640	340
2850		2850		2850		2850		2850		2850	
2,16	1,99	2,79	2,59	4,36	4,07	2,56	2,40	3,27	3,07	5,18	4,89
1,36	1,19	1,75	1,55	2,70	2,42	1,60	1,43	2,02	1,82	3,19	2,90
1,10	0,93	1,39	1,19	2,15	1,87	1,28	1,11	1,61	1,41	2,53	2,24
2,80	2,64	3,64	3,44	5,71	5,42	3,35	3,18	4,28	4,08	6,80	6,51
1,69	1,52	2,17	1,97	3,38	3,09	1,99	1,82	2,53	2,33	4,00	3,71
1,31	1,15	1,68	1,48	2,60	2,31	1,54	1,37	1,94	1,75	3,07	2,78
317	—	—	—	—	—	—	—	—	—	—	—
168	713	164	—	187	—	194	—	194	—	244	—
145	432	136	445	137	—	160	463	152	528	156	—

$$v = 100 \text{ m/min} \qquad S_b = 2{,}0 \text{ kg à } 0{,}60 \text{ RM.} = 1{,}20 \text{ RM.}$$
$$g = 1{,}00 \text{ RM./st} \qquad A = 15\,000 \text{ RM.}$$
$$N = 8000/9000/10\,000 \text{ RM.}$$

1. Lohnkosten L je Rückung in Reichsmark

$x = 2 =$ Anzahl der Bedienungsmannschaften, die für alle Fälle gleich ist.

Es ist dann

$$L = \frac{(t + c) \cdot x}{60} \cdot g = \frac{t + c}{30} \cdot g. \tag{16}$$

2. Kosten für Schmiermaterial S je Rückung in Reichsmark wie Gl. (9)

$$S = \frac{t + c}{60} \cdot S_b.$$

3. Kosten der Bedienungslokomotive K_L je Rückung in Reichsmark wie Gl. (10)

$$K_L = \frac{t + c}{60} \cdot K_b.$$

Tabelle 177. Kosten des Gleisrückens bei Portalbaggern, wenn hierzu die leichteste Führerhaus von Hand

Baggertype	N E I			E II 300 l		
Bodenart	Leicht	Mittelschwer	Schwer	Leicht	Mittelschwer	Schwer
l . . . . m	400	400	400	400	400	400
t . . . . . Min.	54	54	54	54	54	54
K_b(Tab. 61) RM./st	9,85	9,85	10,55	8,85	8,85	9,85
Q . . . . . . m³	550 000	418 000	264 000	473 000	374 000	231 000
q . . . . . . ,,	8000 | 16 000	8000 | 16 000	8000 | 16 000	6400 | 11 200	6400 | 11 200	6400 | 11 200
s . . . . . . m	10 | 20	10 | 20	10 | 20	8 | 14	8 | 14	8 | 14
L . . . . . RM.	2,80	2,80	2,80	2,80	2,80	2,80
S . . . . . ,,	1,68	1,68	1,68	1,68	1,68	1,68
K_L . . . . ,,	13,80	13,80	14,80	12,40	12,40	13,80
$R = P$ . . ,,	600 | 300	720 | 360	900 | 450	570 | 325	680 | 400	850 | 500
K_g . . . . ,,	3097	3097	3097	3097	3097	3097
K_v/m³ . . . Rpf.	0,34 | 0,17	0,40 | 0,20	0,58 | 0,29	0,38 | 0,22	0,44 | 0,26	0,65 | 0,38
$K_{m³}$ bei Bedienung von						
1 Bagger . Rpf.	0,90 | 0,73	1,14 | 0,94	1,75 | 1,46	1,03 | 0,87	1,27 | 1,08	1,99 | 1,72
2 ,, . ,,	0,62 | 0,45	0,77 | 0,57	1,17 | 0,88	0,70 | 0,54	0,85 | 0,67	1,32 | 1,05
3 ,, . ,,	0,52 | 0,36	0,65 | 0,45	0,97 | 0,68	0,59 | 0,44	0,72 | 0,53	1,09 | 0,83
Wirtschaftliche Grenze der Anwendungsmöglichkeit bei $m \cdot 1000$ m³ pro Jahr . $m =$	132 | 254	109 | 204	89 | 161	118 | 198	104 | 175	89 | 144

$$b = 0,25 \text{ m} \qquad a = 15 \text{ Min.}$$
$$r = 2,00 \text{ ,,} \qquad p = 1 \text{ ,,}$$
$$z = r : b = 8 \qquad c = 30 \text{ ,,}$$

4. Kosten für Ersatzteile und Reparaturen in Reichsmark. Auch hier gilt das bei der AK-Maschine Gesagte.

5. Kosten für die Verzinsung und Abschreibung der Maschine in Reichsmark (wie bei AK-Maschine) nach Gl. (11)

$$K_g = 0,19 \cdot A .$$

6. Lizenzgebühr wird bei dieser Maschine nicht erhoben.

Die Gesamtkosten der Gleisrückarbeiten mit der L-Maschine ergeben sich dann wie folgt:

Unveränderliche Kosten für jedes angefangene Jahr wie Gl. (11a)

$$K_u = K_g = 0,19 \cdot A .$$

Veränderliche Kosten

$$K_v = \frac{M}{q} (L + S + K_L) + \frac{Q}{M} \cdot P . \qquad (13\,\text{a})$$

Die Kosten für ein volles Jahr sind dann wie Gl. (14)

$$K_j = K_u + K_v ,$$

Type der Gleisrückmaschine System Lauchhammer mit Bedienung der Kurbeln im
verwendet werden.

E II 250 l						B					
Leicht		Mittelschwer		Schwer		Leicht		Mittelschwer		Schwer	
360		360		360		360		360		360	
50,8		50,8		50,8		50,8		50,8		50,8	
8,85		8,85		9,85		8,85		8,85		9,85	
440000		334400		211200		363000		281600		176000	
5760	11520	5760	11520	5760	11520	5760	10800	5760	10800	5760	10800
8	16	8	16	8	16	8	15	8	15	8	15
2,70		2,70		2,70		2,70		2,70		2,70	
1,62		1,62		1,62		1,62		1,62		1,62	
11,90		11,90		13,25		11,90		11,90		13,25	
520	260	600	300	770	385	520	280	600	350	770	440
3097		3097		3097		3097		3097		3097	
0,40	0,20	0,46	0,23	0,66	0,33	0,42	0,22	0,49	0,27	0,74	0,42
1,10	0,90	1,39	1,16	2,13	1,80	1,27	1,08	1,59	1,37	2,50	2,18
0,75	0,55	0,92	0,69	1,40	1,07	0,84	0,65	1,04	0,82	1,62	1,30
0,63	0,43	0,76	0,54	1,16	0,82	0,70	0,51	0,86	0,64	1,32	1,00
117	223	102	194	88	158	117	205	103	185	86	144

$$v = 100 \text{ m/min} \qquad S_b = 2,0 \text{ kg à } 0,60 \text{ RM.} = 1,20 \text{ RM.}$$
$$g = 1,00 \text{ RM./st} \qquad A = 16300 \text{ RM.}$$

und die Kosten je Kubikmeter wiederum nach Gl. (7)

$$K_{m^3} = K_j : Q .$$

Die entsprechenden Zahlenwerte für die einzelnen Gleise von Portalbaggern bei dieser Arbeitsweise sind aus Tabelle 177 zu entnehmen.

Für die Berechnung der Grenzwerte zwischen Hand-
rückung und maschineller Rückung mit L-Maschine gilt ebenfalls die Gl. (15)

$$x \cdot K_{m^3 H} = x \cdot K_v + K_u .$$

In Zahlen ausgedrückt sind diese Grenzwerte in der untersten Quer-
reihe der Tabelle 177 aufgeführt. Wie daraus zu ersehen ist, tritt die
Überlegenheit der L-Maschine gegenüber dem Rücken von Hand schon
ungleich früher ein als bei der AK-Maschine, und zwar ist sie unter
allen Verhältnissen in angemessenen Grenzen vorhanden.

Sind sehr große Erdbewegungen auszuführen, so empfiehlt es sich,
statt der kleinsten Type von 13 t Gewicht bei leichten und mittel-
schweren Bodenarten die 16 t-Type und bei schweren Böden die 24 t-
Type zu verwenden, und zwar in beiden Fällen mit einer mechanischen

Verstelleinrichtung für das Heben und Schwenken des Rollenkopfes. Am geeignetsten dafür ist eine kleine Zwillingsdampfmaschine, welche von der Vorspannlokomotive her mit Dampf gespeist wird. Die Mehrkosten für eine derartige Mechanisierung liegen zwischen 4000 RM. und 5000 RM. Die Leistungsfähigkeit der Maschine wird, weil alle Bewegungen schneller erfolgen können, um mindestens 30 % erhöht und außerdem ein Bedienungsmann dauernd gespart. Ein weiterer Vorteil bei Verwendung der schwereren Typen ist der, daß die Rückbreite b eines Doppelganges (Hin- und Rückfahrt) auf etwa das doppelte (und bei geschickter Bedienung noch mehr) der Rückbreite bei Verwendung der kleinsten Type gesteigert und damit die Gesamtrückzeit wesentlich verkürzt wird. Die Mehranlage an Kapital wird sich bei entsprechender Ausnützungsmöglichkeit rasch bezahlt machen.

b) Gleisrückmaschinen für das Rücken der Gleise von Seitenschüttern.

Für das Rücken leichterer Baggergleise käme an sich in erster Linie die einschienige Rückmaschine System Arbenz-Kammerer in Frage, und zwar in ihrer Sonderausführung für Kupplung mit einer Lokomotive. Aus Tabelle 176 ist jedoch schon zu ersehen, daß die Gleisrückkosten bei Verwendung von AK-Maschinen infolge der Lizenzgebühren mit sinkender Ausnützungsmöglichkeit sehr hoch werden, so daß ich mir ein weiteres Eingehen darauf an dieser Stelle sparen kann.

Das maschinelle Rücken der Gleise von Seitenschüttern kommt meines Erachtens höchstens bei den auf drei Gleisen fahrenden Typen E III und A in Frage, und nach den vorausgehenden Untersuchungen kann es sich auch hier nur um den Einsatz der kleinsten Type der L-Maschine handeln.

Um denselben zu ermöglichen ist es notwendig, eine vierte Schiene in das Baggergleis einzufügen und den dadurch geschaffenen Gleisstrang mit zwei Weichen an das durchgehende Transportgleis anzuschließen.

Wie sich ein solches Verfahren in wirtschaftlicher Hinsicht auswirkt, soll im folgenden kurz untersucht werden.

α) **Kosten des Gleisrückens mit Hand.** Unter der Annahme, daß dasselbe unter Zuhilfenahme der Gleisrückwinden der Maschinenfabrik Buckau bewerkstelligt wird, setzen sich die gesamten Rückkosten folgendermaßen zusammen:

1. Löhne für das Ausräumen der Gleise,
2. Löhne für das Rücken der Gleise,
3. Löhne für den An- und Abtransport der Gleisrückwinden sowie für die Zeiten des An- und Abmarsches der Rückkolonne,
4. Anschaffungskosten für die Rückeisen,
5. Verzinsung und Abschreibung der Gleisrückwinden.

Berechnungsgrundlagen:

$x_1 = $ Anzahl der Arbeiter $\quad$ } zum Ausräumen von 100 m Bagger-
$t_{a1} = $ Zeitaufwand in Minuten } $\qquad$ gleis,

x_2 = Anzahl der Arbeiter ⎫ zum Ausräumen von 100 m Trans-
t_{a2} = Zeitaufwand in Minuten ⎭ portgleis,
y_1 = Anzahl der Arbeiter ⎫ für das Heben und Rücken des Bagger-
t_{r1} = Zeitaufwand in Minuten ⎭ gleises über eine Fläche von 100 m²,
y_2 = Anzahl der Arbeiter ⎫ für das Rücken des Transportgleises
t_{r2} = Zeitaufwand in Minuten ⎭ über eine Fläche von 100 m²,
t_m = Zeitaufwand in Minuten für den An- und Abtransport der Gleis-
rückwinden sowie den An- und Abmarsch der Hilfsrückkolonne,
g = Stundenlohn einschl. sozialer Lasten in Reichsmark,
w = Anzahl der erforderlichen Gleisrückwinden,
A_g = Anschaffungskosten für eine Gleisrückwinde einschl. Aufhänge-
ketten in Reichsmark,
z = Anzahl der verbrauchten Rückeisen pro Mann und Jahr,
A_r = Anschaffungskosten für ein Rückeisen in Reichsmark,
Q = jährliche Baggerleistung in Kubikmeter,
q = durchschnittliche Baggerleistung je Rückperiode in Kubikmeter
$(= l_1 \cdot r \cdot s)$,
l_1 = Länge des Baggergleises in Metern,
l_2 = Länge des Transportgleises in Metern,
r = Rückbreite in einer Rückperiode in Metern,
s = Schnittiefe des Baggers in Metern.

Es sind dann:

1. Die Löhne für das Ausräumen des Gleises

$$L_a = \frac{x_1 \cdot t_{a1} \cdot l_1 + x_2 \cdot t_{a2} \cdot l_2}{60 \cdot 100} \cdot g. \tag{17}$$

2. Die Löhne für das Rücken der Gleise

$$L_r = \frac{(y_1 \cdot t_{r1} \cdot l_1 + y_2 \cdot t_{r2} \cdot l_2) \cdot r}{60 \cdot 100} \cdot g. \tag{18}$$

3. Die Löhne für den An- und Abtransport der Gleisrückwinden sowie für die Zeiten des An- und Abmarsches der Rückkolonne wie Gl. (3)

$$L_m = \frac{(y_1 + y_2) \cdot t_m}{60} \cdot g = \frac{y \cdot t_m}{60} \cdot g.$$

4. Die jährlichen Anschaffungskosten für Rückeisen wie Gl. (4)

$$K_r = y \cdot z \cdot A_r.$$

5. Die jährlichen Kosten für die Verzinsung und Abschreibung der Gleisrückwinden wie Gl. (5)

$$K_w = 0{,}3 \cdot w \cdot A_g.$$

Die Kosten für die Gleisrückarbeit sind dann:

a) Jährliche Kosten wie Gl. (6)

$$K_j = \frac{Q}{q} (L_a + L_r + L_m) + K_r + K_w,$$

b) Kosten je Kubikmeter wie Gl. (7)

$$K_{m^3} = K_j : Q.$$

Tabelle 178. Kosten des Gleisrückens bei Seitenschüttern, wenn dasselbe von Hand bewerkstelligt wird.

Baggertype	E III			A		
Bodenart	Leicht	Mittelschwer	Schwer	Leicht	Mittelschwer	Schwer
x_1 . . . Mann	7	9	13	5	6	9
x_2 . . . „	6	9	12	6	9	12
y_1 . . . „	30	32	35	20	22	24
y_2 . . . „	24	26	28	24	26	28
w . . . . St.	3	3	4	2	2	3
l_1 . . . . m	300	300	300	300	300	300
l_2 . . . . „	450	450	450	450	450	450
Q (Tab. 152) m³	352000	264000	165000	281600	209000	132000
q . . . . . „	4200 | 8400	4200 | 8400	4200 | 8400	3000 | 6000	3000 | 6000	3000 | 6000
s . . . . . m	7 | 14	7 | 14	7 | 14	5 | 10	5 | 10	5 | 10
L_a . . . RM.	34,50	47,25	66,—	28,50	38,25	54,—
L_r . . . „	198,—	213,—	231,—	168,—	183,—	198,—
L_m . . . „	27,—	29,—	31,50	22,—	24,—	26,—
K_r . . . „	270 | 135	290 | 145	315 | 160	220 | 110	240 | 120	260 | 130
K_u . . . „	540,—	540,—	720,—	360,—	360,—	540,—
K_j . . . RM.	22608 | 11574	18764 | 9652	14175 | 7450	21119 | 10740	17768 | 9064	13032 | 6786
$K_m{}^3$ . . Rpf.	6,42 | 3,28	7,11 | 3,66	8,59 | 4,52	7,54 | 3,82	8,50 | 4,34	9,84 | 5,14

$$t_{a_1} = 60 \text{ Min.} \qquad g = 1,— \text{ RM./st}$$
$$t_{a_2} = 30 \text{ Min.} \qquad A_g = 600,— \text{ RM./St.}$$
$$t_{r_1} = 30 \text{ Min.} \qquad A_r = 5,—\text{RM./st}$$
$$t_{r_2} = 30 \text{ Min.} \qquad r = 2 \text{ m}$$
$$t_m = 30 \text{ Min.} \qquad z = \text{max } 2 \text{ St.}$$

Die entsprechenden Zahlenwerte für die Gleise der Baggertypen E III und A bei dieser Arbeitsweise sind aus Tabelle 178 zu entnehmen.

β) Kosten des Gleisrückens mit L-Maschine. Hierbei ist zu beachten, daß bei den Seitenschüttern im Gegensatz zu den Portalbaggern keine Durchfahrt unter dem Bagger möglich ist, so daß zweckmäßig zuerst auf der einen Seite des Baggers gerückt wird und dann auf der anderen Seite. Diese Notwendigkeit in Verbindung mit dem Umstand, daß das Transportgleis jeweils gesondert mit gerückt werden muß, bedingt auch beim maschinellen Rücken wesentlich höhere Rückkosten als bei den Portalbaggern.

Dieselben setzen sich zusammen wie folgt:

1. Löhne,
2. Aufwendungen für Schmiermittel,
3. Kosten der Bedienungslokomotive,
4. Aufwendungen für Ersatzteile und Reparaturen,
5. Verzinsung und Abschreibung der Gleisrückmaschine,
6. Verzinsung und Abschreibung der notwendigen Mehranlagen an Gleisen und Weichen.

Berechnungsgrundlagen:

l_1 = Länge des Baggergleises in Metern,

l_2 = Länge des Transportgleises in Metern (angenommen wird eine Länge $l_2 = 2\,l_1$, so daß für die Berechnung der Rückfläche bei gleichbleibender Rückbreite mit $1{,}5\,l_1$ zu rechnen ist),

v = Fahrgeschwindigkeit der L-Maschine in Meter/Minute,

b_1 = Rückbreite eines Doppelganges beim Baggergleis in Metern,

b_2 = Rückbreite eines Doppelganges beim Transportgleis in Metern,

r = Gesamtrückbreite je Rückung in Metern,

$z_1 = \dfrac{r}{b_1}$ = Zahl der Doppelfahrten je Rückung beim Baggergleis,

$z_2 = \dfrac{r}{b_2}$ = Zahl der Doppelfahrten je Rückung beim Transportgleis,

a = Zeitdauer für jedes Ein- und Abstellen der L-Maschine in Minuten,

p = Zeitverlust in Minuten an den Endstellen sowie für Umsetzen der Maschine,

t = Zeitdauer in Minuten, die für eine Rückung des Bagger- und Transportgleises insgesamt nötig ist,

c = Zeitaufwand in Minuten für den Transport der Gleisrückmaschine zwischen dem Abstellpunkt und dem Bagger,

g = Stundenlohn einschl. sozialer Lasten in Reichsmark,

S_b = Schmiermaterialkosten pro Betriebsstunde in Reichsmark,

K_b = Kosten der Bedienungslokomotive je Betriebsstunde in Reichsmark,

R = Aufwendungen für Ersatzteile und Reparaturen pro Jahr in Reichsmark,

A = Anschaffungskosten der Gleisrückmaschine in Reichsmark,

A_{gl} = Mehrkosten für die Gleisanlagen in Reichsmark,

Q = jährliche Baggerleistung in Kubikmeter,

q = durchschnittliche Baggerleistung je Rückperiode in Kubikmeter $(= l_1 \cdot r \cdot s)$,

s = Schnittiefe des Baggers in Metern.

Es sind dann:

1. Die Lohnkosten L je Rückung in Reichsmark bei $x = 2$ Leuten, die für die Bedienung der L-Maschine nötig sind wie Gl. (16)

$$L = \frac{t + c}{30} \cdot g.$$

2. Die Aufwendungen für Schmiermittel S je Rückung in Reichsmark wie Gl. (9)

$$S = \frac{t + c}{60} \cdot S_b.$$

3. Die Kosten der Bedienungslokomotive K_L je Rückung in Reichsmark wie Gl. (10)

$$K_L = \frac{t + c}{60} \cdot K_b.$$

4. Die Aufwendungen für Ersatzteile und Reparaturen in Reichsmark

$$R = \text{Pauschalbetrag pro Jahr} = P.$$

5. Die Aufwendungen für Verzinsung und Abschreibung der Gleisrückmaschine in Reichsmark wie Gl. (11)

$$K_g = 0{,}19 \cdot A.$$

6. Die Aufwendungen für Verzinsung und Abschreibung der notwendigen Mehranlagen an Gleismaterial und Weichen in Reichsmark unter Berücksichtigung, daß dieses Material einesteils aus Schienen und andernteils aus Verschleißmaterial (Schwellen und Kleineisenzeug) besteht

$$K_{gl} = 0{,}20 \cdot A_{gl} \, . \tag{19}$$

Die Kosten der gesamten Rückarbeit ergeben sich dann wie folgt: Unveränderliche Kosten für jedes angefangene Jahr

$$K_u = K_g + K_{gl} \, . \tag{20}$$

Veränderliche Kosten wie Gl. (13a)

$$K_v = \frac{M}{q}\,(L + S + K_L) + \frac{Q}{M} \cdot P \, .$$

Tabelle 179. Kosten des Gleisrückens bei Seitenschüttern, wenn hierzu die leichteste Type der Gleisrückmaschine System Lauchhammer mit Bedienung der Kurbeln im Führerhaus von Hand verwendet wird.

Baggertype		E III						A					
Bodenart		Leicht		Mittel-schwer		Schwer		Leicht		Mittel-schwer		Schwer	
K_b (Tab. 61) RM.		8,20		8,85		9,85		7,50		8,20		8,85	
Q m³		352000		264000		165000		281600		209000		132000	
q „		4200	8400	4200	8400	4200	8400	3000	6000	3000	6000	3000	6000
s m		7	14	7	14	7	14	5	10	5	10	5	10
L RM.		5,—		5,—		5,—		5,—		5,—		5,—	
S „		3,—		3,—		3,—		3,—		3,—		3,—	
K_L „		20,50		22,13		24,63		18,75		20,50		22,13	
$R = P$ „		360	180	400	200	500	250	270	135	300	150	380	190
K_g „		3097		3097		3097		3097		3097		3097	
K_{gl} „		1590		1590		1590		1560		1560		1560	
K_u RM.		4687		4687		4687		4657		4657		4657	
K_v „		2754	1377	2300	1150	1806	903	2785	1393	2295	1148	1706	853
K_v/m³ Rpf.		0,78	0,39	0,87	0,44	1,10	0,55	0,99	0,50	1,10	0,55	1,29	0,65
Km³ „		2,11	1,72	2,65	2,21	3,94	3,39	2,64	2,15	3,32	2,77	4,82	4,18
Wirtschaftliche Grenze der Anwendungsmöglichkeit bei $m \cdot 1000$ m³ pro Jahr . $m =$		83	162	75	146	63	118	72	141	64	124	55	105

$l_1 = 300$ m
$l_2 = 600$ m
$v = 100$ m/min
$r = 2{,}00$ m
$b_1 = 0{,}25$ m
$b_2 = 0{,}50$ m
$z_1 = r{:}b_1 = 8$
$z_2 = r{:}b_2 = 4$
$a = 15$ min
$p = 21$ min
$t = 120$ min
$c = 30$ min

$g = 1{,}00$ RM./st
$S_b = 2$ kg a 0,60 RM. $= 1{,}20$ RM.
$A = 16\,300$ RM.

A_g:	E III	A
Baggerschienen	1608 RM.	1448 RM.
Bolzen	27 „	37 „
Rudert-Befestigung	1300 „	1300 „
300 m Transportgleis	3795 „	3795 „
2 Weichen	1220 „	1220 „
	7950 RM.	7800 RM.

Die Kosten für ein volles Jahr sind dann wie Gl. (14)

$$K_j = K_u + K_v,$$

und die Kosten je Kubikmeter wiederum nach Gl. (7)

$$K_{m^3} = K_j : Q.$$

Die entsprechenden Zahlenwerte sind dann aus Tabelle 179 zu entnehmen. Aus den Ergebnissen der Tabelle 179 ist ersichtlich, daß es sich auch bei Verwendung von Seitenschüttern sehr wohl verlohnt, genaue Untersuchungen anzustellen, ob man das Rücken der Gleise von Hand oder mit der L-Maschine vornehmen will.

2. Löffelbagger und Universalraupenbagger.

Auch für diese Bagger gelten sinngemäß die Ausführungen, welche bei den Eimerbaggern gemacht wurden.

Baggergleis. Bei Löffelbaggern richtet sich die Art des Baggergleises nach der Methode der Baggerung.

Bei der **Kopfbaggerung** werden zweckmäßig Gleisroste mit dicht an dicht liegenden Schwellen verwendet, welche ein für allemal fest montiert und vom Bagger selbst auf das von ihm hergestellte Planum vorgestreckt werden. Die Länge dieser Roste beträgt etwa 3 m und es sind für normalen Betrieb drei solche Stöße vollkommen ausreichend.

Bei der **Seitenbaggerung** ist der Arbeitsvorgang der gleiche wie bei den Eimerbaggern. Der Bagger arbeitet auf durchgehendem Gleis, nur mit dem Unterschied, daß die Länge desselben im allgemeinen kaum mehr als 200 m betragen wird. Die Seitenbaggerung empfiehlt sich beim Beladen von langen Zügen, wenn keine Rangiermaschine vorhanden ist.

Die Leistung des Baggers wird bei dieser Arbeitsweise nicht unerheblich vermindert.

Weitere Einzelheiten sind aus Tabelle 180 zu entnehmen.

Tabelle 180. Baggergleis für Löffelbagger.

Type	G 20	F 2	F 1	E	C 2
Gewicht pro lfd. m Schiene . . . . . kg	47	45	40	36	36
Länge der Schwellen . . . . mm	3600	3350	3100	2900	2500
Breite „ „ . . . . „	250	250	250	230	230
Höhe „ „ . . . . „	200	200	200	200	160
Schwellenabstand maximal von Mitte bis Mitte Schwelle . . . . cm	50	50	50	50	60

Tabelle 181. Baggergleis für Greifbagger.

Größe	F 2	F 1	E	C 2	C 1
Gewicht pro lfd. m Schiene . . kg	40	40	32	32	32
Länge der Schwellen . . . . . mm	3350	3100	2900	2500	2300
Breite „ „ . . . . . „	250	250	230	230	230
Höhe „ „ . . . . . „	200	200	200	160	120
Schwellenabstand maximal von Mitte bis Mitte Schwelle . . . . . cm	50	50	50	60	65

B. Geräte für den Transport.

1. Lastfahrzeuge.

Die Anzahl der für den Abtransport von Erdmassen nötigen Lastfahrzeuge ergibt sich, indem man die für eine volle Fahrt eines Kraftfahrzeuges oder Kraftfahrzuges benötigte Zeit möglichst genau feststellt (Beladezeit + Fahrzeit zur Kippe + Entladezeit + Rückfahrzeit zur Beladungsstelle + Zeit für durch besondere Verhältnisse benötigte Rangiermanöver) und ermittelt, welche Massen ein solches Fahrzeug pro Tag abbefördern kann. Teilt man die insgesamt täglich wegzuschaffende Menge durch diese Zahl, so erhält man als Ergebnis die Anzahl der nötigen Kraftfahrzeuge oder Kraftfahrzüge.

2. Rollbahnen.

a) Gleisanlagen.

Das für einen Bau benötigte Gleismaterial kann nur an Hand eines genauen Bauprogramms ermittelt werden, und es sei betont, daß für große Erdarbeiten dieser Punkt geradezu mit ausschlaggebend ist für die zu erzielenden Leistungen.

Allgemein gilt, daß an Gleisen nicht gespart werden soll, und daß dieselben so angelegt und in solchem Umfange vorhanden sein müssen, daß jeder einzelne Bagger ungehindert arbeiten kann.

Zu den sich aus diesen Erwägungen ergebenden Längen kommen je nach Bedarf die Gleisanlagen am Entladebahnhof, das Verbindungsgleis vom Entladebahnhof zur Baustelle, die Gleisanlagen für einen nicht zu knapp zu bemessenden Abstellbahnhof für Lokomotiven und reparaturbedürftige Wagen beim Hauptwerkplatz der Baustelle und die Gleisanlagen für eine eigene Kohlenstation mit besonderen Strängen für die Sammlung ausfallender Wagen und Bereitstellung reparierter Wagen behufs tunlichster Erhaltung der Zugsstärke.

Manchmal werden nur Teile dieser Anlagen notwendig sein, manchmal aber auch dazu noch andere, wie z. B. ein Gleisdreieck oder eine Gleisschleife zum Drehen der Wagen u. dgl.

Die Art des Oberbaumaterials richtet sich in erster Linie nach der Schwere der Transportgeräte und nach der Bodenbeschaffenheit. Bei schlechtem Untergrund empfiehlt es sich, trotz höherer Anschaffungs und Transportkosten leistungsfähigere Profile zu wählen.

Tabelle 182.

Spurweite . . . . mm	600	750	900
Schienengewicht pro lfd. m kg	12—14	20—25	25—33
Laschengewicht pro Paar . . ,,	3—4	8,6—14	14—27,5
Bolzengröße . . . . mm	16/60	16/75—19/85	19/85—22/105
Bolzengewicht pro 100 St. . kg	17,5	24—36	36—77
Schienennagelgröße. . . . . mm	11/110	11/110—12/120	12/120—13/130
Schienennagelgewicht pro 100 St. . . . . kg	15	15—16,5	16,5—18
Länge der Schwellen . . . . cm	120—130	150—160	170—180
Breite ,, ,, ... ,,	12—13	15—16	17—18
Höhe ,, ,, ... ,,	12	13	14

Angaben über die am häufigsten verwendeten Dimensionen sind aus der Tabelle 182 ersichtlich.

Die kleineren Werte dieser Tabelle gelten jeweils für guten Boden, wie Kies usw., die größeren dagegen für schlechtes Material, wie z. B. Lehm.

Bestehen Zweifel, ob Schienenprofil und Schwellenabstand den gestellten Anforderungen genügen, so kann die Probe darauf gemacht werden unter Benutzung der Winklerschen Raddruckformel:

$$R = \frac{W \cdot k}{0,189 \cdot S}, \tag{21}$$

worin bedeuten:

R den Raddruck in Kilogramm,
W das Widerstandsmoment in cm^3,
k die zulässige Beanspruchung des Schienenquerschnittes in kg/cm^2,
S die Entfernung der Schwellenmitten in Zentimeter.

Als Hilfsmittel kann dabei nachstehende Tabelle 183 dienen, welche die zulässigen Raddrücke (berechnet nach Winkler) für Stahlschienen bei einer Beanspruchung von 1000 kg/cm^2 angibt.

Tabelle 183.

			12	14	20	25	33
Gewicht . . . . kg/m			12	14	20	25	33
Schienenhöhe . . . . mm			80	80	100	115	134
Widerstandsmomente . . . . cm^3			33,8	36,7	65	104	154
	500 mm	kg	3580	3880	6880	11000	16300
Zulässiger Rad-	600 „	„	2980	3230	5730	9170	13600
druck bei einer	700 „	„	2560	2780	4910	7850	11640
Schwellenmitten-	800 „	„	2240	2420	4300	6880	10190
entfernung von	900 „	„	1990	2150	3820	6110	9070
	1000 „	„	1790	1940	3440	5500	8150

Dabei ist angenommen, daß das Gleis gut eingebettet und unterstopft ist.

Ergibt die Untersuchung ein negatives Resultat, so ist zu überlegen, was wirtschaftlicher ist: die Wahl eines kleineren Schwellenabstandes oder eines größeren Schienenprofiles.

b) Rollwagen.

Voraussetzung für die Erzielung guter Leistungen ist, daß Baggergerät und Fahrpark zu einander passen. Es soll deshalb zunächst eine Zusammenstellung derjenigen Größen gegeben werden, welche sich als am empfehlenswertesten erwiesen haben.

Bei Eimerbaggern auf Schienen:

Tabelle 184.

Eimerinhalt l	300	250	200	180	140	100	60
Spurweite der Fahrgleisanlage . mm	900	900	900	750—900	750—900	600—750	600
Wageninhalt . m^3	5—6	3,5—4,5	3—4	2—3,5	2—2,5	1,25—2	0,75—1,25

Bei Eimerbaggern auf Raupenketten:

Tabelle 185.

Eimerinhalt l	15	25	50	75	100
Spurweite der Fahrgleis-anlage . . . . . mm	600	600	600	600—750	750—900
Wageninhalt . . . . m³	0,75	0,75—1	0,75—1,25	1,25—2	2—2,5

Bei Löffelbaggern älterer Bauart:

Tabelle 186.

Löffelinhalt . . . . m³	2,0—2,5	1,6	1,3	1,0	0,75
Spurweite der Fahrgleis-anlage . . . . . mm	750—900	750—900	750—900	600—750	600
Wageninhalt . . . . m³	2—4	2—3	1,5—2,5	1,25—2	1,25

Bei Universalraupenbaggern:

Tabelle 187.

Löffelinhalt . . . . m³	2,0	1,5	1,0	0,75	0,40
Spurweite der Fahrgleis-anlage . . . . . mm	750—900	750—900	600—750	600	600
Wageninhalt . . . . m³	2—6	1,5—4,5	1,25—3	1,25—2	0,75—1,25

Dabei ist zu berücksichtigen, daß der Boden, auf den das Transportgleis zu liegen kommt, von erheblichem Einfluß ist und daß bei Bodenarten, welche die Gleisunterhaltung sehr schwierig gestalten, der Wageninhalt nie zu groß genommen werden sollte.

Zur Bestimmung der Anzahl der benötigten Wagen ist für jeden einzelnen Bagger auszugehen von den Werten der Tabellen 141—150.

Diese Zahlen stellen Mittelwerte dar, welche im Durchschnitt pro geleistete Baggerstunde erzielt werden können.

Um diese Mittelwerte herauszubekommen, ist es notwendig, daß vorübergehend wesentlich höhere Leistungen erreicht werden.

Die richtige Bestimmung dieses Höchstleistungszuschlags, wenn man ihn so nennen will, ist von größter Bedeutung, weil dieselbe nicht nur maßgebend ist für den Umfang des Wagenparkes, sondern auch für die Anzahl der unter Dampf zu haltenden Lokomotiven.

Eine Überschätzung dieses Betrages hat demgemäß zur Folge:

daß unnötig viele Wagen vorgehalten und instandgehalten werden müssen,

daß Frachtauslagen anfallen, die eingespart werden können,

daß mehr Lokomotiven als notwendig festgelegt sind und endlich,

daß die an und für sich im Baubetrieb schon recht geringe Ausnutzung der Lokomotiven noch weiter verschlechtert wird.

Dr.-Ing. J. Rathjens gibt in seinem Buche „Erfahrungsergebnisse über Trockenbaggerbetriebe" diesen Höchstleistungszuschlag mit 70% an.

Dieser Betrag ist entschieden zu hoch.

Untersuchungen, welche der Verfasser daraufhin angestellt hat, haben ergeben, daß hohe Leistungen in solcher Zahl, daß sie für die Erzielung des Gesamtresultats von Bedeutung sind bei Eimerbaggern sowohl, als auch bei Löffelbaggern nur etwa 35% über den in den Tabellen 141—150 angegebenen Werten liegen.

Selbstverständlich wurden bei diesen Untersuchungen auch Leistungen festgestellt, welche dieses Maß noch beträchtlich überschritten. Dieselben waren jedoch so vereinzelt, daß es wirtschaftlich nicht zu verantworten wäre, wenn man den Fahrpark nach solchen ausgesprochenen Spitzenleistungen dimensionieren wollte.

Es empfiehlt sich also für die Dimensionierung des Fahrparks bei Baggern aller Art eine Stundenleistung zugrunde zu legen, welche um 35% höher ist als die für den betreffenden Fall einschlägige Leistung der Tabellen 141—150.

Hat man auf diese Weise festgelegt, von welchen Leistungszahlen auszugehen ist, so treten als die nächsten unbekannten Größen in Erscheinung

die Zugsgeschwindigkeit des Voll- und Leerzuges,

die Aufenthalte während der Fahrt und

die Zeitverluste auf der Kippe.

Bei der Zugsgeschwindigkeit wird man zweckmäßig keine Unterteilung in Voll- und Leerzug vornehmen, sondern mit einer mittleren Geschwindigkeit rechnen, und zwar kann man dieselbe nach meinen Erfahrungen und Feststellungen bei Dampflokomotiven von 900 mm Spurweite mit ca. 12 km/st und bei Dampflokomotiven von 600 und 750 mm Spurweite mit ca. 10 km/st annehmen.

Diesellokomotiven kommen vorerst nur für kleinere Erdbewegungen in Betracht und man kann bei ihnen annähernd die in Tabelle 56 angegebenen Werte zugrunde legen.

Als Aufenthalte während der Fahrt kommen in Betracht solche für etwa notwendiges Umsetzen der Lokomotive oder auch für die Aufnahme von Kohle und Wasser. Der durchschnittliche Zeitaufwand hierfür beträgt für jedes Umsetzen ca. 3 Minuten und für Kohlen- und Wasserfassen ca. 10 Minuten.

Ob und inwieweit Aufenthalte dieser Art in die Berechnung einzuführen sind, kann nur von Fall zu Fall entschieden werden.

Der Aufenthalt für Kohlen- und Wasserfassen wird bei Löffelbaggern stets auftreten, bei Eimerbaggern hingegen häufig in Wegfall kommen, weil dies besorgt werden kann, während der Zug vollgebaggert wird.

Was den für das Kippen der Züge notwendigen Zeitaufwand anbelangt, so können dafür allgemeine Angaben schwer gemacht werden.

Derselbe hängt ab:

von der Anzahl der Wagen im Zug,

der Stärke der Kippmannschaft, ob in einer oder mehreren Kolonnen gekippt werden kann,

der Art des Materials, ob es leicht aus dem Wagen geht oder zu seiner Entfernung besonderer Maßnahmen bedarf, der Art der Wagen, ob eiserne Muldenkipper oder Holzkastenkipper und wiederum

ob sog. Selbstkipper bzw. Wagen mit verbesserter Kippvorrichtung oder gewöhnliche Wagen und endlich

der Art der Kippe, ob Ablagerungskippe oder Dammkippe,

der Höhe und Standfestigkeit derselben.

Das sind fast ausnahmslos Dinge, die nur bei genauer Kenntnis des Objektes richtig beurteilt werden können.

Im allgemeinen wird es genügen, wenn man dafür mit Rücksicht auf die Tatsache, daß bei größeren Erdbewegungen immer möglichst große Züge gefahren werden sollen, einsetzt:

bei leicht kippbarem Material und Verwendung gewöhnlicher Wagen etwa 10 Minuten,

bei leicht kippbarem Material und Verwendung von Selbstentladern etwa 3—5 Minuten,

bei schwer kippbarem Material und Verwendung gewöhnlicher Wagen etwa 15 Minuten,

bei schwer kippbarem Material und Verwendung von Selbstentladern etwa 10 Minuten.

Für kleine Erdbewegungen wird man im allgemeinen schon mit etwa 5—10 Minuten bei Verwendung der gewöhnlichen Muldenkipper auskommen.

Nachdem alle für die Dimensionierung des Wagenparks notwendigen Unterlagen beschafft sind, kann zu dieser selbst geschritten werden, und zwar sind es zwei Dinge, welche dabei festgelegt werden müssen:

1. der notwendige Fassungsraum,

2. die Aufteilung des Wagenparks in gewöhnliche Wagen (Läufer) und solche mit Bremsen (Bremser).

1. Feststellung des insgesamt notwendigen Fassungsraumes. Wichtig für die Entscheidung dieser Frage ist der Grad der Auflockerung des Materials im Wagen, den man etwa annehmen kann wie folgt:

bei leichtem Boden mit	12 %	bei schwerem Boden mit	30 %
„ mittelschwerem Boden mit	20 %	„ sehr schwerem Boden mit	50 %

Für die Feststellung des insgesamt nötigen Fassungsraumes gilt dann, daß jederzeit so viel Fassungsraum zur Verfügung stehen muß, als der Bagger bei normaler ununterbrochener Tätigkeit zu füllen vermag von dem Augenblick, wo ein Zug den Bagger verläßt bis zu dem Augenblick, wo der gleiche Zug wieder leer unter ihm steht oder auf eine einfache Formel gebracht:

$$F = \frac{L \cdot \delta}{60} \cdot \left(\frac{2\,l}{v} + t_u + t_k + t_b \right), \tag{22}$$

worin bedeuten

F = erforderlicher Fassungsraum,

L = Maximalleistung des Baggers = Normalleistung (Tabellen 141 bis 150) + 35 %,

δ = Auflockerungskoeffizient, und zwar

bei leichtem Boden	= 1,12	bei schwerem Boden	= 1,30
„ mittelschwerem Boden	= 1,20	„ sehr schwerem Boden	= 1,50

l = Transportweite in Metern,

v = Zugsgeschwindigkeit je Minute in Metern, das ist bei Verwendung von

Dampflokomotiven mit 900 mm Spurweite $= \dfrac{12\,000}{60} = 200$ m/min

,,   mit 600 u. 750 ,,   ,, $= \dfrac{10\,000}{60} = 166{,}67$,,

t_u = Aufenthalt beim Umsetzen,

t_k = Zeitverlust auf der Kippe,

t_b = Zeitaufwand für die Aufnahme von Betriebsstoffen.

Die Anzahl der insgesamt nötigen Züge ist dann

$$z = \frac{F}{f} + 1 \text{ Zug am Bagger,} \qquad (23)$$

dabei ist

z = Zugzahl,

F = der für die Dauer einer vollen Rundfahrt benötigte Fassungsraum und

f = das Fassungsvermögen eines Zuges.

Das Fassungsvermögen des einzelnen Zuges bzw. die Wagenzahl n je Zug errechnet sich nach den Formeln

$$f = n \cdot J \qquad (24)$$

und

$$n = \frac{Z - G\,(w_1 + s_m)}{q_0 \cdot (w_2 + s_m)}, \qquad (25)$$

worin bedeuten

n = Anzahl der Wagen,

J = Inhalt eines Wagens in Kubikmetern,

Z = Zugkraft der Lokomotive in Kilogramm (s. Tabellen 55 und 56),

G = Gewicht der Lokomotive in Tonnen (s. Tabellen 55 und 56),

w_1 = Laufwiderstand der Lokomotive in Kilogramm/Tonne (derselbe kann für Baulokomotiven mit 10 kg/t angenommen werden),

s_m = maßgebende Steigung der Bahn, die man ohne zwingende Gründe nicht höher als $1 : 50 = 20\,^0/_{00}$ nehmen sollte,

w_2 = Laufwiderstand des Wagenzuges in Kilogramm/Tonne (derselbe wird praktisch zweckmäßig mit 6 kg/t angenommen),

q_0 = Gewicht eines beladenen Wagens in Tonnen.

Dasselbe setzt sich zusammen aus dem Durchschnittsgewicht von Läufern und Bremsern und dem Gewicht des Wageninhalts.

Nimmt man an, daß etwa auf acht Wagen ein Bremser trifft, so ergeben sich als Durchschnittsgewichte die in Tabelle 188 angegebenen Werte. Das Gewicht des Wageninhalts erhält man, indem man dessen Rauminhalt J teilt durch den Auflockerungskoeffizienten δ und den erhaltenen Quotienten multipliziert mit dem spezifischen Gewicht der Erdmassen, welches man annehmen kann

bei leichtem Boden etwa zu	1,7	bei schwerem Boden etwa zu	1,9
,, mittelschwerem Boden etwa zu	1,8	,, sehr schwerem Boden etwa zu	2,0

Es ergibt sich sohin das Gewicht des Wageninhalts

bei leichtem Boden zu	1,52 J	bei schwerem Boden zu	1,46 J
,, mittelschwerem Boden zu	1,50 J	,, sehr schwerem Boden zu	1,33 J

Tabelle 188.
Durchschnittsgewichte der üblichsten Wagengrößen und -typen.

| Spurweite | Wagen-inhalt | Mulden-kipper schwerer Bauart | Mulden-selbst-entlader | Holzkastenkipper | | Zweiseitig kippende Stahl-kasten-kipper | Selbst-entlader von Fr. Krupp A.-G. |
| | | | | einseitig kippend | zweiseitig kippend | | |
mm	m³	ca. kg	ca. kg	ca. kg	ca. kg	ca. kg	ca. kg
600	0,75	465	—	—	—	—	—
	1,00	650	—	745	825	—	—
	1,25	720	—	815	895	—	—
	1,50	805	915	935	1015	—	—
	2,00	—	1100	1150	—	1600	—
750	1,00	665	—	—	—	—	—
	1,25	735	—	—	—	—	—
	1,50	825	930	965	—	—	—
	2,00	1120	1120	1160	1275	2245	—
	3,00	—	—	—	—	2480	—
	5,00	—	—	—	—	3950	—
	6,00	—	—	—	—	4545	—
900	1,50	—	960	—	—	—	—
	2,00	1160	1170	1210	—	2300	—
	2,50	—	—	1340	1480	—	—
	3,00	—	—	2025	2165	2540	—
	3,50	—	—	2230	2380	—	2760
	4,00	—	—	2380	2540	3580	3585
	4,50	—	—	2835	—	—	—
	5,00	—	—	—	—	4020	—
	5,30	—	—	—	—	—	3850
	6,00	—	3945	—	—	4645	6655
	4,30	—	—	—	—	—	7060

Wagen für den Antransport von Betriebsstoffen wie Kohle u. dgl. vom Entladebahnhof zur Ausgabestelle sind, wenn nötig, noch eigens hinzuzuzählen.

Zu der auf diese Weise ermittelten Wagenzahl kommen dann je nach Material und Art des Betriebes noch 6—12 % Reservewagen be Tagschicht und 10—20 % Reservewagen bei Tag- und Nachtschicht.

Beispiel. Es sei $L = 180 + 35\%$ aus $180 = 243$ m³,

$$\delta = 1{,}20,$$
$$l = 1200 \text{ m},$$
$$v = 200 \text{ m/min},$$
$$t_u = 3 \text{ min},$$
$$t_k = 10 \text{ min},$$
$$t_b = 10 \text{ min},$$

dann ist nach Gl. (22)

$$F = \frac{243 \cdot 1{,}2}{60} \cdot \left(\frac{2 \cdot 1200}{200} + 3 + 10 + 10\right) = 170 \text{ m}^3.$$

Hat man nun für die Arbeit Lokomotiven von 160 PS Stärke und einseitig kippende Holzkastenkipper von 4 m³ Inhalt vorgesehen und beträgt die größte Dauersteigung der Transportbahn 20 %/₀₀, dann ist

$$Z = 3720 \, \text{kg} \; (\text{Tab. } 55),$$
$$G = 19{,}0 \, \text{t},$$
$$w_1 = 10 \, \text{kg/t},$$
$$s_m = 20 \, {}^0/_{00},$$
$$q_0 = 2{,}380 + 1{,}50 \times J = 2{,}380 + 1{,}50 \cdot 4{,}0 = 8{,}38 \, \text{t},$$
$$w_2 = 6 \, \text{kg/t}$$

und

$$n = \frac{3720 - 19(10 + 20)}{8{,}38 \cdot (6 + 20)} = \frac{3150}{217{,}88} = \sim 14 \,,$$

$$f = n \cdot J = 14 \cdot 4{,}0 = 56 \, \text{m}^3 \,.$$

Die Anzahl der insgesamt nötigen Züge wäre in diesem Fall

$$z = \frac{F}{f} + 1 = \frac{170}{56} + 1 = 4 \,,$$

d. h. für die Bedienung des Baggers müßten unter den angenommenen Verhältnissen 4 Züge mit je 14 Wagen von 4 m³ Fassungsvermögen bereitgestellt werden.

Im allgemeinen wird man bestrebt sein, die Verhältnisse bei größeren Erdbewegungen so zu gestalten, daß man Züge mit mindestens 80 m³ Fassungsvermögen fahren kann. Dies kann auf zweierlei Art erreicht werden: einmal durch Einstellung schwerer Lokomotiven und das andere Mal dadurch, daß man größere Steigungen in der Transportbahn möglichst vermeidet.

2. Aufteilung des Wagenparks in Läufer und Bremser. In § 104 der Unfallverhütungsvorschriften der Tiefbau-Berufsgenossenschaft wird verlangt, daß die Geschwindigkeit in Gefällsstrecken, besonders in Kurven so weit herabzusetzen ist, daß der Zug jederzeit schnell zum Halten gebracht werden kann und in § 90 heißt es: In alle Züge mit Maschinenbetrieb sind je nach dem Gefälle der zu befahrenden Strecke entweder so viele bediente Bremswagen einzustellen, daß der Zug auf jeder beliebigen Stelle der Bahn, auch bei schlüpfrigen Schienen, ohne Schwierigkeit sofort angehalten werden kann oder die Länge des Arbeitszuges darf nur so bemessen werden, daß die Lokomotive allein imstande ist, den Zug jederzeit sofort zum Stillstand zu bringen.

Mit dieser Bestimmung ist in der Praxis gar nichts anzufangen. Sie ist geeignet, bei wörtlicher Befolgung jede wirtschaftliche Durchführung einer größeren Arbeit unmöglich zu machen und das gesteckte Ziel, nämlich Unfälle nach Möglichkeit zu verhüten, wird damit bestimmt nicht erreicht.

Bekanntlich liegt in jedem in Bewegung befindlichen Zug eine gewisse kinetische Energie, die vernichtet werden muß, wenn man den Zug zum Stehen bringen will. Diese Vernichtung wird bewirkt durch das Anziehen der Bremsen; auf jeden Fall aber durchläuft der Zug noch eine gewisse Strecke, den Bremsweg, bis er zum Stehen kommt. Diese Strecke kann auf ein Mindestmaß herabgesetzt werden, wenn man, wie in den Unfallverhütungsvorschriften verlangt ist, sehr viele Bremswagen einschaltet und besetzt. Dieses Verfahren ist aber sehr kostspielig und vor allem gerade vom Standpunkt der Unfallverhütung nicht unbedenklich, denn bekanntlich bedeutet jeder Bremser auf einem fahrenden Zug einen Mann in erhöhter Unfallgefahr und wenn vollends, was sehr leicht vorkommen kann, bei scharfem Bremsen die Bremsen von den einzelnen Bremsern ungleichmäßig angezogen werden, so ist die Gefahr, daß dadurch die Wagen aufeinandergeschoben und schwere Unfälle hervorgerufen werden, sehr groß. Es ist deshalb meines Erachtens außerordentlich wichtig, daß in dieser Sache das richtige Maß gehalten wird, um die Unfallgefahr, soweit dies möglich ist, zu beschränken und dazu müßten die Vorschriften einen Bremsweg zulassen, der das Anhalten eines normalen Bauzuges auf möglichst stoßfreie Weise gestattet. Die unterste Grenze, bei welcher dies noch einigermaßen zutrifft, dürfte bei schweren Zügen wohl bei 60 m und bei leichteren Zügen etwa bei 40 m liegen, und ich würde empfehlen, für die notwendigen Berechnungen mangels greifbarer Vorschriften diese Werte zugrunde zu legen.

Es ist dann

$$\tfrac{1}{2} \cdot M \cdot v^2 = Q\,(p \cdot \mu \cdot k + w \pm s_m)\,l_{br}\,, \qquad (26)$$

worin bedeuten

$M =$ Masse des Zuges $= \dfrac{1000\,Q}{9{,}81} = 100\,Q$ kg/m,

$v\ =$ Geschwindigkeit des Zuges in Meter/Sekunden,

$Q\ =$ Gewicht des ganzen Zuges in Tonnen,

$p\ =$ Verhältnis des Gewichts des gebremsten Zugteils zum Gewicht des ganzen Zuges (Bremsprozente),

$\mu\ =$ Reibung zwischen Rad und Bremsklotz in Kilogramm/Tonnen,

$k\ =$ Verhältnis des Bremsklotzdruckes zum abgebremsten Gewicht,

$w\ =$ mittlerer Laufwiderstand des ganzen Wagenzuges in Kilogramm/Tonnen,

$s_m\ =$ maßgebende Steigung der Bahn in $^0/_{00}$,

$l_{br}\ =$ Länge des Bremsweges in Metern.

Daraus ergibt sich

$$l_{br} = \frac{50\,v^2}{p \cdot \mu \cdot k + w \pm s_m} \qquad (27)$$

und

$$p = \frac{\dfrac{50\,v^2}{l_{br}} - w \mp s_m}{\mu \cdot k}\,. \qquad (28)$$

Beispiel. Mit wieviel besetzten Bremswagen muß der im Beispiel zu Ziffer 1 (S. 228) ermittelte Bauzug ausgestattet werden, wenn er bei einer Geschwindigkeit von 18 km/st und $20^0/_{00}$ Gefälle auf 60 m zum Stehen gebracht werden soll?

Es ist nach Gl. (28)

$$p\ = \frac{\dfrac{50 \cdot v^2}{l_{br}} - w \mp s_m}{\mu \cdot k}\,,$$

$v\ = 18$ km/st $= 5$ m/sek,

$l_{br} = 60$ m,

$w\ = (19 \cdot 10 + 14 \cdot 8{,}38 \cdot 6) : 136{,}32 = 6{,}56$ kg/t,

$s_m = 20^0/_{00}$,

$\mu\ = 160$ kg/t,

$k\ = 0{,}6,$

$$p\ = \frac{\dfrac{50 \cdot 5^2}{60} - 6{,}56 + 20}{160 \cdot 0{,}6} = \frac{20{,}83 - 6{,}56 + 20}{96} = 0{,}357\,.$$

Es müssen sohin abgebremst sein
$$0,357 \cdot 136,32 = 48,67 \text{ t}$$
$$[48,67 - 19,0 \text{ (Lokomotivgewicht)}] : 8,38 = \sim 4,$$
d. h. von den 14 Wagen müssen 4 Stück besetzte Bremswagen sein, wenn der gestellten Forderung Genüge geleistet werden soll.

Von Wichtigkeit ist schließlich die Entscheidung der Frage, was für Wagen man am zweckmäßigsten wählt: gewöhnliche Wagen oder Selbstentlader.

Bleibt man bei dem obigen Beispiel, so kosten

<pre>
10 Holzkastenkipper von 4 m³ Inhalt ohne Bremse 6340 RM.
 4   „   „   4 „   „   mit   „   2808 „
                                               ─────────
                                                 9148 RM.

10 Krupp-Selbstentlader von 4 m³ Inhalt ohne Bremse 18000 RM.
 4   „   „   4 „   „   mit   „   8000 „
                                                    ─────────
                                                     26000 RM.
</pre>

Die Anlagekosten sind also für die Krupp-Selbstentlader in diesem Falle um 16852 RM. höher, als wenn man gewöhnliche, einseitig kippende Holzkastenkipper von gleichem Fassungsvermögen nimmt.

Verzinsung und Abschreibung nach III B, Gruppe I
$$27,5\% \text{ aus } 16852 \text{ RM.} = 4626,30 \text{ RM.}$$

Nimmt man weiterhin an, daß der Stundenlohn einschl. sozialer Lasten 1,— RM. beträgt, so ist z. B. die Lohnersparnis je Kubikmeter bei Verwendung von Selbstentladern auf einer Ablagerungskippe bei mittelschwerem Boden nach den Ausführungen auf S. 245ff. maximal 0,13 RM., d. h. die Beschaffung dieser verhältnismäßig teueren Wagen würde ins Auge zu fassen sein, wenn innerhalb eines Jahres mindestens $4626,30 : 0,13 = 35587$ m³ mit einer solchen Garnitur von 14 Wagen transportiert würden.

Der Inhalt eines Zuges beträgt $14 \cdot \dfrac{4,00}{1,20} = 46,67$ m³, so daß zur Erfüllung dieser Leistung insgesamt 763 Züge innerhalb eines Jahres oder bei Annahme von 275 Arbeitstagen täglich rund drei Züge gefahren werden mußten.

Nimmt man an, daß bei einschichtigem Betrieb im Durchschnitt täglich vier Züge und bei dreischichtigem Betrieb im Durchschnitt täglich zehn Züge gefahren werden, so ist der Mehraufwand an Kapital bei Beschaffung von Selbstentladern getilgt, wenn innerhalb 4 Jahren die in Tabelle 189 angegebene Zahl von Betriebstagen erreicht wird.

Tabelle 189.

Betriebsart	Einschichtig		Dreischichtig	
Beschaffenheit der Kippe.	Hoch	Niedrig	Hoch	Niedrig
Anzahl der zur Tilgung des Mehraufwands nötigen Betriebstage				
bei leichtem Boden . . . . Tage	925	1157	370	463
„ mittelschwerem Boden . . . . „	763	991	305	397
„ schwerem Boden . . . . „	716	1074	287	430

Nicht so günstig liegen die Verhältnisse, wenn das Material nicht in Ablagerungskippen, sondern in Dammkippen eingebaut wird. In diesem Falle darf man annähernd mit den Werten der Tabelle 190 rechnen, d. h. es kommen Selbstentlader nur in Betracht, wenn durch länger währenden Mehrschichtenbetrieb eine hinreichende Ausnutzung gewährleistet ist.

Tabelle 190.

Betriebsart	Einschichtig		Dreischichtig	
Beschaffenheit der Kippe	Hoch	Niedrig	Hoch	Niedrig
Anzahl der zur Tilgung des Mehraufwands nötigen Betriebstage				
bei leichtem Boden . . . . Tage	1850	1850	740	740
„ mittelschwerem Boden . . . . „	1239	1239	496	496
„ schwerem Boden . . . . „	1074	1074	430	430

3. Lokomotiven.

Die Beförderung der Wagen geschieht bei größeren Erdbewegungen auch heute noch fast ausschließlich unter Zuhilfenahme von Dampflokomotiven und die Frage, wie viele Lokomotiven für die Durchführung eines Baues notwendig sind, scheint auf den ersten Blick keiner besonderen Untersuchung zu bedürfen und damit erledigt zu sein, daß man der Anzahl der für den Transport der Züge nötigen Maschinen noch eine entsprechende Reserve zusetzt.

Dem ist aber nicht so.

Die Leistungsfähigkeit der Lokomotiven ist natürlich auch nur eine beschränkte und es ist infolgedessen genau zu prüfen, ob das zur Verfügung stehende Maschinenmaterial den an es gestellten Ansprüchen gewachsen ist, sofern man nicht unliebsame Überraschungen erleben will.

Um diese Untersuchungen vornehmen zu können ist es notwendig, sich zunächst etwas mit den Grundlagen dafür zu beschäftigen.

Maßgebend für die Leistungsfähigkeit einer Lokomotive sind außer dem Zustand, in dem sie sich befindet, die Richtungs- und Steigungsverhältnisse der Gleisanlage und die Zugkraft, welche sie zu entwickeln vermag.

Die Maschinenfabrik J. A. Maffei, München schrieb hierzu in ihrem Spezialkatalog über Schmalspurlokomotiven u. a. folgendes, wobei bemerkt wird, daß die Angaben nur auszugsweise entnommen und je nach Bedarf entsprechend ergänzt wurden.

a) Richtungs- und Steigungsverhältnisse.

Mit der Steigung einer Bahnlinie wächst der Zugwiderstand ganz erheblich und zwar gibt die Zahl, welche das Steigungsverhältnis pro Tausend anzeigt, zugleich den durch diese Steigung bedingten Zugwiderstand in Kilogramm pro 1 t Zuggewicht an.

Der Reibungswiderstand in den Kurven wächst mit der Größe des Radstandes der Fahrzeuge und mit der Verkleinerung des Krümmungshalbmessers. Durch richtige Spurerweiterung läßt sich der Widerstand wesentlich reduzieren.

Zuverlässige Zahlenwerte zur Bestimmung der Kurvenwiderstände liegen nicht vor. Bei gut verlegtem Oberbau und nicht zu großen Radständen wird man den Kurvenwiderstand pro Tonne Zuggewicht schätzungsweise nach folgenden Formeln ermitteln können, worin r den Kurvenhalbmesser in Meter bedeutet:

$$\text{für 900 mm Spurweite} \quad \frac{400}{r-16} \text{ kg pro 1 t Zuggewicht}$$

$$\text{,, 750 ,,} \qquad \text{,,} \quad \frac{300}{r-10} \text{ ,, ,, 1 t ,,}$$

$$\text{,, 600 ,,} \qquad \text{,,} \quad \frac{200}{r-5} \text{ ,, ,, 1 t ,,}$$

Wie man daraus ersehen kann, ist der Einfluß von Steigung und Richtung der Dienstbahn auf die Leistungsfähigkeit der Lokomotiven ganz bedeutend und es wird darum auch bei derartigen, nur vorübergehenden Zwecken dienenden Anlagen stets zu untersuchen sein, ob es wirtschaftlicher ist, eine den Unebenheiten des Geländes folgende Linie zu wählen oder durch Einschnitte und Dämme einen Schienenweg zu schaffen, der eine möglichst hohe Ausnützung der Lokomotiven gestattet.

b) Zugkraft.

Die Zugkraft, welche eine Lokomotive ausüben kann, hängt ab:

von dem Adhäsionsgewicht, d. h. von der Summe der Raddrücke der angetriebenen Achsen (Treib- und Kuppelachsen),

von den Dimensionen der Dampfzylinder (Zylinderdurchmesser und Kolbenhub), dem Treibraddurchmesser und dem Betriebsdampfüberdruck („Zugkraft aus der Maschinenleistung") und

von der Größe und Leistungsfähigkeit des Kessels.

Bei einer richtig gebauten Lokomotive müssen diese drei Hauptfaktoren in einem harmonischen Verhältnis stehen.

Die Adhäsion, d. h. die Reibung zwischen Rad und Schiene, hängt von den Witterungseinflüssen und den örtlichen Verhältnissen ab. Bei Tau, Regen oder Schnee vermindert sich die Adhäsion. Das gleiche ist der Fall auf Waldbahnen, wo die Schienen mit Blättern bedeckt sind. Trockenheit erhöht die Adhäsion.

Mit Hilfe des an den Lokomotiven angebrachten Sandstreuapparates kann man die Adhäsion wesentlich vergrößern. Dies ist aber nur ein vorübergehender Behelf, denn für ein ununterbrochenes Sandstreuen auf lange Strecken würde der Sandvorrat nicht ausreichen.

Hat man es mit Bahnstrecken zu tun, bei denen die Adhäsion durch ungünstige Umstände dauernd vermindert ist, so empfiehlt sich die Verwendung von Lokomotiven, bei denen ein größeres Verhältnis zwischen Adhäsionsgewicht und Zugkraft zugrunde gelegt ist.

Im allgemeinen wird es bei Neben-, Feld- oder Industriebahnen genügen, wenn das Adhäsionsgewicht 6—8mal größer als die größte Zugkraft ist. Bei besonders günstigen Verhältnissen genügt schon ein fünffach größeres Adhäsionsgewicht.

Bei Baulokomotiven handelt es sich weniger um große Geschwindigkeit als um große Zugkraft, was dazu geführt hat, daß man denselben einen möglichst kleinen Raddurchmesser gibt und das ganze Lokomotivgewicht zum Adhäsionsgewicht macht, d. h. alle Achsen kuppelt.

Die Dimensionen der Dampfzylinder können natürlich nur so groß gewählt werden, daß bei der voraussichtlich größten Zugkraft bzw. Zuggeschwindigkeit das vom Kessel erzeugte Dampfquantum noch ausreicht.

Bei mittlerer Geschwindigkeit, einem richtig bemessenen Kessel und passenden Adhäsionsgewicht kann die dauernd auszuübende Zugkraft in Kilogramm einer Lokomotive „aus der Maschinenleistung" berechnet werden nach der Formel:

$$Z = \frac{k \cdot p \cdot d^2 \cdot h}{D}, \qquad (29)$$

worin bedeutet:

k einen Koeffizienten, welcher bei Zwillingslokomotiven $= 0{,}5$ bis $0{,}6$ gesetzt wird.

> (Anm.: 0,6 sollte man nur nehmen bei neuen, gut eingelaufenen Lokomotiven; bei Maschinen, welche schon längere Zeit Dienst machen, empfiehlt es sich, mit dem kleineren Wert 0,5 zu rechnen)

p den Dampfüberdruck in kg/cm^2,
d den Zylinderdurchmesser in Zentimeter,
h den Kolbenhub in Zentimeter und
D den Treibraddurchmesser in Zentimeter.

Als Ergänzung dieser Ausführungen möge nachstehende ebenfalls dem Spezialkatalog der Firma J. A. Maffei, München, entnommene Tabelle 191 mit den Hauptdimensionen der im Tiefbau am häufigsten verwendeten Lokomotiven dienen.

Die von einer Lokomotive zu entwickelnde Zugkraft wird dann bestimmt:

durch das Gewicht des zu befördernden Zuges,
den Eigenwiderstand der Wagen und der Lokomotive und
den Steigungs- und Krümmungswiderstand.

Das Gewicht des zu befördernden Zuges ergibt sich ohne weiteres aus dem Endergebnis der nach Abschn. II B 2 b angestellten Ermittlungen.

Der Eigenwiderstand der Wagen und der Lokomotive wächst bei gleichem Zuggewicht mit der Anzahl der Achsen und mit der Reibung der Radachsschenkel in ihren Lagern. Diese Reibung erhöht sich durch schlechte Ausführung und Schmierung der Lager.

Der Eigenwiderstand bei Schmalspurförderwagen schwankt zwischen 3 und 8 kg pro 1 t Gewicht und kann bei sehr schlechten Wagenachslagern und ungenügender Schmierung sogar noch größer werden. Als guten Mittelwert kann man etwa 6 kg pro Tonne Gewicht ansprechen.

Der Eigenwiderstand von zweiachsigen Schmalspurlokomotiven kann mit 10 kg pro Tonne Gewicht angenommen werden.

Der Steigungs- und Krümmungswiderstand kann auf einfache Weise gefunden werden, indem man bei gleichmäßiger Steigung den Durch-

Tabelle 191. Hauptdimensionen von normalen zweiachsigen Schmalspur-Tenderlokomotiven für Kohlenfeuerung.

Spurweite . . . . mm		600			750				900				
Normalleistung . . . . PS		35	45	55	45	55	70	90	90	110	140	160	200
Dampfdruck pro cm² (p)	kg	12	12	12	12	12	12	12	12	12	12	12	12,5
Zylinderdurchmesser (d)	mm	165	185	210	185	210	245	260	260	280	300	300	325
Kolbenhub (h).	mm	300	300	300	300	300	350	400	400	400	400	430	430
Durchm. der Treib- u. Kuppelräder (D) mm		600	600	600	600	600	700	800	800	800	800	800	800
Zugkraft I = 0,5 $\left.\right\} \dfrac{p\,d^2 h}{D}$	kg	815	1027	1325	1027	1325	1800	2028	2028	2350	2700	2970	3550
„ II = 0,6		980	1232	1590	1232	1590	2160	2433	2433	2820	3240	3560	4250
Heizfläche der Feuerbüchse . . . . . m²		1,45	1,83	2,18	1,83	2,18	2,35	2,85	2,85	3,14	3,705	4,00	4,30
„ „ Siederohre . . . . . . m²		10,46	14,50	17,60	14,50	17,60	22,60	27,70	27,70	34,09	38,50	41,20	50,70
„ total . . . . m²		11,91	16,33	19,78	16,33	19,78	24,95	30,55	30,55	37,23	42,205	45,20	55,00
Rostfläche . . . . m²		0,305	0,38	0,41	0,38	0,41	0,475	0,53	0,53	0,65	0,72	0,80	0,90
Siederohre . . . . St.		44	58	66	58	66	81	90	90	106	115	115	134
Radstand . . . . mm		1000	1100	1200	1100	1200	1400	1600	1600	1600	1750	1800	1800
Wasservorrat l		520	570	620	720	815	1000	1255	1600	1710	1790	1830	2380
Kohlenvorrat l		500	580	600	580	600	650	760	760	880	1080	1080	1170
Leergewicht . . . . ca. kg		5500	6500	7150	6600	7250	9500	10700	11000	13000	14000	14500	17200
Dienstgewicht . . . . ca. kg		7000	8300	9150	8550	9450	11950	13800	14500	16700	18100	18700	22350
Größter Raddruck . . . . ca. kg		1750	2075	2290	2140	2365	2990	3450	3625	4175	4525	4675	5590
Größte Länge der Lokomotive . ca. mm		4560	4860	4950	4860	4950	5500	5640	5640	5800	6380	6520	6525
„ Breite „ „ . ca. mm		1660	1720	1820	1720	1820	1880	2050	2050	2120	2320	2320	2350
„ Höhe „ „ . ca. mm		2950	3000	3000	3000	3000	3000	3230	3230	3290	3325	3325	3420
Normalgeschw. bei Zugkraft I . . . km		11,6	11,8	11,2	11,8	11,2	10,5	12	12	12,6	14	14,5	15,2
„ „ „ II . . . km		9,6	9,9	9,3	9,9	9,3	8,75	10	10	10,5	11,7	12,1	12,7
Größte Geschwindigkeit . . . . . Std.		20	25	25	25	25	25	30	30	30	35	35	35
Kleinster Kurvenradius . . . . m		10	15	18	15	18	26	35	35	35	45	50	50
	1 : 20 = 50⁰/₀₀ . . t	9	13	18	13	18	26	29	29	36	39	44	53
Beförderbare	1 : 30 = 33,3⁰/₀₀ . t	16	22	30	22	30	42	47	47	57	63	71	84
Brutto-Zuglast	1 : 40 = 25⁰/₀₀ . . t	21	30	41	30	41	57	63	63	76	85	94	112
ausschließlich	1 : 50 = 20⁰/₀₀ . . t	28	38	51	38	51	70	78	78	93	104	116	138
Lokomotivgewicht	1 : 60 = 16,7⁰/₀₀ . t	33	45	59	45	59	81	91	91	108	122	133	161
auf einer	1 : 80 = 12,5⁰/₀₀ . t	42	57	75	57	75	103	115	115	136	154	170	203
geraden Steigung	1 : 100 = 10⁰/₀₀ . . t	49	67	88	67	88	121	135	135	159	181	200	238
von	1 : 200 = 5⁰/₀₀ . . t	75	101	132	101	132	181	203	203	238	271	299	355
	1 : 500 = 2⁰/₀₀ . . t	106	142	185	142	185	253	284	284	332	379	418	498
horizontal . . . . . 1 : ∞ = 0⁰/₀₀ . . t		144	192	250	192	250	341	383	383	447	511	563	671

schnittswert pro Tausend oder bei längeren Strecken mit größerer Steigung deren Wert sowie die voraussichtlich zu durchfahrenden Kurven überschlägig festlegt und nach den obigen Angaben und Formeln auswertet.

Ist die so errechnete notwendige Zugkraft größer als die Zugkraft der vorgesehenen Maschinen (was aus Tabelle 191 zu entnehmen ist), so muß man prüfen, wie am wirtschaftlichsten Abhilfe geschaffen werden kann:

ob durch Einsatz stärkerer Maschinen oder

durch Verwendung eigener Schublokomotiven oder

durch Verkleinerung der Züge oder endlich

durch Änderungen in den Steigungs- und Richtungsverhältnissen der Rollbahn.

Linienführung und Leistungsfähigkeit von Lokomotiven sind infolge ihrer Bedeutung für die Wirtschaftlichkeit selbstverständlich schon mannigfach Gegenstand eingehender Untersuchungen gewesen.

Eine der bedeutsamsten Arbeiten dieser Art stellt die in dem „Organ für die Fortschritte des Eisenbahnwesens" Jahrg. 1922, Heft 3 erschienene Abhandlung des o. ö. Professors Ing. Dr. Leopold Oerley, Wien, dar, betitelt: Die maßgebende Arbeitshöhe der Eisenbahn. Ein neuer Vergleichswert zur Beurteilung von Linienführung und Betriebsart. Prof. Ing. Dr. L. Oerley hat damit Unterlagen geschaffen, welche zunächst zur Beurteilung verschiedener Linienführungen im Gebirge dienen sollten, kommt aber zu so klaren und einfachen Ergebnissen, daß es sich verlohnt, das Verfahren in Anlehnung an die von ihm gegebene Entwicklung auch auf die Verhältnisse im praktischen Baubetrieb zu übertragen.

Das Geheimnis seines Erfolges besteht darin, daß er einen neuen Vergleichswert, die „maßgebende Arbeitshöhe" einführt, der zwar nicht unmittelbaren Aufschluß über die Höhe aller Betriebskosten, wohl aber über eine ihrer belangreichen Grundlagen, die theoretische Zugförderungsarbeit, „Zgf.-A.", bezogen auf 1 t Rohwagenlast, „Rwl." gibt und sehr anschaulich und frei von allen unsicheren Erfahrungswerten der Statistik ist.

I. Die maßgebende Arbeitshöhe H_0. Bezeichnungen:

G = Gewicht der Lokomotive in Tonnen,

R = Reibgewicht der Lokomotive in Tonnen,

ϱ = $R : G$ = Reibgrad der Lokomotive,

> (Anm.: Unter „Reibungsgewicht" einer Lokomotive versteht man das Gewicht, mit welchem die durch Treib- oder Kuppelstangen angetriebenen Räder auf die Schienen drücken. — Bei Baulokomotiven sind, wie schon weiter oben erwähnt, in der Regel die sämtlichen Räder gekuppelt, so daß das ganze Lokomotivgewicht Reibungsgewicht ist, der Reibgrad also $\varrho = 1$)

Q_0 = größtmögliches Gewicht des Wagenzuges in Tonnen,

Q = $G + Q_0$ = Gewicht des ganzen Zuges in Tonnen,

w_1 = Laufwiderstand der Lokomotive in Kilogramm/Tonnen,

> (Anm.: Derselbe kann für Baulokomotiven mit 10 kg/t angenommen werden)

w_2 = Laufwiderstand des Wagenzuges in Kilogramm/Tonnen,

> (Anm.: Mit Rücksicht auf die besonderen Verhältnisse im Baubetrieb wird man der Wirklichkeit am nächsten kommen mit der Annahme von 6 kg/t)

w = mittlerer Laufwiderstand des ganzen Wagenzuges in Kilogramm/Tonnen,

k = Krümmungswiderstand in Kilogramm/Tonnen,

k_m = mittlerer Krümmungswiderstand in Kilogramm/Tonnen,

f = Reibwert zwischen Rad und Schiene,

s_m = maßgebende Steigung der Bahn in $^0/_{00}$.

„Unter der maßgebenden Arbeitshöhe H_0 einer Bahnlinie soll nun die Höhe verstanden sein, um welche die größtmögliche Wagenlast Q_0 lotrecht gehoben werden muß, damit hierbei ebensoviel Arbeit aufgewendet werde, wie bei der Beförderung des ganzen Zuges $Q = G + Q_0$ über die gegebene Bahnlinie. H_0 stellt also zugleich ziffermäßig in Tonnenmetern die maßgebende Zugförderungsarbeit dar, die für die Beförderung von 1 t Rohwagenlast über die gegebene Bahnlinie aufgewendet werden muß."

Für die weitere Entwicklung ist die Einführung nachfolgender Begriffe von Vorteil und zwar:

der Grenzneigung s_0 der Lokomotive,

des Wirkungsgrades α der Zugförderung und

der Widerstandshöhe h_w der Bahn.

Für die Bauart einer Lokomotive und den zweckmäßigsten Bereich ihrer Verwendung ist ihre Grenzneigung kennzeichnend, d. i. jene Steigung, auf der sie in der Geraden eben noch sich selbst bergwärts zu schleppen vermag.

$$\left. \begin{aligned} Z &= G \cdot (s_0 + w_1) \\ s_0 &= \frac{Z}{G} - w_1 \text{ in } ^0/_{00} \end{aligned} \right\} \qquad (30)$$

Hierbei ist allgemein für Z im Bereiche der Reibzugkraft deren Größe $Z_r = \varrho \cdot G \cdot f$ und in dem der Kesselzugkraft $Z_k = 270 \cdot K \cdot \dfrac{H}{v}$, worin K die Kesselleistung in PS für 1 m² der Heizfläche H und v die Geschwindigkeit in Kilometer/Stunde ist.

Für Baulokomotiven wird stets nur die Zugkraft aus der Maschinenleistung, die aus Tabelle 191 zu entnehmen ist, in Frage kommen, weil die Reibzugkraft fast immer größer ist. Sinkt letztere wirklich einmal unter das Maß der Zugkraft aus der Maschinenleistung herunter, was sich sofort durch Schleudern der Räder bemerkbar macht, so wird sie unverzüglich durch besondere Hilfsmittel, wie Sandstreuen u. dgl. wieder auf dieses zu heben versucht.

Unter dem „Wirkungsgrad α der Zugförderung" sei das Verhältnis der größtmöglichen Wagenlast (Q_0) zum Gewichte des ganzen Zuges (Q) verstanden.

$$\alpha = Q_0 : Q .$$

Für die Fahrt des schwersten Zuges gilt dann die Bedingung:

$$\text{größte Zugkraft} = \text{größtem Widerstand}$$

$$Z = G \cdot (w_1 + s_m) + Q_0 \cdot (w_2 + s_m)$$

$$Q_0 \cdot (w_2 + s_m) : G = \frac{Z}{G} - w_1 - s_m = s_0 - s_m$$

und daraus

$$\lambda = \frac{Q_0}{G} = \frac{s_0 - s_m}{w_2 + s_m} \,. \tag{31}$$

Dieses durch Gl. (31) ausgedrückte wichtige Verhältnis $\frac{Q_0}{G}$ soll als der Grundwert λ der Leistungsfähigkeit bezeichnet und weiter unten ausführlicher behandelt werden.

Aus Gl. (31) folgt:

$$\alpha = \frac{Q_0}{Q} = \frac{Q_0}{G + Q_0} = \frac{s_0 - s_m}{s_0 + w_2} \,. \tag{32}$$

Vernachlässigt man vorübergehend den kleinen Wert w_2 gegen s_0 im Nenner, so erkennt man, daß der Wirkungsgrad α um so größer ist, je höher die Grenzneigung s_0 der Lokomotive liegt und je kleiner die maßgebende Neigung s_m ist.

Für $s_m = - w_2$, das Bremsgefälle, wird $\alpha = 1$, ist also theoretisch ein unendlich langer Zug möglich; für $s_m = s_0$, die Grenzneigung wird $\alpha = 0$, d. h. die Lokomotive kann überhaupt keine Nutzlast mehr ziehen.

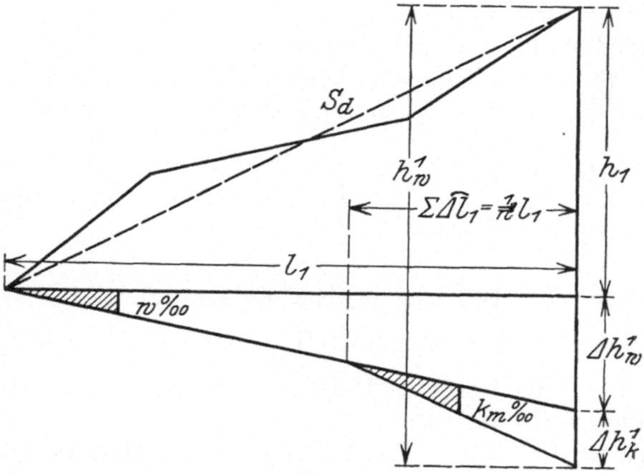

Zwischen diesen beiden Grenzwerten nimmt α mit wachsendem s_m gradlinig von 1—0 ab.

Zur Erläuterung des Begriffes der „Widerstandshöhe" h_w^1 in der Strecke l_1 (Abb. 67) denke man sich zunächst den bei jeder Fahrt ständig wirksamen mittleren

Abb. 67.

Laufwiderstand w des ganzen Zuges in seiner Wirkung auf die Zfg.-A. durch eine Zusatzhöhe h_w^1 ausgedrückt

$$\varDelta h_w^1 = 0{,}001 \cdot w \cdot l_1 \,.$$

Ähnlich kann man sich auch die Wirkung des Krümmungswiderstandes k durch eine Zusatzhöhe

$$\varDelta h_k^1 = \sum 0{,}001 \cdot k \cdot \widehat{\varDelta l_1} = 0{,}001 \cdot k_m \cdot \frac{l_1}{n}$$

ersetzt denken, wenn man unter k_m den mittleren Widerstand aller vorkommenden Bogen versteht und wenn sich deren Länge zusammen zur Länge der ganzen Bahnstrecke verhält wie $1 : n$.

Als Widerstandshöhe h_w^1 der Strecke l_1 wird dann der Betrag der wirklich zu ersteigenden Höhe h_1 vermehrt um die gedachten Zusatzhöhen für Lauf- und Bogenwiderstand bezeichnet:

$$h_w^1 = h_1 + \Delta h_w^1 + \Delta h_k^1 . \tag{33}$$

Die Widerstandshöhe h_w einer Bahnlinie ist also die gedachte Höhe, um welche die Last eines Zuges mit Lokomotive lotrecht gehoben werden müßte, damit hierbei dieselbe Arbeit geleistet werde, wie bei der Fahrt über die gegebene Bahnlinie.

Der mittlere Laufwiderstand des ganzen Zuges liegt zwischen w_1 und w_2; er ergibt sich aus

$$\begin{aligned} w = (G \cdot w_1 + Q_0 \cdot w_2) : Q = [(Q - Q_0) \cdot w_1 + Q_0 \cdot w_2] : Q \\ w = (1 - \alpha) \cdot w_1 + \alpha \cdot w_2 \end{aligned} \tag{34}$$

Die Zgf.-A. in der Strecke l_1 beträgt dann

$$A_1^{tm} = Q \cdot h_w^1 .$$

Für Gefällstrecken ist dabei die Höhe mit dem Wert $- h_1$ einzusetzen.

Erreicht ein Gefälle den Wert der mittleren Bremsneigung $\left(w + \frac{1}{n} k_m \right)\, {}^0/_{00}$, so wird die zugehörige Widerstandshöhe $h_w = 0$ und man kann mit genügender Genauigkeit auch die Zgf.-A. $= 0$ setzen.

Für noch steilere Gefälle würden Widerstandshöhe und Zgf.-A. < 0, d. h. es könnte Arbeit gewonnen werden. Nachdem dies aber für die im Baubetrieb fast ausnahmslos verwendeten Dampflokomotiven vorerst nicht möglich ist, soll im folgenden für alle die mittlere Bremsneigung übersteigenden Gefälle, die Zgf.-A. $= 0$ gesetzt werden.

Um die ganze Zgf.-A. für eine gegebene Linie von der Länge L zu bestimmen, wird diese für beide Fahrtrichtungen je in Teilstrecken l_1, $l_2 \ldots l_n$ so zerlegt, daß sie

entweder nur Gefälle $\geqq$ mittlere Bremsneigung enthalten, für welche Widerstandshöhe und Zgf.-A. $= 0$ ist oder

ganz frei von solchen Gefällen sind.

Bezeichnet $H_w = \sum h_w$ die Summe aller Widerstandshöhen $h_w^1 + \ldots h_w^n$ der Teilstrecken $l_1 \ldots l_n$, so erhält man die Zgf.-A. für die Fahrt über die ganze Linie L aus

$$A = Q \cdot H_w . \tag{35}$$

Bei der Zerlegung der Bahnlinie L in die Teilstrecken $l_1 \ldots l_n$ braucht mit Rücksicht auf die Unsicherheit der Grundlagen w_1, w_2, k_m usw. keine kleinliche Genauigkeit zu walten und genügt es vollkommen, nur eine Unterteilung in belangreiche Abschnitte vorzunehmen.

Aus Gl. (32) und Gl. (35) ergibt sich

$$A = Q_0 \cdot H_w : \alpha\,,$$

und mit

$$H_0 = \frac{H_w}{\alpha} \tag{36}$$

erhält man

$$A = Q_0 \cdot H_0\,.$$

H_0 stellt dann die gesuchte maßgebende Arbeitshöhe der Bahnstrecke dar.

In Worte gefaßt sagt Gl. (36):

Die maßgebende Arbeitshöhe H_0 einer Bahnlinie für eine gegebene Fahrrichtung ist gleich der Widerstandshöhe H_w dieser Richtung, geteilt durch den Wirkungsgrad der Zugförderung und die in einer bestimmten Richtung zu leistende Zgf.-A. ist gleich der maßgebenden Arbeitshöhe H_0 vervielfacht mit der Rohwagenlast Q_0.

H_0 stellt also zugleich in Tonnenmetern die Zgf.-A. dar, die für 1 t Rwl. bei der Beförderung über die ganze Bahnlinie aufzuwenden ist.

Die so gefundene maßgebende Arbeitshöhe ist ein wertvolles Mittel, um die Güte verschiedener Linienführungen für den Baubetrieb zu beurteilen, nachdem hier letzten Endes ausschließlich die nutzbare Zgf.-A. in Betracht kommt.

Verhalten sich die maßgebenden Arbeitshöhen zweier Vergleichslinien beispielsweise wie $1 : m$, so muß auf der zweiten Linie für 1 t Rwl. $m$mal soviel Zgf.-A. aufgewendet werden als auf der ersten.

II. Der Grundwert λ der Leistungsfähigkeit. Die besondere Anschaulichkeit und Kürze des vorstehenden Verfahrens wurde im wesentlichen durch die Einführung und Verwendung der Begriffe: „Grenzneigung der Lokomotive, Wirkungsgrad der Zugförderung und Widerstandshöhe der Bahn" gewonnen; die Benutzung der beiden ersten gestattet nun auch, die „Leistungsfähigkeit" einer Bahnlinie, soweit sie von deren Längenschnitt abhängt, in sinnfälliger Weise zu kennzeichnen.

Die Leistungsfähigkeit einer Linie ist im Baubetrieb, wo es sich um Massenförderungen handelt, vor allem abhängig von der Spurweite, Gleiszahl und „maßgebenden Neigung" s_m.

Durch zweckmäßige Auswahl und Ausgestaltung der beiden ersten Faktoren ist es möglich, die Leistungsfähigkeit bis zu einem gewissen Grad zu heben; darüber hinaus ist sie jedoch durch den Einfluß der maßgebenden Neigung s_m endgültig begrenzt.

Für die Leistungsfähigkeit der Bahn ist deshalb die Führung ihres Längenschnittes von grundlegender Bedeutung und daraus folgt, daß dessen Entwurf auch für Rollbahnen, die nur vorübergehenden Zwecken dienen, mit besonderer Sorgfalt aufgestellt werden muß.

Um nun verschiedene Linienführungen ohne weiteres vergleichen zu können, empfiehlt es sich für die Leistungsfähigkeit, soweit sie vom

Längenschnitte abhängt, ein besonderes Wertmaß aufzustellen, und zwar das Verhältnis

$$\lambda = Q_0 : G \; [1].$$

Dieses soll als „Grundwert der Leistungsfähigkeit" bezeichnet werden. Es gibt an, welches Vielfache ihres Gewichtes die Lokomotive an Rohwagenlast auf der gegebenen Linie ziehen kann.

Der Grundwert λ ist in seiner Abhängigkeit von der maßgebenden Neigung und von der Bauart der Lokomotive bestimmt durch

$$\lambda = \frac{Q_0}{G} = \frac{s_0 - s_m}{w_2 + s_m}.$$

Für $s_m = -w_2$ wird $\lambda = \infty$, d. h. im Bremsgefälle ist rein rechnungsmäßig ein unendlich langer Wagenzug möglich.

Für $s_m = 0$ wird $\lambda = \frac{s_0}{w_2}$, d. h. auf waagrechter Bahn verhält sich das Gewicht der Wagen zu dem der Lokomotive wie die Grenzneigung zur Bremsneigung.

Für $s_m = s_0$ wird $\lambda = 0$, d. h. auf der Grenzneigung kann die Lokomotive überhaupt keine Nutzarbeit mehr leisten.

Die Abb. 68, 69 und 70 stellen die Grund-

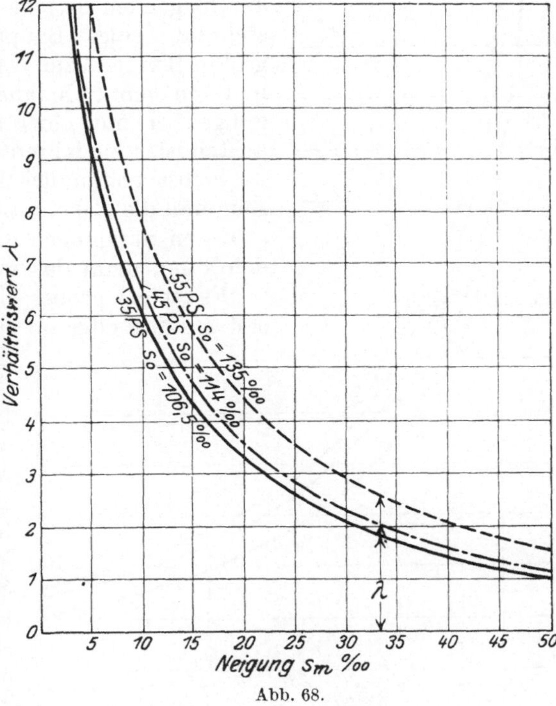

Abb. 68.

werte λ der Leistungsfähigkeit für die verbreitetsten Typen von 600 mm-, 750 mm- und 900 mm-Spur-Lokomotiven dar, wobei ausgegangen wurde von dem jeweiligen Werte für Zugkraft Z I und Dienstgewicht in Tabelle 191.

An Stelle der beiden sehr nahe aneinanderlaufenden Kurven für die 90- und 110-PS-Lokomotiven von 900 mm Spurweite wurde als Mittelwert die Kurve für eine 100 PS-Maschine aufgetragen.

Von Zugkraft Z I und dem vollen Dienstgewicht wurde ausgegangen, weil es sich hier in erster Linie um die Aufstellung von Vergleichswerten handelt, mit denen sicher gerechnet werden kann.

---

[1] Petersen: Die zweckmäßigste Neigung der Eisenbahn. Schweizerische Bauzeitung 1920/II, Heft 24/26.

Glaubt eine Unternehmung ihrem Lokomotivpark auf die Dauer größere Leistungen zumuten zu können, so ist es ihr unbenommen, an Hand der gegebenen Entwicklung für ihre Maschinen, von denen sie die einzelnen Daten genau kennt, die Vergleichskurven unter Verwendung der Werte für die größte Zugkraft $Z\,\mathrm{II} = 0,6 \cdot \dfrac{p \cdot d^2 \cdot h}{D}$ aufzutragen.

Der Wert λ zeigt unmittelbar an, das Wievielfache ihres Eigengewichts eine Lokomotive an Rwl. auf der betreffenden Steigung in gerader Strecke dauernd ziehen kann.

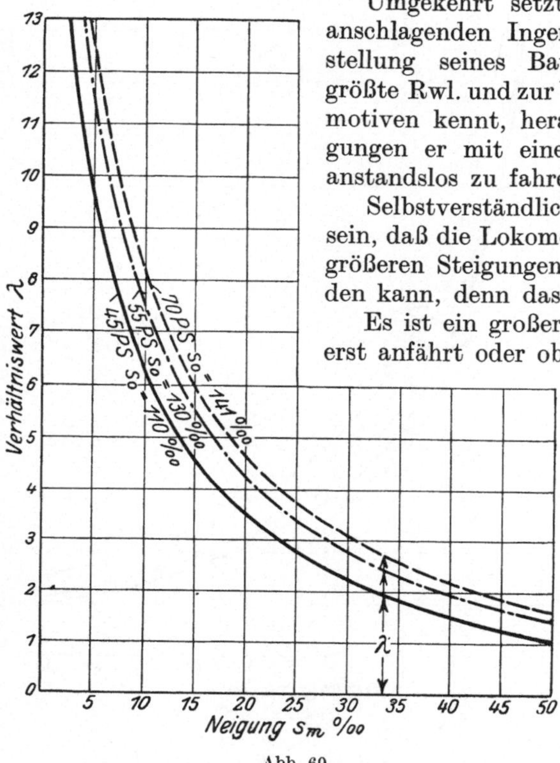

Abb. 69.

Umgekehrt setzt das Schaubild den veranschlagenden Ingenieur in Stand, bei Aufstellung seines Bauprogrammes, sobald er größte Rwl. und zur Verfügung stehende Lokomotiven kennt, herauszugreifen, welche Steigungen er mit einer solchen Garnitur noch anstandslos zu fahren vermag.

Selbstverständlich soll damit nicht gesagt sein, daß die Lokomotive nun überhaupt keine größeren Steigungen mit dieser Last überwinden kann, denn das wäre nicht richtig.

Es ist ein großer Unterschied, ob ein Zug erst anfährt oder ob er sich bereits in Bewegung befindet, und wenn die Verhältnisse bei Anlage einer Rollbahn so gestaltet werden können, daß vor einer größeren Steigung gute Anfahrmöglichkeiten (z. B. kurvenlose horizontale Strecke und gut verlegtes Gleis) vorhanden sind, so können auch erheblich größere als die hier ermittelten Steigungen glatt überwunden werden.

Für die vergleichende Gegenüberstellung verschiedener Längenprofile ist es wichtig zu wissen, was unter solchen Umständen herauszuholen ist, und dazu dient folgende Überlegung:

Zur Überwindung der aus Reibung, Richtungs- und Steigungsverhältnissen resultierenden Widerstände ist eine gewisse Zugkraft notwendig. Sind diese Widerstände geringer als die zur Verfügung stehende Zugkraft, so kann mit dem Kraftüberschuß dem Zug eine größere Geschwindigkeit verliehen und dadurch eine bestimmte kinetische Energie in denselben gelegt werden. Die zu erreichende Endgeschwindigkeit hat für den vorliegenden Zweck ihre praktische Grenze in der aus Tabelle 191 zu entnehmenden Normalgeschwindigkeit bei Zugkraft I, welche z. B.

für Lokomotiven von 900 mm Spurweite und 160-PS-Leistung 14,5 km/st
oder $v =$ rund 4 m/sk beträgt. Damit der Zug diese Endgeschwindigkeit von v m/sk bekommt, ist eine Anfahrtsstrecke notwendig, die sich
ergibt aus der Gleichung

$$P \cdot s = \tfrac{1}{2} \cdot M \cdot v^2; \tag{37}$$

$$s = \frac{M \cdot v^2}{2 \cdot P},$$

worin bedeutet:

s = die Länge der Anfahrtsstrecke in Metern,

M = die Masse des Zuges $= Q : 9{,}81 =$ rund $\dfrac{Q}{10}$ in kg/m,

v = die Endgeschwindigkeit in Metern,

P = den Kraftüberschuß, der nach Abzug der für die Überwindung der Widerstände aus Reibungs-, Richtungs- und Steigungsverhältnissen der Anfahrtsstrecke von der Zugkraft Z I verbleibt in Kilogramm.

Kommt der Zug tatsächlich mit dieser Endgeschwindigkeit v am Fuße der zu untersuchenden Steigung an, so ist die ihm inne-
wohnende lebendige Kraft $= \tfrac{1}{2} M v^2$ und er könnte damit unter Außer-
achtlassung der Reibungs- und sonstigen Widerstände, welche nach wie
vor durch die Lokomotive überwunden werden, eine Höhe erklimmen,
die man erhält aus der Gleichung:

$$Q \cdot h = \tfrac{1}{2} \cdot M \cdot v^2;$$

$$h = \frac{M \cdot v^2}{2 \cdot Q}.$$

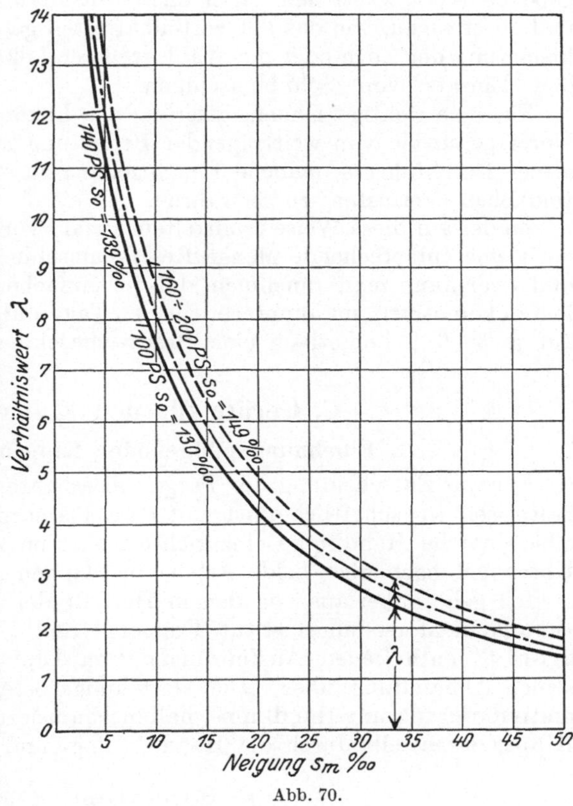

Abb. 70.

Ist die Länge der Steigung $= l$, so ist demnach das Steigungsverhältnis,
welches allein vermöge der kinetischen Energie überwunden werden kann

$$s_K = \frac{h \cdot 1000}{l} \; ^0/_{00} \tag{38}$$

16*

und das Gesamtsteigungsverhältnis in gerader Strecke gleich dem sich aus größter Rwl. und Lokomotivstärke aus den Schaubildern 68, 69 und 70 ergebenden Betrag vermehrt um den Wert s_K.

Stellt sich bei der Untersuchung der Gesamtstrecke heraus, daß die durchschnittliche Steigung bei angenommener gleichmäßiger Verteilung der Höhendifferenz zwischen Gewinnungsort und Kippe auf die ganze Rollbahnlänge größer ist, als der sich aus den Schaubildern ergebende Wert, so ist dem unter allen Umständen Rechnung zu tragen und zu erwägen, wie das am vorteilhaftesten geschieht: ob durch Verkleinerung der Züge oder die Wahl größerer Lokomotiven oder endlich den Einsatz von Schubmaschinen.

Für eine richtige Dimensionierung des Lokomotivparkes sind diese Untersuchungen von weittragender Bedeutung und geeignet, bei sorgsamer Durchführung manche Enttäuschung zu ersparen und vor empfindlichen Verlusten zu bewahren.

Zu der auf diese Weise ermittelten Anzahl von Lokomotiven müssen noch eine entsprechende Menge Reservemaschinen vorgesehen werden, und zwar kann man annehmen, daß im einfachen Tagbetrieb etwa auf je 8 Lokomotiven, im ununterbrochenen Tag- und Nachtbetrieb dagegen auf je 5—6 Lokomotiven eine Reservemaschine vorhanden sein soll.

C. Geräte für den Einbau.

1. Einebnungspflüge oder Kippenräumer.

Für die Entscheidung der Frage, ob es unter den oder jenen Verhältnissen wirtschaftlicher ist mit dem Planierpflug zu arbeiten oder eine einfache Handkippe einzurichten, müssen zunächst verschiedene Untersuchungen über beide Arten von Kippen angestellt werden.

Ich gehe dabei aus von den in Heft 21 der Mitteilungen aus dem Braunkohlenforschungsinstitut Freiberg (Sa.) „Das Braunkohlenarchiv" enthaltenen Ausführungen von Dipl.-Ing. Papenberg in seiner Abhandlung über „Die Gestehungskosten der Abraum-Lokomotivförderung mit Handkippe, halbmechanisierter und mechanisierter Kippe, dargestellt durch die Hand-, Pflug- und Baggerkippe".

a) Handkippe.

Unter der Aufnahmefähigkeit einer Kippe hat man zu verstehen, wie viele Kubikmeter eine solche aufzunehmen vermag von einem Rücken des Kippgleises bis zum neuerdings notwendigen Rücken desselben, d. h. in einer Kipp-Periode.

Nachdem die Handkippe nicht im ganzen bekippt bzw. gerückt wird, ist für sie auch nur die Aufnahmefähigkeit auf eine Zugslänge von Bedeutung.

Das Vorplanum der Kippe $= p$ ist der Abstand der kippseitigen Schwellenköpfe des Kippgleises bis Oberkante Kippböschung unmittelbar vor dem Rücken des Kippgleises, also am Ende einer Kipp-Periode, und setzt sich zusammen aus dem Vorland $= p_l$, d. i. dem Abstand der Schwellenköpfe am Anfang einer Kipp-Periode und dem Vortrag $= p_t$,

d. i. dem Unterschied zwischen dem Abstand der Oberkante Kipp-böschung am Anfang und am Ende der Kipp-Periode

$$p = p_l + p_t \, .$$

Die günstigste Höhe der Handkippe ist

bei leichtem Boden . . . . ca. 7 m
„ mittelschwerem Boden . . . . „ 6 „
„ schwerem und sehr schwerem Boden . . „ 5 „

Das Vorland, das sich naturgemäß nach der Standfestigkeit und damit nach der Bodenbeschaffenheit der Kippe richtet, sowie Vortrag und Vorplanum sind praktisch anzunehmen wie folgt:

	bei leichtem Boden	bei mittelschwerem Boden	bei schwerem Boden
Vorland p_l	—	0,15 m	0,30 m
Vortrag p_t	0,65 m	0,50 m	0,35 m
Vorplanum p	0,65 m	0,65 m	0,65 m

Der Böschungswinkel der Handkippe beträgt etwa 28—32°.
Die Aufnahmefähigkeit der Handkippe ist dann je Zuglänge

$$J_K = \delta \cdot l_z \cdot h_k \cdot p_t \, , \qquad (39)$$

worin bedeuten

$J_K =$ Aufnahmefähigkeit der Kippe in Kubikmetern

$\delta =$	bei hoher Kippe	bei niedriger Kippe
und leichtem Boden	0,95	0,90
und mittelschwerem Boden	0,91	0,83
und schwerem Boden	0,87	0,80
und sehr schwerem Boden	0,83	0,75

$l_z =$ Zuglänge ohne Lokomotive in Metern,
$h_k =$ Höhe der Kippe in Metern,
$p_t =$ Vortrag in Metern.

Beispiel. Nimmt man als Beispiel den Zug mit 14 Stück Holzkastenkippern von 4 m³ Fassungsvermögen, darunter 4 Bremswagen, so ist bei mittelschwerem Boden und einer Kipphöhe von 6 m nach Gl. (39)

$$J_K = 0,91 \cdot (10 \cdot 3,60 + 4 \cdot 4,10) : 6,00 \cdot 0,50 = \sim 143 \text{ m}^3.$$

Der Inhalt eines solchen Zuges beträgt $14 \cdot \dfrac{4,00}{1,20} = 46,62$ m³, d. h. es kann der Zug etwa 3 mal an der gleichen Stelle gekippt werden, bis das Gleis wieder gerückt werden muß. Würde die Höhe der Kippe statt 6 m nur 2 m betragen, so müßte das Gleis nach jedem Kippen gerückt werden, und wird die Kipphöhe noch geringer, so wäre im Interesse der Wirtschaftlichkeit unter allen Umständen geboten, Wagen mit geringerem Fassungsvermögen zu verwenden.

Die Kosten der Handkippe setzen sich zusammen aus den Kosten für das Kippen, evtl. Wagen ausräumen, Gleis freimachen, planieren und Gleisrücken. Sie richten sich nach der Art des Materials, der Art und Höhe der Kippe und vor allem nach der Art der verwendeten Wagen (ob gewöhnliche Wagen oder Selbstentlader).

Bei Verwendung gewöhnlicher Wagen kann man für Ablagerungs-kippen als gute Durchschnittswerte annehmen

	hohe Kippe	niedrige Kippe
bei leichtem Boden	0,15 st/m³	0,18 st/m³
„ mittelschwerem Boden	0,25 „	0,30 „
„ schwerem Boden	0,40 „	0,50 „

Bei Verwendung von Selbstentladern werden diese Beträge natürlich geringer, und zwar wird man in diesem Fall annehmen können

	hohe Kippe	niedrige Kippe
bei leichtem Boden	0,05 st/m³	0,10 st/m³
„ mittelschwerem Boden	0,12 „	0,20 „
„ schwerem Boden	0,25 „	0,40 „

Hat man an Stelle einer Ablagerungskippe eine Dammkippe, so kann man unter sonst normalen Verhältnissen bei Verwendung von gewöhnlichen Wagen folgende Werte annehmen

	hohe Kippe	niedrige Kippe
bei leichtem Boden	0,20 st/m³	0,25 st/m³
„ mittelschwerem Boden	0,35 „	0,40 „
„ schwerem Boden	0,50 „	0,60 „

Bei Verwendung von Selbstentladern wird die zu erzielende Einsparung meist nicht so beträchtlich sein wie bei Ablagerungskippen, weil die zum Heben des Gleises usw. nötigen Leute doch gehalten werden müssen, es sei denn, daß diese Arbeit durch eine schwere Gleisrückmaschine System Lauchhammer mit erledigt wird. Ist dies nicht der Fall, so kann man ungefähr mit den nachstehenden Zahlen rechnen:

	hohe Kippe	niedrige Kippe
bei leichtem Boden	0,15 st/m³	0,20 st/m³
„ mittelschwerem Boden	0,27 „	0,32 „
„ schwerem Boden	0,40 „	0,50 „

b) Pflugkippe.

Für die Pflugkippe kann man entweder den leichteren Planierpflug System Beck oder den wesentlich schwereren Planierpflug System Lauchhammer verwenden. In letzterem Falle wird man zweckmäßig die Ausführung mit Gleisrückvorrichtung wählen und hat dann allerdings zu beachten, daß das Kippgleis mit einer entsprechend kräftigeren Schienenbefestigung ausgestattet sein muß.

Kippe mit Planierpflug System Beck. Während bei der Handkippe normalerweise nur eine bzw. zwei Zuglängen gekippt werden können, kann und wird bei der Pflugkippe am besten die ganze Kipplänge zum Kippen ausgenutzt. Die Organisation des Kippbetriebes wird tunlichst so aufzuziehen sein, daß jeweils eine Kippe in ihrer Gesamtlänge bekippt wird, während eine zweite Kippe vorbereitet wird.

Die günstigste Höhe für Kippen, auf denen mit dem Beckschen Pflug gearbeitet wird, ist je nach der Größe des verwendeten Pfluges etwa das 1,5—2fache der günstigsten Höhen bei Handkippen. Im allgemeinen wird man den Planierpflug bei Tiefbauunternehmungen vorerst nur für größere Arbeiten finden, bei denen in der Regel mit schwerem Gerät und 900 mm Spurweite gearbeitet wird, und ich will deshalb auch meinen weiteren Ausführungen solche Verhältnisse zugrunde legen und als günstigste Höhe annehmen

bei leichtem Boden	ca. 14 m
„ mittelschwerem Boden	„ 12 „
„ schwerem Boden	„ 10 „

Das Vorplanum ist wiederum gleich Vorland $+$ Vortrag

$$p = p_l + p_t \, .$$

Es ist naturgemäß abhängig von der Höhe und der Bodenbeschaffenheit der Kippe und wird am zweckmäßigsten durch die Bruchlinie bzw. den Bruchwinkel bestimmt. Unter letzterem ist der Winkel mit Scheitel im Kippenfuß zu verstehen, innerhalb dessen ein Absturz der Geräte selbst bei ganz frisch geschütteter Kippe aller Voraussetzung nach nicht mehr möglich ist. Der Bruchwinkel richtet sich gleichfalls nach der Bodenbeschaffenheit der Kippe und ist bei leichtem Boden etwa mit 30^0 anzunehmen. Am Fuß der Kippe ist er annähernd gleich dem Böschungswinkel der Kippe. Letzterer vergrößert sich aber bei allen Kippen nach der Kippenoberkante zu, so daß er einen leichten Überhang bildet. Dieser muß außerhalb der Bruchlinie liegen. Der Böschungswinkel der Pflugkippen ist etwa $30{-}35^0$, der Unterschied des Böschungswinkels gegenüber dem Bruchwinkel etwa 1^0. Dieser Unterschied wächst mit der Schwere des Bodens und ist bei mittelschwerem Boden etwa mit $1^1/_2{}^0$ und bei schwerem Boden mit 2^0 anzunehmen.

Auf Grund dieser Betrachtungen gibt Papenberg folgende Werte für die Berechnung von Vorland und Vortrag bei verschiedenen Kipphöhen:

bei leichtem Boden . . . . $p_l =$ ca. $1{,}07\, h_k$

„ mittelschwerem Boden . . . . $p_l = $ „ $0{,}09\, h_k$

„ schwerem Boden . . . . $p_l = $ „ $0{,}11\, h_k$

Die normale Ausladung des Beckschen Pfluges beträgt 2,70 m von Gleismitte, was bei 1,80 m Schwellenlänge einem Vorplanum von $2{,}70 - 0{,}90 = 1{,}80$ m entspricht, so daß sich folgende Werte ergeben:

Tabelle 192.

Bodenart		Leicht		Mittelschwer		Schwer	
Kipphöhe h_k	Vorplanum p	Vorland p_l	Vortrag p_t	Vorland p_l	Vortrag p_t	Vorland p_l	Vortrag p_t
m	m	m	m	m	m	m	m
14		0,98	0,82	1,26	0,54	1,54	0,26
13		0,91	0,89	1,17	0,63	1,43	0,37
12		0,84	0,96	1,08	0,72	1,32	0,48
11		0,77	1,03	0,99	0,81	1,21	0,59
10	1,80	0,70	1,10	0,90	0,90	1,10	0,70
9		0,63	1,17	0,81	0,99	0,99	0,81
8		0,56	1,24	0,72	1,08	0,88	0,92
7		0,49	1,31	0,63	1,17	0,77	1,03
6		0,42	1,38	0,54	1,26	0,66	1,14
5		0,35	1,45	0,45	1,35	0,55	1,25

Die Aufnahmefähigkeit der Kippe ist in diesem Falle infolge der durch die Aufschwenkung bekippten Dreiecksfläche

$$J_K = \frac{\delta \cdot k \cdot h_k \cdot p_t}{2} \, , \tag{39 a}$$

worin an Stelle der Zuglänge l_z bei der Handkippe einfach die ganze Kipplänge k in Metern getreten ist.

Beispiel. Hat man eine Kippe von 12 m Höhe und 400 m Länge bei mittelschwerem Boden und wird dieselbe mit Zügen beschickt, die aus 14 Holzkastenkippern von je 4 m³ Fassungsvermögen bestehen, so ist

$$J_K = \frac{0{,}91 \cdot 400 \cdot 12 \cdot 0{,}72}{2} = 1572 \ \mathrm{m^3}.$$

Der Inhalt eines solchen Zuges beträgt $14 \cdot \dfrac{4{,}00}{1{,}20} = 46{,}62 \ \mathrm{m^3}$, d. h. es können $1572 : 46{,}64 = 34$ Züge gekippt werden, bis das Gleis nachgerückt werden muß.

Wird das Rücken des Gleises von Hand vorgenommen, so darf man rechnen, daß für diese Arbeit folgende Lohnstunden anfallen, wobei als Einheit das Rücken des Gleises über eine Fläche von 100 m² zugrunde gelegt wurde:

Tabelle 193.

	Herausheben des Gleises	Rücken des Gleises	Unterstopfen des Gleises	Insgesamt
Bei leichtem Boden . . . Std.	3	6	6	15
„ mittelschwerem Boden „	4,5	6,5	6	17
„ schwerem Boden . . „	6	8	6	20

Für das Kippen selbst, ohne das Gleisrücken, kann man bei Verwendung eines Planierpfluges folgende Werte je Kubikmeter annehmen:

Tabelle 194.

	Bei Verwendung gewöhnlicher Wagen	Bei Verwendung von Selbstentladern
Bei leichtem Boden . . . . Std.	0,065	0,009
„ mittelschwerem Boden . . . . . „	0,070	0,010
„ schwerem Boden . . . . „	0,075	0,011

Die Kosten des Planierpfluges setzen sich zusammen aus:

1. Den Lohnaufwendungen für die Bedienung,
2. den Aufwendungen für Schmier- und Putzmittel,
3. den Kosten der Vorspannlokomotive,
4. den Aufwendungen für Verzinsung und Abschreibung des Pfluges,
5. den Aufwendungen für Instandhaltung des Pfluges.

Berechnungsgrundlagen:

x = Anzahl der für die Bedienung des Planierpfluges nötigen Leute,
g = Stundenlohn einschl. sozialer Lasten in Reichsmark,
t = Anzahl der Arbeitsstunden je Tag,
S_b = Schmiermaterialkosten je Betriebsstunde in Reichsmark,
K_b = Kosten der Bedienungslokomotive je Betriebsstunde in Reichsmark,
A_p = Anschaffungskosten des Planierpfluges in Reichsmark,
R = Aufwendungen für Reparaturen und Ersatzteile pro Jahr in Reichsmark,
k = Länge der Kippe in Metern,
v_p = Geschwindigkeit des Pfluges in Meter/Minuten,

t_p = Zeitaufwand in Minuten für eine einmalige Hin- und Rückfahrt

des Pfluges = $\dfrac{2 \cdot k}{v_p}$,

Q = Menge des in einer Schicht von t Arbeitsstunden von der Kippe aufzunehmenden Materials in Kubikmetern,

y = Anzahl der täglich zu verarbeitenden Züge.

Es sind dann:

1. Die Lohnaufwendungen für die Bedienung pro Tag in Reichsmark

$$L = x \cdot t \cdot g , \qquad (40)$$

2. die Aufwendungen für Schmiermaterial S pro Tag in Reichsmark

$$S = y \cdot \frac{t_p}{60} \cdot S_b , \qquad (41)$$

3. die Kosten der Vorspannlokomotive pro Tag in Reichsmark

$$K_L = y \cdot \frac{t_p}{60} \cdot K_b , \qquad (42)$$

4. die Aufwendungen für Abschreibungen des Pfluges pro Jahr bei Annahme von einschichtigem Betrieb nach Tabelle 207

$$K_p = 0{,}19 \cdot A_p , \qquad (43)$$

5. die Aufwendungen für Instandhaltung des Pfluges in Reichsmark werden am besten in einem Pauschalbetrag P angesetzt.

Nimmt man fernerhin an, daß der Pflug ein volles Jahr beschäftigt sei, so ergeben sich die Kosten dafür bei n Arbeitstagen zu

$$K_J = n \cdot (L + S + K_L) + K_p + P \qquad (44)$$

und die Kosten je Kubikmeter zu

$$K_{p/\mathrm{m}^3} = \frac{K_j}{n} : Q . \qquad (45)$$

An Hand dieser Ausführungen ist dann die Aufmachung einer Vergleichsberechnung für die jeweils gültigen Verhältnisse eine einfache Sache.

Beispiel. Bei einer Erdarbeit werden von den Baggern in einer Arbeitsschicht von 8 Std. täglich 2000 m³ mittelschwerer Boden gefördert, der in einer Ablagerungskippe von 3000 m Länge und 6 m Höhe unterzubringen ist. Der Transport des Materials erfolgt in Zügen von je 20 St. Kruppschen Selbstentladern von 3,5 m³ Fassungsvermögen.

Was ist wirtschaftlicher, die Einrichtung von Handkippen oder die Arbeit mit einem Beckschen Planierpflug von 900 mm Spurweite?

a) Handkippe. Die Kosten des Kippbetriebs kann man nach den Angaben auf S. 246 in diesem Fall mit 0,12 st/m³ oder bei Zugrundelegung von 1,00 RM./st einschl. sozialen Lasten mit 0,12 RM./m³ annehmen.

b) Pflugkippe. Die Kosten der Pflugkippe setzen sich zusammen aus den Kosten des Kippens, des Gleisrückens und des Pflugbetriebs.

Für die Kosten des Kippens kann man nach Tab. 194 nehmen 0,01 st/m³ = 0,01 RM./m³.

Für die Kosten des Gleisrückens gilt folgende Überlegung:

Tägliche Beschickungsmenge = 2000 m³.

Aufnahmefähigkeit der Kippe bei Annahme der Möglichkeit gleichmäßigen Vortriebs nach Gl. (39 a)

$$J_K = \frac{\delta \cdot k \cdot h_k \cdot p_t}{2} ,$$

$$\delta = \text{Mittelwert zwischen } 0{,}83 \text{ und } 0{,}91 = 0{,}87,$$
$$k = 300 \text{ m,}$$
$$h_k = 6{,}00 \text{ m,}$$
$$p_t = 1{,}26 \text{ m (s. Tab. 192)}$$

$$J_K = \frac{0{,}87 \cdot 300 \cdot 6 \cdot 1{,}26}{2} = 987 \text{ m}^3,$$

d. h. das Kippgleis muß täglich etwa zweimal nachgerückt werden. Die Kosten dafür sind nach Tab. 193

$$\frac{300 \cdot 1{,}26}{100} \cdot 17 \cdot \frac{2000}{987} = 130{,}21 \text{ Std.}$$

$$130{,}21 : 2000 = 0{,}065 \text{ st/m}^3 = 0{,}065 \text{ RM./m}^3.$$

Die Kosten des Pflugbetriebs ergeben sich wie folgt:

1. Gl. (40)　$L = 1 \cdot 8 \cdot 1{,}00 = 8{,}00 \text{ RM.}$,

2. Gl. (41)　$S = y \cdot \dfrac{t_p}{60} \cdot S_b = 35 \cdot \dfrac{6{,}67}{60} \cdot 0{,}60 = 2{,}33 \text{ RM.}$

$$\text{(Inhalt eines Zuges} = \frac{20 \cdot 3{,}5}{1{,}2} = 58{,}33 \text{ m}^3.$$

$$y = 2000 : 58{,}33 = 35 \text{ Züge,}$$

$$t_p = \frac{2k}{90} = \frac{2 \cdot 300}{90} = 6{,}67 \text{ min,}$$

$$S_b = 1{,}0 \cdot 0{,}60 = 0{,}60 \text{ RM.)},$$

3. Gl. (42)　$K_L = y \cdot \dfrac{t_p}{60} \cdot K_b = 35 \cdot \dfrac{6{,}67}{60} \cdot 8{,}85 = 34{,}38 \text{ RM.}$,

4. Gl. (43)　$K_p = 0{,}19 \cdot 10\,700 = 2033{,}— \text{ RM.}$,

5.　　　　P angenommen zu $500{,}— \text{ RM.}$

$$K_j = 275 \cdot (8{,}00 + 2{,}33 + 34{,}38) + 2033{,}— + 500{,}— = 14\,816{,}25,$$

Gl. (45)　$K_{p/\text{m}^3} = \dfrac{14\,816{,}25}{275} : 2000 = 0{,}027 \text{ RM.}$

Die Gesamtkosten bei Arbeit mit Planierpflug sind somit

$$0{,}01 + 0{,}065 + 0{,}027 = 0{,}102 \text{ RM./m}^3,$$

d. h. bei Arbeit mit dem Planierpflug würden in diesem Falle der Ablagerungskippe gegenüber der Einrichtung von Handkippen ca. 0,02 RM./m³ einzusparen sein.

Es ist klar zu erkennen, welch großen Einfluß die Kosten der Gleisrückarbeit haben und es empfiehlt sich deshalb, sobald größere Massen zu verarbeiten sind, mit den schwereren Lauchhammer-Kippenräumern zu arbeiten, welche dank ihrer Gleisrückvorrichtung auch die Kosten für diese Arbeiten auf ein erträgliches Maß herunterzubringen vermögen.

Hat man an Stelle eines Beckschen Planierpfluges einen Lauchhammer-Kippenräumer mit Gleisrückvorrichtung, so bleibt von den Kosten für das Gleisrücken nur der Anteil für das Unterstopfen der Gleise bestehen, wogegen sich die Betriebskosten des Planierpfluges etwas erhöhen, so daß sich unter Beibehaltung der für den Beckschen Pflug vorhin gegebenen Unterlagen folgendes Bild gibt:

Kosten des Kippens unverändert $0,01$ st/m³ $= 0,01$ RM./m³,

Kosten des Gleisrückens $\dfrac{300 \cdot 1,26}{100} \cdot 6 \cdot \dfrac{2000}{987} = 45,96$ Std.

$$45,96 : 2000 = 0,023 \text{ st/m}^3 = 0,023 \text{ RM./m}^3.$$

Kosten des Pflugbetriebes:

1. L unverändert 8 RM.,
2. Aufwand für Schmiermittel S pro Tag in Reichsmark

$$S = \left(y \cdot \frac{t_p}{60} + z \cdot \frac{t_r}{60}\right) \cdot S_b,$$

worin bedeuten:

$z =$ Anzahl der Gleisverschiebungen je Tag,

$t_r =$ Zeitdauer in Minuten, welche für das Gleisrücken notwendig ist. Bezeichnet man die Verschiebung der Gleise nach einer einmaligen Hin- und Rückfahrt der Maschine mit b in Meter, so ist

$$t_r = \frac{p_t}{b} \cdot \frac{2\,k}{v_p} = \frac{p_t}{b} \cdot t_p$$

und

$$\left. \begin{aligned} s &= \left(y \cdot \frac{t_p}{60} + z \cdot \frac{t_p}{60} \cdot \frac{p_t}{b}\right) \cdot S_b = \frac{t_p}{60}\left(y + \frac{p_t}{b} \cdot z\right) \cdot S_b \\ &= \frac{6,67}{60} \cdot \left(35 + \frac{1,26}{0,50} \cdot \frac{2000}{987}\right) \cdot 0,60 = 2,67 \text{ RM.} \end{aligned} \right\} \tag{46}$$

3. Kosten der Vorspannlokomotive

$$\left. \begin{aligned} K_L &= \frac{t_p}{60} \cdot \left(y + \frac{p_t}{b} \cdot z\right) \cdot K_b \\ &= \frac{6,67}{60} \cdot \left(35 + \frac{1,26}{0,50} \cdot \frac{2000}{987}\right) \cdot 8,85 = 39,40 \text{ RM.} \end{aligned} \right\} \tag{47}$$

4. Gl. (43) $K_p = 0,19 \cdot 27\,500 = 5225,\text{---}$ RM.,
5. P angenommen zu 1000,--- RM.

$$K_j = 275 \cdot (8,00 + 2,67 + 39,40) + 5225,\text{---} + 1000,\text{---} = 19\,994,25 \text{ RM.},$$

$$K_{p/\text{m}^3} = \frac{19\,994,25}{275} : 2000 = 0,036 \text{ RM.}$$

Die Gesamtkosten des Kippbetriebs sind in diesem Falle

$$0,01 + 0,02_3 + 0,03_6 = 0,06_9 \text{ RM/m}^3.$$

Nachdem so die Grundlagen gegeben sind für die Prüfung der Wirtschaftlichkeit, soll im folgenden noch kurz untersucht werden, welche Massen ein Planierpflug zu bewältigen vermag, und zwar soll ein Lauchhammer-Kippenräumer zugrunde gelegt werden.

Theoretisch kann die Kippe nach jeder Hin- und Rückfahrt des Kippenpfluges je Zuglänge mit einem Zug beschickt werden, d. h. je laufender Meter mit $\dfrac{J}{l_w}$ m³, wenn l_w die durchschnittliche Länge der Rollwagen bedeutet.

In der Zeit $t_p = \dfrac{2 \cdot k}{v_p}$ können sohin $\dfrac{k \cdot J}{2\, l_w}$ m³ gekippt werden oder auf den Tag umgelegt

$$M_{p\,th} = \frac{k \cdot J \cdot v_p \cdot t}{2 \cdot l_w \cdot 2\,k \cdot f_p} = \frac{J \cdot v_p \cdot t}{4 \cdot l_w \cdot f_p}, \tag{48}$$

wenn $M_{p\,th}$ die theoretische Leistungsfähigkeit des Pfluges und f_p den Störungsfaktor desselben bedeutet.

Die Höchstleistung des Pfluges ist demnach proportional seiner Geschwindigkeit und der täglichen Arbeitszeit, dagegen nicht beeinflußt von der Länge der Kippe, es sei denn, daß mehrere räumlich getrennte Kippen damit bedient werden. In diesem Falle wären die Zufahrten jeweils entsprechend in Rechnung zu setzen.

Für die in dem Beispiel angegebenen Verhältnisse wäre

$$M_{p\,th} = \frac{3,5 \cdot 90 \cdot 8 \cdot 60}{4 \cdot 3,00 \cdot 1,2} = 10\,500\ \text{m}^3$$

ein Betrag, an welchen man in der Praxis etwa zu $^1/_3$ herankommen wird, d. h. mit einem solchen Pflug sind in 8 Stunden etwa 3500 m³ zu verarbeiten.

Bei Verwendung von Beckschen Pflügen wird man durchschnittlich nur mit 600—2000 m³ in 8 Stunden rechnen können.

2. Pumpen usw. für Spülkippen.

Für die Dimensionierung der Pumpen ist auszugehen von der Tabelle 63 auf S. 102/103. Der Wasserverbrauch auf Spülkippen richtet sich nach der Art des Materials und ist beträchtlichen Schwankungen unterworfen. Er kann bei lehmigem Material, das sich für diese Arbeitsweise besonders eignet, mit 0,5—0,9 m³ auf 1 m³ gespültes Material angenommen werden und steigt an auf 1,3—2 m³, wenn man etwa Kies spülen will.

Das Böschungsverhältnis, auf welches sich Spülkippen einstellen, beträgt bei Lehm etwa 1 : 11 und erhöht sich bei Kies auf etwa 1 : 5. Aus diesen Zahlen geht hervor, daß bei Tiefbauobjekten nur in den seltensten Fällen der Raum für die Einrichtung von Spülkippen vorhanden sein wird und ich kann deshalb darauf verzichten, mich hiermit weiter zu befassen.

3. Absetzapparate.

Aus den Tabellen 172 und 173 ist zu ersehen, mit welchen Mengen an gewachsenem Material man im allgemeinen bei Absetzapparaten rechnen darf. Zu beachten ist dabei, daß die Verwendung von Absetzapparaten selbstverständlich nur einen Sinn hat, wenn die örtlichen Verhältnisse einen wirtschaftlichen Einsatz derselben gestatten und möglichst große Massen auf gedrängtem Raum verarbeitet werden können.

Für die Gleise von Absetzern und deren Behandlung gelten sinngemäß die Ausführungen, welche bei den Eimerbaggern gemacht wurden.

D. Hilfsgeräte.

1. Antriebsmaschinen aller Art.

Ich kann mich hier auf meine Ausführungen im ersten Teil des Buches S. 112ff. beschränken, nachdem allgemeine Angaben über die Dimensionierung mit Rücksicht auf die Mannigfaltigkeit der Verwendung schlechterdings unmöglich sind.

2. Versorgung der Baustelle mit elektrischem Strom.

Für die Versorgung der Baustelle mit elektrischem Strom sind an dieser Stelle nur die Strombeschaffung und Stromzuführung von Interesse.

a) Strombeschaffung.

Dieselbe kann entweder erfolgen durch Bezug aus dem Netz eines Überlandwerkes oder durch Erzeugung in einer eigenen Baukraftzentrale. In letzterem Falle ist es von Wichtigkeit, daß man den auftretenden Bedarf mit größter Sorgfalt ermittelt, um einerseits zu vermeiden, daß man in Verlegenheit kommt und andererseits die Zentrale nicht unnötig groß zu dimensionieren.

Wundram[1] schlägt dafür folgendes graphisches Verfahren vor: In ein Koordinatensystem mit den Tagesstunden und Kilowattangaben werden die sämtlichen vorgesehenen Elektromotoren mit ihren möglichst genau berechneten oder geschätzten Belastungen und die dazugehörigen Betriebszeiten eingetragen. Aus den Summen der Belastungen ergibt sich dann der Gesamtstromverbrauch, der in den verschiedenen Tageszeiten verschieden ausfallen wird. Ist es betriebstechnisch möglich, einzelne Betriebszeiten von Elektromotoren gegeneinander zu verschieben, so läßt sich damit unter Umständen eine verhältnismäßig gleichbleibende Belastung des Stromerzeugers erreichen. Auf jeden Fall ist aber auf diese Weise ein klarer Überblick möglich, mit welcher maximalen Belastung man zu rechnen hat. Schlägt man zu diesem Betrag für Überlastungsmöglichkeit und Leitungsverluste noch 20 % hinzu und vergrößert man die so erhaltene Summe um weitere 10 % für Wirkungsgrad- und Antriebsverluste, so hat man damit die Stärke der zum Hauptantrieb der Stromerzeugungsanlage nötigen Antriebsmaschinen.

b) Stromzuführung.

Für die Stromzuführung in Tiefbaubetrieben kommen meist Freileitungen in Betracht, deren Querschnitt in Quadratmillimeter nach folgenden Formeln berechnet werden kann:

$$\text{Bei } \textbf{Gleichstrom} \qquad q = \frac{l \cdot \text{kW} \cdot 200}{E \cdot E \cdot p \cdot k} \cdot 1000, \qquad (49)$$

$$\text{,, } \textbf{Drehstrom} \qquad q = \frac{l \cdot \text{kW} \cdot 100}{E \cdot E \cdot p \cdot k \cdot \cos \varphi} \cdot 1000, \qquad (50)$$

---

[1] Hetzell u. Wundram: „Die Grundbautechnik und ihre maschinellen Hilfsmittel". Berlin: Julius Springer 1929.

worin bedeutet:

q den Mindestquerschnitt in Quadratmillimeter,
l die einfache Länge der Leitung in Meter,
kW die Leistungsaufnahme des Motors,
E die Klemmenspannung in Volt,
p den zulässigen Spannungsabfall in Prozenten (3—4%),
k die Leitfähigkeit des Materials (für Kupfer etwa 57),
$\cos \varphi$ den Leistungsfaktor.

Beispiel. Wie groß muß die 500 m lange Kupferzuleitung zu einem Bagger werden, der von einem 125-kW-Drehstrommotor bei 500 V Spannung angetrieben wird, wenn dessen $\cos \varphi = 0{,}87$ ist und der Spannungsabfall maximal 4% betragen darf?

$$q = \frac{500 \cdot 125 \cdot 100}{500 \cdot 500 \cdot 4 \cdot 57 \cdot 0{,}87} \cdot 1000 = 126 \text{ mm}^2.$$

Aus diesem Beispiel ist zu ersehen, daß die Querschnitte schon recht beträchtlich werden. Man wird deshalb, wenn es sich um größere Entfernungen handelt, den Strom zweckmäßig bis in die allernächste Nähe der Verbrauchsstelle mit einer höheren Spannung übertragen und dieselbe erst dort auf die benötigte Gebrauchsspannung transformieren.

3. Versorgung der Baustelle mit Wasser und Wasserhaltung.

a) Versorgung der Baustelle mit Wasser.

Grundbedingung für die Versorgung einer Baustelle mit Wasser ist eine gute Beschaffenheit des Wassers, weil davon die Wirtschaftlichkeit eines großen Maschinenbetriebes in erheblichem Maße beeinflußt wird. Es empfiehlt sich deshalb, in dieser Beziehung mit aller Vorsicht zu Werke zu gehen und das Wasser genau untersuchen zu lassen, wenn man sich vor Schaden bewahren will.

Die Aufwendungen für die Versorgung einer Baustelle mit Wasser sind je nach den örtlichen Verhältnissen sehr verschieden.

Sie sind ein Minimum, wenn brauchbares Wasser in genügenden Mengen in nächster Nähe zu haben ist, und können recht beträchtlich werden, wenn z. B. sehr tiefe artesische Brunnen gebohrt werden müssen oder das Wasser von weit entfernten Stellen herzupumpen ist.

In letzterem Falle wird es notwendig sein, den voraussichtlichen Höchstwasserbedarf und Gesamtwasserbedarf bei vollem Betrieb so genau als nur möglich festzustellen und danach die Dimensionierung der Pumpenanlage und des Rohrnetzes vorzunehmen.

Als Unterlage für den Wasserbedarf der Dampfkessel usw. können die einschlägigen Ausführungen im V. Abschnitt dienen; die ermittelte Wassermenge ist dann noch zu erhöhen um den etwa zu Betonierungsarbeiten u. dgl. benötigten Betrag, sowie um die Gebrauchswassermengen für Werkplatz, Kantinen und Baracken.

Für große Baustellen ist es durchaus keine Seltenheit, daß bis zu 800 und noch mehr Kubikmeter Wasser pro Tag verbraucht werden, und es ist klar, daß bei solchen Mengen ein gewisser Wasservorrat un-

umgänglich notwendig ist für den Fall, daß aus irgendwelchen Gründen
der Zufluß vorübergehend aufhört.

Als Mindestmaß an Wasservorrat sollte man bei einschichtigem
Betrieb den Höchstverbrauch für 1 Stunde nehmen, bei ununterbrochenem Tag- und Nachtbetrieb dagegen wegen der schwierigeren Behebung von Störungen bei Nacht den Verbrauch für etwa 1,5 bis
2 Stunden.

Die Ansammlung dieses Vorrates geschieht meist in einem oder
mehreren Behältern, welche unmittelbar aus der Druckleitung der
Pumpenanlage gespeist und zweckmäßig so hoch gestellt werden, daß
die ganze Baustelle von hier aus ohne weitere maschinelle Hilfsmittel
versorgt werden kann.

Ist das Gelände günstig, so genügt es, einen Punkt auszusuchen,
dessen Höhenlage den gestellten Anforderungen entspricht und dort den
oder die Behälter zu montieren; ist ein solcher natürlicher Punkt im
Gelände nicht vorhanden, so wird man die Wasserreservoire in nächster
Nähe der Stelle des voraussichtlich größten Bedarfes auf entsprechend
hohe Gerüste stellen, deren Kosten bei Ermittlung des Wasserpreises
pro Kubikmeter mit einzurechnen sind.

Von dieser Sammelstelle aus erfolgt dann die Verteilung auf die Baustelle selbst, für welche meistens ein Rohrnetz aus galvanisierten Röhren
verwendet wird.

Den Bedarf an Formstücken usw. berücksichtigt man am einfachsten
dadurch, daß man das Gewicht der Rohre um etwa 2%, die Beschaffungskosten derselben aber um etwa 10—20% erhöht.

Als Hilfsmittel für die Auswahl einer geeigneten Pumpe können die
Tabellen 63, 88, 89 und 93 im ersten Teil des Buches dienen.

Der Kraftbedarf, welchen die Pumpe benötigt, kann alsdann gefunden
werden aus der Gleichung:

$$K = \frac{Q \cdot H}{\eta \cdot 75}, \tag{51}$$

worin bedeutet:

Q die sekundliche Wassermenge in Litern,
H den Höhenunterschied zwischen Wasserspiegel Entnahmestelle und
   höchstem Punkt der Druckrohrleitung in Metern und
η den Wirkungsgrad, den man für Überschlagsrechnungen setzen kann:

bei sehr vollkommenen Pumpen	$\eta = 0{,}82$ bis	$0{,}73$
„ guten „	$\eta = 0{,}78$ „	$0{,}70$
„ gewöhnlichen „	$\eta = 0{,}72$ „	$0{,}69$
„ roh ausgeführten „	$\eta = 0{,}66$ „	$0{,}58$

Der jeweilige erste Wert von η gilt für kleine Geschwindigkeiten und
große Förderhöhen, der zweite für große Geschwindigkeiten und kleine
Förderhöhen.

Dabei ist angenommen, daß Saugleitung und Druckleitung die gleiche
lichte Weite haben wie der Saug- bzw. Druckstutzen der Pumpe, ferner
daß die Saughöhe nicht sehr groß ist, die Saugleitung ein Fußventil
besitzt und die Länge der Druckleitung nicht wesentlich größer ist
als H.

Vielfach wird gerade die letzte Bedingung nicht erfüllt sein, und dann ist es nötig, für die Ermittlung des Kraftbedarfs die Höhe H zu vergrößern um eine Zusatzhöhe h, die sich ergibt nach der Formel

$$h = \zeta \cdot \frac{l}{d} \cdot \frac{v^2}{2\,g}, \tag{52}$$

worin bedeutet:

l die Länge der Rohrleitung in Metern,
d den inneren Durchmesser in Metern,
v die Geschwindigkeit des Wassers in Metern,
ζ den Reibungskoeffizienten, welcher nach **Weisbach** zu setzen ist:

$$\zeta = 0{,}01439 + \frac{0{,}009471}{\sqrt{v}},$$

d. h. für

$v =$	0,1	0,2	0,3	0,4	0,5	0,6	0,7	0,8	1,0	1,5	2,0
$\zeta =$	0,0443	0,0356	0,0317	0,0294	0,0278	0,0266	0,0257	0,0250	0,0239	0,0221	0,0211

oder nach **Darcy**

$$\zeta = 0{,}01989 + \frac{0{,}0005078}{d},$$

wonach ζ abhängig vom Durchmesser der Leitung ist.

Letztere Formel ermöglicht auch, die an der Rohrleitung eintretende Verengung zu berücksichtigen.

Für die Berechnung von bekrusteten Rohrleitungen soll **Darcy** eine Verdoppelung der Reibungskoeffizienten empfohlen haben.

Die betreffenden Werte von ζ nach **Darcy** ergibt nachstehende Tabelle 195.

Tabelle 195.

Rohrdurchmesser d m	Reibungskoeffizient ζ	Rohrdurchmesser d m	Reibungskoeffizient ζ	Rohrdurchmesser d m	Reibungskoeffizient ζ
0,020	0,04528	0,075	0,02666	0,175	0,02279
0,030	0,03682	0,080	0,02623	0,200	0,02243
0,040	0,03258	0,090	0,02553	0,225	0,02215
0,050	0,03005	0,100	0,02497	0,250	0,02192
0,060	0,02835	0,125	0,02395	0,275	0,02173
0,070	0,02714	0,150	0,02327	0,300	0,02158

Die Geschwindigkeit des Wassers in der Druckrohrleitung schwankt etwa zwischen 0,5 und 2,0 m. Für kleine Förderhöhen und lange Leitungen kann man 0,5—1,2 m wählen, während für große Förderhöhen, bei denen die Nutzarbeit im Verhältnis zu den Reibungswiderständen bedeutend ist, höhere Geschwindigkeiten genommen werden.

Beispiel. Wie groß ist die Zusatzhöhe h in einer Rohrleitung von $d = 0{,}100$ m, wenn dieselbe 300 m lang und mit $v = 1{,}00$ m Geschwindigkeit durchflossen wird? Für $d = 0{,}100$ m ist nach **Darcy** $\zeta = 0{,}02497$, also

$$h = \zeta \cdot \frac{l}{d} \cdot \frac{v^2}{2\,g} = 0{,}02497 \cdot \frac{300}{0{,}100} \cdot \frac{1{,}0^2}{2 \cdot 9{,}81} = 3{,}82 \text{ m}.$$

Nach **Weisbach** wäre $\zeta = 0{,}0239$ und $h = 3{,}65$ m.

Nimmt man an, die Pumpe solle pro Stunde 28 m³ Wasser liefern und der Höhenunterschied zwischen Wasserspiegel Entnahmestelle und höchster Punkt Druckrohrleitung sei 40 m, so wäre der Kraftbedarf

$$K = \frac{Q \cdot (H + h)}{\eta \cdot 75} = \frac{\dfrac{28\,000}{3600} \cdot (40,00 + 3,82)}{0,8 \cdot 78} = 5,7 \text{ PS}.$$

b) Wasserhaltung.

Für die Auswahl der bei Wasserhaltungsarbeiten von Fall zu Fall am geeignetsten erscheinenden Pumpen wird auf die Darlegungen im ersten Teil S. 143 ff. verwiesen.

4. Werkplatzeinrichtung.

Unter Werkplatzeinrichtung im vorliegenden Sinne soll alles verstanden sein, was zur Sicherstellung eines geordneten Baubetriebes notwendig ist.

Sie umfaßt demgemäß neben dem Baubüro Baumagazin, Werkstätte mit Schmiede, Stellmacherei, Lokomotivschuppen u. dgl. m.

Zu den einzelnen Teilen, welche auf jeder größeren Baustelle wiederkehren, soll kurz folgendes bemerkt werden:

a) Baubüro.

Das Baubüro wurde früher vielfach in gemieteten Räumen untergebracht, sofern solche in geeigneter Lage zu haben waren. In letzter Zeit ist diese einfachste Lösung fast nie mehr möglich gewesen und es mußten deshalb dafür meist eigene Baracken aufgestellt werden.

Dieser Umstand und die Gepflogenheit, in derartigen Fällen die Bürobaracke der leichteren Bewachung halber in nächster Nähe von Magazin und Werkstätte usw. zu errichten, waren die Veranlassung, daß auch sie zweckmäßig direkt als Bestandteil der Werkplatzeinrichtung mit aufgenommen wurde.

Die Größe und Ausstattung des Baubüros ist abhängig von Dauer und Umfang der Arbeiten, für welche es bestimmt ist, und nicht zuletzt von der Art des Vertrages, nach dem gearbeitet wird.

Es kann um so kleiner sein, je mehr sich die Vertragsart jener des Vorkriegsakkords nähert, und wird unter Umständen einen recht beträchtlichen Umfang annehmen, wenn der sog. Kolonialvertrag mit seinen unendlichen Einzelnachweisen zugrunde liegt.

Auf jeden Fall sollte aber das Baubüro von solcher Beschaffenheit sein, daß es dem Personal möglich ist, bei jedem Wetter und in jeder Jahreszeit ungehindert seinen Dienst zu machen.

Bei Festsetzung von Größe und Raumeinteilung ist darauf zu achten, daß die technische und kaufmännische Abteilung womöglich vollkommen voneinander zu trennen sind, und daß Vorkehrungen getroffen werden, die es gestatten, den Parteiverkehr (Lohnauszahlungen u. dgl.) so abzuwickeln, daß die übrigen Angestellten in ihrer Arbeit nicht gestört werden.

b) Baumagazin.

Ausgestaltung und Inhalt des Baumagazins richten sich ganz nach den Bedürfnissen der Baustelle und müssen von Fall zu Fall bestimmt werden nach dem Grundsatz, daß es tunlichst alles enthalten soll, was zur Gewährleistung eines ungestörten Arbeitsfortganges und Ermöglichung raschester Behebung eingetretener Defekte an den Geräten notwendig ist.

Demgemäß wird sich ein Baumagazin für größere Arbeiten im allgemeinen in folgende Unterabteilungen gliedern:

1. Einen größeren Raum für Werkzeuge, Schrauben, Nieten, Nägel, Kleineisenzeug, Wasserleitungsmaterial u. dgl., in einzelnen Regalen übersichtlich geordnet,

2. einen kleinen, besonders abgeschlossenen Raum für die Meßgeräte aller Art,

3. einen ebenfalls abgeschlossenen Raum für hochwertige Maschinenteile sowie Dichtungen, Packungen u. dgl.,

4. einen eigenen Raum für Maschinenersatzteile und Rollwagenersatzteile,

5. eine Abteilung für Eisen, Stahl und Rohre und

6. einen Raum neben dem Eingang für die Materialverwaltung.

Je nach der Größe der Baustelle kann noch eine weitergehende Unterteilung erforderlich werden oder aber auch die Möglichkeit bestehen, verschiedene der vorstehenden Abteilungen in einen einzigen Raum zusammenzulegen.

Sachlich als ebenfalls zum Baumagazin gehörig sind die Aufbewahrungsräume für Schmier- und Putzmittel zu bezeichnen, jedoch empfiehlt es sich, dieselben wegen der erhöhten Feuersgefahr besser abseits in einem eigenen Raum unterzubringen.

c) Werkstätte.

Werkstätte und Schmiede sollen so geräumig sein, daß die sämtlichen häufiger vorkommenden Reparaturen darin erledigt werden können und alles enthalten, was dazu an Werkzeugmaschinen und sonstiger Ausstattung notwendig ist.

Einen Anhaltspunkt geben die Tabellen 233—236 des nächsten Abschnitts.

d) Stellmacherei.

Auch für die Stellmacherei gilt, daß sich die Gesamtanlage derselben sowie ihre Ausrüstung mit Werkzeugmaschinen ganz nach der Größe des Wagenparks richtet, und es wird diesbezüglich auf die Tabelle 237 des nächsten sowie die Ausführungen über Rollwagenreparaturen des IV. Abschnitts verwiesen.

e) Lokomotivschuppen.

Zur Schonung der Lokomotiven ist es vorteilhaft, eigene Unterstandsschuppen aufzustellen, welche zugleich einen Schutz gegen die Witterung bei Vornahme kleinerer Reparaturen bilden und zweckmäßig hierfür mit eingerichtet werden.

Bei ununterbrochenem Tag- und Nachtbetrieb können diese Schuppen ruhig auf der Einfahrtsseite ganz offen bleiben, bei Betrieb mit Pausen empfiehlt es sich dagegen, schon mit Rücksicht auf die geringere Abkühlung und die damit verbundene Kohlenersparnis beim Anheizen die Schuppen ganz zu schließen.

5. Wohlfahrtseinrichtungen.

An Wohlfahrtseinrichtungen kommen für den Baubetrieb hauptsächlich in Frage Kantinen, dann aber auch Arbeiterwohnbaracken und, falls letztere in größerem Umfange errichtet werden müssen, eine eigene Krankenbaracke und Badeeinrichtungen.

Für Kantinen und Wohnbaracken kann die Tabelle 239 als Anhalt dienen, während der Einfluß der sonstigen Einrichtungen am einfachsten in der Weise berücksichtigt wird, daß man erforderlichenfalls den Aufwand für die Wohnbaracken um etwa 10% erhöht.

III. Auslagen für Beschaffung der Geräte.

Zu den Auslagen für Beschaffung der Geräte sind neben den Gerätemieten bzw. Verzinsung und Abschreibung der Geräte auch die Frachten für deren An- und evtl. Rücktransport zu zählen.

A. Gerätemieten.

Werden die Geräte für die Ausführung eines Bauvorhabens gemietet, so ist zu beachten, daß von den geräteausleihenden Firmen fast stets ohne Rücksicht auf die wirkliche Dauer der Benutzung die Vergütung für eine sog. Mindestmietdauer gefordert wird, und daß die Mietzeit zu laufen pflegt von dem Tage, an dem das Gerät verladen bzw. bereitgestellt wird bis zu dem Tage, wo es wieder an dem vereinbarten Platze zur Ablieferung kommt.

Voraussetzung ist dabei, daß die Rückgabe (abgesehen von dem normalen Verschleiß) in betriebsfähigem Zustande erfolgt. Trifft dies nicht zu, so geht nach den meisten Mietverträgen nicht nur die Wiederinstandsetzung zu Lasten des Mieters, sondern derselbe hat auch die Miete selbst so lange weiter zu bezahlen, bis das Gerät durchrepariert ist.

Diesen allgemein üblichen Bedingungen ist bei Bemessung der voraussichtlichen Mietdauer Rechnung zu tragen.

Um einen Überblick hinsichtlich der Aufwendungen zu geben, welche bei gemieteten Geräten ungefähr entstehen, sollen in den folgenden Tabellen die Sätze genannt werden, die bei Benutzung der Geräte bis zu 12 Stunden pro Tag üblich sind.

1. Bagger.

a) Eimerbagger.

Tabelle 196.

	Monatliche Miete für eine Mietdauer			
	bis 3 Mon. RM.	bis 6 Mon. RM.	bis 12 Mon. RM.	über 12 Mon. RM.
Lübecker Trockenbagger, Type NE I . .	} kommt nicht in Frage	kommt nicht in Frage	16000	12800
E II . .			10000	8000
B . . .	kommt nicht in Frage	3850	2750	2200
E III . .		10000	7500	6000
A . . .		3150	2250	1800
O . . .		2300	1650	1320
C . . .		1960	1400	1120
F . . .	2000	1400	1000	800

Bei den Typen B, A, O, C und F ist zu beachten, daß dies durchgehends ältere Maschinen sein werden, nachdem diese Typen heute kaum noch neu gebaut werden.

b) Löffelbagger älterer Bauart.

Tabelle 197.

	Monatliche Miete bei einer Mietdauer			
	bis 3 Mon. RM.	bis 6 Mon. RM.	bis 12 Mon. RM.	über 12 Mon. RM.
Modell G, Löffelinhalt 2 m³ . .	3200	2240	1600	1280
„ F 2, „ 1,6 m³ . .	2800	1960	1400	1120
„ F 1, „ 1,3 m³ . .	2500	1750	1250	1000
„ E, „ 1,0 m³ . .	2250	1575	1125	900
„ C 2, „ ³/₄ m³ . .	2000	1400	1000	800

c) Greifbagger älterer Bauart.

Tabelle 198.

	Monatliche Miete bei einer Mietdauer			
	bis 3 Mon. RM.	bis 6 Mon. RM.	bis 12 Mon. RM.	über 12 Mon. RM.
Größe E, Greiferinhalt 0,8 m³ . .	2000	1400	1000	800
„ C 1, „ 0,4 m³ . .	1200	840	600	480

d) Universalraupenbagger.

Tabelle 199.

	Monatliche Miete bei einer Mietdauer			
	bis 3 Mon. RM.	bis 6 Mon. RM.	bis 12 Mon. RM.	über 12 Mon. RM.
O. & K., Type D	2560	1920	1600	1200
„ 6	4000	3000	2500	1800
„ 9	4800	3600	3000	2250
„ 14	8000	6000	5000	3750
„ 16	9000	6600	5500	4200
Bear-Cat-Universalraupenbagger . .	3200	2400	2000	1500

2. Fahrpark.

a) Rollwagen.

Tabelle 200.

	Monatliche Miete bei einer Mietdauer			
	bis 3 Mon. RM.	bis 6 Mon. RM.	bis 12 Mon. RM.	über 12 Mon. RM.
Eiserne Wagen für Handbetrieb:				
$^1/_2$ m³ Blechmuldenkipper	8,—	6,—	5,—	4,—
$^3/_4$ m³ ,, ...	9,—	7,—	6,—	5,—
Eiserne Wagen für Lokomotivbetrieb:				
$^3/_4$ m³ Blechmuldenkipper	11,—	9,—	8,—	6,50
1 m³ ,, ...	15,—	13,—	12,—	10,—
$1^1/_4$ m³ ,, ...	16,50	14,50	13,—	11,—
$1^1/_2$ m³ ,, ...	18,—	15,50	14,50	12,—
2 m³ ,, ...	28,—	24,—	20,—	16,—
Hölzerne Wagen für Lokomotivbetrieb:				
1 m³ Holzkastenkipper	16,—	14,—	12,—	10,—
1,25 m³ ,, ...	17,—	15,—	13,50	11,—
1,50 m³ ,, ...	20,—	17,50	15,—	12,50
2 m³ ,, ...	24,—	21,—	18,—	15,—
2,50 m³ ,, ...	29,—	25,—	22,—	19,—
3 m³ ,, ...	43,—	38,—	33,—	27,—
3,50 m³ ,, ...	48,—	42,—	36,—	30,—
4 m³ ,, ...	50,—	44,—	39,—	32,50
4,50 m³ ,, ...	60,—	52,—	45,—	37,50

b) Lokomotiven.

Tabelle 201.

	Monatliche Miete bei einer Mietdauer			
	bis 3 Mon. RM.	bis 6 Mon. RM.	bis 12 Mon. RM.	über 12 Mon. RM.
Dampflokomotiven:				
600 mm Spurweite 30 PS . . .	530	440	350	265
40 ,, . . .	560	465	370	280
50 ,, . . .	590	490	390	295
60 ,, . . .	620	515	410	310
750 mm Spurweite 50 ,, . . .	600	500	400	300
60 ,, . . .	625	520	415	315
80 ,, . . .	835	700	560	420
100 ,, . . .	930	775	620	465
900 mm Spurweite 100 ,, . . .	935	780	625	470
125 ,, . . .	1060	885	710	530
160 ,, . . .	1130	940	750	565
200 ,, . . .	1290	1075	860	645
Diesellokomotiven:				
600 mm Spurweite 8 PS . . .	380	285	240	190
11 ,, . . .	600	450	375	300
15 ,, . . .	720	540	450	360
20 ,, . . .	800	600	500	400
30 ,, . . .	960	720	600	480

3. Gleismaterial.

Tabelle 202.

	Monatl. Miete bei einer Mietdauer			
	bis 3 Mon. RM.	bis 6 Mon. RM.	bis 12 Mon. RM.	über 12 Mon. RM.
Schienen:				
Rahmengleis 600 mm Spur fertig montiert 1 lfd. m	0,20	0,18	0,15	0,12
Brigadegleis 600 „ „ „ „ 1 „	0,25	0,22	0,18	0,15
Schienen von 12 kg/m	0,20	0,18	0,15	0,12
„ „ 14 „ } 1 lfd. m Gleis ohne	0,24	0,22	0,18	0,15
„ „ 20 „ } Schwellen	0,32	0,28	0,24	0,20
„ „ 25 „ } und Kleineisenzeug	0,38	0,34	0,30	0,25
„ „ 33 „	0,50	0,45	0,40	0,32
Weichen:				
für Rahmengleis 600 mm Spur fertig montiert 1 St.	8,—	6,—	5,—	4,—
„ Brigadegleis 600 „ „ „ „ 1 „	9,—	7,—	6,—	5,—
„ 12 kg/m Gleis	12,—	9,—	7,50	6,—
„ 14 „ „ } 1 St. ohne Zwischen-	14,—	11,—	9,—	7,—
„ 20 „ „ } schienen, Schwellen	20,—	15,—	12,50	10,—
„ 25 „ „ } und Kleineisenzeug	25,—	18,50	16,—	12,50
„ 33 „ „	33,—	25,—	22,—	17,—
Drehscheiben:				
600 mm Spurweite für 65/7 kg Gleis . . 1 St.	6,—	5,—	4,—	3,—
600 „ „ „ 70/9 „ „ . . 1 „	7,—	6,—	5,—	4,—
600 „ „ „ 80/12 „ „ . . 1 „	9,—	7,—	6,—	5,—
Supra-Kletterdrehscheiben	9,—	7,—	6,—	5,—

4. Pumpen für Wasserhaltung.

Dia-Baupumpen der Hammelrath & Schwenzer G. m. b. H., Düsseldorf.

Tabelle 203.

	Mindestmietbetrag RM.	Tägliche Miete bei einer Mietdauer			
		bis 2 Mon. RM.	bis 3 Mon. RM.	bis 4 Mon. RM.	bis 6 Mon. RM.
Mit Elektroantrieb:					
Type B I . . . . 1 St.	85	2,25	1,90	1,60	1,40
„ B II . . . . „	100	2,65	2,25	1,90	1,70
„ B III . . . . „	120	3,10	2,65	2,30	2,—
„ C 12/II . . . „	160	4,15	3,50	3,05	2,65
„ C 12/III . . „	230	6,10	5,20	4,50	3,90
„ CC III . . . „	315	8,30	7,—	6,05	5,25
„ Sk 0 . . . . „	80	2,10	1,80	1,50	1,35
„ Sk I . . . . „	105	2,80	2,35	2,05	1,75
„ Sk II . . . „	150	3,90	3,30	2,85	2,50
„ Sk III . . . „	200	5,20	4,40	3,80	3,30
„ Sk II b . . . „	260	6,75	5,70	5,—	4,30
„ Sk III b . . „	350	9,30	7,85	6,80	5,90
„ Sk III c . . „	465	12,30	10,40	9,—	7,80

Tabelle 203 (Fortsetzung).

	Mindestmietbetrag RM.	Tägliche Miete bei einer Mietdauer			
		bis 2 Mon. RM.	bis 3 Mon. RM.	bis 4 Mon. RM.	bis 6 Mon. RM.
Mit Benzinantrieb:					
Type B I . . . . 1 St.	150	3,95	3,30	2,90	2,50
„ B II . . . . „	155	4,10	3,40	2,90	2,50
„ B III . . . „	160	4,30	3,55	3,05	2,70
„ C 12/II . . . „	190	5,—	4,20	3,60	3,15
„ C 12/III . . „	265	6,85	5,70	4,90	4,30
„ CC III . . . „	310	8,20	6,85	5,90	5,15
„ Sk I . . . . „	160	4,20	3,50	3,—	2,65
„ Sk II . . . „	180	4,75	4,—	3,40	3,—
„ Sk III . . . „	220	5,80	4,80	4,10	3,60
„ Sk II b . . . „	275	7,25	6,05	5,20	4,55
„ Sk III b . . „	345	9,20	7,65	6,55	5,75
„ Sk III c . . „	410	10,90	9,10	7,80	6,80

Die Mietgebühr ist auch bei kürzerer Gebrauchsdauer wenigstens für einen vollen Monat zu entrichten. Bei längerer Gebrauchsdauer kommt der Mietpreis für den letzten voll in Anspruch genommenen Monat in Anrechnung. Schläuche oder Rohrleitungen sind von der leihweisen Überlassung ausgeschlossen und werden stets nur für feste Rechnung verkauft.

B. Verzinsung und Abschreibung.

Die zweite und in den weitaus meisten Fällen in Betracht kommende Möglichkeit ist die, daß die Geräte Eigentum der ausführenden Firma sind. Es treten dann an Stelle der Gerätemieten die für die Verzinsung und Abschreibung der Beschaffungskosten notwendigen Beträge, wozu folgendes zu bemerken ist:

Verzinsung sowohl, als auch Abschreibung sind keine Festbeträge, sondern ihrerseits wiederum abhängig, und zwar die Verzinsung von dem Buchwert des betreffenden Geräts und die Abschreibung davon, ob das Gerät neu beschafft wurde oder schon längere Zeit in Betrieb ist, ferner, ob es ein Gerät ist, das durch großen Verschleiß oder rasche Veraltung bald wertlos wird und endlich, ob es ein Gerät ist, für welches eine weitere Verwendungsmöglichkeit besteht oder ein Apparat, der zur Erreichung eines ganz bestimmten Zieles beschafft oder gar eigens gebaut wurde und für den eine anderweitige Verwendung überhaupt nicht mehr in Frage kommt.

Es kann an dieser Stelle nicht eindringlich genug darauf aufmerksam gemacht werden, wie sehr die ganzen Verhältnisse auf dem Baugerätemarkt zur Zeit in Fluß sind und wie wichtig es deshalb ist, daß dem Kapitel der Abschreibungen die ihm gebührende Achtung geschenkt wird.

Zum Beweis dafür möge allein darauf hingewiesen sein, welche Umwälzung auf dem Gebiet der Löffelbagger seit den letzten fünf Jahren erfolgt und bestimmt auch fernerhin zu erwarten ist, und daß Löffelbagger, welche noch kurz bevor die Universalraupenbagger herauskamen, neu beschafft wurden, mit dem Erscheinen und der Bewährung der letzteren nicht mehr viel mehr als den Alteisenwert hatten, trotzdem sie noch verhältnismäßig neu waren. Ganz ähnlich liegen die Dinge bei den Eimerbaggern und dem rollenden Material, so daß äußerste Vorsicht gar wohl am Platze ist.

Eine Unternehmung, die konkurrenzfähig bleiben will, kann dies nur, wenn sie mit allen Mitteln danach strebt, ihren Gerätepark stets dem neuesten Stand der Technik entsprechend zu ergänzen. Arbeiten mit veralteten Geräten ist Raubbau am eigenen, wie am Volksvermögen, und wie sich derartige Experimente auswirken, dafür mögen folgende zwei Beispiele dienen:

1. Bei einer großen Erdbewegung der Nachkriegszeit waren u. a. zwei Eimerbagger eingesetzt, eine Type B der Lübecker Maschinenbau-Gesellschaft, gebaut im Jahre 1920 und noch vielfach mit den durch den Materialmangel der Kriegszeit bedingten Ersatzmaterialien hergestellt und eine verbesserte Type E I derselben Firma vom Jahre 1921. Beide Bagger arbeiteten unter sonst vollkommen gleichen Verhältnissen, aber das Resultat war das in Tabelle 204 aufgezeigte.

Tabelle 204.

Bagger-type	Bau-jahr	Beobachtungszeit	Leistung m³	Betriebsstunden	Lohnstundenanfall für Reparaturen während der Betriebszeit	Auf 1 Betriebsstunde trafen Reparaturlohnstd. während des Betriebes	Lohnstundenanfall für die sog. Schlußreparatur nach beendeter Arbeit	Auf 1 Betriebsstunde trafen Schlußreparatur-lohnstunden	Gesamtlohnstunden-anfall für Reparaturen	Auf 1 Betriebsstunde trafen insgesamt Reparaturlohnstunden
B	1920	5. IV. 22— 3. XI. 22	375 637	2590	2569	1,0	4162	1,6	6731	2,6
E I	1921	24. I. 22—21. XI. 22	660 363	3618	1880	0,5	2976	0,8	4856	1,3

Die moderne Baggertype hat demnach trotz der höheren Betriebsstundenzahl und der Tatsache, daß dieselben teilweise in die ungünstige Winterzeit fielen und trotz der ungefähr 1,75fachen Leistungen an Lohnaufwand für Reparaturen nur rund die Hälfte von dem erfordert, was bei der älteren Type nötig war.

2. Bei derselben Arbeit waren eine ganze Anzahl Baulokomotiven von 900 mm Spurweite und ca. 160 PS-Leistung verwendet. Wie es in solchen Fällen häufig geht, wurde neben dem Neuen auch noch alles Alte verwendet, was einigermaßen geeignet war, und es ist überaus interessant, an Hand der nachstehenden Tabelle 205 zu verfolgen, wie sehr die Leistungsfähigkeit einer Lokomotive von ihrem Alter abhängig ist und wie rasch der Lohnaufwand für die Schlußreparatur mit dem Alter der Maschine wächst.

Die Maschinen waren samt und sonders in gleicher Weise eingesetzt und aus der Betriebsstundenspalte ist sehr schön zu entnehmen, wie sich die Anzahl der Betriebsstunden mit zunehmendem Alter der Maschinen vermindert. Das hat aber zur Folge, daß mit einem beträchtlichen Leistungsausfall zu rechnen ist und daß demselben, um die Termine einzuhalten, durch Bereitstellung von mehr Maschinen Rechnung

Tabelle 205.

Loko- motive Nr.	Baujahr	Beobachtungszeit	Betriebs- stunden	Lohn- stunden- anfall für die sog. Schluß- reparatur	Auf 1 Be- triebsstunde treffen Schluß- reparatur- lohnstunden
1	1909	10. IV. 22— 3. V. 23	3567	2616	0,73
2	1913	11. IV. 22—28. IX. 23	4502	2260	0,50
3	1913	25. I. 22—18. VII. 23	6744	2479	0,37
4	1919	22. I. 22— 2. IX. 23	6905	1677	0,24
5	1919	23. I. 22— 7. XI. 23	7309	1605	0,22
6	1919	12. XI. 21— 3. IV. 24	8108	1713	0,21
7	1919	26. I. 22—20. IV. 24	7552	1592	0,21
8	1920	28. VII. 21—12. IX. 23	7452	1665	0,22
9	1920	26. VII. 21— 5. V. 23	7559	1617	0,21
10	1920	4. VIII. 21— 8. X. 23	9120	1886	0,20
11	1921	22. IX. 21—19. VI. 23	7766	709	0,09
12	1922	28. IV. 22—20. IX. 23	7852	591	0,075

getragen werden muß als eigentlich nötig wären. Die Kosten dafür sind alles in allem bestimmt nicht geringer als der Aufwand für einen höheren Abschreibungssatz bei Beschaffung neuer Maschinen, und es sollte schon aus diesen Erwägungen heraus stets das Bestreben vorhanden sein, durch Ansetzung ausreichender Abschreibungssätze eine Überalterung des Maschinenparks zu verhüten.

Aus diesem Gesichtspunkte heraus halte ich es für richtig, die Gesamtheit der hier behandelten Tiefbaugeräte etwa in vier Gruppen einzuordnen und die Abschreibungssätze derselben festzusetzen wie folgt:

Gruppe I, das sind Baracken aller Art und Rollwagen

im 1. Jahr 40 % des Anschaffungswertes
„ 2. „ 30 % „ „
„ 3. „ 20 % „ „
„ 4. „ 10 % „ „

Gruppe II, das sind Bagger aller Art, Absetzapparate, Krane, Gleisrückmaschinen, Planierpflüge, Lastkraftwagen und Anhänger dazu, Lokomotiven aller Art, Benzol- und Rohölmotoren u. dgl.

im 1. Jahr 30 % des Anschaffungswertes
„ 2. „ 20 % „ „
„ 3. „ $16^2/_3$ % „ „
„ 4. „ $13^1/_3$ % „ „
„ 5. „ 10 % „ „
„ 6. „ 10 % „ „

Gruppe III, das sind Lokomobilen, Pumpen, Holzbearbeitungs- und Werkzeugmaschinen, montierte Gleise, Weichen, Drehscheiben u. dgl.

im 1. Jahr 25 % des Anschaffungswertes
„ 2. „ 15 % „ „
im 3.—8. „ je 10 % „ „

Gruppe IV, das sind Elektromotoren, Bagger- und Rollbahnschienen u. dgl.

im 1. Jahr 20 % des Anschaffungswertes
„ 2. „ 14 % „ „
„ 3. „ 10 % „ „
im 4.—10. „ je 8 % „ „

Diese Sätze stellen nur eine allgemeine Richtlinie dar und schließen selbstverständlich nicht aus, daß sich in Sonderfällen die Notwendigkeit ergeben kann, ein Gerät auf eine einzige Arbeit restlos abzuschreiben.

Für sog. Kleingeräte und Werkzeuge sowie solche Materialien, die einem besonders großen Verschleiß unterliegen, wie Holzschwellen, Kleineisenzeug u. dgl., können allgemein gültige Abschreibungssätze nicht angegeben werden. Dieselben richten sich vielmehr ganz nach den örtlichen Verhältnissen, und es empfiehlt sich, wenn man die dafür aufzuwendenden Beträge zunächst voll einsetzt und die sich ergebende Summe um den mutmaßlichen Wert bei Beendigung der Arbeiten kürzt. In den Tabellen 210—239 habe ich diese Materialien in einer eigenen Spalte V (Verschleißmaterial) aufgeführt.

Für die Verzinsung wird man im allgemeinen mit einem Satz rechnen können, der dem jeweiligen Reichsbankdiskontsatz entspricht.

Die Schwierigkeit für eine allgemein gültige Behandlung dieser Fragen liegt darin, daß die beiden eigentlichen Ausgangspunkte für Verzinsung und Abschreibung, nämlich der Buchwert und das Alter des Geräts, wohl dem Unternehmer bekannt sind, aber nicht dem Außenstehenden, und es wird sich in der Folge darum handeln, einen Weg zu finden, der als allgemein gangbar angesehen werden kann.

Zur Erreichung dieses Zieles ist es notwendig, auf den nächsten Abschnitt „Instandhaltung der Geräte" vorzugreifen.

Aus den Darlegungen S. 298ff. ist ersichtlich, daß die Auslagen für die Instandhaltung alter Geräte erheblich größer sind, als jene für die Instandhaltung neuer Geräte.

Rechnet man nun in der Kostenberechnung ohne Rücksicht, ob das Gerät neu oder alt ist, stets mit den Werten für die Instandsetzung alter Geräte, so kann man für die Verzinsung und Abschreibung ruhig die sich aus den Tabellen 206—209 ergebenden Mittelwerte nehmen und hat damit die größtmögliche Annäherung an die Wirklichkeit erzielt.

Gruppe I.

Tabelle 206.

Betriebs-jahr	Verzinsung bei einem Zinssatz von %					Ab-schrei-bung %	Verzinsung + Abschreibung bei einem Zinssatz von %				
	4	5	6	7	8		4	5	6	7	8
1.	4,00	5,00	6,00	7,00	8,00	40,00	44,00	45,00	46,00	47,00	48,00
2.	2,40	3,00	3,60	4,20	4,80	30,00	32,40	33,00	33,60	34,20	34,80
3.	1,20	1,50	1,80	2,10	2,40	20,00	21,20	21,50	21,80	22,10	22,40
4.	0,40	0,50	0,60	0,70	0,80	10,00	10,40	10,50	10,60	10,70	10,80
Sa.	8,00	10,00	12,00	14,00	16,00	100,00	108,00	110,00	112,00	114,00	116,00
Mittel	2,00	2,50	3,00	3,50	4,00	25,00	27,0	27,5	28,0	28,5	29,0

Gruppe II.

Tabelle 207.

Betriebs-jahr	Verzinsung bei einem Zinssatz von %					Ab-schrei-bung %	Verzinsung + Abschreibung bei einem Zinssatz von %				
	4	5	6	7	8		4	5	6	7	8
1.	4,00	5,00	6,00	7,00	8,00	30,00	34,00	35,00	36,00	37,00	38,00
2.	2,80	3,50	4,20	4,90	5,60	20,00	22,80	23,50	24,20	24,90	25,60
3.	2,00	2,50	3,00	3,50	4,00	16,67	18,67	19,17	19,67	20,17	20,67
4.	1,33	1,67	2,00	2,33	2,67	13,33	14,66	15,00	15,33	15,66	16,00
5.	0,80	1,00	1,20	1,40	1,60	10,00	10,80	11,00	11,20	11,40	11,60
6.	0,40	0,50	0,60	0,70	0,80	10,00	10,40	10,50	10,60	10,70	10,80
Sa.	11,33	14,17	17,00	19,83	22,67	100,00	111,33	114,17	117,00	119,83	122,67
Mittel	1,89	2,36	2,83	3,31	3,78	16,67	~18,5	~19,0	19,5	~20,0	~20,5

Gruppe III.

Tabelle 208.

Betriebs-jahr	Verzinsung bei einem Zinssatz von %					Ab-schrei-bung %	Verzinsung + Abschreibung bei einem Zinssatz von %				
	4	5	6	7	8		4	5	6	7	8
1.	4,00	5,00	6,00	7,00	8,00	25,00	29,00	30,00	31,00	32,00	33,00
2.	3,00	3,75	4,50	5,25	6,00	15,00	18,00	18,75	19,50	20,25	21,00
3.	2,40	3,00	3,60	4,20	4,80	10,00	12,40	13,00	13,60	14,20	14,80
4.	2,00	2,50	3,00	3,50	4,00	10,00	12,00	12,50	13,00	13,50	14,00
5.	1,60	2,00	2,40	2,80	3,20	10,00	11,60	12,00	12,40	12,80	13,20
6.	1,20	1,50	1,80	2,10	2,40	10,00	11,20	11,50	11,80	12,10	12,40
7.	0,80	1,00	1,20	1,40	1,60	10,00	10,80	11,00	11,20	11,40	11,60
8.	0,40	0,50	0,60	0,70	0,80	10,00	10,40	10,50	10,60	10,70	10,80
Sa.	15,40	19,25	23,10	26,95	30,80	100,00	115,40	119,25	123,10	126,95	130,80
Mittel	1,93	2,41	2,89	3,37	3,85	12,50	~14,4	~14,9	~15,4	~15,9	~16,4

Gruppe IV.

Tabelle 209.

Betriebs-jahr	Verzinsung bei einem Zinssatz von %					Ab-schrei-bung %	Verzinsung + Abschreibung bei einem Zinssatz von %				
	4	5	6	7	8		4	5	6	7	8
1.	4,00	5,00	6,00	7,00	8,00	20,00	24,00	25,00	26,00	27,00	28,00
2.	3,20	4,00	4,80	5,60	6,40	14,00	17,20	18,00	18,80	19,60	20,40
3.	2,64	3,30	3,96	4,62	5,28	10,00	12,64	13,30	13,96	14,62	15,28
4.	2,24	2,80	3,36	3,92	4,48	8,00	10,24	10,80	11,36	11,92	12,48
5.	1,92	2,40	2,88	3,36	3,84	8,00	9,92	10,40	10,88	11,36	11,84
6.	1,60	2,00	2,40	2,80	3,20	8,00	9,60	10,00	10,40	10,80	11,20
7.	1,28	1,60	1,92	2,24	2,56	8,00	9,28	9,60	9,92	10,24	10,56
8.	0,96	1,20	1,44	1,68	1,92	8,00	8,96	9,20	9,44	9,68	9,92
9.	0,64	0,80	0,96	1,12	1,28	8,00	8,64	8,80	8,96	9,12	9,28
10.	0,32	0,40	0,48	0,56	0,64	8,00	8,32	8,40	8,48	8,56	8,64
Sa.	18,80	23,50	28,20	32,90	37,60	100,00	118,80	123,50	128,20	132,90	137,60
Mittel	1,88	2,35	2,82	3,29	3,76	10,00	~11,9	~12,4	~12,8	~13,3	~13,8

Man wird also zweckmäßig für die Verzinsung und Abschreibung jene Sätze aus den Tabellen 206—209 nehmen, welche als Mittelwerte der

Spalte aufgeführt sind, deren Zinssatz dem jeweiligen Reichsbankdiskont am nächsten kommt und im übrigen grundsätzlich nur mit dem Anschaffungswert rechnen und dafür bei den Instandhaltungskosten stets die Annahme zugrunde legen, daß es sich um alte Geräte handelt.

Wird dieser Weg, was sich meines Erachtens unbedingt empfiehlt, auch vom Unternehmer eingeschlagen, so ist es eine unerläßliche Notwendigkeit, daß derselbe bei der Durchführung der Arbeit die sich zwangsläufig ergebenden Folgerungen ziehen muß, wenn er sich vor Schaden bewahren will. Die sich aus den Beträgen für die Verzinsung + Abschreibung und Instandhaltung ergebenden Gesamtkosten sind in diesem Falle als konstant angenommen, und nachdem sich an der Tatsache, daß neue Maschinen für die Instandhaltung nur geringe Aufwendungen erfordern und daß die Aufwendungen um so mehr zunehmen, je älter die Maschine ist, nichts ändern läßt, bleibt zur Konstanthaltung des Gesamtbetrages nichts anderes übrig, als die Regulierung beim anderen Kostenanteil vorzunehmen, d. h. bei neuen Maschinen größere Abschreibungen zu machen und diese Aufwendungen um so mehr zu senken, je älter die Maschine wird. Einen Anhaltspunkt, welche Beträge ich für angemessen erachte, um dieser Forderung gestaffelter Abschreibungssätze Rechnung zu tragen, geben die in der Mittelspalte der Tab. 206—209 von mir eingesetzten Werte.

Nachdem es sich bei der Abschreibung nicht nur um die Gegenleistung für die Wertminderung infolge Abnutzung, sondern auch für jene infolge Veraltung der Geräte handelt, ist dieselbe meines Erachtens auf jeden Fall vorzunehmen, gleichviel ob das Gerät das ganze Jahr in Benützung war oder nur einen Teil desselben.

Hat das Gerät zeitweise in zwei Schichten gearbeitet, so empfiehlt es sich, für diesen Zeitraum den Abschreibungssatz (aber selbstredend nicht auch den Zinssatz) um 50%, hat es in drei Schichten gearbeitet, denselben um 100% zu erhöhen.

Um eine bessere Übersicht zu ermöglichen, mit welchen Beträgen für Verzinsung und Abschreibung unter sonst normalen Verhältnissen pro Jahr bei 8 Stunden täglicher Arbeitszeit zu rechnen ist, sollen die gebräuchlichsten Geräte für Erdbewegungen nebst allem Zubehör in folgenden Tabellen 210—239 zusammengefaßt sein.

In der vorletzten Spalte R habe ich dabei den Anlagewert für einen normalen Satz Reserveteile aufgeführt, während die letzte Spalte E den Aufwand für den durchschnittlich pro Jahr eintretenden Bedarf an Ersatzteilen und Material bei einschichtigem Betrieb enthält.

Die sich aus der Spalte R ergebende Summe ist bei der Ermittlung der Gesamtkosten nur mit dem zu ihrer Verzinsung nötigen Betrag einzusetzen, während die Summe E voll in Rechnung gestellt werden muß (100%).

1. Geräte für das Lösen und Laden.

a) Eimerbagger.

Die sämtlichen Angaben für Eimerbagger verstehen sich für die von der L.M.G. unter der betreffenden Bezeichnung gebauten Bagger.

α) Eimerbagger auf Schienen fahrbar mit Dampfantrieb.

Tabelle 210.

	Gewicht kg	Anschaffungswert RM.	Verzinsung + Abschreibung nach den Sätzen der Gruppe				
			II RM.	III RM.	V RM.	R RM.	E RM.
1 Trockenbagger, Type NE I	215000	324000	324000				10000
Reserveteile	10000	12000				12000	
400 m Baggergleis . . .	224000	30000		21000	9000		300
Sonstiges Zubehör . . .	6000	6000			5000		1000
Sa.	**455000**	**372000**	**324000**	**21000**	**14000**	**12000**	**11300**
1 Trockenbagger, Type E II mit 300 l Eimerinhalt	126000	202000	202000				6000
Reserveteile	10000	12000				12000	
400 m Baggergleis . . .	216000	29600		21000	8600		300
Sonstiges Zubehör . . .	5000	5000			4000		1000
Sa.	**357000**	**258600**	**202000**	**21000**	**12600**	**12000**	**7300**
1 Trockenbagger, Type E II mit 250 l Eimerinhalt	124000	200000	200000				6000
Reserveteile	10000	12000				12000	
360 m Baggergleis . . .	195000	26700		19200	7500		270
Sonstiges Zubehör . . .	5000	5000			4000		1000
Sa.	**334000**	**243700**	**200000**	**19200**	**11500**	**12000**	**7270**
1 Trockenbagger, Type B	110000	180000	180000				5400
Reserveteile	10000	12000				12000	
360 m Baggergleis . . .	195000	26700		19200	7500		270
Sonstiges Zubehör . . .	5000	5000			4000		1000
Sa.	**320000**	**223700**	**180000**	**19200**	**11500**	**12000**	**6670**
1 Trockenbagger, Type E III	90000	150000	150000				4500
Reserveteile	8000	10000				10000	
300 m Baggergleis . . .	110000	13700		8800	4900		150
Sonstiges Zubehör . . .	4000	4000			3200		800
Sa.	**212000**	**177700**	**150000**	**8800**	**8100**	**10000**	**5450**
1 Trockenbagger, Type A	60000	103000	103000				3100
Reserveteile	8000	10000				10000	
300 m Baggergleis . . .	86000	11500		8400	3100		120
Sonstiges Zubehör . . .	4000	4000			3200		800
Sa.	**158000**	**128500**	**103000**	**8400**	**6300**	**10000**	**4020**
1 Trockenbagger, Type O	45000	38000	38000				2000
Reserveteile	6000	7500				7500	
240 m Baggergleis . . .	56000	6900		4400	2500		100
Sonstiges Zubehör . . .	3200	3200			2400		800
Sa.	**110200**	**55600**	**38000**	**4400**	**4900**	**7500**	**2900**

Tabelle 210 (Fortsetzung).

	Gewicht	Anschaffungswert	Verzinsung + Abschreibung nach den Sätzen der Gruppe				
			II	III	V	R	E
	kg	RM.	RM.	RM.	RM.	RM.	RM.
1 Trockenbagger, Type C	40000	32000	32000				1800
Reserveteile	4800	6000				6000	
180 m Baggergleis . . .	38000	4900		3200	1700		80
Sonstiges Zubehör . . .	2500	2500			1800		700
Sa.	85300	45400	32000	3200	3500	6000	2580
1 Trockenbagger, Type F	25000	22000	22000				1500
Reserveteile	3000	3600				3600	
135 m Baggergleis . . .	23500	3300		2300	1000		50
Sonstiges Zubehör . . .	2000	2000			1500		500
Sa.	53500	30900	22000	2300	2500	3600	2050

β) Eimerbagger auf Schienen fahrbar mit Elektroantrieb.

Das geringere Konstruktionsgewicht bei diesen Baggern wird annähernd wettgemacht durch das Gewicht der elektrischen Leitungen, und ebenso kann man annehmen, daß die Differenz im Beschaffungspreis so ziemlich aufgehoben wird durch die Anlagekosten für die Stromzuführung, **so daß man auch für Eimerbagger mit Elektroantrieb die Werte der Tabelle 210 zugrunde legen kann.**

γ) Eimerbagger auf Raupenketten.

Auch für Eimerbagger auf Raupenketten gilt hinsichtlich der verschiedenen Antriebsarten das eben Gesagte, so daß ich mich darauf beschränken kann, in Tabelle 211 nur die Angaben für Dieselantrieb zu machen.

Tabelle 211.

	Gewicht	Anschaffungswert	Verzinsung + Abschreibung nach den Sätzen der Gruppe			
			II	V	R	E
	kg	RM.	RM.	RM.	RM.	RM.
1 Trockenbagger, Type R 0 s	15500	36000	36000			3000
Reserveteile	3000	4500			4500	
Sonstiges Zubehör	1500	1500		1000		500
Sa.	20000	42000	36000	1000	4500	3500
1 Trockenbagger, Type R I s	22500	53000	53000			4200
Reserveteile	4000	6000			6000	
Sonstiges Zubehör	2000	2000		1500		500
Sa.	28500	61000	53000	1500	6000	4700
1 Trockenbagger, Type R II s mit 25 l Eimerinhalt . . .	31500	71000	71000			5600
Reserveteile	5500	8000			8000	
Sonstiges Zubehör	2500	2500		1800		700
Sa.	39500	81500	71000	1800	8000	6300

Tabelle 211 (Fortsetzung).

	Gewicht kg	Anschaffungswert RM.	Verzinsung + Abschreibung nach den Sätzen der Gruppe			
			II RM.	V RM.	R RM.	E RM.
1 Trockenbagger, Type R II s mit 50 l Eimerinhalt . . .	35000	78000	78000			6200
Reserveteile	5500	8000			8000	
Sonstiges Zubehör	2500	2500		1800		700
Sa.	**43000**	**88500**	**78000**	**1800**	**8000**	**6900**
1 Trockenbagger, Type R II s verstärkt 25 l Eimerinhalt .	41500	91000	91000			7300
Reserveteile	6500	10000			10000	
Sonstiges Zubehör	2500	2500		1800		700
Sa.	**50500**	**103500**	**91000**	**1800**	**10000**	**8000**
1 Trockenbagger, Type R II s verstärkt 50 l Eimerinhalt .	42500	93000	93000			7500
Reserveteile	6500	10000			10000	
Sonstiges Zubehör	2500	2500		1800		700
Sa.	**51500**	**105500**	**93000**	**1800**	**10000**	**8200**
1 Trockenbagger, Type R III s	56500	120000	120000			9600
Reserveteile	7200	10800			10800	
Sonstiges Zubehör	3000	3000		2200		800
Sa.	**66700**	**134100**	**120000**	**2200**	**10800**	**10400**
1 Trockenbagger, Type R IV s	102000	199000	199000			16000
Reserveteile	8000	12000			12000	
Sonstiges Zubehör	3000	3000		2200		800
Sa.	**113000**	**214000**	**199000**	**2200**	**12000**	**16800**

Gleisrückmaschinen.   Tabelle 212.

	Gewicht kg	Anschaffungswert RM.	Verzinsung + Abschreibung nach den Sätzen der Gruppe		
			II RM.	R RM.	E ca. RM
1 Gleisrückmaschine, System Arbenz-Kammerer	13000	15000	15000		
Reserveteile	700	1500		1500	
Sa.	**13700**	**16500**	**15000**	**1500**	
Lizenzgebühr nicht übersehen!					
1 Gleisrückmaschine, System Lauchhammer Nr. P 2077	13000	16300	16300		siehe
Reserveteile	1000	4000		4000	Tab.
Sa.	**14000**	**20300**	**16300**	**4000**	176
1 Gleisrückmaschine, System Lauchhammer Nr. P 1879	16000	21000	21000		177
Reserveteile	1000	4000		4000	179
Sa.	**17000**	**25000**	**21000**	**4000**	
1 Gleisrückmaschine, System Lauchhammer Nr. 612 768 mit mechanischer Verstelleinrichtung	27000	33000	33000		
Reserveteile	1000	4000		4000	
Sa.	**28000**	**37000**	**33000**	**4000**	

b) Löffelbagger älterer Bauart.

Die sämtlichen Angaben für Löffelbagger älterer Bauart verstehen sich für die von der Maschinenfabrik Menck & Hambrock, Altona, unter der betreffenden Bezeichnung gebauten Bagger.

Tabelle 213.

	Ge-wicht	An-schaf-fungs-wert	Verzinsung + Abschreibung nach den Sätzen der Gruppe				
			II	III	V	R	E
	kg	RM.	RM.	RM.	RM.	RM.	RM.
1 Löffelbagger, Modell G 20	81250	50000	50000				5000
Reserveteile	5000	10000				10000	
Baggergleisroste	6000	2500		1500	1000		200
Sonstiges Zubehör	5000	5000			4000		1000
Sa.	97250	67500	50000	1500	5000	10000	6200
1 Löffelbagger, Modell F 2	50000	37300	37300				3500
Reserveteile	3500	7000				7000	
Baggergleisroste	5100	2200		1400	800		180
Sonstiges Zubehör	4000	4000			3200		800
Sa.	62600	50500	37300	1400	4000	7000	4480
1 Löffelbagger, Modell F 1	43000	33250	33250				3300
Reserveteile	3300	6600				6600	
Baggergleisroste	4600	1800		1200	600		160
Sonstiges Zubehör	3500	3500			2800		700
Sa.	54400	45150	33250	1200	3400	6600	4160
1 Löffelbagger, Modell E	34000	29200	29200				3000
Reserveteile	2700	5400				5400	
Baggergleisroste	4000	1500		1000	500		120
Sonstiges Zubehör	3000	3000			2400		600
Sa.	43700	39100	29200	1000	2900	5400	3720
1 Löffelbagger, Modell C 2	25500	24600	24600				2500
Reserveteile	2000	4000				4000	
Baggergleisroste	3000	1400		900	500		100
Sonstiges Zubehör	2500	2500			2000		500
Sa.	33000	32500	24600	900	2500	4000	3100

Tabelle 214.

	Gewicht	Anschaf-fungs-wert	Verzinsung + Abschreibung nach den Sätzen der Gruppe		
			IV	V	E
	kg	RM.	RM.	RM.	RM.
100 m durchgehendes Gleis für Löffelbagger:					
Modell G 20 oder G	28800	3300	2000	1300	200
„ F 2	26400	3000	1800	1200	180
„ F 1	24300	2850	1700	1150	160
„ E	21600	2500	1500	1000	120
„ C 2	17000	2000	1200	800	100

Besteht das Baggergleis nicht aus Gleisrosten, sondern aus einem durchgehenden langen Strang, so sind die betreffenden Werte aus Tabelle 213 und 215 herauszunehmen und dafür pro 100 m Gleislänge die Werte der Tabelle 214 und 216 zu setzen.

c) Greifbagger älterer Bauart.

Tabelle 215.

	Gewicht	Anschaffungswert	Verzinsung + Abschreibung nach den Sätzen der Gruppe				
			II	III	V	R	E
	kg	RM.	RM.	RM.	RM.	RM.	RM.
1 Vierseilgreifbagger, Größe E von M. & H.	29 000	26 800	26 800				2500
Reserveteile	2 300	4 600				4600	
Baggergleisroste	4 000	1 500		1000	500		120
Sonstiges Zubehör	3 000	3 000			2400		600
Sa.	38 300	35 900	26 800	1000	2900	4600	3220
1 Vierseilgreifbagger, Größe C 1 von M. & H.	16 000	15 000	15 000				1500
Reserveteile	1 300	2 600				2600	
Baggergleisroste	2 600	1 200		800	400		100
Sonstiges Zubehör	2 500	2 500			2000		500
Sa.	22 400	21 300	15 000	800	2400	2600	2100

Baggergleis für Greifbagger.

Tabelle 216.

	Gewicht	Anschaffungswert	Verzinsung + Abschreibung nach den Sätzen der Gruppe		
			IV	V	E
	kg	RM.	RM.	RM.	RM.
100 m durchgehendes Gleis für Greifbagger:					
Größe E	21 600	2500	1500	1000	120
„ C 1	12 400	1500	900	600	100

d) Universalraupenbagger.

Die sämtlichen Angaben für Universalraupenbagger verstehen sich für die von der Orenstein & Koppel A.-G., Berlin, unter der betreffenden Bezeichnung gebauten Bagger, und zwar mit Löffelbaggerausrüstung. Bei anderer Verwendungsart sind die entsprechenden Werte aus Tabelle 17—35 des ersten Teils zu entnehmen.

α) Universallöffelbagger auf Raupenketten mit Dampf-antrieb.

Tabelle 217.

	Gewicht	Anschaf-fungs-wert	Verzinsung + Abschreibung nach den Sätzen der Gruppe			
			II	V	R	E
	kg	RM.	RM.	RM.	RM.	RM.
1 Universallöffelbagger,						
Type 6	33000	47600	47600			3000
Reserveteile	3000	6000			6000	
Sonstiges Zubehör	2500	2500		2000		500
Sa.	38500	56100	47600	2000	6000	3500
1 Universallöffelbagger,						
Type 9	53000	58500	58500			3500
Reserveteile	4000	8000			8000	
Sonstiges Zubehör	3000	3000		2400		600
Sa.	60000	69500	58500	2400	8000	4100
1 Universallöffelbagger,						
Type 14	87500	100300	100300			6000
Reserveteile	6000	12000			12000	
Sonstiges Zubehör	4000	4000		3200		800
Sa.	97500	116300	100300	3200	12000	6800
1 Universallöffelbagger,						
Type 16	99000	110000	110000			6600
Reserveteile	6000	12000			12000	
Sonstiges Zubehör	5000	5000		4000		1000
Sa.	110000	127000	110000	4000	12000	7600

β) Universallöffelbagger auf Raupenketten mit Die-selantrieb.

Tabelle 218.

	Gewicht	Anschaf-fungs-wert	Verzinsung + Abschreibung nach den Sätzen der Gruppe			
			II	V	R	E
	kg	RM.	RM.	RM.	RM.	RM.
1 Universallöffelbagger,						
Type D	21000	34200	34200			2000
Reserveteile	2000	4000			4000	
Sonstiges Zubehör	2000	2000		1200		800
Sa.	25000	40200	34200	1200	4000	2800
1 Universallöffelbagger,						
Type 6	34000	52200	52200			3000
Reserveteile	3000	6000			6000	
Sonstiges Zubehör	2500	2500		2000		500
Sa.	39500	60700	52200	2000	6000	3500

Tabelle 218 (Fortsetzung).

	Gewicht kg	Anschaf- fungs- wert RM,	Verzinsung + Abschreibung nach den Sätzen der Gruppe			
			II RM.	V RM.	R RM.	E RM.
1 Universallöffelbagger, **Type 9**	53 500	64 600	64 600			4000
Reserveteile	4000	8000			8000	
Sonstiges Zubehör	3000	3000		2400		600
Sa.	60 500	75 600	64 600	2400	8000	4600
1 Universallöffelbagger, **Type 14**	88 000	106 000	106 000			6000
Reserveteile	6000	12 000			12 000	
Sonstiges Zubehör	4000	4000		3200		800
Sa.	98 000	122 000	106 000	3200	12 000	6800

γ) Universallöffelbagger auf Raupenketten mit Elektroantrieb.

Tabelle 219.

	Gewicht kg	Anschaf- fungs- wert RM.	Verzinsung + Abschreibung nach den Sätzen der Gruppe			
			II RM.	V RM.	R RM.	E RM.
1 Universallöffelbagger, **Type D**	21 000	30 300	30 300			2000
Reserveteile	2000	4000			4000	
Stromzuführung 100 m	400	1600		1600		
Sonstiges Zubehör	2000	2000		1200		800
Sa.	25 400	37 900	30 300	2800	4000	2800
1 Universallöffelbagger, **Type 6**	33 000	50 500	50 500			3000
Reserveteile	3000	6000			6000	
Stromzuführung 100 m	450	1800		1800		
Sonstiges Zubehör	2500	2500		2000		500
Sa.	38 950	60 800	50 500	3800	6000	3500
1 Universallöffelbagger, **Type 9**	54 000	67 100	67 100			4000
Reserveteile	4000	8000			8000	
Stromzuführung 100 m	500	2000		2000		
Sonstiges Zubehör	3000	3000		2400		600
Sa.	61 500	80 100	67 100	4400	8000	4600
1 Universallöffelbagger, **Type 14**	90 000	111 000	111 000			6600
Reserveteile	6000	12 000			12 000	
Stromzuführung 100 m	600	2200		2200		
Sonstiges Zubehör	4000	4000		3200		800
Sa.	100 600	129 200	111 000	5400	12 000	7400
1 Universallöffelbagger, **Type 16**	99 000	123 800	123 800			7500
Reserveteile	7500	15 000			15 000	
Stromzuführung 100 m	700	2500		2500		
Sonstiges Zubehör	5000	5000		4000		1000
Sa.	112 200	146 300	123 800	6500	1500	8500

2. Geräte für den Transport.

a) Gleismaterial.

Tabelle 220.

	Gewicht	Anschaf-fungs-wert	Verzinsung + Abschreibung nach den Sätzen der Gruppe			
			III	IV	V	E
	kg	RM.	RM.	RM.	RM.	RM.
α) Durchgehende Gleise.						
100 m Rahmengleis 600 mm Spurweite aus Schienen 65/7 kg fertig montiert einschl. Laschen und Bolzen	1900	350	300		50	20
100 m desgl. aus Schienen 70/9 kg . .	2350	430	380		50	25
100 m Brigadegleis 600 mm Spurweite aus Schienen 70/9,5 kg 5 m lang fertig montiert einschl. Laschen und Bolzen	4600	650	570		80	30
100 m desgl. aus Schienen 7 m lang .	3850	650	600		50	25
100 m Gleis aus Schienen von 12 kg/m Gewicht auf Holzschwellen 120 cm lang und 12 cm hoch montiert, einschl. Laschen, Bolzen und Schienennägel und den zur Unterhaltung erforderlichen Werkzeugen	3800	· 550		380	170	20
100 m Gleis wie vor, jedoch aus Schienen von 14 kg/m Gewicht auf Holzschwellen 130 cm lang und 12 cm hoch . .	4400	640		440	200	20
100 m Gleis wie vor, jedoch aus Schienen von 16 kg/m Gewicht auf Holzschwellen 130 cm lang und 13 cm hoch . .	5100	720		500	220	25
100 m Gleis wie vor, jedoch aus Schienen von 18 kg/m Gewicht auf Holzschwellen 150 cm lang und 13 cm hoch . .	5700	805		560	245	25
100 m Gleis wie vor, jedoch aus Schienen von 20 kg/m Gewicht auf Holzschwellen 160 cm lang und 13 cm hoch . .	6400	880		600	280	30
100 m Gleis wie vor, jedoch aus Schienen von 24,4 kg/m Gewicht auf Holzschwellen 160 cm lang und 14 cm hoch	7800	1075		780	295	35
100 m Gleis wie vor, jedoch auf Holzschwellen 170 cm lang und 14 cm hoch	7900	1095		780	315	35
100 m Gleis wie vor, jedoch aus Schienen von 27,55 kg/m Gewicht auf Holzschwellen 180 cm lang und 14 cm hoch	9100	1270		880	390	40
100 m Gleis wie vor, jedoch aus Schienen von 33,4 kg/m Gewicht auf Holzschwellen 180 cm lang und 14 cm hoch	10300	1500		1060	440	45
β) Weichen.						
Rahmengleisweichen 600 mm Spurweite aus Schienen 65/7 kg fertig montiert einschl. Laschen und Bolzen . 1 St.	200	60	50		10	5
desgl. aus Schienen 70/9 kg . . „	250	75	65		10	5

Tabelle 220 (Fortsetzung).

	Gewicht	Anschaffungs-wert	Verzinsung + Abschreibung nach den Sätzen der Gruppe			
			III	IV	V	E
	kg	RM.	RM.	RM.	RM.	RM.
Brigadegleisweichen 600 mm Spurweite aus Schienen 70/9,5 kg fertig montiert einschl. Laschen und Bolzen . 1 St.	1000	150	130		20	10
Weiche aus Schienen von 12 kg/m Gewicht auf Holzschwellen montiert, bestehend aus 2 Zungenschienen mit Verbindungsstange, 2 Anschlagschienen mit Gleitstühlen, 1 Herzstück, 2 Radlenkern mit Futterstücken, 1 Stellbock mit Gegengewicht und Verbindungsstange, dem Zwischengleis, den Holzschwellen u. sämtlichem Befestigungsmaterial . . . . 1 St.	550	135	80	20	35	5
Weiche wie vor, jedoch aus Schienen von						
14 kg/m . . . . 1 St.	620	150	85	25	35	5
16 „ . . . . „	775	185	110	30	45	8
18 „ . . . . „	975	210	120	35	55	8
20 „ . . . . „	1385	390	220	75	95	10
24,4 „ . . . . „	1830	530	280	100	150	10
27,55„ . . . . „	2080	610	320	120	170	15
33,4 „ . . . . „	2380	715	380	150	185	20
γ) Drehscheiben.						
Einbaudrehscheiben für Rahmengleis von 600 mm Spurweite mit Oberplattendurchmesser 1000 mm . 1 St.	145	55	55			5
desgl. mit Oberplattendurchmesser 1200 mm . . . . 1 St.	270	90	90			5
Supra-Kletterdrehscheibe . . . „	70	90	90			
Meco-Kletterdrehscheibe . . . . „	65	95	95			
Drehschlitten aus Schienen mit einem Gewicht von						
12 kg/m . . . . 1 St.	30	40	40			
14 „ . . . . „	35	45	45			
16 „ . . . . „	45	55	55			
18 „ . . . . „	55	70	70			
20 „ . . . . „	70	85	85			
24,4 „ . . . . „	100	125	125			
27,55„ . . . . „	110	135	135			
33,4 „ . . . . „	150	175	175			

b) Rollwagen.

Tabelle 221.

Spurweite	Wagenart	Wageninhalt	Wagen ohne Bremse						Wagen mit Bremse				
			Gewicht	Anschaffungswert	Verzinsung + Abschreibung nach den Sätzen der Gruppe			Gewicht	Anschaffungswert	Verzinsung + Abschreibung nach den Sätzen der Gruppe		
					I	R	E			I	R	E
mm		m³	kg	RM.	RM.	RM.	RM.	kg	RM.	RM.	RM.	RM.
600	Blechmuldenkipper leichte Bauart	0,50	300	103	98	5	15	385	145	138	7	20
		0,75	345	110	105	5	16	430	152	145	7	22
		1,00	400	126	120	6	18	485	168	160	8	24
600	Blechmuldenkipper mittelschwere Bauart	0,50	315	110	105	5	16	405	152	145	7	22
		0,75	360	118	112	6	17	445	160	152	8	23
		1,00	415	134	127	7	19	500	176	167	9	25
600	Blechmuldenkipper schwere Bauart	0,75	470	163	155	8	22	580	210	200	10	30
		1,00	665	230	220	10	33	790	287	273	14	40
		1,25	740	257	245	12	36	860	313	298	15	45
		1,50	830	288	275	13	40	950	346	330	16	50
750		1,00	685	238	226	12	34	810	295	281	14	42
		1,25	755	264	251	13	38	890	323	308	15	45
		1,50	850	295	281	14	42	980	358	341	17	51
		2,00	1155	400	380	20	57	1315	478	455	23	68
900		2,00	1200	415	395	20	60	1365	498	474	24	70
600	Muldenselbstentlader	1,50	945	388	370	18	55	1080	473	450	23	68
		2,00	1140	488	465	23	70	1280	578	550	28	82
750		1,50	955	393	374	19	55	1100	481	458	23	69
		2,00	1155	496	472	24	70	1300	588	560	28	84
900		1,50	985	406	387	19	58	1140	499	475	24	70
		2,00	1210	517	492	25	74	1365	615	586	29	88
		6,00	3980	1890	1800	90	270	4460	2100	2000	100	300
600	Holzkastenkipper einseitig kippend	1,00	765	200	190	10	38	895	240	229	11	46
		1,25	840	226	215	11	43	965	260	248	12	50
		1,50	965	260	248	12	50	1090	294	280	14	56
		2,00	1155	312	297	15	60	1290	349	332	17	66
750		1,50	1000	269	256	13	51	1135	306	291	15	58
		2,00	1195	322	307	15	61	1345	362	345	17	69
900		2,00	1250	337	321	16	64	1410	379	361	18	72
		2,50	1405	379	361	18	72	1585	427	407	20	82
		3,00	2100	567	540	27	108	2310	629	599	30	120
		3,50	2310	624	594	30	120	2560	691	658	33	132
		4,00	2465	666	634	32	127	2730	737	702	35	140
		4,50	2940	794	756	38	151	3235	873	831	42	166

Tabelle 221 (Fortsetzung).

Spur-weite	Wagenart	Wagen-inhalt	Wagen ohne Bremse					Wagen mit Bremse				
			Ge-wicht	An-schaffungs-wert	Verzinsung + Abschreibung nach den Sätzen der Gruppe			Ge-wicht	An-schaffungs-wert	Verzinsung + Abschreibung nach den Sätzen der Gruppe		
					I	R	E			I	R	E
mm		m³	kg	RM.	RM.	RM.	RM.	kg	RM.	RM.	RM.	RM.
600	Holz-kasten-kipper zweiseitig kippend	1,00	850	230	219	11	44	975	264	251	13	50
		1,25	925	250	238	12	48	1050	284	270	14	54
		1,50	1050	284	270	14	54	1175	317	302	15	60
750		2,00	1325	357	340	17	68	1470	397	378	19	76
900		2,50	1535	414	394	20	79	1710	461	439	22	88
		3,00	2245	607	578	29	116	2480	669	637	32	127
		3,50	2470	667	635	32	127	2720	734	699	35	140
		4,00	2635	711	677	34	135	2900	782	745	37	149
600	Stahl-kasten-kipper zweiseitig kippend	2,00	1660	720	685	35	100	1806	795	757	38	114
750		2,00	2340	1025	975	50	145	2510	1113	1060	53	159
		3,00	2575	1113	1060	53	160	2815	1239	1180	59	177
		5,00	4100	1864	1775	89	265	4450	1995	1900	95	285
		6,00	4725	2226	2120	106	320	5100	2415	2300	115	345
900		2,00	2390	1050	1000	50	150	2580	1150	1095	55	165
		3,00	2635	1145	1090	55	165	2880	1270	1210	60	181
		4,50	3710	1680	1600	80	240	4050	1853	1765	88	265
		5,00	4180	1900	1810	90	285	4535	2090	1990	100	300
		6,00	4830	2279	2170	109	325	5200	2478	2360	118	354
900	Kruppsche eiserne Selbst-entlader	3,50	2870	1365	1300	65	130	3100	1510	1435	75	145
		4,00	3700	1890	1800	90	180	4210	2100	2000	100	200
		5,30	3990	1980	1885	95	190	4410	2190	2085	105	210
		6,00	6930	3675	3500	175	350	7400	3940	3750	190	375
900	Schrägboden-selbstentlader	4,30	7350	3990	3800	190	380	7875	4250	4050	200	405

c) Lokomotiven.

Tabelle 222.

	Gewicht	An-schaffungs-wert	Verzinsung + Abschreibung nach den Sätzen der Gruppe		
			II	R	E
	kg	RM.	RM.	RM.	RM.
α) Dampflokomotiven.					
600 mm Spurweite					
30 PS-Leistung nebst Reserveteilen 1 St.	5800	9200	8775	425	260
40 ,, ,, ,, ,, ,,	6500	9800	9300	500	280
50 ,, ,, ,, ,, ,,	7900	10400	9800	600	300
60 ,, ,, ,, ,, ,,	8400	11000	10250	750	320

Tabelle 222 (Fortsetzung).

	Gewicht kg	Anschaffungswert RM.	Verzinsung + Abschreibung nach den Sätzen der Gruppe		
			II RM.	R RM.	E RM.
750 mm Spurweite					
50 PS-Leistung nebst Reserveteilen 1 St.	8050	10550	9950	600	300
60 „ „ „ „ „	8550	11150	10400	750	320
80 „ „ „ „ „	11250	14750	13900	850	420
100 „ „ „ „ „	12300	16500	15500	1000	465
900 mm Spurweite					
100 PS-Leistung nebst Reserveteilen 1 St.	12600	16600	15600	1000	470
125 „ „ „ „ „	15000	18700	17700	1000	530
160 „ „ „ „ „	16200	20000	18800	1200	565
200 „ „ „ „ „	18700	23000	21500	1500	650
β) Diesellokomotiven.					
600 mm Spurweite					
8 PS-Leistung nebst Reserveteilen 1 St.	2350	5000	4750	250	140
11 „ „ „ „ „	4300	8000	7500	500	225
15 „ „ „ „ „	5700	9700	9100	600	270
20 „ „ „ „ „	6900	10800	10100	700	300
24 „ „ „ „ „	7500	11300	10600	700	320
30 „ „ „ „ „	8000	12800	12000	800	360
40 „ „ „ „ „	8850	21000	19950	1050	600
50 „ „ „ „ „	12800	18500	17500	1000	525

3. Geräte für den Einbau.

a) Einebnungspflüge oder Kippenräumer.

Tabelle 223.

	Gewicht kg	Anschaffungswert RM.	Verzinsung + Abschreibung nach den Sätzen der Gruppe		
			II RM.	R RM.	E RM.
α) Planierpflüge, System Beck					
Type P 10 Z ⎫ 1 St.	4200	5000	4800	200	150
„ P 10 E ⎬ 600 mm Spurweite „	4000	4800	4600	200	140
„ P 20 Z ⎪ „	4400	5300	5100	200	150
„ P 20 E ⎭ „	4300	5150	4950	200	150
Type P 10 Z ⎫ 1 St.	7700	8800	8400	400	250
„ P 10 E ⎬ 750 mm Spurweite „	7300	8300	7900	400	240
„ P 20 Z ⎪ „	10400	11900	11500	400	345
„ P 20 E ⎭ „	8900	10400	10000	400	300
Type P 10 Z ⎫ 1 St.	10600	11300	10700	600	320
„ P 10 E ⎬ 900 mm Spurweite „	8400	9750	9150	600	275
„ P 20 Z ⎪ „	12100	12700	12100	600	365
„ P 20 E ⎭ „	10200	10900	10300	600	310
β) Planierpflüge, System Lauchhammer					
900 mm Spurweite ohne Gleisrückvorrichtung 1 St.	18500	21500	20500	1000	600
mit Gleisrückvorrichtung „	23000	30000	27500	2500	1000

b) Absetzapparate oder Kippenbagger.

Tabelle 224.

	Gewicht	Anschaffungs-wert	Verzinsung + Abschreibung nach den Sätzen der Gruppe				
			II	III	V	R	E
	kg	RM.	RM.	RM.	RM.	RM.	RM.
1 Absetzer $\frac{400}{34}$	175000	280000	280000				8400
Reserveteile	10000	12000				12000	
480 m Baggergleis . . .	218000	30000		22000	8000		300
Stromzuführung	10000	5000			5000		500
Sonstiges Zubehör . . .	6000	6000			5000		1000
Sa.	419000	333000	280000	22000	18000	12000	10200
1 Absetzer $\frac{500}{40}$	200000	320000	320000				10000
Reserveteile	12000	15000				15000	
600 m Baggergleis . . .	272000	37500		27500	10000		400
Stromzuführung	12000	6000			6000		600
Sonstiges Zubehör . . .	6000	6000			5000		1000
Sa.	502000	384500	320000	27500	21000	15000	12000
1 Absetzer $\frac{500}{47}$	220000	345000	345000				10500
Reserveteile	12000	15000				15000	
600 m Baggergleis . . .	272000	37500		27500	10000		400
Stromzuführung	12000	6000			6000		600
Sonstiges Zubehör . . .	6000	6000			5000		1000
Sa.	522000	409500	345000	27500	21000	15000	12500

4. Hilfsgeräte.

a) Antriebsmaschinen.

α) Lokomobilen.

Tabelle 225.

	Gewicht	Anschaffungs-wert	Verzinsung + Abschreibung nach den Sätzen der Gruppe		
			III	R	E
	kg	RM.	RM.	RM.	RM.
Fahrbare Sattdampf-Einzylinder-Lokomobilen					
mit einer Normalleistung von 9 PS 1 St.	3600	6000	5700	300	170
12 „ „	4300	7500	7000	500	210
17 „ „	4500	7800	7300	500	220
21 „ „	5100	8500	7900	600	240
26 „ „	6000	10500	9800	700	300
33 „ „	6750	12000	11300	700	340
40 „ „	8400	15000	14075	925	420
50 „ „	9600	16400	15400	1000	460

Tabelle 225 (Fortsetzung).

	Gewicht kg	Anschaffungswert RM.	Verzinsung+Abschreibung nach den Sätzen der Gruppe III RM.	R RM.	E RM.
Fahrbare Patent-Heißdampf-Lokomobilen					
mit einer Normalleistung von 15 PS 1 St.	3450	7300	6850	450	200
18 „ „	3500	7800	7300	500	220
22 „ „	4300	8500	7900	600	240
26 „ „	6050	10700	10000	700	300
33 „ „	6900	12100	11400	700	340
45 „ „	8650	15250	14300	950	430
53 „ „	10000	17300	16300	1000	490
70 „ „	11900	20000	18925	1075	570
90 „ „	13450	24500	23250	1250	700
120 „ „	18800	31000	29500	1500	900
Fahrbare Patent-Heißdampf-Verbund-Lokomobilen mit Kondensation					
und einer Normalleistung von 150 PS 1 St.	27000	53000	50000	3000	1500
170 „ „	31000	60000	56500	3500	1700
205 „ „	37400	70000	65200	4800	1950

Die Angaben dieser Tabelle verstehen sich für die Fabrikate der Maschinenfabrik Buckau R. Wolf A.-G., Magdeburg und zwar jeweils einschließlich eines Satzes Reserveteile.

β) Elektromotoren.

Gewichte und Preise sind aus den Tabellen 73 S. 119 und 74 S. 120 im ersten Teil des Buches zu entnehmen. Die Verzinsung und Abschreibung erfolgt nach den Sätzen der Gruppe IV. Reserveteile kommen nicht in Frage und hinsichtlich etwaiger Aufwendungen für Reparaturen wird man normalerweise auskommen, wenn man mit 1,5—2,5% des Anschaffungswertes auf je 1000 Betriebsstunden rechnet.

γ) Verbrennungsmotoren.

Tabelle 226.

	Gewicht kg	Anschaffungswert RM.	Verzinsung+Abschreibung nach den Sätzen der Gruppe II RM.	R RM.	E RM.
Benzin-Benzolmotoren der Motorenfabrik Deutz A.-G.					
Type MA 508 nebst 1 Satz Reserveteile 1 St.	105	470	425	45	20
„ MA 511 „ 1 „ „ orts- „	170	655	595	60	25
„ MA 416 „ 1 „ „ fest „	285	910	825	85	35
„ MA 516 „ 1 „ „ „	500	1320	1200	120	50
Type MA 508 nebst 1 Satz Reserveteile 1 St. mit	145	518	473	45	20
„ MA 511 „ 1 „ „ Schleife „	210	703	643	60	25
„ MA 416 „ 1 „ „ „	330	963	878	85	35

Tabelle 226 (Fortsetzung).

		Ge-wicht	An-schaf-fungs-wert	Verzinsung+Ab-schreibung nach den Sätzen der Gruppe		
				Il	R	E
		kg	RM.	RM.	RM.	RM.
Type MA 508 nebst 1 Satz Reserveteile ⎫ mit Fahr- gestell 1 St.		220	610	555	55	25
„ MA 511 „ 1 „ „ „		290	800	725	75	30
„ MA 416 „ 1 „ „ „		420	1100	995	105	40
„ MA 516 „ 1 „ „ „		620	1600	1440	160	60
Leistungsangaben s. Tabelle 78 S. 124						
Diesellokomobilen der Motorenfabrik Deutz A.-G.						
Type MAH 514 nebst 1 Satz Reserveteile . . 1 St.		525	1420	1290	130	50
„ MAH 516 „ 1 „ „ . . „		720	1800	1640	160	65
„ MAH 322 „ 1 „ „ . . „		1380	3080	2800	280	110
„ MJH 328 „ 1 „ „ . . „		2380	5530	5030	500	200
„ MJH 332 „ 1 „ „ . . „		2785	6170	5610	560	225
„ MJH 336 „ 1 „ „ . . „		3650	7810	7100	710	285
Leistungsangaben s. Tabelle 81 S. 127						
Kompressorlose Hatz-Dieselmotoren für orts-feste Aufstellung						
Type 2 nebst 1 Satz Reserveteile . . . . . 1 St.		400	1700	1540	160	60
„ 3 „ 1 „ „ . . . . . „		650	2230	2030	200	80
„ 4 „ 1 „ „ . . . . . „		1000	3140	2855	285	115
„ 5 „ 1 „ „ . . . . . „		1750	4540	4125	415	165
„ 32 „ 1 „ „ . . . . . „		1270	4590	4175	415	165
„ 42 „ 1 „ „ . . . . . „		1700	5750	5225	525	210
„ 52 „ 1 „ „ . . . . . „		2900	8410	7645	765	300
Leistungsangaben s. Tabelle 82 S. 128						

b) Wasserversorgung.

α) Pumpen.

Tabelle 227.

	Gewicht	Anschaf-fungswert	Verzinsung + Ab-schreibung nach den Sätzen der Gruppe	
			III	E
	kg	RM.	RM.	RM.
Pumpen für Handbetrieb	s. Tab. 88	s. Tab. 88	s. Tab. 88	ca. 2%
Pumpen für Kraftbetrieb bis 50 m Druckhöhe.				
Einfachwirkende Plungerpumpe samt allem Zubehör				
stündliche Leistung 0,85 m³ . . . . 1 St.	100	300	300	10
„ „ 1,50 „ . . . . „	120	320	320	10
„ „ 3,00 „ . . . . „	165	400	400	15
„ „ 5,40 „ . . . . „	240	535	535	15
„ „ 7,40 „ . . . . „	340	620	620	20

Tabelle 227 (Fortsetzung).

	Gewicht	Anschaf-fungswert	Verzinsung + Ab-schreibung nach den Sätzen der Gruppe	
			III	E
	kg	RM.	RM.	RM.
Doppeltwirkende Plungerpumpe samt allem Zubehör				
stündliche Leistung 10,0 m³ . . . . 1 St.	420	720	720	20
„ „ 12,0 „ . . . . „	460	800	800	25
„ „ 14,8 „ . . . . „	600	960	960	30
„ „ 19,5 „ . . . . „	760	1150	1150	35
„ „ 25,0 „ . . . . „	960	1335	1335	40
„ „ 33,0 „ . . . . „	1270	1770	1770	55
„ „ 40,0 „ . . . . „	1550	2130	2130	65
„ „ 48,0 „ . . . . „	1740	2520	2520	75
„ „ 65,0 „ . . . . „	2350	3500	3500	105
„ „ 78,0 „ . . . . „	2500	3750	3750	110
Monos-Kreiselpumpen samt allem Zubehör				
Modell NEK 150 1 St.	385	640	640	20
„ NEK 175 „	465	750	750	25
„ NEK 200 „	600	870	870	30
„ NEK 250 „	1000	1315	1315	40
„ NEK 300 „	1250	1670	1670	50
„ NEK 350 „	1900	2320	2320	70
Modell NE 100 „	285	525	525	15
„ NE 125 „	350	610	610	20
„ NE 150 Leistungs- „	430	700	700	25
„ NE 175 angaben „	600	900	900	30
„ NE 200 s. Tabelle 63 „	820	1130	1130	35
Modell NEG 100 S. 102 „	340	610	610	20
„ NEG 125 „	530	780	780	25
„ NEG 150 „	600	890	890	30
„ NEG 175 „	850	1175	1175	35
„ NEG 200 „	940	1370	1370	40
„ NEG 250 „	1530	2070	2070	60
„ NEG 300 „	1750	2310	2310	70
Modell NEZ 80 „	330	735	735	25
„ NEZ 100 „	500	920	920	30
„ NEZ 125 „	800	1310	1310	40
Pumpen für Kraftbetrieb bis 130 m Druckhöhe.				
Doppeltwirkende Plungerpumpe samt allem Zubehör				
stündliche Leistung 6,0 m³ . . . . 1 St.	460	770	770	25
„ „ 8,2 „ . . . . „	570	925	925	30
„ „ 10,7 „ . . . . „	690	1100	1100	35
„ „ 12,5 „ . . . . „	870	1275	1275	40
„ „ 14,0 „ . . . . „	1020	1450	1450	45
„ „ 20,0 „ . . . . „	1280	1700	1700	50
„ „ 30,0 „ . . . . „	1830	2580	2580	75

β) Behälter und Rohrleitungen.
Tabelle 228.

	Gewicht	Anschaffungswert	Verzinsung +Abschreibung nach den Sätzen der Gruppe	
			II	E
	kg	RM.	RM.	RM.
Eiserne Wasserbehälter einschl. allem Zubehör				
von 1 m³ Fassungsvermögen . . . . . 1 St.	290	180	180	—
„ 2 „ „ . . . . . „	415	240	240	—
„ 3 „ „ . . . . . „	620	315	315	—
„ 5 „ „ . . . . . „	855	390	390	—
„ 10 „ „ . . . . . „	1575	755	755	—
„ 15 „ „ . . . . . „	2000	935	935	—
„ 20 „ „ . . . . . „	2735	1200	1200	—
„ 25 „ „ . . . . . „	3240	1450	1450	—
Rohrleitungen einschl. allem Zubehör.				
Schmiedeeiserne Röhren mit Gewinde u. Muffen				
schwarz $^1/_2''$ lichte Weite . . . . . . 100 m	127	56	56	4
$^3/_4''$ „ „ . . . . . . „	165	75	75	5
$1''$ „ „ . . . . . . „	246	105	105	6
$1^1/_4''$ „ „ . . . . . . „	319	145	145	8
$1^1/_2''$ „ „ . . . . . . „	394	180	180	10
$2''$ „ „ . . . . . . „	530	265	265	15
$2^1/_2''$ „ „ . . . . . . „	684	340	340	20
$3''$ „ „ . . . . . . „	861	400	400	25
$3^1/_2''$ „ „ . . . . . . „	1058	500	500	35
$4''$ „ „ . . . . . . „	1192	620	620	50
verzinkt $^1/_2''$ „ „ . . . . . . „	136	76	76	4
$^3/_4''$ „ „ . . . . . . „	176	95	95	5
$1''$ „ „ . . . . . . „	264	135	135	6
$1^1/_4''$ „ „ . . . . . . „	342	185	185	8
$1^1/_2''$ „ „ . . . . . . „	422	230	230	10
$2''$ „ „ . . . . . . „	567	330	330	15
$2^1/_2''$ „ „ . . . . . . „	732	450	450	20
$3''$ „ „ . . . . . . „	921	525	525	25
$3^1/_2''$ „ „ . . . . . . „	1132	670	670	35
$4''$ „ „ . . . . . . „	1275	815	815	50
Autogengeschweißte Kuntze-Rohre m. Flanschen				
Baulänge 5 m; 60 mm lichte Weite . . 100 m	585	535	535	55
70 „ „ „ . . „	675	560	560	55
80 „ „ „ . . „	775	600	600	60
90 „ „ „ . . „	855	640	640	65
100 „ „ „ . . „	965	675	675	70
125 „ „ „ . . „	1190	750	750	75
150 „ „ „ . . „	1480	830	830	85
175 „ „ „ . . „	1680	915	915	90
200 „ „ „ . . „	1940	1000	1000	100
250 „ „ „ . . „	2420	1200	1200	120
300 „ „ „ . . „	2920	1390	1390	140
350 „ „ „ . . „	3560	1630	1630	165
Zuschlag für Formstücke usw.	+2%	+10÷20%		

c) Wasserhaltung.

α) Diaphragmapumpen der Hammelrath & Schwenzer G.m.b.H., Düsseldorf.

Tabelle 229.

	Gewicht kg	Anschaffungswert RM.	Verzinsung + Abschreibung nach den Sätzen der Gruppe			
			III RM.	V RM.	R RM.	E RM.
Diaphragmapumpen für Handbetrieb einschl. allem Zubehör,						
Type A 0 . . . . 1 St.	65	150	60	90	20	20
„ A I . . . . „	105	200	80	120	30	30
„ A II . . . . „	140	250	100	150	40	40
„ A III. . . . . . . „	220	365	150	215	50	50
„ C 08 I . . . . . . „	230	380	260	120	30	30
„ C 08 II . . . . . . „	320	460	310	150	40	40
„ C 08 III . . . . . „	460	690	475	215	50	50
„ D 0 . . . . „	90	200	70	130	20	20
„ D I . . . . „	140	285	110	175	30	30
„ D II . . . . „	190	340	130	210	40	40
„ F III. . . . . . . „	310	525	215	310	50	50
„ S . . . . „	80	175	45	130	20	20
„ K II . . . . . . „	400	620	410	210	40	40
„ K III . . . . . . „	550	860	550	310	50	50
Leistungsangaben s. Tab. 97 S. 145						
Vollständige fahrbare Aggregate mit Elektroantrieb einschl. allem Zubehör,						
Type B I . . . . 1 St.	250	570	450	120	70	30
„ B II . . . . „	300	680	530	150	80	40
„ B III . . . . . . „	450	850	635	215	95	50
„ C 12 II . . . . . . „	635	970	820	150	125	40
„ C 12 III . . . . . „	750	1425	1210	215	180	50
„ CC III . . . . . . „	1200	1835	1620	215	245	50
„ Sk 0 . . . . „	175	540	410	130	60	20
„ Sk I . . . . „	280	725	550	175	80	30
„ Sk II . . . . . . „	400	975	765	210	115	40
„ Sk III . . . . . „	665	1340	1030	310	150	50
„ Sk II b . . . . . . „	720	1510	1300	210	200	40
„ Sk III b . . . . . „	920	2120	1810	310	270	50
„ Sk III c . . . . . „	1380	2750	2750	—	400	50
Leistungsangaben s. Tab. 98 S. 146						
Desgleichen mit Benzinantrieb,						
Type B I . . . . 1 St.	310	1130	1010	120	200	60
„ B II . . . . „	390	1190	1040	150	200	80
„ B III . . . . . . „	480	1325	1110	215	220	100
„ C 12 II . . . . . . „	670	1430	1280	150	250	80
„ C 12 III . . . . . „	900	1965	1750	215	350	100
„ CC III . . . . . . „	1400	2315	2100	215	420	100
„ Sk I . . . . „	375	1255	1080	175	215	60
„ Sk II . . . . . . „	460	1430	1220	210	245	80
„ Sk III . . . . . „	700	1710	1400	310	280	100
„ Sk II b . . . . . . „	790	2050	1840	210	370	80
„ Sk III b . . . . . „	980	2650	2340	310	470	100
„ Sk III c . . . . . „	1580	3140	3140	—	630	100
Leistungsangaben s. Tab. 98 S. 146						

β) **Patent-Kreiselpumpen, Type SNO** der Amag-Hilpert-Pegnitzhütte.

Tabelle 230.

	Gewicht	An-schaffungs-wert	Verzinsung + Abschreibung nach den Sätzen der Gruppe	
			III	E
	kg	RM.	RM.	RM.
Vollständiges Pumpenaggregat samt Rohrgarnitur und allem sonstigen Zubehör, jedoch ohne Antriebsmaschine				
Rohranschlußweite 125 mm . . . . 1 St.	900	1150	1150	25
„　　　　150 „　. . . .　„	1100	1400	1400	30
„　　　　200 „　. . . .　„	1600	1800	1800	40
„　　　　250 „　. . . .　„	2100	2200	2200	60
„　　　　300 „　. . . .　„	2700	2750	2750	70
Leistungsangaben s. Tabelle 99 S. 148				

d) Werkplatzeinrichtung.

α) **Baubüros.**

Tabelle 231.

	Ge-wicht	An-schaf-fungs-wert	Verzinsung+Abschreibung nach den Sätzen der Gruppe		
			I	II	IV
	kg	RM.	RM.	RM.	RM.
Baubüro für eine mittelgroße Baustelle:					
1 Bürobaracke mit 3 Zimmern von zusammen etwa 50 m² Grundfläche. . . .	5000	1800	1800		
Büromöbel	1000	1500		1500	
1 Kassenschrank	500	450			450
1 Schreibmaschine	25	500		500	
Sonstige Einrichtungsgegenstände.	175	550		550	
Sa.	6 700	4 800	1 800	2 550	450
Baubüro für eine große Baustelle:					
1 Bürobaracke mit 4—6 Zimmern von zusammen etwa 150 m² Grundfläche . . .	15000	5000	5000		
Büromöbel	2000	3000		3000	
1 großer Kassenschrank	1000	900			900
3 Schreibmaschinen.	75	1500		1500	
1 Rechenmaschine	25	850		850	
Sonstige Einrichtungsgegenstände.	400	1100		1100	
Sa.	18 500	12 350	5 000	6 450	900

β) Baumagazine.

Nachdem die im Baumagazin deponierten Ersatzteile für die einzelnen Geräte jeweils in der Spalte R des betreffenden Gerätes aufgeführt sind, wurden in Tabelle 232 nur jene Bestandteile angegeben, welche darüber hinaus meist noch nötig sein werden.

Tabelle 232.

	Ge-wicht	An-schaf-fungs-wert	Verzinsung + Abschreibung nach den Sätzen der Gruppe			
			I	IV	V	R
	kg	RM.	RM.	RM.	RM.	RM.
Magazin für eine mittelgroße Baustelle:						
1 Magazinsbaracke mit etwa 100 m² Grundfläche	10 000	3 500	3 500			
Meßgeräte	200	1 000		1 000		
Hebezeuge	3 000	1 800			1 800	
Monteurwerkzeug für Wasserleitung	200	360			360	
Sonstige Werkzeuge	2 000	2 000			2 000	
1 Dezimalwaage mit Gewichten . .	60	100		100		
1 Handkarren	200	140	140			
Materialausstattung	8 000	5 000				5 000
Sa.	**23 660**	**13 900**	**3 640**	**1 100**	**4 160**	**5 000**
Magazine für große Baustellen:						
1 Magazinsbaracke mit etwa 250 m² Grundfläche	25 000	8 000	8 000			
Meßgeräte	300	1 500		1 500		
Hebezeuge	6 000	3 600			3 600	
Monteurwerkzeug für Wasserleitung	350	680			680	
Sonstige Werkzeuge	4 000	4 000			4 000	
1 Dezimalwaage mit Gewichten . .	60	100		100		
2—3 Handkarren	600	420	420			
1 Lokomotivtransporteur	3 500	2 500			2 500	
Materialausstattung	15 000	10 000				10 000
Sa.	**54 810**	**30 800**	**8 420**	**4 100**	**8 280**	**10 000**
1 Magazinsbaracke mit etwa 400 m² Grundfläche	40 000	12 000	12 000			
Meßgeräte	400	2 000		2 000		
Hebezeuge	8 000	4 800			4 800	
Monteurwerkzeug für Wasserleitung	500	1 000			1 000	
Sonstige Werkzeuge	5 000	5 000			5 000	
2 Dezimalwaagen mit Gewichten .	120	200		200		
3—4 Handkarren	800	560	560			
1 Lieferwagen	2 000	4 000	4 000			
1 Lokomotivtransporteur	5 000	3 500		3 500		
Materialausstattung	25 000	15 000				15 000
Sa.	**86 820**	**48 060**	**16 560**	**5 700**	**10 800**	**15 000**

γ) **Bauschmieden und Werkstätten.**
Bauschmiede für kleine Baustellen.

Tabelle 233.

	Ge-wicht kg	An-schaf-fungs-wert RM.	Verzinsung +Abschreibung nach den Sätzen der Gruppe			
			III RM.	V RM.	R RM.	E RM.
1 Schmiedebaracke mit etwa 25 m² Grundfläche einschl. Werkbänke usw.	2000	750		750		
1 Schmiedefeuer	240	200	200			
1 Amboß	125	130	130			
1 Schraubstock	35	35	35			
1 Ständerbohrmaschine für Handbetrieb mit 1 Satz Bohrern . . .	80	240	240			20
1 Schleifstein	100	90		90		20
Werkzeug	180	375		375		
Materialausstattung und -verbrauch	800	1000			1000	960
Sa.	**3560**	**2820**	**605**	**1215**	**1000**	**1000**

Werkstätten. In den Tabellen 234—237 sind die Antriebsmaschinen nicht mit aufgenommen, weil hierfür je nach den örtlichen Verhältnissen Dampfmaschinen, Elektromotoren oder auch Verbrennungsmotoren in Frage kommen können.

Die Angaben über Antriebsmaschinen sind aus den diesbezüglichen Ausführungen zu entnehmen und den Endbeträgen der Tabellen 234—237 noch hinzuzufügen, um die Gesamtwerte zu erhalten.

Der Kraftbedarf der einzelnen Werkzeugmaschinen ist aus den einschlägigen Tabellen des ersten Teils auf S. 152—164 zu entnehmen.

Die Antriebsmaschine ist alsdann so kräftig zu wählen, daß sie der stärksten vorgesehenen Belastung noch gewachsen ist. Erfolgt der Antrieb über eine Haupttransmission, so ist zu beachten, daß der rechnungsmäßige Kraftbedarf um etwa weitere 20 % zu erhöhen ist, um die Stärke der Antriebsmaschine selbst zu erhalten.

Tabelle 234.

	Ge-wicht kg	Anschaf-fungs-wert RM.	Verzinsung + Abschreibung nach den Sätzen der Gruppe				
			II RM.	III RM.	V RM.	R RM.	E RM.
Werkstätte für eine mittelgroße Baustelle:							
Werkstättengebäude mit etwa 150 m² Grundfläche		4500			4500		
1 Leitspindeldrehbank mit 300 mm Spitzenhöhe und 2500 mm Spitzenweite einschl. allem Zubehör . .	2650	4000		4000			400
1 Schnellhobelmaschine mit 450 mm Hub einschl. allem Zubehör . . .	1100	1500		1500			150

Tabelle 234 (Fortsetzung).

	Ge-wicht kg	Anschaf-fungs-wert RM.	Verzinsung + Abschreibung nach den Sätzen der Gruppe				
			II RM.	III RM.	V RM.	R RM.	E RM.
1 Säulenschnellbohrmaschine bis zu 40 mm bohrend einschl. allem Zubehör	540	1200		1200			120
1 Ständerbohrmaschine für Handbetrieb bis 30 mm bohrend einschl. allem Zubehör	160	200		200			50
1 Kaltsäge	80	120		120			10
1 Schmirgelbock mit grober und feiner Scheibe	150	230		230			30
1 Schleifstein	110	110		110			30
Transmission mit Hängelagern und Riemenscheiben	350	300		300			
Lederriemen	30	240			240		
Werkbänke	300	200			200		
Schraubstöcke	150	200		200			
1 autogener Schweiß- und Schneideapparat samt allem Zubehör	150	350	350				50
Schlosserwerkzeug	200	500			500		
Dreherwerkzeug	50	500			500		150
1 Kesseldruckpumpe	30	70		70			
1 großes Schmiedefeuer mit Ventilator	200	225		225			
2 Amboße	400	400		400			
1 Feuerschraubstock	125	200		200			
2 Schmiedeschraubstöcke	70	70		70			
1 Richtplatte	250	160		160			
1 Lochplatte	100	90		90			
1 Schienenbiegemaschine	300	385		385			50
1 Schienenbiegepresse	75	100		100			
1 Schienenbohrmaschine	40	230		230			30
Schmiedewerkzeuge	200	400			400		
Materialausstattung und -verbrauch	1000	2000				2000	1500
Sa.	8810	18 480	350	9790	6340	2000	2570

Tabelle 235.

	Gewicht kg	Anschaf-fungs-wert RM.	Verzinsung + Abschreibung nach den Sätzen der Gruppe				
			II RM.	III RM.	V RM.	R RM.	E RM.
Werkstätte für eine große Baustelle:							
Werkstättengebäude mit etwa 250 m² Grundfläche		7500			7500		
1 Leitspindeldrehbank mit 300 mm Spitzenhöhe u. 2000 mm Spitzenweite einschl. allem Zubehör	2550	3700		3700			370

Tabelle 235 (Fortsetzung).

	Gewicht	Anschaf-fungs-wert	Verzinsung + Abschreibung nach den Sätzen der Gruppe				
	kg	RM.	II RM.	III RM.	V RM.	R RM.	E RM.
1 desgl. mit 450 mm Spitzenhöhe und 300 mm Spitzenweite . .	5650	7000		7000			700
1 Schnellhobelmaschine m.550 mm Hub einschl. allem Zubehör . .	1500	2000		2000			200
2 Säulenschnellbohrmaschinen bis zu 40 bzw. 50 mm bohrend einschl. allem Zubehör	1400	3250		3250			320
desgl. 1 Wandbohrmaschine bis 30 mm bohrend	270	300		300			30
1 Kaltsäge	120	180		180			20
1 Schmirgelbock mit grober und feiner Scheibe	175	320		320			80
2 Schleifsteingarnituren	330	315		315			100
1 Räderpresse samt Druckpumpe und allem sonstigen Zubehör .	2700	3000		3000			300
Transmission mit Hängelagern und Riemenscheiben	600	500		500			
Lederriemen	60	480			480		
Werkbänke	600	400			400		
Schraubstöcke	300	400		400			
2 autogene Schweiß- u. Schneideapparate mit allem Zubehör .	300	700	700				100
Schlosserwerkzeug	270	780			780		
Dreherwerkzeug	100	1000			1000		300
1 Kesseldruckpumpe	105	120		120			
2 große Schmiedefeuer mit Ventilator	650	650		650			50
1 Luftdruckschmiedehammer mit 50 kg Bärgewicht und allem Zubehör	3000	2200		2200			200
3 Amboße	750	750		750			
2 Feuerschraubstöcke	300	500		500			
4 Schmiedeschraubstöcke	190	190		190			
1 Richtplatte	750	375		375			
1 Lochplatte	200	130		130			
Schmiedewerkzeug	540	840			840		
1 Garnitur Lokomotivhebeböcke	1600	1200	1200				
1 Schienenbiegemaschine	625	1100		1100			100
1 Schienenbiegepresse	140	350		350			
1 Schienenbohrmaschine	40	230		230			30
Materialausstattung u. -verbrauch	2000	4000				4000	3000
Sa.	**27815**	**44460**	**1900**	**27560**	**11000**	**4000**	**5900**

Für das Gebäude sind in den Tabellen 234—238 keine Gewichtsangaben gemacht, weil angenommen wurde, daß dasselbe an Ort und Stelle hergestellt wird, also nicht als zerlegbare Baracke erstellt ist. Aus diesem Grunde auch Einreihung der Kosten in die V-Spalte.

19*

Tabelle 236.

	Gewicht	Anschaffungswert	Verzinsung + Abschreibung nach den Sätzen der Gruppe				
			II	III	V	R	E
	kg	RM.	RM.	RM.	RM.	RM.	RM.
Werkstätte für eine Großbaustelle:							
Werkstättengebäude mit etwa 400 m² Grundfläche		12000		12000			
1 Leitspindeldrehbank mit 250 mm Spitzenhöhe u. 2000 mm Spitzenweite einschl. allem Zubehör .	1750	2700		2700			270
1 desgl. mit 350 mm Spitzenhöhe und 2500 mm Spitzenweite . .	3150	4400		4400			440
1 desgl. mit 450 mm Spitzenhöhe und 3000 mm Spitzenweite . .	5650	7000		7000			700
1 Schnellhobelmaschine m. 650 mm Hub einschl. allem Zubehör . .	1800	2425		2425			240
3 Säulenschnellbohrmaschinen bis zu 30, 40 und 60 mm bohrend einschl. allem Zubehör	2000	4600		4600			460
desgl. 1 Wandbohrmaschine bis 30 mm bohrend	270	425		425			40
1 Kaltsäge	280	400		400			40
2 Schmirgelböcke	400	630		630			150
2 Schleifsteingarnituren.	330	315		315			100
1 Räderpresse samt Druckpumpe und allem Zubehör	4000	4500		4500			450
Transmission mit Hängelagern und Riemenscheiben	1000	800		800			
Lederriemen	100	800			800		
Werkbänke	800	500			500		
Schraubstöcke.	400	520		520			
2 autogene Schweiß- u. Schneideapparate samt allem Zubehör .	300	700	700				100
Schlosserwerkzeug	500	1500			1500		
Dreherwerkzeug	120	1600			1600		500
2 Kesseldruckpumpen	135	190		190			
3 große Schmiedefeuer mit Ventilator	850	850		850			
1 Luftdruckschmiedehammer mit 85 kg Bärgewicht und allem Zubehör	4100	2720		2720			270
4 Amboße	1000	1000		1000			
2 Feuerschraubstöcke	350	600		600			
4 Schmiedeschraubstöcke	190	190		190			
1 Richtplatte	880	430		430			
1 Lochplatte	260	160		160			
Schmiedewerkzeug	700	1100			1100		
1 Garnitur Lokomotivhebeböcke .	1880	1335	1335				
Sonstige Hebezeuge	1000	1000	1000				
1 schwere Schienenbiegemaschine	2650	4500		4500			450
2 Schienenbiegepressen	225	650		650			
2 Schienenbohrmaschinen. . . .	80	460		460			60
Materialausstattung u. -verbrauch	2500	5000				5000	4000
Sa.	**39650**	**66000**	**3035**	**40465**	**17500**	**5000**	**8270**

δ) **Stellmacherei.**

Tabelle 237.

	Ge-wicht	An-schaf-fungs-wert	Verzinsung + Abschreibung nach den Sätzen der Gruppe			
			III	V	R	E
	kg	RM.	RM.	RM.	RM.	RM.
Stellmacherei für eine mittlere Baustelle:						
Offene Halle mit Behelfsschmiede etwa 100 m² groß		2000		2000		
1 Bandsäge nebst allem Zubehör . . .	550	900	900			100
1 Feldschmiede	120	110	110			
1 Amboß	125	130	130			
1 Handbohrmaschine	160	200	200			50
Werkzeug	150	200		200		
Materialausstattung und -verbrauch . .	1500	1000			1000	1000
Sa.	**2605**	**4540**	**1340**	**2200**	**1000**	**1150**
Stellmacherei für eine große Bau-stelle:						
Offene Halle mit Schmiede etwa 250 m² groß		5000		5000		
1 Bandsäge nebst allem Zubehör . . .	700	1000	1000			100
1 Kreissäge nebst allem Zubehör . . .	600	850	850			100
1 Bohrmaschine nebst allem Zubehör .	540	1200	1200			120
1 großes Schmiedefeuer	400	360	360			
2 Amboße	275	285	285			
1 Handbohrmaschine	160	200	200			50
Werkzeug	500	600		600		
Werkbank mit Schraubstöcken	200	150	150			
Materialausstattung und -verbrauch . .	3000	2000			2000	2000
Sa.	**6375**	**11645**	**4045**	**5600**	**2000**	**2370**

ε) **Lokomotivschuppen.**

Tabelle 238.

	Gewicht	Anschaf-fungs-wert	Verzinsung + Ab-schreibung nach den Sätzen der Gruppe	
			III	V
	kg	RM.	RM.	RM.
Schuppen für 4 Lokomotiven mit etwa 150 m² Grundfläche einschl. Werkbank, Schraub-stock und Werkzeug	500	4500	500	4000
desgl. für 6 Lokomotiven mit etwa 240 m² Grundfläche	750	5750	750	5000
desgl. für 9 Lokomotiven mit etwa 350 m² Grundfläche	1000	7500	1000	6500

ζ) Wohlfahrtseinrichtungen.

Tabelle 239.

	Gewicht	Anschaf-fungs-wert	Verzinsung + Abschreibung nach den Sätzen der Gruppe		
			I	II	V
	kg	RM.	RM.	RM.	RM.
Kantinen:					
1 Kantine mit etwa 120 m² Gesamtgrund-fläche	12000	3600	3600		
Inneneinrichtung	3000	2400		2400	
Sa.	15000	6000	3600	2400	
1 Kantine mit etwa 300 m² Gesamtgrund-fläche	30000	9000	9000		
Inneneinrichtung	7500	6000		6000	
Sa.	37500	15000	9000	6000	
Wohn- und Schlafbaracken:					
1 Wohn- und Schlafbaracke für 30 Mann mit etwa 120 m² Gesamtgrundfläche . .	12000	3600	3600		
Inneneinrichtung	5000	4000		4000	
Wäsche	500	1400			1400
Sa.	17500	9000	3600	4000	1400
1 Wohn- und Schlafbaracke für 75 Mann mit etwa 300 m² Gesamtgrundfläche . .	30000	9000	9000		
Inneneinrichtung	12500	10000		10000	
Wäsche	1500	4000			4000
Sa.	44000	23000	9000	10000	4000

C. Frachten.

Die Frachtberechnung ist verschieden, je nachdem das Gut als Frachtgut, Eilgut oder beschleunigtes Eilgut und ob es als Stückgut oder als Wagenladung aufgegeben wird.

Zu den Sätzen der Wagenladungsklassen werden nur die Güter befördert, welche der Absender als Wagenladung aufgibt. Die nicht als Wagenladung aufgegebenen Güter werden zu den Sätzen der Stückgutklassen befördert.

Für Stückgut bestehen die „Allgemeine Stückgutklasse (I)" und die „Ermäßigte Stückgutklasse (II)". Zu der letzteren gehören gebrauchte Baugeräte beim unmittelbaren Versand von oder an Bauunternehmungen zur Verwendung oder Lagerung im eigenen Betrieb oder zur Instandsetzung.

Die **Wagenladungsgüter** werden eingeteilt in sieben Hauptklassen A—G mit den Nebenklassen A 10 bis G 10 und A 5 bis F 5. Die Zugehörigkeit der Güter zu den ermäßigten Wagenladungsklassen B—G geht aus der Gütereinteilung in Abschnitt B III des Deutschen Eisenbahn-Gütertarifs, Teil I Abteilung B vom 1. März 1930 hervor.

Danach werden gebrauchte Baugeräte, auch zerlegte, soweit dies zur Beförderung auf der Eisenbahn erforderlich ist, beim unmittelbaren Versand von oder an Bauunternehmungen zur Verwendung oder zur Lagerung im eigenen Betrieb oder zur Instandsetzung nach **Wagenladungsklasse F** befördert.

Gebrauchte Eisenbahnoberbaugegenstände oder andere Geräte gehören nur dann zu den Baugeräten dieser Tarifstelle, wenn sie als Baugerät bereits in Gebrauch gewesen sind.

Für neue Maschinen oder Geräte gelten, um nur die hauptsächlichsten herauszugreifen, die Sätze folgender Klassen:

Bagger und Maschinen aller Art Tarifklasse B.

Baracken, Kipp- und Förderwagen, montierte Gleise, Weichen und Drehscheiben Tarifklasse C.

Schienen, Laschen, Unterlagsplatten, Klemmplatten, Schwellen und Bauholz aller Art Tarifklasse D.

Die Frachtsätze für die einzelnen Tarifklassen sind aus dem Reichsbahn-Gütertarif, Heft C I a, Frachtsatzzeiger für die regelrechten Tarifklassen zu entnehmen, der nach dem Stand vom 1. Juni 1930 in Tabelle 240 auszugsweise wiedergegeben ist.

Die Fracht wird nach Kilogramm berechnet. Sendungen unter 20 kg werden für 20 kg gerechnet; höhere Gewichte werden bei Stückgütern mit 10 kg, bei Wagenladungen mit 100 kg steigend so berechnet, daß jede angefangenen 10 oder 100 kg für voll gelten. Bei Beförderung von Gütern in gedeckten Wagen wird das Gewicht für die Frachtberechnung um 5 % erhöht.

Die in Tabelle 240 angegebenen Sätze für die Klassen A—F werden nur angewendet bei Frachtzahlung für mindestens 15 t, es sei denn, daß die Eisenbahn einen Wagen nur mit 10 t oder 12,5 t Ladegewicht zur Verfügung stellt. In diesem Falle werden schon bei 10 bzw. 12,5 t die Sätze der Hauptklassen A—F berechnet.

Der Frachtberechnung nach den Sätzen der Nebenklassen A 10 bis G 10 wird ein Gewicht von mindestens 10000 kg für jeden verwendeten Wagen, der Frachtberechnung nach den Sätzen der Nebenklassen A 5 bis F 5 ein Gewicht von mindestens 5000 kg für jeden verwendeten Wagen zugrunde gelegt.

Für Sendungen im Gewichte von mehr als 5000 kg und weniger als 10000 kg wird die Fracht nach den Sätzen der Nebenklassen A 5 bis F 5 für das wirkliche Gewicht so lange berechnet, bis die Frachtberechnung nach den Sätzen der Nebenklassen A 10 bis G 10 für ein Gewicht von 10000 kg eine billigere Fracht ergibt.

Beispiel. Berechnung der Fracht für 7250 kg der Tarifklasse B auf 300 km Entfernung.

Als Berechnungsgewicht ist zugrunde zu legen 7300 kg.

1. Fracht nach dem Satz der Nebenklasse B 10:

$$100 \times 3{,}06 = 306 \text{ RM.}$$

2. Fracht nach dem Satz der Nebenklasse B 5:

$$73 \times 3{,}44 = 251{,}12 \text{ RM.} = \text{rd. } 251{,}10 \text{ RM.,}$$

d. h. in diesem Falle ist der sich nach der zweiten Berechnungsart ergebende Betrag der geringere und damit der gültige.

    Auslagen für Beschaffung der Geräte.

Tabelle 240.

Auf eine Entferng. v. km	Frachtsätze in Reichspfennig für 100 kg																			
	Wagenladungen der Klasse																			
	A 5	A 10	A	B 5	B 10	B	C 5	C 10	C	D 5	D 10	D	E 5	E 10	E	F 5	F 10	F	G 10	G
5	21	20	19	21	19	18	21	19	17	21	18	16	21	18	14	20	16	13	16	12
10	29	27	26	28	24	23	26	22	20	26	22	19	26	21	18	23	19	16	18	14
15	34	33	31	33	30	28	32	27	24	31	26	22	30	24	20	27	21	18	20	16
20	42	40	38	40	36	33	38	32	29	36	29	26	36	28	23	29	22	19	21	17
25	47	45	43	46	40	38	42	36	32	40	33	29	39	31	26	32	26	21	23	19
30	54	51	49	52	47	43	48	40	37	46	37	32	43	34	29	36	28	23	26	20
35	63	60	57	58	51	48	53	46	41	50	41	36	47	38	31	39	31	26	27	21
40	68	65	62	64	57	53	58	49	44	54	44	39	52	41	34	42	33	28	29	23
45	77	74	70	69	62	58	63	53	49	59	49	42	56	44	37	46	36	30	31	24
50	83	79	75	75	68	63	69	59	53	63	52	46	60	48	40	49	39	32	33	27
55	90	86	82	82	73	69	73	62	57	69	57	49	63	51	42	50	40	33	34	28
60	98	93	89	88	79	73	80	68	61	73	60	52	67	53	44	53	42	36	37	29
65	105	100	95	95	85	80	85	72	65	78	64	56	72	58	48	57	46	38	39	31
70	112	107	102	101	90	84	91	77	70	82	68	59	75	60	50	60	48	40	40	32
75	120	114	109	109	98	91	98	83	75	87	71	62	80	64	53	63	51	42	42	33
80	125	120	114	114	102	95	102	87	79	92	75	65	83	67	56	67	53	44	44	36
85	134	128	122	122	109	102	110	93	84	98	80	70	89	71	59	69	54	46	46	37
90	141	134	128	128	114	107	115	98	89	102	84	73	92	73	61	72	58	48	48	38
95	149	142	135	135	121	113	121	102	93	109	90	78	99	79	65	77	61	51	50	40
100	155	148	141	141	125	118	127	108	98	113	93	81	102	81	68	80	64	53	51	41
110	168	161	153	153	137	128	139	118	107	123	101	88	110	88	73	87	69	58	54	43
120	179	171	163	164	147	137	148	124	113	132	109	94	119	94	79	93	74	62	59	47
130	191	183	174	174	155	145	158	133	121	140	115	100	125	100	83	99	79	65	61	49
140	204	194	185	185	165	154	167	141	128	149	122	107	133	107	89	103	82	69	65	52
150	216	206	196	195	174	163	176	149	135	157	129	112	140	112	93	110	88	73	68	54
160	227	216	206	206	184	172	186	158	143	164	135	118	147	118	98	115	92	77	71	57
170	240	229	218	218	193	181	195	165	150	174	143	124	155	124	103	120	95	80	75	60
180	252	240	229	228	203	190	205	173	158	182	150	130	162	129	108	125	100	83	78	62
190	263	251	239	238	213	199	213	181	164	191	157	137	170	135	113	132	105	88	82	65
200	275	263	250	249	222	208	224	190	172	199	163	142	176	141	118	137	109	91	84	68
220	296	282	269	268	239	223	241	204	185	214	176	153	190	152	127	147	118	98	90	72
240	318	303	289	286	255	239	256	218	198	229	188	163	203	162	135	157	125	104	98	78
260	338	322	307	306	273	255	274	232	211	244	201	174	215	172	143	167	133	111	103	82
280	360	343	327	325	290	271	290	245	223	258	212	184	229	182	152	176	141	118	110	88
300	381	363	346	344	306	286	307	260	236	273	224	195	242	193	161	186	149	124	115	92
320	399	381	363	361	322	301	322	272	248	286	235	204	253	202	169	195	155	130	121	97
340	418	399	380	377	336	314	336	284	259	300	246	214	265	212	176	203	162	135	127	101
360	436	416	396	394	352	329	352	297	271	312	256	223	276	221	184	213	171	142	131	104
380	454	434	413	411	366	342	366	310	282	326	269	233	289	231	192	222	178	148	137	109
400	473	452	430	427	381	356	381	322	293	339	279	242	300	240	200	230	184	153	142	113
450	513	489	466	464	413	386	413	350	317	366	301	262	325	260	216	249	199	165	153	122
500	552	527	502	498	444	415	444	376	342	395	324	282	349	279	232	266	213	178	164	131
550	585	559	532	528	472	441	472	400	363	418	343	299	370	295	246	283	226	189	173	139
600	618	590	562	558	497	465	498	422	383	442	363	315	390	312	260	299	239	199	183	147
650	645	615	586	582	519	485	519	440	400	460	377	329	406	325	271	310	248	206	190	152
700	670	639	609	605	539	504	539	456	415	478	393	342	422	337	281	322	258	214	198	158
750	691	659	628	624	556	519	556	471	427	493	405	352	435	347	290	332	265	221	203	162
800	711	678	646	640	572	534	572	484	440	506	416	362	446	357	297	340	272	226	209	167
900	736	702	669	665	593	554	592	501	455	525	432	375	463	371	309	353	282	235	216	173
1000	750	716	682	677	604	564	603	511	464	535	440	382	472	377	314	360	287	240	221	176

Eine billigere Fracht ergibt sich im allgemeinen bei Anwendung der Sätze für die

Nebenklasse A 5 für Gewichte bis zu 8,9 t
,,   B 5 ,,   ,,   ,,   ,, 8,9 t
,,   C 5 ,,   ,,   ,,   ,, 8,4 t
,,   D 5 ,,   ,,   ,,   ,, 8,2 t
,,   E 5 ,,   ,,   ,,   ,, 7,9/8,0 t
,,   F 5 ,,   ,,   ,,   ,, 7,9/8,0 t.

Ebenso wird für Sendungen im Gewichte von mehr als 10000 kg und weniger als 15000 kg die Fracht nach den Sätzen der Nebenklassen A 10 bis G 10 für das wirkliche Gewicht so lange berechnet, bis die Frachtberechnung nach den Sätzen der Hauptklassen für ein Gewicht von 15000 kg eine billigere Fracht ergibt.

Beispiel. Berechnung der Fracht für 14000 kg der Tarifklasse F auf 150 km Entfernung.

1. Fracht nach dem Satz der Hauptklasse F:

$$150 \times 0,73 = 109,50 \text{ RM.}$$

2. Fracht nach dem Satz der Nebenklasse F 10:

$$140 \times 0,88 = 123,20 \text{ RM.,}$$

d. h. in diesem Falle ist der sich nach der ersten Berechnungsart ergebende Betrag der geringere und damit der gültige.

Eine billigere Fracht ergibt sich im allgemeinen bei Anwendung der Sätze für die

Nebenklasse A 10 für Gewichte bis zu 14 t
,,   B 10 ,,   ,,   ,,   ,, 14 t
,,   C 10 ,,   ,,   ,,   ,, 13,6 t
,,   D 10 ,,   ,,   ,,   ,, 13 t
,,   E 10 ,,   ,,   ,,   ,, 12,4/12,5 t
,,   F 10 ,,   ,,   ,,   ,, 12,4/12,5 t
,,   G 10 ,,   ,,   ,,   ,, 11,9/12 t.

Die in Frage kommende Anzahl der Gütertarifkilometer läßt man sich am besten von der Eisenbahnstation angeben.

Für überschlägige Berechnungen können an Stelle der Gütertarifkilometer die aus dem Eisenbahnkursbuch zu entnehmenden Entfernungen treten, sofern es sich um Transporte mit der Reichsbahn handelt. Kommen hingegen für die Transporte auch Privatbahnen in Betracht, so ist vor einem solchen Verfahren dringend zu warnen, weil hier Gütertarifkilometer und Kursbuchentfernung häufig sehr erheblich voneinander abweichen.

IV. Auslagen für Instandhaltung der Geräte.

Bei den Auslagen für Instandhaltung der Geräte ist zu unterscheiden zwischen den laufenden Reparaturen und der Überholung der Geräte nach beendeter Arbeit.

Erstere werden im Interesse eines ungestörten Arbeitsfortganges sich in den meisten Fällen auf das allernotwendigste Maß beschränken müssen, während für letztere bei einer ordentlichen Geschäftsführung eine möglichst gründliche Arbeit unbedingtes Erfordernis ist.

Die Kosten für laufende Reparaturen sowohl als auch für die sog. Schlußreparatur zerfallen in den Materialaufwand und den Aufwand für den Betrieb der Werkstätte bzw. Stellmacherei.

Der Materialaufwand wird sehr verschieden sein, je nach dem Umfang, in welchem die Geräte beansprucht wurden. Er wird z. B. bei Lokomotiven verhältnismäßig gering sein, wenn dieselben bei guter Gleislage und wenig Steigungen nur 8—12 Stunden täglich Dienst machen, und kann recht bedeutend werden, wenn die gleichen Maschinen ununterbrochen Tag und Nacht in Betrieb sind und große Steigungen zu überwinden haben.

Der sich erfahrungsgemäß bei täglich 8 stündigem Betrieb pro Jahr ergebende Materialaufwand wurde von mir jeweils in der letzten Spalte E der allgemeinen Tabellen im Abschnitt III B erfaßt, so daß dafür an dieser Stelle nichts mehr zu berechnen ist. Bei 16 stündiger Arbeitszeit empfiehlt es sich je nach dem Einfluß der verlängerten Arbeitszeit auf die Instandhaltungskosten, diese Beträge um 80—120 % und bei ununterbrochenem 24 stündigem Betrieb um 150—250 % zu erhöhen.

Die Ausgaben für Arbeitslöhne hängen ab von der Anzahl der in Werkstätte und Stellmacherei beschäftigten Leute, und diese wiederum richtet sich nach dem Umfang des in Betrieb befindlichen Geräteparkes und der täglichen Arbeitszeit auf der Baustelle und in der Werkstätte.

Für eine angemessene Besetzung der Werkstätte und Stellmacherei können folgende Angaben als Anhalt dienen, wobei zu bemerken ist, daß bei den laufenden Reparaturen hinsichtlich der Größe der einzelnen Geräte kein Unterschied gemacht und der dadurch bei den kleineren Typen eintretende Überschuß bei der Festsetzung der Verbrauchszahlen für die Schlußreparatur berücksichtigt wurde.

A. Laufende Reparaturen.

1. Eimerbagger und Absetzapparate. Die sich häufiger wiederholenden kleineren Reparaturen werden vom Baggerpersonal selbst ausgeführt und bedürfen daher keiner besonderen Berücksichtigung mehr.

Größere Störungen, zu deren Behebung die Werkstätte mit herangezogen werden muß, erfordern bei neuen Baggern ungefähr $^1/_2$ Stunde, bei älteren Baggern aber 1 Stunde eines Werkstättenarbeiters und darüber pro Betriebsstunde, d. h. wenn ein Bagger programmgemäß 2000 Stunden arbeiten soll, so sind dafür während dieser Zeit in der Werkstätte 1000 bis 2000 Werkstattarbeiterstunden für laufende Reparaturen vorzusehen.

2. Löffelbagger, Greifbagger und Universalraupenbagger. Hier gilt das gleiche wie für Eimerbagger mit dem Abmaße, daß für die Ausführung größerer Reparaturen schon $^1/_4$—$^1/_2$ Stunde eines Werkstättenarbeiters pro Betriebsstunde genügen wird.

3. Lokomotiven. Die laufenden Reparaturen bei Dampflokomotiven bestehen in der Hauptsache im Dichten oder Auswechseln von Siederohren, Nacharbeiten von Lagern, Anbringen neuer Bremsklötze u. dgl. m. und werden meist unter Heranziehung des Bedienungspersonals behoben, so daß man auskommen wird, wenn für je 4—5 Lokomotivstunden 1 Stunde eines Werkstättenarbeiters angesetzt wird.

Bei Diesellokomotiven genügt es, wenn man auf etwa 8—10 Lokomotivstunden 1 Stunde eines Werkstättenarbeiters annimmt.

4. Lokomobilen. Lokomobilen haben verhältnismäßig selten größere Defekte, so daß man im allgemeinen mit 1 Stunde eines Werkstättenarbeiters für etwa 10—12 Lokomobilstunden ausreichen wird.

5. Rollwagen. Wie schon bei der Dimensionierung des Fahrparks auf S. 228 erwähnt wurde, treffen auf je 100 im Betrieb befindliche Wagen 6—12 bzw. 10—20% Reservewagen, welche für den Ausfall während des Betriebes als Ersatz dienen sollen.

Die ausgefallenen Wagen müssen unter normalen Umständen innerhalb 24 Stunden wieder instand gesetzt sein, woraus sich die Besetzung der Stellmacherei ergibt, wenn man annimmt, daß zu den laufenden Reparaturen an einem Wagen durchschnittlich erforderlich sind:

$$\text{bei 600-mm-Spurwagen etwa } 4—5 \text{ Arbeitsstunden}$$
$$\text{„ } 750 \text{ „ „ } 5—6 \text{ „}$$
$$\text{„ } 900 \text{ „ „ } 6—8 \text{ „}$$

Beispiel. Betriebsplan und Dimensionierung des Geräteparks haben ergeben, daß auf einer Baustelle gleichzeitig in ununterbrochener Tag- und Nachtschicht arbeiten sollen:

2 Lübecker Bagger Type B,
2 Löffelbagger Modell G,
12 Lokomotiven 900 mm Spur,
300 Holzkastenkipper 900 mm Spur.

Wie stark ist Werkstätte und Stellmacherei für die laufende Instandhaltung dieses Geräteparks zu besetzen?

a) Werkstätte.

$$2 \text{ B-Bagger} \quad 2 \cdot 24 \cdot 1 = 48 \text{ Std.}$$
$$2 \text{ Löffelbagger} \quad 2 \cdot 24 \cdot 0,5 = 24 \text{ „}$$
$$12 \text{ Lokomotiven} \quad 12 \cdot 24 : 4 = 72 \text{ „}$$
$$\overline{\qquad\qquad 144 \text{ Std.}}$$

$$= 18 \text{ Mann je 8 Stunden.}$$

Die Zusammensetzung des Werkstättepersonals ist gewöhnlich ungefähr folgende:

Meister	1	oder	1	oder	1	oder	1
Schlosser	2—3	„	3—4	„	5—6	„	7—8
Dreher	1	„	1—2	„	1—2	„	2—3
Schmiede	2	„	2—3	„	3	„	3—4
Helfer	2	„	2—3	„	3	„	3—4

so daß man in obigem Falle als Werkstattbesetzung bei 8 Stunden täglicher Arbeitszeit annehmen könnte:

1 Meister, 7 Schlosser, 2 Dreher, 4 Schmiede, 4 Helfer.

b) Stellmacherei.

10% aus 300 Wagen = 30 Wagen fallen durchschnittlich pro Tag aus und sind zu reparieren; dazu sind erforderlich $30 \cdot 8 = 240$ Arbeitsstunden

$$= 30 \text{ Mann je 8 Stunden.}$$

Für die Besetzung der Stellmacherei ergibt sich etwa folgendes Bild:

Meister	Werkstätte	oder	1	oder	1	oder	1
Stellmacher	3—4	„	6—8	„	12—15	„	16—20
Schmiede	1	„	2	„	3	„	4
Helfer	2—3	„	4—6	„	6—10	„	8—15

und demgemäß für den vorliegenden Fall:

1 Meister, 16 Stellmacher, 4 Schmiede, 9 Helfer.

B. Schlußreparatur.

Der Umfang der Schlußreparatur richtet sich naturgemäß ganz nach der Dauer der Arbeiten und der Beanspruchung, welcher das Geräte unterworfen war.

Im allgemeinen wird er sich ziemlich gleichlaufend mit ersterer bewegen und es dürfte deshalb genügen, wenn im folgenden die Angaben je Betriebsstunde unter sonst normalen Verhältnissen gemacht werden.

1. Eimerbagger und Absetzapparate.

a) Eimerbagger.

Type NEI, E II u. B .	0,80—1,60 Std.		Type R 0s	0,10—0,20 Std.	
E III u. A . . .	0,50—1,00 „		R I s	0,15—0,30 „	
O	0,70 „		R II s	0,20—0,40 „	
C	0,50 „		R III s	0,40—0,80 „	
F	0,30 „		R IV s	0,60—1,20 „	

b) Absetzapparate.

Type $\frac{400}{34}$ . . . . . 0,80—1,60 Std. | Type $\frac{500}{40}$ und $\frac{500}{47}$ . . 1,00—2,00 Std.

2. Löffelbagger, Greifbagger und Universalraupenbagger.

a) Löffelbagger älterer Bauart.

Modell G 20 und G . . .	0,60 Std.		Modell E	0,25 Std.
„ F 2	0,45 „		„ C	0,15 „
„ F 1	0,35 „			

b) Greifbagger älterer Bauart.

Größe E . . . . 0,15 Std. | Größe C 1 . . . . 0,10 Std.

c) Universalraupenbagger.

Type D	0,08—0,12 Std.		Type 14	0,25—0,40 Std.
„ 6	0,12—0,20 „		„ 16	0,40—0,60 „
„ 9	0,18—0,25 „			

3. Lokomotiven.

a) Dampflokomotiven	bis 50 PS	0,05—0,10 Std.
	60—100 „	0,06—0,15 „
	über 100 „	0,08—0,25 „
b) Diesellokomotiven	bis 30 PS	0,08—0,15 Std.
	über 30 „	0,10—0,20 „

4. Lokomobilen je nach der Verwendungsart.

Bis 25 PS Normalleistung	0,03—0,05 Std.
26— 50 „	„	0,05—0,08 „
51—100 „	„	0,08—0,12 „
101—200 „	„	0,10—0,15 „

5. Rollwagen.

a) Eiserne Wagen	von 600 mm Spurweite	0,006—0,008 Std.
	„ 750 „	„	0,008—0,012 „
	„ 900 „	„	0,012—0,018 „
b) Holzkastenkipper	von 600 mm Spurweite	0,008—0,01 Std.
	„ 750 „	„	0,01 —0,015 „
	„ 900 „	„	0,015—0,020 „

Der kleinere der beiden Werte gilt jeweils für neu beschaffte Geräte und der größere für solche, die schon länger im Betrieb sind. Bei großen Arbeiten wird fast stets beides vorkommen, weshalb man für **die Ermittlung der tatsächlich nötigen Zeit** am besten einen Durchschnittswert nimmt. **Für die Kostenberechnung ist aber nach dem auf S. 267/268 festgelegten Grundsatz unter allen Umständen jeweils mit dem Höchstwert zu rechnen.**

Beispiel. In dem Beispiel zu A seien die Geräte 3000 Std. in Betrieb gewesen und sollen nun durch die gleiche Werkstatt- und Stellmachereibesetzung der Schlußreparatur unterzogen werden. Wie lange dauert dieselbe und mit welchem Lohnanfall ist in der Kostenermittlung zu rechnen?

Wie lange dauert die Schlußreparatur?

a) **Werkstätte.**

$$
\begin{aligned}
2 \text{ B-Bagger} \ldots\ldots\ldots & \quad 2 \cdot 3000 \cdot 1{,}20 = 7200 \text{ Std.} \\
2 \text{ Löffelbagger Modell G} \ldots & \quad 2 \cdot 3000 \cdot 0{,}60 = 3600 \text{ ,,} \\
12 \text{ Lokomotiven 900 mm Spur} & \quad 12 \cdot 3000 \cdot 0{,}17 = \underline{6120 \text{ ,,}} \\
& \qquad\qquad\qquad\qquad\quad 16\,920 \text{ Std.}
\end{aligned}
$$

$$16\,920 : 144 = \sim 118 \text{ Arbeitstage,}$$

d. h. die Schlußreparatur der Maschinen beansprucht in diesem Falle noch ca. 118 achtstündige Arbeitstage bei unveränderter Besetzung mit 18 Mann.

b) **Stellmacherei.**

$$300 \text{ Holzkastenkipper } 300 \cdot 3000 \cdot 0{,}018 = 16\,200 \text{ Std.}$$

$$16\,200 : 240 = 68 \sim \text{ Arbeitstage,}$$

d. h. die Schlußreparatur der Rollwagen beansprucht in diesem Falle noch ca. 68 achtstündige Arbeitstage bei unveränderter Besetzung mit 30 Mann.

Mit welchem Lohnstundenaufwand ist bei der Kostenermittlung zu rechnen?

a) **Werkstätte.**

$$
\begin{aligned}
2 \text{ B-Bagger} \ldots\ldots\ldots & \quad 2 \cdot 3000 \cdot 1{,}60 = 9600 \text{ Std.} \\
2 \text{ Löffelbagger Modell G} \ldots & \quad 2 \cdot 3000 \cdot 0{,}60 = 3600 \text{ ,,} \\
12 \text{ Lokomotiven 900 mm Spur} & \quad 12 \cdot 3000 \cdot 0{,}25 = \underline{9000 \text{ ,,}} \\
& \qquad\qquad\qquad\qquad\quad 22\,200 \text{ Std.}
\end{aligned}
$$

b) **Stellmacherei.**

$$300 \text{ Holzkastenkipper } 300 \cdot 3000 \cdot 0{,}030 = \mathbf{18\,000 \text{ Std.}}$$

d. h. in der Kostenberechnung wären in diesem Falle für die Schlußreparatur der oben angeführten Geräte zusammen

$$\mathbf{22\,200 + 18\,000 = 40\,200 \text{ Std.}} \text{ einzusetzen.}$$

V. Ermittlung des Betriebsstoffbedarfes.

Zu den Betriebsstoffen, welche hier behandelt werden sollen, zählen:

A. die Brennstoffe bzw. gegebenenfalls an deren Stelle

B. elektrischer Strom;

C. Schmier- und Putzmittel;

D. Wasser.

A. Brennstoffe.

Im einzelnen ist dazu folgendes zu bemerken:

Der Hauptbrennstoff im Baubetrieb ist die Kohle; daneben kommen in geringeren Mengen noch Benzin bzw. Benzol und Treiböl zur Verwendung und außerdem Holz zum Anfeuern der Kessel. Letzteres soll hier ganz außer acht gelassen werden, nachdem es meist aus den Holzabfällen der Baustelle selbst entnommen wird und indirekt dadurch Berücksichtigung findet, daß der Brennholzwert dieser Abfälle nicht gutgeschrieben wird.

Allgemein kann man sagen, daß der gesamte Brennstoffverbrauch annähernd proportional ist der abgegebenen Leistung, und daß er im Verhältnis zur Leistungseinheit um so kleiner wird, je vollkommener die Maschine ist.

1. Kohle.

Der Verbrauch eines Dampfkessels an Kohle richtet sich nach dessen Güte und dem Zustand, in welchem er sich befindet.

Die Güte des Kessels wird am besten beurteilt nach dem Wirkungsgrad:

$$\eta = \frac{\text{Wärmemenge (in Kal.) im erzeugten Dampf}\,^{1}}{\text{Wärmemenge (in Kal.) im verbrauchten Brennstoff}}$$

$$\eta = \eta_1 \cdot \eta_2 \,,$$

worin bedeutet:

η_1 den Wirkungsgrad der Feuerung $=$ etwa 0,8 und
η_2 den Wirkungsgrad der Heizfläche $=$ etwa 0,65.

Diese Werte für die Wirkungsgrade kommen jedoch nur in Betracht für solche Kessel, die sich in einigermaßen gutem Zustande befinden und von geschultem Personal bedient werden. Mit beiden Dingen sieht es aber im Baubetrieb nicht am besten aus.

Die Tatsache, daß auch das Maschinenpersonal im Baubetrieb mehr als in irgendeinem anderen Industriezweig Gefahr läuft, wegen Arbeitsmangel oder aus sonstigen Gründen aussetzen zu müssen, hat dazu geführt, daß an wirklich gutem, durch und durch geschultem und erfahrenem Personal stets ein Mangel herrscht, und daß auch das Nachziehen von solchem erheblichen Schwierigkeiten begegnet.

Die Folge davon ist, daß auf großen Baustellen zur Aufrechterhaltung des Betriebes nur allzu häufig Leute, von denen man annimmt, daß sie sich eignen, aus den Bauhilfsarbeitern herausgezogen, notdürftig angelernt und womöglich nach ganz kurzer Zeit schon als Führer auf die Maschinen gesetzt werden.

Manchmal hat man das Glück, aus solchen durch den Zwang der Verhältnisse hervorgegangenen Experimenten mit einem blauen Auge herauszukommen; erheblich zahlreicher sind jedoch die Fälle, in denen man bei genauerer Prüfung derartige Versuche teuer bezahlen muß.

Die Leute werden dann von der Maschine heruntergeholt; ihr Ehrgeiz verbietet ihnen, bei der gleichen Unternehmung wieder als gewöhnlicher Bauhilfsarbeiter weiterzuarbeiten, und dank der ausgezeichneten Organisation im Baugewerbe und dem ständigen Mangel an Maschinenpersonal ist es ihnen meistens ein leichtes, auf Grund ihrer vom Lohn-

---

¹ Siehe **Förster**: Taschenbuch für Bauingenieure, S. 2274. Berlin: Julius Springer.

büro bestätigten Beschäftigung als „Maschinist bei der Firma N. N."
neuerdings als solcher eingestellt zu werden und Unheil anzurichten.

Dabei sind die Fälle, in denen die Unbrauchbarkeit offenkundig
zutage tritt, weitaus die selteneren; gewöhnlich wird es nur bei sorgsamer Überwachung des Personals möglich sein, die Mängel zu ent-
decken und auszumerzen, und es ist nicht zuviel behauptet, wenn man
sagt, daß dieselben vielfach überhaupt nicht entdeckt werden, weil
diesem Problem bisher nicht die Beachtung geschenkt wurde, die es
verdient, und weil greifbare Unterlagen vollkommen fehlten.

Grundbedingung für die Erzielung eines möglichst hohen Wirkungsgrades der Dampfkessel, soweit dieser von der Bedienung abhängig, ist
einmal, daß das Heizmaterial in sachgemäßer Weise eingebracht wird,
dann aber auch vor allem eine pflegliche Behandlung des Kessels auf
der wasserberührten wie auf der feuerberührten Seite: erstere durch
ausreichendes Waschen des Kessels und letztere durch sorgfältige Behandlung der Rohre.

Was speziell die letztere anbelangt, so ist unbedingt darauf zu sehen,
daß die Rohre so sauber als nur irgend möglich gehalten werden, und daß
diesem Punkt vornehmlich bei ununterbrochener Tag- und Nachtschicht
das größte Augenmerk geschenkt wird. Ist dies nicht der Fall, so legt
sich im Innern der Rohre durch Zusammenwirken von Ruß und dem
Teer der Briketts mit der Zeit eine Kruste an, die geeignet ist, den Kohlenverbrauch ganz erheblich zu steigern. Wie groß dieser Mehrverbrauch
werden kann, ist zu schließen aus den Kohlenmessungen in A 1 b dieses
Abschnittes, die ergeben haben, daß allein infolge des 24 stündigen Betriebes und der dadurch nur allwöchentlich möglichen Reinigung der
Rohre schon ein Mehrverbrauch von rund 10 % gegenüber dem Normal-
verbrauch bei Betrieb mit Pausen zu verzeichnen ist.

Zu der nunmehr folgenden Behandlung der einzelnen Baumaschinen
ist vorweg zu bemerken, daß die Kohlenmenge für das Anheizen nicht
nur von der Außentemperatur, sondern auch von der Länge der Betriebspausen abhängig ist, und daß die angegebenen Mengen einen Jahres-
mittelwert bei 8 stündigem Betrieb darstellen. Unter der Voraussetzung
eines durchschnittlichen Heizwertes von 7500 Kal. ergibt sich dann
folgendes Bild:

a) Bagger.

1. Eimerbagger. Bei den Eimerbaggern ist für die Berechnung
des Kohlenverbrauches zu unterscheiden zwischen Baggerung aus dem
Trockenen und Baggerung aus dem Wasser.

In letzterem Falle bedingt die durch das größere Gewicht hervor-
gerufene stärkere Beanspruchung der Maschinen auch einen entsprechend
höheren Kohlenbedarf.

Tabelle 241.

Type	NE I	E II	B	E III	A	O	C	F
Kohlenzuschlag für das Anheizen . kg	300	220	200	180	170	160	100	70
Kohlenverbrauch pro Baggerstunde bei								
Baggerung aus dem Trockenen . kg	350	250	200	175	150	100	70	50
„ „ „ Wasser . . . kg	420	300	240	210	180	120	85	60

2. Löffelbagger älterer Bauart.

Tabelle 242.

Modell	G	F 2	F 1	E	C 2
Kohlenzuschlag für das Anheizen. . . kg	80	70	60	50	30
Kohlenverbrauch pro Baggerstunde. . kg	120	100	85	70	60

3. **Greifbagger.** Über den Kohlenverbrauch bei Greifbaggern lassen sich zuverlässige Angaben nicht machen, weil dieser zu sehr schwankt. Der Dampf- und damit der Kohlenverbrauch wird ein größerer sein, wenn z. B. der Greifbagger mit einer sehr großen Hubhöhe und dadurch die Hubmaschine unter Vollast ziemlich lange zu arbeiten hat, bis der Hub beendet ist, und er wird geringer sein, wenn nur kurze Hübe ausgeführt werden müssen.

Für überschlägige Rechnungen kann man ungefähr die Verbrauchszahlen der entsprechenden Größen bei den Löffelbaggern nehmen.

4. **Universalraupenbagger.**

Tabelle 243.

Type.	6	9	14	16
Kohlenzuschlag für das Anheizen. . . . kg	30	50	80	90
Kohlenverbrauch pro Baggerstunde . . . kg	50	80	120	130

b) Lokomotiven.

Der Kohlenverbrauch der Lokomotiven ist je nach dem Grade der Ausnützung sehr verschieden.

Die Erörterungen über die maßgebende Arbeitshöhe im II. Abschnitt geben ein wertvolles Hilfsmittel an die Hand, um diesen Grad der Ausnützung ziemlich genau zu bestimmen und damit kann dann auch der Kohlenverbrauch in Kilogramm auf einfache Weise ermittelt werden nach folgender Gleichung:

$$K = \frac{Q \cdot H_w}{270} \cdot \gamma, \qquad (53)$$

worin bedeutet:

Q das jeweilige Zugsgewicht in Tonnen;

H_w die Widerstandshöhe in Metern und

γ den Betriebsstoffverbrauch für eine PS-Stunde in Kilogramm.

Letzterer Wert wird von den Maschinenfabriken zu 1,5—2 kg angegeben, je nach der Güte der Kohle. Mit diesem Betrag ist jedoch praktisch nichts anzufangen, weil er zwar vielleicht auf dem Versuchsstand zutreffen mag, den tatsächlichen Verhältnissen im Baubetrieb aber in keiner Weise Rechnung trägt.

Es wurde deshalb unter Heranziehung einer Reihe von Kohlenmessungen versucht, Theorie und Praxis in Einklang zu bringen und für γ einen Wert zu finden, welcher in Verbindung mit der theoretisch ohne weiteres zu ermittelnden Arbeitsleistung eine Kohlenmenge ergibt, die den tatsächlichen Bedürfnissen so nahe als nur irgend möglich kommt.

Der so gefundene Wert γ darf dann allerdings nicht mehr vorbehaltlos als Betriebsstoffverbrauch pro PS-Stunde angesprochen werden, denn er enthält nach der Art seiner Ermittlung auch den Verbrauch für solche tatsächliche Leistungen, die sich rechnerisch nicht erfassen lassen, von der Lokomotive aber trotzdem bewältigt werden müssen. Hierher gehören, um nur die häufigsten und fast bei jedem Bau wiederkehrenden zu nennen, Einflüsse einer schlechten Gleisanlage, Widerstände beim Durchfahren von Weichen, Kraftaufwand für das Anfahren und bei wiederholtem Vorziehen der Züge, wie dies besonders beim Laden mittels Löffelbagger und Greifbagger, dann aber auch zuweilen auf der Kippe nötig ist, u. dgl. m.

Aus diesem Grunde sind die in den einzelnen Untersuchungen ermittelten Werte für γ auch nicht, wie man eigentlich annehmen müßte, annähernd gleich, sondern je nach dem Dienst, welchen die Maschinen zu leisten hatten, und dem Grad der Genauigkeit, der bei der theoretischen Errechnung der Arbeit möglich war, teilweise nicht unerheblich voneinander abweichend.

Zur Erzielung brauchbarer Resultate ist es notwendig, daß bei derartigen Untersuchungen auch der Kohlenverbrauch in den Zeiten bloßer Dampfhaltung berücksichtigt wird, was nach einem Vorschlag von Dr. L. Oerley am zweckmäßigsten geschieht durch Einführung einer entsprechenden Zusatzhöhe

$$\varDelta h_0 = 75 \cdot (1 - \alpha) \cdot \sum t_0 , \qquad (54)$$

wobei $\sum t_0$ die Summe aller Dampfhaltungszeiten in Stunden bedeutet.

Beladung der Züge durch Eimerbagger; Betriebszeit 24 Stunden.

1. Untersuchung. Transport des Baggergutes in Zügen von durchschnittlich 24 Wagen à 4 m³ Inhalt auf 3500 m mittlere Entfernung ohne Überwindung nennenswerter Steigungen.

Gesamthöhenunterschied zwischen Verladestelle und höchstem Punkt der Transportbahn 6,20 m.

Kurven insgesamt 500 m von 200 m Halbmesser.

Tägliche Arbeitszeit 24 Stunden.

Ergebnis der Kohlenmessungen:

Lokomotive Nr.	1	2	3	4	5	Summe bzw. Mittelwert
Leistung			160 PS			
Anzahl der Betriebsstunden	232	188	201	156	228	1005
„ „ beförderten Züge	95	67	86	58	91	397
Zeitaufwand in Std. pro Zug	2,44	2,81	2,34	2,69	2,51	2,53
Kohlenverbrauch insgesamt	11760	9100	11130	7770	10290	50050
„ pro Betriebsstd.	50,7	48,4	55,4	49,8	45,1	49,8

An vorstehender Tabelle fällt zunächst der verhältnismäßig große Zeitaufwand von etwas über $2^1/_2$ Std. pro Zug auf, und es sei deshalb an dieser Stelle gestattet zu prüfen, wie sich derselbe mit den Ergebnissen einer Dimensionierung des Geräteparkes auf Grund der im II. Abschnitt gegebenen Richtlinien deckt.

Die Versuchslokomotiven entstammten dem Fahrpark, der das Material von drei Eimerbaggern, und zwar einer Type E I mit 250 l Eimerinhalt (heute etwa entsprechend Type E II) und zwei Type B abzutransportieren hatte. Das Material war mittelschwerer Boden.

Dimensionierung des Fahrparks für Bagger E I.

Leistung des Baggers pro Betriebsstunde (Tabelle 141) . . . 180 m³
Höchstleistungszuschlag 35 % . . . . 63 „

$$\overline{ 243 \text{ m}^3}$$

$$F = \frac{243 \cdot 1{,}20}{60} \cdot \left(\frac{2 \cdot 3500}{200} + 3 + 10 + 10 \right) = 282 \text{ m}^3$$

$$282 \text{ m}^3 = 3 \cdot 94 \text{ m}^3$$

d. h. man wird in diesem Falle Zugsgarnituren aus 24 Wagen von je 4 m³ Fassungsvermögen nehmen.

Die Anzahl der Züge ist dann $Z = \frac{282}{96} + 1 = 4$ Züge.

Dimensionierung des Fahrparks für die B-Bagger.

Leistung des Baggers pro Betriebsstunde (Tabelle 141) . . . 150 m³
Höchstleistungszuschlag 35 % . . . . 53 „

$$\overline{ 203 \text{ m}^3}$$

$$F = \frac{203 \cdot 1{,}20}{60} \cdot \left(\frac{2 \cdot 3500}{200} + 3 + 10 + 10 \right) = 236 \text{ m}^3$$

$$236 \text{ m}^3 = 3 \cdot 79 \text{ m}^3$$

d. h. es würden für die B-Bagger Zugsgarnituren von 20 Wagen mit je 4 m³ Fassungsvermögen genügen. Aus Zweckmäßigkeitsgründen wird man jedoch die Garnituren ebenso stark nehmen wie beim Bagger E I, um in der Zugsverteilung stets freie Hand zu haben.

Die Anzahl der Züge pro B-Bagger beträgt dann

$$Z = \frac{236}{96} + 1 = 4 \text{ Züge}.$$

Insgesamt müssen also für die 3 Bagger zur Gewährleistung eines ungestörten Betriebes 12 Züge bereitgestellt werden.

Die Anzahl der Lokomotivstunden ist demgemäß

$$= 12 \cdot 24 = 288 \text{ Stunden}.$$

In Wirklichkeit werden nicht die oben angegebenen Leistungen erzielt, sondern wie Tabelle 159 ausweist,

$$\begin{aligned} \text{beim Bagger Type E I} \quad &= 144 \text{ m}^3 \\ \text{und bei den 2 B-Baggern } 2 \cdot 120 &= 240 \text{ „} \\ \hline & 384 \text{ m}^3 \end{aligned}$$

Dies entspricht einer täglich abzutransportierenden Menge von

$$24 \cdot 384 \cdot 1{,}20 = 11\,059 \text{ m}^3$$

Inhalt eines Zuges $24 \cdot 4 = 96$ m³

$$11\,050 : 96 = 115 \text{ Züge pro Tag}$$

$$288 : 115 = \textbf{2,50 Std. pro Zug,}$$

d. h. das Ergebnis der theoretischen Untersuchung stimmt mit den Feststellungen aus der Praxis vorzüglich überein.

Die Einschaltung dieser Berechnung wurde nicht zuletzt auch deshalb vorgenommen, weil sie gleichzeitig zeigt, wie bei der praktischen Verwertung der folgenden Untersuchungen hinsichtlich der Vorausbestimmung der Dampfhaltungszeiten vorzugehen ist.

Die Feststellung des Kohlenverbrauchs pro rechnungsmäßig ermittelte PS-Stunde ergibt sich dann wie folgt:

Vollzug	Leerzug
$G = 18{,}7$ t	$G = 18{,}7$ t
$Q_0 = 24 \cdot (2{,}4 + 4{,}0 \cdot 1{,}7)^1 = 220{,}8$ t	$Q_0' = 24 \cdot 2{,}4 = 57{,}6$ t
$Q = G + Q_0 = 239{,}5$ t	$Q' = G + Q_0' = 76{,}3$ t
$w_1 = 10$ kg/t	$w_1 = 10$ kg/t,
$w_2 = 6$ kg/t	$w_2 = 6$ kg/t,
$w = \dfrac{18{,}7 \cdot 10 + 220{,}8 \cdot 6}{239{,}5} = 6{,}32$ kg/t	$w' = \dfrac{18{,}7 \cdot 10 + 57{,}6 \cdot 6}{76{,}3} = 6{,}98$ kg/t
$k = \dfrac{400}{200 - 16} = 2{,}172$ kg/t	$k = 2{,}172$ kg/t
$s_m = \dfrac{6200}{3500} = 1{,}77\,^0/_{00}$	$s_m' = -1{,}77\,^0/_{00}$
$l = 3500$ m	$l = 3500$ m
$v = 10$ km/st	$v' = 14$ km/st
Fahrzeit = 21 Min.	Fahrzeit = 15 Min.

$$\text{Dampfhaltungspausen } 2{,}53 - 0{,}6 = 1{,}93 \text{ Std.}$$

Vollzug	Leerzug
$s_0 = 149\,^0/_{00}$	$s_0 = 149\,^0/_{00}$
$\lambda = \dfrac{149 - 1{,}77}{6 + 1{,}77} = 19$	$\lambda' = \dfrac{149 + 1{,}77}{6 - 1{,}77} = 35{,}6$
$\alpha = \dfrac{220{,}8}{239{,}5} = 92\,\%$	$\alpha' = \dfrac{57{,}6}{76{,}3} = 75{,}5\,\%$
$h_1 = \qquad\qquad 6{,}200$ m	$h_1' = \qquad\qquad -6{,}200$ m
$h_w^1 = 0{,}001 \cdot 6{,}32 \cdot 3500 = \quad 22{,}120$ m	$h_w^{1\prime} = 0{,}001 \cdot 6{,}98 \cdot 3500 \quad = 24{,}430$ m
$h_k^1 = 0{,}001 \cdot 2{,}172 \cdot \dfrac{3500}{7} = \quad 1{,}086$ m	$h_k^{1\prime} = \qquad\qquad 1{,}086$ m
$h_0 = 75 \cdot (1 - 0{,}92) \cdot 0{,}965 = 5{,}790$ m	$h_0' = 75 \cdot (1 - 0{,}755) \cdot 0{,}965 = 17{,}732$ m
$H_w = \qquad\qquad 35{,}196$ m	$H_w' = \qquad\qquad 37{,}048$ m
$A = 239{,}5 \cdot 35{,}196 = 8429$ tm	$A' = 76{,}3 \cdot 37{,}048 = 2827$ tm

$$\frac{8429 + 2827}{270} \cdot \gamma = 2{,}53 \cdot 49{,}8 = 125{,}99$$

$$\gamma = 125{,}99 : 41{,}69 = \mathbf{3{,}02 \text{ kg/PSst}.}$$

2. Untersuchung. Die gleichen Verhältnisse wie bei der 1. Untersuchung.

---

[1] Wagengewicht, Wageninhalt und Materialgewicht wurden zu den eingesetzten Werten ermittelt.

Ergebnis der Kohlenmessungen:

Lokomotive Nr.	1	2	3	Summe bzw. Mittelwert
Leistung		200 PS		
Anzahl der Betriebsstunden	220	213	155	588
„ „ beförderten Züge	94	79	64	237
Zeitaufwand in Std. pro Zug	2,34	2,70	2,42	2,49
Kohlenverbrauch insgesamt	12810	10780	8680	32270
„ pro Betriebsstunde	58,3	50,5	56,0	54,8

Vollzug	Leerzug
$G = 22,35\,\mathrm{t}$	$G = 22,35\,\mathrm{t}$
$Q_0 = 220,8\,\mathrm{t}$	$Q_0' = 57,6\,\mathrm{t}$
$Q = G + Q_0 = 243,15\,\mathrm{t}$	$Q' = G + Q_0' = 79,95\,\mathrm{t}$
$w_1 = 10\,\mathrm{kg/t}$	$w_1 = 10\,\mathrm{kg/t}$
$w_2 = 6\,\mathrm{kg/t}$	$w_2 = 6\,\mathrm{kg/t}$
$w = \dfrac{22,35 \cdot 10 + 220,8 \cdot 6}{243,15} = 6,37\,\mathrm{kg/t}$	$w' = \dfrac{22,35 \cdot 10 + 57,6 \cdot 6}{79,93} = 7,11\,\mathrm{kg/t}$
$k = 2,172\,\mathrm{kg/t}$	$k = 2,172\,\mathrm{kg/t}$
$s_m = 1,77^0/_{00}$,	$s_m' = -1,77^0/_{00}$
$l = 3500\,\mathrm{m}$	$l = 3500\,\mathrm{m}$
$v = 10\,\mathrm{km/st}$	$v' = 14\,\mathrm{km/st}$
Fahrzeit = 21 Min.	Fahrzeit = 15 Min.

Dampfhaltungspausen $2,49 - 0,6 = 1,89$ Std.

Vollzug	Leerzug
$s_0 = 149^0/_{00}$	$s_0 = 149^0/_{00}$
$\lambda = 19$	$\lambda' = 35,6$
$\alpha = \dfrac{220,8}{243,15} = 90,8\,\%$	$\alpha' = \dfrac{57,6}{79,95} = 72,2\,\%$
$h_1 = 6,200\,\mathrm{m}$	$h_1' = -6,200\,\mathrm{m}$
$h_w^1 = 0,001 \cdot 6,37 \cdot 3500 = 22,295\,\mathrm{m}$	$h_w^{1'} = 0,001 \cdot 7,11 \cdot 3500 = 24,885\,\mathrm{m}$
$h_k^1 = 0,001 \cdot 2,172 \cdot \dfrac{3500}{7} = 1,086\,\mathrm{m}$	$h_k^{1'} = = 1,086\,\mathrm{m}$
$h_0 = 75 \cdot (1-0,908) \cdot 0,945 = 6,521\,\mathrm{m}$	$h_0' = 75 \cdot (1-0,722) \cdot 0,945 = 19,703\,\mathrm{m}$
$H_w = 36,102\,\mathrm{m}$	$H_w' = 39,474\,\mathrm{m}$
$A = 243,15 \cdot 36,102 = 8778\,\mathrm{tm}$	$A' = 79,95 \cdot 39,474 = 3156\,\mathrm{tm}$

$$\frac{8778 + 3156}{270} \cdot \gamma = 2,49 \cdot 54,8 = 136,5$$

$$\gamma = 136,5 : 44,2 = \mathbf{3,09\ kg/PSst}.$$

Beladung der Züge durch Löffelbagger; Betriebszeit 12 Stunden/Tag.

3. **Untersuchung.** Transport des Baggergutes in Zügen von durchschnittlich 24 Wagen à 4 m³ Fassungsvermögen auf 3500 m mittlere Entfernung ohne Überwindung nennenswerter Steigungen.

Gesamthöhenunterschied zwischen Verladestelle und höchstem Punkt der Transportbahn 7,50 m.

Kurven insgesamt 700 m von 200 m Halbmesser.

Tägliche Arbeitszeit 12 Stunden.

Ergebnis der Kohlenmessungen:

Lokomotive Nr.	1	2	3	4	5	Summe bzw. Mittelwert
Leistung	160 PS					
Anzahl der Betriebsstunden	120	120	120	108	120	588
„ „ beförderten Züge	37	36	38	35	40	186
Zeitaufwand in Std. pro Zug . . .	3,24	3,33	3,16	3,09	3,00	3,16
Kohlenverbrauch insgesamt	7770	6020	7000	6020	5530	32340
„ pro Betriebsstunde	64,8	50,2	58,3	55,7	46,1	55,0

Nach Tabelle 244 ist für das Anheizen von 160-PS-Lokomotiven ein Kohlenzuschlag von 54 kg zu rechnen, der in obigem Gesamtverbrauch von 32340 kg mit enthalten ist.

Die Anzahl der Anheiztage betrug $4 \cdot 10 + 9 = 49$; der Kohlenzuschlag ist demgemäß $49 \cdot 54 = 2646$ kg oder 4,50 kg/Betriebsstunde, so daß als Mittelwert für die Durchführung der Untersuchung verbleibt: $55,0 - 4,5 = \mathbf{50,5}$ **kg/Stunden.**

Der Inhalt der Wagen wurde zu 3,3 m³ ermittelt.

Vollzug	Leerzug
$G = 18,7$ t	$G = 18,7$ t
$Q_0 = 24 \cdot (2,4 + 3,3 \cdot 1,7) = 192,24$ t	$Q'_0 = 24 \cdot 2,4 = 57,6$ t
$Q = G + Q_0 = 210,94$ t	$Q' = G + Q'_0 = 76,3$ t
$w_1 = 10$ kg/t	$w_1 = 10$ kg/t
$w_2 = 6$ kg/t	$w_2 = 6$ kg/t
$w = \dfrac{18,7 \cdot 10 + 192,24 \cdot 6}{210,94} = 6,35$ kg/t	$w' = \dfrac{18,7 \cdot 10 + 57,6 \cdot 6}{76,3} = 6,98$ kg/t
$k = \dfrac{400}{200 - 16} = 2,172$ kg/t	$k = 2,172$ kg/t
$s_m = \dfrac{7500}{3500} = 2,14 \permil$	$s'_m = -2,14 \permil$
$l = 3500$ m	$l = 3500$ m
$v = 10$ km/st	$v' = 14$ km/st
Fahrzeit = 21 Min.	Fahrzeit = 15 Min.

Dampfhaltungspausen $3,16 - 0,6 = 2,56$ Std.

Vollzug	Leerzug
$s_0 = 149 \permil$	$s_0 = 149 \permil$
$\lambda = \dfrac{149 - 2,14}{6 + 2,14} = 18,1$	$\lambda' = \dfrac{149 + 2,14}{6 - 2,14} = 39,2$
$\alpha = \dfrac{192,24}{210,94} = 91,1 \%$	$\alpha' = \dfrac{57,6}{76,3} = 75,5 \%$
$h_1 = \qquad 7,500$ m	$h'_1 = \qquad -7,500$ m
$h^1_w = 0,001 \cdot 6,35 \cdot 3500 = 22,225$ m	$h^{1\prime}_w = 0,001 \cdot 6,98 \cdot 3500 = 24,430$ m
$h^1_k = 0,001 \cdot 2,172 \cdot \dfrac{3500}{5} = 1,520$ m	$h^{1\prime}_k = \qquad 1,520$ m
$h_0 = 75 \cdot (1 - 0,911) \cdot 1,28 = 8,544$ m	$h' = 75 \cdot (1 - 0,755) \cdot 1,28 = 23,520$ m
$H_w = \qquad 39,789$ m	$H'_w = \qquad 41,970$ m
$A = 210,94 \cdot 39,789 = 8393$ tm	$A' = 76,3 \cdot 41,970 = 3202$ tm

$$\frac{8393 + 3202}{270} \cdot \gamma = 3,16 \cdot 50,5 = 159,58$$

$$\gamma = 159,58 : 42,9 = \mathbf{3,72 \ kg/PSst}.$$

Scheidet man in vorstehender Untersuchung den Kohlenzuschlag für das Anheizen nicht aus, so ergibt sich folgendes Bild:

$$\frac{8393 + 3202}{270} \cdot \gamma = 3,16 \cdot 55,0 = 173,8$$

$$\gamma = 173,8 : 42,9 = \textbf{4,05 kg/PSst}\,.$$

Beladung der Züge durch Löffelbagger; Betriebszeit 24 Stunden/Tag.

4. **Untersuchung.** Das ganze Baggergut geht in Zügen von durchschnittlich 23 Wagen mit je 4 m³ Fassungsvermögen über eine 500 m lange 3,3proz. Steigung und dann ohne Überwindung weiterer nennenswerter Steigungen zur Kippe. Der Vollzug hat eine Transportweite von etwa 3500 m; der Leerzug dagegen eine solche von 6500 m.

Gesamthöhenunterschied zwischen Verladestelle und höchstem Punkt der Transportbahn 22 m.

Kurven insgesamt 500 m von 200 m Halbmesser.

Tägliche Arbeitszeit 24 Stunden.

Ergebnis der Kohlenmessungen:

Leistung der verwendeten Maschinen 160 PS.

Mittl. Zeitaufwand pro Zug = 2,80 Stunden.

Mittl. Kohlenverbrauch pro Betriebsstunde = 63,9 kg.

Für die Überwindung der Rampe waren 3 Schubmaschinen in Dienst gestellt, und es ist deshalb diese Strecke auszuscheiden und gesondert zu behandeln.

Der Inhalt der Wagen wurde auch hier zu 3,3 m³ ermittelt.

a) Fahrt ohne Rampe.

Vollzug	Leerzug
$G = 18,7\ \text{t}$	$G = 18,7\ \text{t}$
$Q_0 = 23 \cdot (2,4 + 3,3 \cdot 1,7) = 184,23\ \text{t}$	$Q'_0 = 23 \cdot 2,4 = 55,2\ \text{t}$
$Q = G + Q_0 = 202,93\ \text{t}$	$Q' = G + Q'_0 = 73,9\ \text{t}$
$w_1 = 10\ \text{kg/t}$	$w_1 = 10\ \text{kg/t}$
$w_2 = 6\ \text{kg/t}$	$w_2 = 6\ \text{kg/t}$
$w = \dfrac{18,7 \cdot 10 + 184,23 \cdot 6}{202,93} = 6,37\ \text{kg/t}$	$w' = \dfrac{18,7 \cdot 10 + 55,2 \cdot 6}{73,9} = 7,02\ \text{kg/t}$
$k = \dfrac{400}{200 - 16} = 2,172\ \text{kg/t}$	$k = 2,172\ \text{kg/t}$
s_m nach Ausschaltung der Rampenstrecke $= \dfrac{22000 - 16500}{3500 - 500} = 1,83^0/_{00}$	s'_m nach Ausschaltung der Abfahrtsrampe $= -\dfrac{22000 - 15000}{6500 - 500}$ $= -1,17^0/_{00}$
$l = 3500 - 500 = 3000\ \text{m}$	$l' = 6500 - 500 = 6000\ \text{m}$
$v = 10\ \text{km/st}$	$v' = 14\ \text{km/st}$
Fahrzeit = 18 Min.	Fahrzeit = 26 Min.

Rampenfahrzeiten 4 + 2 = rd. 6 Min.

Gesamtfahrzeit 18 + 26 + 6 = 50 Min. = 0,83 Std.

Dampfhaltungspausen 2,80 — 0,83 = 1,97 Std.

Vollzug	Leerzug
$s_0 = 149^0/_{00}$	$s_0 = 149^0/_{00}$
$\lambda = \dfrac{149 - 1,83}{6 + 1,83} = 18,8$	$\lambda' = \dfrac{149 + 1,17}{6 - 1,17} = 31,2$
$\alpha = \dfrac{184,23}{202,93} = 90,8^0/_0$	$\alpha' = \dfrac{55,2}{73,9} = 74,7^0/_0$
$h_1 = 22,0 - 16,5 \qquad = 5,500$ m	$h_1' = 22,0 - 15,0 = \qquad -7,000$ m
$h_w^1 = 0,001 \cdot 6,37 \cdot 3000 = 19,110$ m	$h_w^{1'} = 0,001 \cdot 7,02 \cdot 6000 \quad = 42,120$ m
$h_k^1 = 0,001 \cdot 2,172 \cdot \dfrac{3000}{6} = 1,086$ m	$h_k^{1'} = \qquad\qquad 1,086$ m
$h_0 = 75 \cdot (1 - 0,908) \cdot 0,985 = 6,797$ m	$h_0' = 75 \cdot (1 - 0,747) \cdot 0,985 = 18,715$ m
$H_w = \qquad\qquad 32,493$ m	$H_w' = \qquad\qquad 54,921$ m
$A = 202,93 \cdot 32,493 = 6594$ tm	$A' = 73,9 \cdot 54,921 = 4059$ tm

b) Rampenfahrten (Vollzüge 3 Schubmaschinen).

Vollzug	Leerzug
$G = 18,7$ t	$G = 18,7$ t
$Q_0 = \dfrac{184,23}{4} = 46,06$ t	$Q_0' = 55,2$ t
$Q = G + Q_0 = 64,76$ t	$Q' = G + Q_0' = 73,9$ t
$w_1 = 10$ kg/t	$w_1 = 10$ kg/t
$w_2 = 6$ kg/t	$w_2 = 6$ kg/t
$w = \dfrac{18,7 \cdot 10 + 46,06 \cdot 6}{64,76} = 7,15$ kg/t	$w' = 7,02$ kg/t
$s_m = 33^0/_{00}$	$s_m' = -33^0/_{00}$
$s_0 = 149^0/_{00}$	d. h. das Gefälle ist größer als das sog. Bremsgefälle, und es kann infolgedessen die Zugf.-A. $= 0$ gesetzt werden.
$\lambda = \dfrac{149 - 33}{6 + 33} = 2,98$	
$\alpha = \dfrac{46,06}{64,76} = 71,2^0/_{00}$	
$h_1^r = \qquad\qquad 16,500$ m	
$h_w^{1r} = 0,001 \cdot 7,15 \cdot 500 = 3,575$ m	
$H_w^r = \qquad\qquad 20,075$ m	
$A^r = 64,76 \cdot 20,075 = 1300$ tm	

$$\frac{6594 + 4059 + 1300}{270} \cdot \gamma = 2,80 \cdot 63,9 = 178,92$$

$$\gamma = 178,92 : 44,3 = \mathbf{4,03 \ kg/PSst} \,.$$

5. Untersuchung. Allgemeine Verhältnisse wie bei der 4. Untersuchung.

Gesamthöhenunterschied zwischen Verladestelle und höchstem Punkt der Transportbahn 26 m.

Kurven insgesamt 500 m mit 200 m Halbmesser.

Tägliche Arbeitszeit 24 Stunden.

Ergebnis der Kohlenmessungen:

Leistung der verwendeten Maschinen 160 PS.

Mittl. Zeitaufwand pro Zug $= 2{,}86$ Stunden.

Mittl. Kohlenverbrauch pro Betriebsstunde $= 65{,}6$ kg.

Auch hier waren für die Überwindung der Hauptrampe drei eigene Schubmaschinen in Dienst gestellt; die flacheren Ausfahrtsrampen von den Baggern wurden bei entsprechender Anfahrt von den Zugsmaschinen selbst mit gegenseitiger Aushilfe genommen.

Bezüglich des Inhalts der Wagen gilt das in den vorigen Untersuchungen Gesagte.

a) Fahrt ohne Rampen.

Vollzug	Leerzug
$G \;= 18{,}7$ t	$G \;= 18{,}7$ t
$Q_0 = 184{,}23$ t	$Q_0' = 55{,}2$ t
$Q \;= 202{,}93$ t	$Q' = 73{,}9$ t
$w_1 = 10$ kg/t	$w_1 = 10$ kg/t
$w_2 = 6$ kg/t	$w_2 = 6$ kg/t
$w \;= 6{,}37$ kg/t	$w' = 7{,}02$ kg/t
$k \;= 2{,}172$ kg/t	$k \;= 2{,}172$ kg/t

s_m nach Ausschaltung der Haupt-
$$\text{rampe} = \frac{26000 - 16500}{3500 - 500} = 3{,}17\,^0/_{00}$$

s_m' nach Ausschaltung der Abfahrts-
$$\text{rampe} = \frac{26000 - 15000}{6500 - 500}$$
$$= -1{,}83\,^0/_{00}$$

$l \;= 3500 - 500 = 3000$ m	$l' = 6500 - 500 = 6000$ m
$v \;= 10$ km/st	$v' = 14$ km/st
Fahrzeit $= 18$ Min.	Fahrzeit $= 26$ Min.

Rampenfahrzeiten $4 + 2 = $ rd. 6 Minuten.

Gesamtfahrzeit $18 + 26 + 6 = 50$ Min. $= 0{,}83$ Std.

Dampfhaltungspausen $2{,}86 - 0{,}83 = 2{,}03$ Std.

Vollzug	Leerzug
$s_0 \;= 149\,^0/_{00}$	$s_0 \;= 149\,^0/_{00}$
$\lambda \;= \dfrac{149 - 3{,}17}{6 + 3{,}17} = 15{,}9$	$\lambda' = \dfrac{149 + 1{,}83}{6 - 1{,}83} = 36{,}2$
$\alpha \;= \dfrac{184{,}23}{202{,}93} = 90{,}8\,^0/_0$	$\alpha' = \dfrac{55{,}2}{73{,}9} = 74{,}7\,^0/_0$
$h_1 \;= \qquad\qquad 9{,}500$ m	$h_1' = \qquad\qquad -11{,}000$ m
$h_w^1 = 0{,}001 \cdot 6{,}37 \cdot 3000 \;= 19{,}110$ m	$h_w^{1\prime} = 0{,}001 \cdot 7{,}02 \cdot 6000 \;= 42{,}120$ m
$h_k^1 = 0{,}001 \cdot 2{,}172 \cdot 500 \;= 1{,}086$ m	$h_k^{1\prime} = \qquad\qquad 1{,}086$ m
$h_0 = 75 \cdot (1 - 0{,}908) \cdot 1{,}015 = 7{,}004$ m	$h_0' = 75 \cdot (1 - 0{,}747) \cdot 1{,}015 = 19{,}285$ m
$H_w = \qquad\qquad 36{,}700$ m	$H_w' = \qquad\qquad 51{,}491$ m
$A \;= 202{,}93 \cdot 36{,}700 = 7448$ tm	$A' = 73{,}9 \cdot 51{,}491 = 3805$ tm

b) Rampenfahrten (Vollzüge 3 Schubmaschinen).

Verhältnisse genau wie bei der 4. Untersuchung.

Vollzug: $A^r = 1300$ tm   Leerzug: Zgf.-A. $= 0$

$$\frac{7448 + 3805 + 1300}{270} \cdot \gamma = 2{,}83 \cdot 65{,}6 = 187{,}62$$

$$\gamma = 187{,}62 : 46{,}5 = \mathbf{4{,}04 \ kg/PSst} \,.$$

Betrachtet man die Tabellen der ersten drei Untersuchungen, so fallen vor allem die erheblichen Unterschiede auf, welche die Kohlenverbrauchszahlen pro Betriebsstunde innerhalb der einzelnen Messungsgruppen aufweisen.

Die Ursachen dieser Erscheinung sind mannigfacher Art; zum Teil liegen sie in der aus dem Zeitaufwand pro Zug ersichtlichen geleisteten Mehrarbeit, zum Teil darin, daß der Zustand der Maschinen ein sehr verschiedener insofern war, als dieselben teilweise neu waren, teilweise aber schon recht beträchtliche Anstrengungen hinter sich hatten, und zum letzten und nicht geringsten Teil sind sie in den auf S. 302 ff. angedeuteten allgemeinen Mißständen zu suchen, von denen auch diese Baustelle nicht verschont geblieben ist.

Die Abstellung dieser Mißstände bedingt eine genaue Kontrolle der Maschinen und Verfolgung des Zustandes derselben und es ist begreiflich, daß diese Maßnahmen bei einem so ungleichartig zusammengesetzten Maschinenpersonal keine große Gegenliebe finden, solange es weiß, daß es bei einer ganzen Reihe von Unternehmungen damit nicht belästigt wird.

Man sollte jedoch meinen, daß der Hinweis auf diese in einem gut geleiteten und scharf kontrollierten Betrieb schon vorhandenen Unterschiede genügen müßte, um die Bedeutung dieser Sache zur allgemeinen Kenntnis zu bringen und dadurch mit beizutragen, auf möglichst breiter Basis eine durchgreifende Besserung in dieser Hinsicht zu erzielen. Wenn die Maschinisten erst einmal wissen, daß sie nicht nur bei einzelnen, sondern bei allen Firmen zu einer ordnungsgemäßen Bedienung und Behandlung ihrer Maschinen angehalten werden, so wird ihre Neigung, wegen jeder oft geringfügigen Zurechtweisung den Dienst zu verlassen, beträchtlich eingedämmt und damit die Grundlage geschaffen werden, auf diesem Gebiete in zielbewußter Zusammenarbeit vorwärts zu kommen.

Zu den Ergebnissen selbst ist zu bemerken, daß ein grundlegender Unterschied besteht zwischen der Beladung der Züge durch Eimerbagger und durch Löffelbagger.

Wie schon in den einleitenden Bemerkungen zu den Untersuchungen ausgeführt wurde, umfaßt der Wert γ auch den Verbrauch für solche tatsächliche Leistungen, welche sich rechnerisch nicht erfassen lassen, und zu diesen Leistungen zählt zweifellos das beim Beladen der Wagen durch Löffelbagger notwendige Vorziehen des ganzen Zuges nach der Beladung jedes einzelnen Wagens, was an den Resultaten der 3. bis 5. Untersuchung augenfällig in Erscheinung tritt.

Der etwas höhere Wert der 2. Untersuchung gegenüber dem der 1. ist wohl darauf zurückzuführen, daß die 200-PS-Lokomotiven auf die verschiedenen Widerstände in der Gleislage noch empfindlicher reagierten als die 160-PS-Maschinen.

Die 3. Untersuchung wurde bei einem Löffelbaggerbetrieb mit Pausen vorgenommen und zeitigte ein um etwa 10% günstigeres Resultat als die 4. und 5. Untersuchung bei ununterbrochenem Betrieb, was seinen Grund darin haben dürfte, daß in ersterem Falle eine tägliche Reinigung der Siederohre und damit die Erzielung eines günstigeren Wirkungsgrades der Heizung möglich war.

Nicht uninteressant ist in diesem Falle, daß bei 12 stündigem Betrieb die Vorteile des günstigeren Wirkungsgrades durch den Kohlenzuschlag für das Anheizen glatt wieder aufgehoben werden.

Der Unterschied in den Ergebnissen dieser Untersuchungen gegenüber den von den Maschinenfabriken angegebenen Mengen ist ein gewaltiger, und wenn dieselben auch etwas beeinflußt waren durch die teilweise schlechte Beschaffenheit der Kohle, so darf andererseits nicht übersehen werden, daß bei den Kohlenmessungen nur der nackte Verbrauch festgestellt wurde, die unvermeidlichen Kohlenverluste aller Art jedoch vollkommen unberücksichtigt blieben und daß infolgedessen das Gesamtresultat ganz allgemein kein wesentlich anderes sein wird.

Es empfiehlt sich daher, für die Ermittlung des voraussichtlichen Kohlenbedarfes von Lokomotiven bei Baggerarbeiten den Verbrauch pro rechnungsmäßig notwendige PS-Stunde anzunehmen mit 3 kg, wenn die Beladung der Wagen durch Eimerbagger erfolgt und mit 4 kg, wenn sie durch Löffelbagger vorgenommen wird.

6. Untersuchung. Als letztes wurden noch Erhebungen gepflogen, welchen Kohlenverbrauch die 3 Schubmaschinen hatten, die für die Beförderung der Züge über die Hauptrampe in Dienst gestellt waren.

Ergebnis der Kohlenmessungen:

Leistung der verwendeten Maschinen 200 PS.

Mittl. Zeitaufwand pro Zug = 0,313 Stunden.

Mittl. Kohlenverbrauch pro Betriebsstunde = 88,8 kg.

$$G = 22,35 \text{ t}$$

$$Q_0 = \frac{184,23}{4} = 46,06 \text{ t}$$

$$Q = G + Q_0 = 68,41 \text{ t}$$

$$w_1 = 10 \text{ kg/t} \qquad w_2 = 6 \text{ kg/t}$$

$$w = \frac{22,35 \cdot 10 + 46,06 \cdot 6}{68,41} = 7,30 \text{ kg/t}$$

$$s_m = 33^0/_{00} \qquad s_0 = 149^0/_{00}$$

$$\lambda = \frac{149 - 33}{6 + 33} = 2,98$$

$$\alpha = \frac{46,06}{68,41} = 67,4\,\% \,.$$

Fahrzeit des Vollzuges auf der Rampe = rd. 4 Min.

Dampfhaltungspausen 0,313 — 0,067 = 0,246 Std.

$$h_1 = 16,500 \text{ m}$$

$$h_w^1 = 0,001 \cdot 7,30 \cdot 500 = 3,650 \text{ m}$$

$$h_0 = 75 \cdot (1 - 0,674) \cdot 0,246 = 6,015 \text{ m}$$

$$\overline{\hspace{7cm}}$$

$$H_w = 26,165 \text{ m}$$

$$A = 68,41 \cdot 26,165 = 1790 \text{ tm}$$

$$\frac{1790}{270} \cdot \gamma = 0,313 \cdot 88,8 = 27,79$$

$$\gamma = 27,79 : 6,63 = \mathbf{4,19 \; kg/PSst}\,.$$

Der Kohlenverbrauch der Schubmaschinen ist demnach etwas höher als jener bei Beladung der Züge durch Löffelbagger, was darin begründet sein dürfte, daß diese Maschinen ständig mit ihrem Druck auf der Höhe sein müssen.

Der Grundwert λ der Leistungsfähigkeit ist rechnungsmäßig 2,98, d. h. die Lokomotiven müßten auf gerader Strecke $2,98 \cdot 22,35 = \text{rd.}$ 67 t schleppen können, so daß eigentlich 3 Maschinen insgesamt mehr als ausreichend wären, um die Zuglast von 184,23 t über die Rampe hinauf zu befördern.

Die Erfahrung hat jedoch gelehrt, daß dies nur ausnahmsweise möglich war und daß die Einstellung von bloß 2 Schubmaschinen auf die Dauer zu empfindlichen Störungen des Betriebes geführt hätte, weil ungünstige Anfahrt und eine Kurve kurz vor Beginn der Rampe die Leistung erheblich herabminderten.

An Hand der vorstehenden Ausführungen wird es jederzeit möglich sein, den Kohlenbedarf für die Lokomotiven auf großen Baustellen mit ziemlicher Genauigkeit zu ermitteln.

Um aber auch für einfache Verhältnisse einen Anhaltspunkt zu geben, habe ich in Tabelle 244 die Werte angegeben, welche man unter normalen Verhältnissen annähernd zugrunde legen kann und gleichzeitig angeführt, mit welchen Mengen man für das Anheizen zu rechnen hat.

Tabelle 244.

Spurweite in . . . . mm	600				750				900			
Leistung in. . . . . PS	30	40	50	60	50	60	80	100	100	125	160	200
Kohlenzuschlag für das Anheizen . kg	28	32	38	44	38	44	46	48	48	50	54	68
Kohlenverbrauch pro Betriebsstunde kg	18	22	26	30	26	30	38	45	45	54	65	80

c) Lokomobilen.

Der Kohlenverbrauch von Lokomobilen kann bei voller Belastung für Sattdampfmaschinen zu 1,5—2 kg/PS-Stunde, für Heißdampfmaschinen zu 1,2—1,5 kg/PS-Stunde und für Heißdampf-Verbundlokomobilen mit Einspritzkondensation zu 1,0—1,2 kg/PS-Stunde angenommen werden. Ist die Lokomobile, wie dies im Baubetrieb häufig vorkommt, nur zur Hälfte ausgenutzt, so wird sich auch damit der Kohlenverbrauch verringern, aber bei weitem nicht in gleichem Maße.

Als mittlere Werte für die in Tabelle 68 aufgeführten Typen kann man nehmen

bei Sattdampflokomobilen

Tabelle 245.

Normalleistung in. PS	9	12	17	21	26	33	40	50
Kohlenzuschlag für das Anheizen . . . . .kg	22	25	30	36	44	52	60	75
Kohlenverbrauch pro Betriebsstunde bei voller Last kg	22	25	30	36	44	52	60	75
„ „ „ „ halber „ kg	18	20	24	30	35	44	48	60

bei **Heißdampflokomobilen**

Tabelle 246.

Normalleistung in . . . . PS	15	18	22	26	33	45	53	70	90	120
Kohlenzuschlag für das Anheizen . . kg	28	32	36	42	48	65	70	100	125	160
Kohlenverbrauch pro Betriebsstunde										
bei voller Last . . . . kg	24	28	32	36	44	55	75	100	130	160
„ halber „ . . . . kg	18	21	25	28	32	42	60	80	100	130

bei **Heißdampf-Verbundlokomobilen mit Einspritz- kondensation**

Tabelle 247.

Normalleistung in . . . . PS	150	170	205
Kohlenzuschlag für das Anheizen . . . . kg	175	200	240
Kohlenverbrauch pro Betriebsstunde bei voller Last kg	150	170	205
„ „ „ „ halber „ kg	115	130	150

Hat man auf Grund dieser Tabellen den Kohlenverbrauch der einzelnen Maschinen ermittelt, so erhält man die Menge der insgesamt für den Maschinenbetrieb notwendigen Kohlen, indem man der Summe dieser Einzelwerte für Verluste aller Art je nach den örtlichen Verhältnissen der Baustelle und der Art der Kohlenverteilung noch etwa 10—20% zuschlägt.

2. Benzol oder Benzin.

Benzol oder auch Benzin kommt im Baubetrieb in Frage für den Betrieb von Lastkraftwagen und außerdem für Benzin-Benzolmotoren als Antriebsmaschinen.

In ersterem Falle darf man als guten Durchschnitt für 100 km ohne Anhänger 50 l und mit Anhänger 60 l rechnen; in letzterem Falle beträgt der Bedarf an Betriebsstoff pro PS-Stunde etwa 0,35—0,40 l.

3. Treiböl.

Treiböl kommt als Brennstoff in Frage für ortsfeste und fahrbare Dieselmotoren (Diesellokomobilen) sowie für Dieseltriebwagen und Diesellokomotiven. Ein Vorteil des Dieselantriebs ist seine Eigenschaft, bei Belastungen unter Normal nicht wesentlich mehr an Brennstoff zu verbrauchen als der abgegebenen Leistung entspricht. Der annähernde Bedarf ist aus nachstehenden Tabellen zu entnehmen.

a) Eimerbagger auf Raupenketten.

Tabelle 248.

Type	R 0 s	R I s	R II s	R II s verst.	R III s	R IV s
Treibölverbrauch pro Betriebsstunde kg	2,3	3,5	4,5	5,8	7,8	11,5

b) Universalraupenbagger.
Tabelle 249.

Type	D	6	9	14
Treibölverbrauch pro Betriebsstunde . . . . . kg	5,0	5,5	10	12

c) Diesellokomotiven.
Tabelle 250.

Leistung in PS	8	11	15	20	24	30	40	50
Treibölverbrauch pro Betriebsstunde kg	1,2	1,6	2,2	2,8	3,2	4,0	5,0	6,2

d) Diesellokomobilen.
Tabelle 251.

Leistung in PS	5	8	10	15	20	25	30
Treibölverbrauch pro Betriebsstunde kg	1,0	1,6	2,0	3,0	4,0	5,0	6,0

B. Elektrischer Strom.

Für Elektromotoren als Antriebsmaschinen erhält man die erforderliche Energiemenge, indem man den tatsächlichen Kraftbedarf durch den Wirkungsgrad des Motors (etwa 0,9) und bei Drehstrom außerdem durch den Leistungsfaktor dividiert.

Für die Umrechnung von PS in kW und umgekehrt ist Tabelle 252 S. 318 mit Vorteil zu verwenden.

Was den Stromverbrauch von Baggern usw. anbetrifft, so mögen dafür die in den Tabellen 253—256 gemachten Angaben als Anhaltspunkte dienen.

a) Eimerbagger auf Schienen fahrbar.
Tabelle 253.

Type	N E I	E II	B	E III	A
Stromverbrauch pro Betriebsstunde ca. kW	125	110	100	80	65

b) Eimerbagger auf Raupenketten.
Tabelle 254.

Type	R 0 s	R I s	R II s	R II s verst.	R III s	R IV s
Stromverbrauch pro Betriebsstunde ca. kW.	8	12	15	25	35	45

c) Universalraupenbagger.
Tabelle 255.

Type	D	6	9	14	16
Stromverbrauch pro Betriebsstunde ca. kW.	16	35	50	100	125

Tabelle 252.

1 PS = 0,736 kW　　　　　　　　1 kW = 1,36 PS

kW ← PS / kW → PS			kW ← PS / kW → PS			kW ← PS / kW → PS			kW ← PS / kW → PS		
0,74	**1**	1,36	37,5	**51**	69,4	74,3	**101**	137	111	**151**	205
1,47	**2**	2,72	38,3	**52**	70,7	75,1	**102**	139	112	**152**	207
2,21	**3**	4,08	39,0	**53**	72,1	75,8	**103**	140	112	**153**	208
2,94	**4**	5,44	39,7	**54**	73,4	76,5	**104**	141	113	**154**	209
3,68	**5**	6,80	40,5	**55**	74,8	77,3	**105**	143	114	**155**	211
4,42	**6**	8,16	41,2	**56**	76,2	78,0	**106**	144	114	**156**	212
5,15	**7**	9,52	42,0	**57**	77,5	78,8	**107**	146	115	**157**	214
5,89	**8**	10,88	42,7	**58**	78,9	79,5	**108**	147	116	**158**	215
6,62	**9**	12,24	43,4	**59**	80,2	80,2	**109**	148	117	**159**	216
7,36	**10**	13,60	44,2	**60**	81,6	81,0	**110**	150	118	**160**	218
8,10	**11**	15,00	44,9	**61**	83,0	81,7	**111**	151	119	**161**	219
8,83	**12**	16,30	45,6	**62**	84,3	82,4	**112**	152	120	**162**	221
9,57	**13**	17,70	46,4	**63**	85,7	83,2	**113**	154	120	**163**	222
10,30	**14**	19,00	47,1	**64**	87,0	83,9	**114**	155	121	**164**	223
11,00	**15**	20,40	47,8	**65**	88,4	84,6	**115**	156	122	**165**	224
11,80	**16**	21,80	48,6	**66**	89,8	85,4	**116**	158	122	**166**	226
12,50	**17**	23,10	49,3	**67**	91,1	86,1	**117**	159	123	**167**	228
13,20	**18**	24,50	50,0	**68**	92,5	86,8	**118**	160	124	**168**	229
14,00	**19**	25,80	50,8	**69**	93,8	87,6	**119**	162	125	**169**	230
14,70	**20**	27,20	51,5	**70**	95,2	88,3	**120**	163	125	**170**	231
15,50	**21**	28,60	52,3	**71**	96,6	89,1	**121**	165	126	**171**	232
16,20	**22**	29,90	53,0	**72**	97,9	89,8	**122**	166	127	**172**	234
16,90	**23**	31,30	53,7	**73**	99,3	90,5	**123**	167	127	**173**	235
17,70	**24**	32,60	54,5	**74**	101	91,3	**124**	169	128	**174**	236
18,30	**25**	34,00	55,2	**75**	102	92,0	**125**	170	129	**175**	238
19,10	**26**	35,40	55,9	**76**	103	92,7	**126**	171	129	**176**	239
19,90	**27**	36,70	56,7	**77**	105	93,5	**127**	173	130	**177**	241
20,60	**28**	38,10	57,4	**78**	106	94,2	**128**	174	131	**178**	242
21,30	**29**	39,40	58,1	**79**	107	94,9	**129**	175	132	**179**	243
22,10	**30**	40,80	58,9	**80**	109	95,7	**130**	177	132	**180**	245
22,80	**31**	42,20	59,6	**81**	110	96,4	**131**	178	133	**181**	246
23,60	**32**	43,50	60,4	**82**	112	97,2	**132**	180	134	**182**	248
24,30	**33**	44,90	61,1	**83**	113	97,9	**133**	181	134	**183**	249
25,00	**34**	46,20	61,8	**84**	114	98,6	**134**	182	135	**184**	250
25,80	**35**	47,60	62,6	**85**	116	99,4	**135**	184	136	**185**	252
26,50	**36**	49,00	63,3	**86**	117	100	**136**	185	136	**186**	253
27,20	**37**	50,30	64,0	**87**	118	101	**137**	186	137	**187**	255
28,00	**38**	51,70	64,8	**88**	120	102	**138**	188	138	**188**	256
28,70	**39**	53,00	65,5	**89**	121	102	**139**	189	139	**189**	257
29,40	**40**	54,40	66,2	**90**	122	103	**140**	190	140	**190**	258
30,20	**41**	55,80	67,0	**91**	124	104	**141**	192	141	**191**	259
30,90	**42**	57,10	67,7	**92**	125	104	**142**	193	142	**192**	261
31,60	**43**	58,50	68,4	**93**	127	105	**143**	195	142	**193**	262
32,40	**44**	59,80	69,2	**94**	128	106	**144**	196	143	**194**	263
33,10	**45**	61,20	69,9	**95**	129	107	**145**	197	144	**195**	265
33,90	**46**	62,60	70,7	**96**	131	107	**146**	199	144	**196**	266
34,60	**47**	63,90	71,4	**97**	132	108	**147**	200	145	**197**	268
35,30	**48**	65,30	72,1	**98**	133	109	**148**	201	146	**198**	269
36,10	**49**	66,60	72,9	**99**	135	110	**149**	203	147	**199**	270
36,80	**50**	68,00	73,6	**100**	136	110	**150**	204	147	**200**	272

d) Absetzapparate.

Tabelle 256.

Type	$\frac{400}{34}$	$\frac{500}{40}$	$\frac{500}{47}$
Stromverbrauch pro Betriebsstunde . . . . . . ca. kW	175	200	210

C. Schmier- und Putzmittel.

Zu den Schmier- und Putzmitteln für den Baubetrieb gehören Zylinderöl, Maschinenöl, Motorenöl, Kompressorenöl, Staufferfett, Putzöl und Putzwolle.

Der Verbrauch an diesen Stoffen hängt vor allem von dem Verständnis und der Sorgfalt ab, mit denen sie verwertet werden, und von der Kontrolle, die in dieser Hinsicht ausgeübt wird.

Er wird in den meisten Fällen ein recht namhafter sein, wenn man das Personal einfach gewähren läßt, und kann trotz besserer Versorgung der Maschinen auf einen Bruchteil dieses Quantums herabgedrückt werden, wenn man die Ausgabe richtig organisiert und der Verwendung der Stoffe die nach ihrer Bedeutung zukommende Beachtung schenkt.

Unter der Voraussetzung, daß dies geschieht, kann man als durchschnittlichen Verbrauch in Gramm pro Betriebsstunde die in den folgenden Tabellen angegebenen Werte zugrunde legen, wobei als selbstverständlich angenommen wird, daß nur Stoffe von geeigneter Beschaffenheit zur Verwendung gelangen.

1. Bagger und Absetzer.

a) Eimerbagger auf Schienen fahrbar.

Tabelle 257.

Type	NE I	E II	B	E III	A	O	C	F
Zylinderöl . . . . g	350	220	200	160	150	135	100	65
Maschinenöl . . . g	450	300	280	240	225	200	150	100
Kompressorenöl . . g	40	30	30	—	—	—	—	—
Staufferfett . . . g	60	50	50	45	40	40	40	35
Putzöl . . . . . . g	25	25	25	25	25	20	20	15
Putzwolle . . . . g	30	30	30	30	30	25	25	20

b) Eimerbagger auf Raupenketten.

Tabelle 258.

Type	R 0 s	R I s	R II s	R II s verstärkt	R III s	R IV s
Motorenöl . . . . g	100	135	175	225	300	450
Maschinenöl . . . . g	30	40	50	60	75	100
Staufferfett . . . . g	25	25	30	30	35	50
Putzöl . . . . g	15	15	20	20	25	25
Putzwolle . . . . g	20	20	25	25	30	30

c) Löffelbagger und Greifbagger älterer Bauart.
Tabelle 259.

Modell bzw. Größe. . .	Löffelbagger					Greifbagger	
	G	F 2	F 1	E	C 2	E	C 1
Zylinderöl . . . . g	140	110	90	80	70	80	70
Maschinenöl . . . g	170	130	110	100	85	100	85
Staufferfett . . . g	50	40	40	35	35	35	35
Putzöl . . . . . g	50	40	40	35	35	35	35
Putzwolle . . . . g	50	40	40	35	35	35	35

d) Universalraupenbagger.
Tabelle 260.

Type	D	6	9	14	16
Zylinderöl . . . . . . g	200[1]	70	80	100	150
Maschinenöl . . . . . g	50	85	100	120	180
Staufferfett . . . . . g	35	35	40	45	50
Putzöl . . . . g	35	35	40	45	50
Putzwolle . . . . . . g	35	35	40	45	50

e) Absetzapparate.
Tabelle 261.

Type	$\frac{400}{34}$	$\frac{500}{40}$	$\frac{500}{47}$
Motorenöl . . . . g	40	45	50
Maschinenöl . . . . g	220	260	300
Staufferfett . . . . g	60	75	80
Putzöl . . . . g	40	40	40
Putzwolle . . . . g	40	40	40

2. Lokomotiven.
a) Dampflokomotiven.
Tabelle 262.

Spurweite in . . . mm	600				750				900			
Leistung in . . . . PS	30	40	50	60	50	60	80	100	100	125	160	200
Zylinderöl . . . g	40	50	60	70	60	70	80	90	90	100	110	120
Maschinenöl . . g	70	80	90	100	90	100	125	145	145	160	175	200
Putzöl . . . . . g	15	15	15	15	15	15	20	20	20	20	20	20
Putzwolle . . . g	20	20	20	20	20	20	25	25	25	30	30	30

b) Diesellokomotiven.
Tabelle 263.

Leistung in . . . . . PS	8	11	15	20	24	30	40	50
Motorenöl . . . . g	100	120	150	200	250	350	400	450
Maschinenöl . . . g	40	40	50	60	65	70	80	90
Putzöl . . . . . g	15	15	15	15	20	20	20	20
Putzwolle . . . . g	20	20	20	20	25	25	25	25

[1] Motorenöl.

3. Lokomobilen.

a) Dampflokomobilen.

Tabelle 264.

Normalleistung in PS	12	18	26	33	45	53	70	90	120	150	170	205
Zylinderöl . . . g	45	60	75	80	90	100	130	180	220	270	300	360
Maschinenöl . . g	70	90	110	120	135	150	160	220	270	330	380	450
Staufferfett . . g	—	—	—	—	—	—	—	—	—	30	40	50
Putzöl . . . . . g	15	15	15	20	20	20	25	30	30	30	35	40
Putzwolle . . . g	20	20	20	25	25	25	30	35	35	35	40	50

b) Diesellokomobilen.

Tabelle 265.

Leistung in . . . . . PS	5	8	10	15	20	25	30
Motorenöl . . . . g	50	80	100	150	180	250	300
Putzwolle . . . . g	20	20	20	20	20	25	25

Bei den mit Heißdampf arbeitenden Maschinen tritt an Stelle des gewöhnlichen Zylinderöls das Heißdampf-Zylinderöl.

4. Rollwagen.

Der Verbrauch an Rollwagenöl schwankt sehr stark je nach der Art der Lager. Als guten Mittelwert kann man annehmen pro Tag:

<pre>
    bei 600-mm-Spurwagen . . . .   50 g
    „   750   „   . . . . 60— 70 g
    „   900   „   . . . . 80—100 g
</pre>

D. Wasser.

Der Gesamtwasserverbrauch einer Baustelle setzt sich zusammen aus Speisewasser, Kühlwasser und Gebrauchswasser für Werkplatz und Wohlfahrtseinrichtungen.

Im allgemeinen rechnet man, daß 1 kg gute Kohle etwa 7,5 kg Wasser verdampft. Im Baubetrieb treten jedoch zu diesen Mengen noch Verluste aller Art und es hat sich deshalb praktisch ergeben, daß man der Wirklichkeit am nächsten kommt, wenn man für die Ermittlung des Wasserbedarfes der Maschinen deren Kohlenverbrauch vervielfältigt mit der Zahl 10.

Dieser Berechnungsmodus gilt natürlich nur für gewöhnliche Kessel. Sind auf einer Baustelle auch Lokomobilen mit Kondensation in Betrieb, so ist für diese der Wasserbedarf gesondert aufzustellen, wobei man ausgehen kann von einem durchschnittlichen Verbrauch von etwa 200 l pro PS-Stunde.

Den Kühlwasserbedarf bei Betrieb von Benzolmotoren erhält man hinreichend genau unter Zugrundelegung einer Menge von 25 l pro PS-Stunde.

Die Gebrauchswassermenge für Werkplatz und Wohlfahrtseinrichtungen wird am besten von Fall zu Fall überschlägig geschätzt, indem pro Kopf der gesamten Belegschaft und Tag etwa 20 l und für die in den Baracken untergebrachten Leute noch weitere 20 l angenommen werden.

VI. Lohnaufwendungen.

1. Baustelleneinrichtung.

Verladearbeiten. Unter der Voraussetzung, daß für die Behandlung schwerer oder auch unhandlicher Stücke die nötigen Hilfseinrichtungen (Kran, Kopframpe) vorhanden sind, kann man annehmen, daß ein Vorarbeiter mit 7 Mann alles ineinandergerechnet bei 8 Stunden täglicher Arbeitszeit durchschnittlich 30 t zu bewältigen vermag.

Der Lohnaufwand beträgt sohin $\dfrac{8 \cdot 8}{30} =$ rund 2 Std./t.

Entladen der Waggons auf der Empfangsstation. Auch für diese Arbeiten kann man unter den beim Verladegeschäft gemachten Voraussetzungen ungefähr mit einem durchschnittlichen Lohnaufwand von ~ 2 Std./t rechnen.

Transport von der Empfangsstation zur Baustelle. Derselbe erfolgt entweder mittels Pferdefuhrwerk oder Lastkraftwagen oder aber bei großen Baustellen, wenn es irgendwie zu machen ist, unter Zuhilfenahme einer eigenen Rollbahnverbindung vom Entladebahnhof zum Baugelände.

Im ersteren Falle gehören hierher die gesamten Aufwendungen für das Fuhrwerk einschließlich etwa notwendiger Begleitmannschaften, und dafür können zahlenmäßige Angaben unmöglich gemacht werden.

In letzterem Falle werden an dieser Stelle zu verrechnen sein das Lokomotivbedienungspersonal sowie ebenfalls etwa notwendige Begleitmannschaften, und bei großer Länge der Bahn das zu deren ordnungsgemäßer Instandhaltung nötige Personal.

Die Leistungsfähigkeit einer derartigen Anlage ergibt sich aus Spurweite, Größe der Transportwagen, Stärke der Maschine(n), Richtungs- und Steigungsverhältnissen der Bahn und Art der zu befördernden Güter.

Lokomotiven und Rollwagen können in diesem Falle als Transportgüter überhaupt außer Ansatz bleiben, und für alles übrige gilt, daß man als normale Transportgeschwindigkeit höchstens 5—6 km annehmen darf.

Grundsätzlich ist danach zu trachten, daß die täglich einlaufenden Güter jeweils sofort abtransportiert werden, was nur geschehen kann, wenn von vornherein so disponiert wird, daß Umfang der benötigten Geräte, Entlademöglichkeiten und Entladezeit in ein richtiges Verhältnis zueinander gebracht werden.

Unter Beachtung dieser Gesichtspunkte ist festzustellen, wieviel Tonnen durchschnittlich pro Tag abzutransportieren sind, wie viele Wagen dazu benötigt werden und welche Maschinenkraft erforderlich ist, um dieselben an ihren Bestimmungsort zu verbringen.

Bei Transport von Gleisbaumaterial ist zu unterscheiden, ob einfach abgeladen wird oder ob die Maschine zum Vorstrecken am Zug verbleiben muß.

Sobald über diese Dinge Klarheit geschaffen ist, können Umfang des für den Transport benötigten Fahrparks sowie Dauer des Transports und damit die Höhe der aufzuwendenden Löhne auf einfache Weise bestimmt werden.

Abladen auf der Baustelle. Diese Arbeit wird im allgemeinen von den mit der weiteren Verwendung der Geräte betrauten Leuten geleistet und ist dort mit berücksichtigt.

Sie ist nur dann besonders zu veranschlagen, wenn Material in größerem Umfange programmgemäß aus irgendwelchen Gründen zu stapeln ist, und man kann rechnen, daß ein Vorarbeiter mit 7 Mann in 8 Stunden ca. 40—50 t zu bewältigen vermag.

Der Lohnaufwand für solche Zwischenlagerungen beträgt sohin ca. 1,3—1,6 Std./t.

Montagearbeiten aller Art.

A. Bagger und Absetzer.

Für das Abladen von den Rollwagen bzw. Fuhrwerken und die betriebsfertige Montage von Baggern und Absetzern und deren Gleisen kann man bei täglich 8 Stunden Arbeitszeit die Werte der Tabellen 266—272 zugrunde legen.

a) Eimerbagger auf Schienen fahrbar.

Tabelle 266.

Type	NE I	E II	B	E III	A	O	C	F
Baggermeister	1	1	1	1	1	1	1	1
Facharbeiter	8	7	7	7	6	5	5	4
Hilfsarbeiter	8	7	7	7	6	5	5	4
Notwendige Arbeitstage	30	24	22	20	18	15	12	10

Eimerbaggergleis. Die hier angegebenen Werte gelten für Baggergleise, bei denen durchgehends die Rudertsche Schienenbefestigung verwendet wird.

Tabelle 267.

Baggergleis für Type	NE I	E II	B	E III	A	O	C	F
Baggergleislänge ... m	400	400	360	300	300	240	180	135
Schachtmeister	1	1	1	1	1	1	1	1
Facharbeiter	2	2	2	1	1	1	1	1
Hilfsarbeiter	20	18	18	16	14	12	10	8
Notwendige Arbeitstage	20	20	18	15	15	10	8	6

b) Eimerbagger auf Raupenketten.

Tabelle 268.

Type	R 0 s	R I s	R II s	R II s verst.	R III s	R IV s
Baggermeister	1	1	1	1	1	1
Facharbeiter	4	4	5	5	6	6
Hilfsarbeiter	4	4	5	5	6	6
Notwendige Arbeitstage	6	9	10	12	15	20

c) Löffelbagger und Greifbagger älterer Bauart.

Tabelle 269.

	Löffelbagger					Greifbagger	
Modell bzw. Größe	G	F 2	F 1	E	C 2	E	C 1
Baggermeister	1	1	1	1	1	1	1
Facharbeiter	5	5	5	5	5	5	4
Hilfsarbeiter	5	5	5	5	5	5	4
Notwendige Arbeitstage	12	10	8	6	6	6	4

Baggergleis. Bei Verwendung der üblichen Gleisroste sind besondere Kosten dafür an dieser Stelle nicht zu verrechnen. Wird ausnahmsweise auf langem Gleis gebaggert, so kann man ungefähr die gleichen Beträge nehmen, die in Tabelle 267 für Type A angegeben sind.

d) Universalraupenbagger.

Tabelle 270.

Type	D	6	9	14	16
Baggermeister	1	1	1	1	1
Facharbeiter	—	3	4	4	5
Hilfsarbeiter	—	3	4	4	5
Notwendige Arbeitstage	1	6	8	10	12

e) Absetzapparate.

Tabelle 271.

Type	$\frac{400}{34}$	$\frac{500}{40}$	$\frac{500}{47}$
Baggermeister	1	1	1
Facharbeiter	8	8	8
Hilfsarbeiter	8	8	8
Notwendige Arbeitstage	45	52	56

Absetzergleis. Auch beim Absetzergleis wurde die Annahme zugrunde gelegt, daß die Rudertsche Schienenbefestigung zur Anwendung kommt.

Tabelle 272.

Absetzergleis für Type	$\frac{400}{34}$	$\frac{500}{40-47}$
Absetzergleislänge . . . . m	480	600
Schachtmeister	1	1
Facharbeiter	3	3
Hilfsarbeiter	15	15
Notwendige Arbeitstage	24	30

Die in den Tabellen 266, 268, 269, 270 und 271 gemachten Angaben gelten für gebrauchte Geräte. Hat man es mit neuen Geräten zu tun, so sind bei gleichbleibender Besetzung die notwendigen Arbeitstage bei den Eimerbaggern und Absetzern um ca. 60%, bei den Universalraupenbaggern um ca. 33% zu erhöhen und außerdem die Kosten für 1—3 Monteure der Lieferfirma noch gesondert hinzuzurechnen.

B. Fahrpark.

a) Wagen. Für das Zusammensetzen und Auf-das-Gleis-Bringen der Wagen kann man rechnen;

$$\begin{array}{llll}
\text{für 600-mm-Spur-Wagen} & 1 & -1^1/_2 & \text{Arbeitsstunden} \\
\text{„ 750 „} & 1^1/_2 & -2 & \text{„} \\
\text{„ 900 „} & 3 & -5 & \text{„}
\end{array}$$

b) Lokomotiven. Die betriebsfertige Herrichtung erfordert:

$$\begin{array}{llllll}
\text{bei 600-mm-Spur-Lokomotiven} & \text{je} & 8 & \text{Maschinisten- und Heizerstunden} \\
\text{„ 750 „} & . & \text{„} & 8 & \text{„} & \text{„} & \text{„} \\
\text{„ 900 „} & & \text{„} & 16 & \text{„} & \text{„} & \text{„}
\end{array}$$

C. Gleisanlagen.

a) Baggergleise siehe A. Bagger und Absetzapparate.

b) Fahrgleis. Die Lohnaufwendungen für die Herstellung eines betriebsfähigen Fahrgleises sind sehr verschieden je nach der Beschaffenheit des Geländes, nach der Schwere des Gleises und dem Umstand, ob unter Zuhilfenahme einer Maschine vorgestreckt wird oder von Hand.

Der häufigste Fall ist der letztere, und es soll deshalb der Arbeitsaufwand für ihn angegeben werden unter der Annahme, daß besondere Erdarbeiten nicht zu leisten sind, sondern nur kleine Ausgleichungen von Unebenheiten und im übrigen Unterstopfen und Einfüllen mit vorhandenem Kies.

Die einzelnen Werte für die Herstellung von je 1000 m betriebsfähiger Gleislage sind bei täglich 8 Stunden Arbeitszeit aus folgender Tabelle zu entnehmen.

Tabelle 273.

Spurweite	600 mm		750 mm		900 mm	
Schienengewicht . . . . kg	12	14	20	25	25	33
Schachtmeister	1	1	1	1	1	1
Hilfsarbeiter	15	16	18	20	22	25
Notwendige Arbeitstage	5	5	5	5	5	5

Diese Werte setzen jedoch eine einigermaßen geübte Gleislegungskolonne voraus; hat man eine solche nicht zur Verfügung, so ist bei gleicher Mannschaft die notwendige Arbeitszeit um etwa 20% zu erhöhen.

Den Einbau von Weichen u. dgl. kann man als in diesen Lohnstunden eingeschlossen betrachten.

D. Sonstiges.

a) Antriebsmaschinen. Für die betriebsfertige Aufstellung fahrbarer Lokomobilen bis etwa 50 PS-Leistung darf man je nach Größe 30—50 Arbeitsstunden rechnen, und wenn man eine einfache Schutzhütte darüber errichten muß, dazu noch weitere 150—200 Stunden.

Für die Montage größerer Lokomobilen mit Kondensation, wie solche hauptsächlich für elektrische Zentralen Verwendung finden, ist der Stundenaufwand ein bedeutend höherer, und man kann einschließlich aller Nebenanlagen, wie Maschinenbaracke, Fundamente, Schornstein, Rohrleitungen Gradierwerk u. dgl., je nach Größe ungefähr 2500—4000 Arbeitsstunden annehmen.

Für die Aufstellung und den Anschluß von Elektromotoren kommen ca. 50—100 Arbeiter- bzw. Monteurstunden in Frage, eine Zahl, mit welcher man annähernd auch bei der Montage von Verbrennungsmotoren ausreichen wird.

b) Kohlen- und Wasserversorgung. Für die Kohlen- und Wasserversorgung kann man einsetzen:

unter einfachen Verhältnissen 1 Vorarbeiter, 2—3 Monteure und 4—7 Hilfsarbeiter je 50 Stunden und

unter komplizierteren Verhältnissen die gleiche Mannschaft mit der 6—10fachen Stundenzahl.

Unter einfachen Verhältnissen ist dabei zu verstehen, daß für die Kohlenversorgung nur einige verschließbare Hütten aufgestellt werden, und daß Wasser in brauchbarer Beschaffenheit überall zu haben ist, so daß lediglich die Behälter auf entsprechend hohe Gerüste verbracht und Pumpen nebst Anschlußleitungen und Zapfstellen montiert werden müssen.

Unter komplizierten Verhältnissen ist gedacht, daß eine großzügige Bekohlungsanlage geschaffen wird, daß für die Wasserversorgung erst Brunnen gegraben und größere Pumpen aufgestellt werden und endlich, daß als Verteilungsleitung von einer Hochbehälteranlage aus ein ausgedehntes Rohrnetz geschaffen werden muß, das auch den Unbilden der Witterung erfolgreich zu widerstehen vermag.

Welcher Multiplikator für den einzelnen Fall am Platze ist, bleibt Sache der richtigen Einschätzung der Verhältnisse und kann unmöglich allgemein angegeben werden.

c) Wasserhaltung. Die Installationskosten dafür sind sehr geringfügig, wenn Diaphragmapumpen mit Hand- oder auch Kraftbetrieb verwendet werden. Wesentlich anders sieht es aber damit aus, wenn Zentrifugalpumpen eingesetzt werden müssen.

In diesem Falle kann man für die erstmalige und jede weitere Installation etwa folgende Werte zugrunde legen, wobei jedoch die Antriebsmaschine wegen der verschiedenen Möglichkeiten des Antriebs außer Ansatz bleiben mußte:

Betriebsfertige Montage einer Zentrifugalpumpe einschließlich der vollständigen Saug- und Druckleitung bei einer Rohranschlußweite von

125 mm . . . . ca. 24 Std.	250 mm . . . . ca. 64 Std.
150 „ . . . . . . 32 „	300 „ . . . . . . 100 „
200 „ . . . . . . 48 „	

Dabei ist angenommen, daß Saug- und Druckleitung zusammen nicht über den Umfang einer Rohrgarnitur gemäß Tabelle 101 hinausgehen. Ist dies aus irgendwelchen Gründen der Fall (z. B. wenn das Wasser bis zu einem bestimmten Punkt in einer geschlossenen oder auch offenen Leitung abgeführt werden muß), so sind die Kosten hierfür gesondert zu berechnen.

d) **Werkplatzeinrichtung.** Nachdem die Bauunternehmungen in immer größerem Umfange dazu übergehen, die Baracken aller Art im Interesse der leichteren Versetzungsmöglichkeiten und erhöhten Lebensdauer aus einzelnen, zusammenschraubbaren Tafeln herzustellen, wurde diesem Umstande Rechnung getragen und für jene Baracken, bei denen diese Gepflogenheit schon eine weitere Verbreitung gefunden hat, die Werte auf dieser Grundlage angegeben.

Zur überschlägigen Berechnung der anfallenden Stunden kann man einsetzen für Aufstellung und Einrichtung:

eines **Baubüros** von 50 m² Grundfläche (in Tafeln zerlegt):
3 Facharbeiter, 3 Hilfsarbeiter je 24 Arbeitsstunden;
dgl. von 150 m² Grundfläche (in Tafeln zerlegt):
1 Polier, 6 Facharbeiter, 4 Hilfsarbeiter je 48 Arbeitsstunden;
eines **Baumagazins** von 100 m² Grundfläche (in Tafeln zerlegt):
1 Polier, 6 Facharbeiter, 6 Hilfsarbeiter je 48 Arbeitsstunden;
dgl. von 250 m² Grundfläche (in Tafeln zerlegt):
1 Polier, 6 Facharbeiter, 6 Hilfsarbeiter je 100 Arbeitsstunden;
einer **einfachen Bauhütte** von etwa 10 m² Grundfläche (in Tafeln zerlegt):
ca. 20 Arbeitsstunden.

e) **Wohlfahrtseinrichtungen.** Für die Kantinen und Wohnbaracken gilt das bei den Werkplatzbaracken hinsichtlich der Herstellung in zerlegbaren Tafeln Gesagte in erhöhtem Maße. Hier kann man einsetzen für Aufstellung und Einrichtung:

einer **Kantine oder Wohnbaracke** ca. 120 m² groß:
1 Polier, 6 Facharbeiter, 4 Hilfsarbeiter je 48 Arbeitsstunden;
dgl. ca. 300 m² groß:
1 Polier, 10 Facharbeiter, 6 Hilfsarbeiter je 100 Arbeitsstunden.

2. Bauarbeiten.

a) Erdbewegung.

Die Höhe der Lohnaufwendungen für Erdbewegungen ist sehr verschieden je nach der Bodenbeschaffenheit, den Transportverhältnissen und der Art der Verwendung.

Sind unter ein und derselben Position Bodenarten zu verarbeiten, welche in ihrem Verhalten oder nach ihrer Verwendung wesentlich von einander abweichen, so sind dieselben jeweils für sich zu veranschlagen, um aus den Einzelergebnissen alsdann den durchschnittlichen Aufwand festzustellen.

Dabei können folgende Angaben benutzt werden, welche für eine Normalarbeitszeit von täglich 8 Stunden gelten:

Lösen und Laden.
   Handarbeit.

Leichter Boden	1 Schachtmeister,	30 Mann	240 m³
Mittelschwerer Boden	1 „	30 „	160 „
Schwerer Boden	1 „	30 „	96 „
Sehr schwerer Boden	1 „	30 „	60 „

Baggerarbeit.
Normalbesetzungen.
Eimerbagger mit Dampfantrieb auf Schienen fahrbar.

Tabelle 274.

Type	NE I	E II	B	E III	A	O	C	F
Baggermeister	1	1	1	1	1	1	1	1
Baggermaschinist	1	1	1	—	—	—	—	—
Baggerheizer	1	1	1	1	1	1	1	1
An der Schüttklappe	1	1	1	1	1	1	1	1
Schachtmeister	1	1	1	1	1	1	1	1
Hilfsarbeiter	20	20	20	18	15	15	12	8

Bei elektrisch angetriebenen Baggern genügt 1 Baggermeister und 1 Klappenschläger, zu denen bei den größeren Typen noch 1 Schmierjunge kommt.

Eimerbagger auf Raupenketten.

Tabelle 275.

Type	R 0 s	R I s	R II s	R III s	R IV s
Baggermeister	1	1	1	1	1
An der Schüttklappe	1	1	1	1	1
Schachtmeister	—	1	1	1	1
Hilfsarbeiter	2	3	4	5	6

Löffelbagger und Greifbagger älterer Bauart.

Tabelle 276.

	Löffelbagger					Greifbagger	
Modell bzw. Größe	G	F 2	F 1	E	C 2	E	C 1
Baggermeister	1	1	1	1	1	1	1
Löffelführer	1	1	1	1	—	—	—
Baggerheizer	1	1	1	1	1	(1)	—
Vorarbeiter	1	1	1	1	1	1	1
Hilfsarbeiter	8	6	5	4	4	4	4

Universalraupenbagger.

Tabelle 277.

Type	D	6	9	14	16
Baggermeister	1	1	1	1	1
(Baggerheizer; nur bei Dampfantrieb!)	—	(1)	(1)	(1)	(1)
Schachtmeister	1	1	1	1	1
Hilfsarbeiter	2	2	3	3	4

Kippenbagger oder Absetzapparate. Angaben hierüber finden sich unter „Einbau".

Zur Erfassung der Überzeit- und Sonntagsarbeit (z. B. für Kesselwaschen oder kleine Reparaturen u. dgl.) empfiehlt es sich, beim Maschinenpersonal auf die normale Arbeitszeit folgende Zuschläge zu nehmen:

bei Dampfantrieb und Betrieb mit Pausen 20 %,
„ „ „ „ ohne Unterbrechung (3 Schichten) 15 %,
„ Diesel- oder Elektroantrieb und Betrieb mit Pausen 15 %,
„ „ „ „ „ „ ohne Unterbrechung 10 %.

Bei ununterbrochenem Betrieb sollte man, wenn es irgend möglich ist, die Maschinen nur mit zwei Mannschaften besetzen, die je 12 Stunden Dienst machen.

Transport.

Die erforderliche Anzahl der Transportzüge und Transportmaschinen ergibt sich aus der Dimensionierung des Geräteparks.

Als Bedienungspersonal sind für jede Lokomotive 1 Führer und 1 Heizer nötig und außerdem für jeden Zug je Bremswagen 1 Bremser (zugleich Wagenschmierer!).

Für die tägliche Arbeitszeit des Maschinenpersonals und die Besetzung bei ununterbrochenem Betrieb gilt auch hier sinngemäß das bei den Baggern Gesagte.

Zu diesem Aufwand kommen noch hinzu als ebenfalls zum Transport gehörig die Löhne der Weichensteller, Wächter an Kreuzungen mit Verkehrswegen, Gleisrichter, Sandtrockner und evtl. das Personal der Kohlenstation, falls eine solche zentral angelegt ist.

Bezüglich der Gleisrichter kann man annehmen, daß bei gutem Untergrund pro Kilometer Gleis 1 Mann nötig ist, bei schlechtem Untergrund hingegen je nach der Witterung 2—3 Mann.

Das Geschäft des Sandtrocknens wird meist vom Weichensteller nebenbei besorgt, sofern dies die Sicherheit und Intensität des Betriebes irgendwie gestattet.

Einbau.

Beim Einbau ist ein grundsätzlicher Unterschied zu machen zwischen Ablagerungskippen und Dammkippen unter jeweiliger Berücksichtigung der Kippbarkeit des Bodens und der zur Verwendung kommenden Förderwagen.

Als Mindestbesatzung der Kippe sind bei gewöhnlichen Holzkastenkippern benötigt

für Wagen von 1—1¹/₂ m³ Fassungsvermögen . .　　　5 Mann
  „　　„　　„　2—2¹/₂ „　　　　　„　　　　. .　7— 8　„
  „　　„　　„　3—3¹/₂ „　　　　　„　　　　. .　　12　„
  „　　„　　„　4—4¹/₂ „　　　　　„　　　　. .　14—15　„

Das Wievielfache dieser Zahlen tatsächlich an Mannschaften auf der Kippe zu beschäftigen ist, richtet sich ganz nach der Kippbarkeit des jeweiligen Materials und dem Grade der Beschickung.

Anders liegen die Verhältnisse bei Verwendung von Selbstkippern, bei denen theoretisch zum Kippen überhaupt nur 1 Mann nötig ist, während man praktisch damit rechnen kann, daß man mit den sich aus Tabelle 278 ergebenden Kippbesetzungen auskommt.

Ausführliche Darlegungen über die verschiedenen Kippen finden sich auf S. 244 ff. und ich will mich deshalb darauf beschränken, lediglich die endgültigen Ergebnisse bei der vorerst immer noch weitaus häufigsten Art der Handkippe wiederzugeben.

Tabelle 278.

Art der Kippe	Ablagerungskippe				Dammkippe			
Art der verwendeten Wagen	Gewöhnliche Holzkastenkipper		Selbstentlader		Gewöhnliche Holzkastenkipper		Selbstentlader	
Höhe der Kippe	Hoch	Niedrig	Hoch	Niedrig	Hoch	Niedrig	Hoch	Niedrig
Lohnaufwand für die gesamten Kipparbeiten								
bei leichtem Boden . Std./m³	0,15	0,18	0,05	0,10	0,20	0,25	0,15	0,20
„ mittelschw. Boden „	0,25	0,30	0,12	0,20	0,35	0,40	0,27	0,32
„ schwerem Boden „	0,40	0,50	0,25	0,40	0,50	0,60	0,40	0,50

Bei kurzen Rampen sind diese Werte um etwa 20—30 % zu erhöhen; bei Material, das zu Rutschungen neigt, ist ein Sicherheitszuschlag von mindestens 40—50 % am Platze.

Soll für den Einbau des Materials ein Absetzapparat verwendet werden, so kann man dafür mit folgender Normalbesetzung rechnen:

1 Baggermeister, 1 Helfer, 1 Schachtmeister, 12 Mann,

wobei das weiter oben hinsichtlich der täglichen Arbeitszeit des Maschinenpersonals und der Besetzung bei ununterbrochenem Betrieb Gesagte sinngemäß auch hier gilt.

Werkstätte.

Die Besetzung der Werkstätte und Stellmacherei ergibt sich aus den Darlegungen des Abschnitts IV.

b) Abhub von Rasen oder Mutterboden.

Im allgemeinen wird man annehmen können, daß eine Kolonne von 1 Vorarbeiter mit 8 Mann in 8 Stunden etwa 250 m² Rasen zu stechen und seitlich auszusetzen vermag.

Handelt es sich um den Abtrag von gewöhnlichem Mutterboden, so darf man rechnen, daß 1 Schachtmeister mit 20 Mann im Handbetrieb täglich 120 m³ abhebt und aussetzt, sofern die Transportweiten nicht mehr als 50 m betragen.

Ist die Entfernung wesentlich größer, so ist zu untersuchen, ob nicht etwa die Einrichtung eines Lokomotivbetriebes mit 600 mm Spurweite wirtschaftlicher wird.

c) Rodungsarbeiten.

Die Aufwendungen dafür sind sehr verschieden. Wenn nicht große Wurzelstöcke in erheblicher Anzahl zu entfernen sind, so wird man im Durchschnitt mit ungefähr 0,5 Std./m² auskommen; sind solche Stöcke vorhanden, so kann der Lohnanteil auf das Doppelte dieses Betrages und noch mehr anwachsen.

d) Abtreppungen.

Bei der Schüttung von Dämmen auf stark geneigten Hängen ist es notwendig, daß vor Beginn der Schüttung der Untergrund durch Herstellung von Abtreppungen vorbereitet wird.

Die Höhe der dadurch bedingten Lohnaufwendungen ist ungefähr die gleiche wie beim Lösen und Laden des Bodens bei Handarbeit.

e) Planierungsarbeiten.

Die Planierungsarbeiten spielen hauptsächlich eine große Rolle bei Gewinnung des Bodens mittels Löffelbagger und Eimerbagger mit loser Kette, und es ist durchaus nicht zutreffend, daß das beim Bagger ständig zugeteilte Personal diese Arbeiten restlos, sozusagen nebenbei, machen kann. Man muß vielmehr damit rechnen, daß selbst bei sorgfältiger Baggerung dafür je nach dem Material Aufwendungen in Höhe von etwa 0,2—0,4 Std./m² anfallen.

Bei großen Arbeiten werden die auf diese Weise anfallenden Kosten sehr beträchtlich und es sei deshalb darauf hingewiesen, daß von der Dinglerschen Maschinenfabrik A.-G. Zweibrücken (Pfalz) ein Planiergerät gebaut wird, welches angeblich geeignet ist, diese Kosten erheblich zu senken[1].

Eine solche „Böschungs-Planiermaschine“ ist in Verwendung beim Bau des großen Kanals Basel—Straßburg auf einer Baustelle bei Loechle—Kembs. Sie besitzt einen kräftigen brückenartigen Ausleger, auf welchem eine große Fräsmaschine läuft und stellt die idealen Böschungslinien automatisch her. Das oberhalb der Böschungslinie aufgebrachte Material wird durch diese Maschine in die Hohlstellen verteilt und darin festgewalzt bzw. festgestampft. Ein alsdann etwa noch verbleibender Materialüberschuß wird mittels Förderband in die auf der Dammkrone bereitgestellten Materialzüge verladen. Umgekehrt transportiert die Maschine an Stellen, bei welchen die Dammschüttung unterhalb der idealen Böschungslinie liegt, das in Zügen herangefahrene Schüttmaterial in die Hohlflächen hinein und stampft es dort fest. Die Höhenunterschiede, welche die Böschungs-Planiermaschine in kontinuierlich-automatischem Betriebe auszugleichen vermag, betragen bis zu 1,2 m, wobei in 8 Arbeitsstunden eine Böschungsfläche von 1500 bis 2000 m² planiert werden kann.

---

[1] Die Bauzeitung vereinigt mit Süddeutsche Bauzeitung, H. 47 vom 22. Nov. 1930, S. 567: „Arbeitsriesen beim Kanalbau“.

f) Rasen- oder Humusandecken.

Der Aufwand für das Andecken von Rasen oder Humus schwankt ganz außerordentlich je nach der Höhe der anzudeckenden Böschungen und dem Umstand, ob das Material von unten oder von oben beigebracht wird.

Braucht das Material nur geladen, kurze Strecken beigefahren, entladen und angedeckt zu werden, so kann man rechnen, daß anfallen:

für 1 m² Rasen ansetzen . . . . 0,4 Std.
und „ 1 „ Humus 0,15 m stark andecken und ansäen 0,3 „

Muß das Material von unten auf hohe Böschungen gebracht werden, so kommt zu den vorstehenden Beträgen für je 2,5 m Höhe ein Zuschlag von 0,15 Stunden; kann es dagegen von oben beigeschafft werden, so genügt derselbe Zuschlag schon für etwa 3,5—4 m Höhendifferenz.

g) Schüttgerüste.

Sind bei Ausführung einer Arbeit größere Schüttgerüste notwendig, so sind diese gesondert zu berechnen.

Die dabei anfallenden Löhne können überschlägig zu 30 Handwerker- und 20 Hilfsarbeiterstunden für den Kubikmeter verbautes Holz angenommen werden. Die Menge des verbauten Holzes erhält man annähernd, wenn man den verbauten Luftraum durch die Zahl 30 teilt, d. h. auf 1 m³ verbauten Raum 0,033 m³ Holz rechnet.

3. Baustellenabräumung.

Hierher gehören die Löhne für den Abbau des gesamten Bauinventars und eine gründliche Überholung desselben (die sog. Schlußreparatur), für das Aufladen auf die Rollwagen oder sonstigen Transportmittel, den Transport zum Entladebahnhof, das Verladen auf Waggons und die ordnungsgemäße Wiederinstandsetzung der benutzten Grundstücke.

Abbau des Bauinventars — Schlußreparatur. Für den Abbau der Geräte und Baracken (die letzteren, soweit sie in Tafeln zerlegbar sind, einschließlich Reparatur der einzelnen Teile und, soweit dies nicht der Fall, einschließlich Ausnageln) kann man durchschnittlich 75% der Aufwendungen für die Montage einsetzen.

Für die Überholung der Baumaschinen, Rollwagen usw. kommen dazu noch die Löhne, wie sie sich aus den diesbezüglichen Darlegungen des IV. Abschnitts ergeben.

Aufladen auf Transportmittel. Hierfür gilt sinngemäß das über das Abladen auf der Baustelle bei den Einrichtungsarbeiten Gesagte.

Transport zum Entladebahnhof. Die Kosten ergeben sich auf die gleiche Weise wie jene für den Transport zur Baustelle bei den Einrichtungsarbeiten.

Verladen der Waggons. Wie schon bei den Einrichtungsarbeiten erwähnt wurde kann man rechnen, daß bei Vorhandensein entsprechender Einrichtungen für das Verladen schwerer oder unhandlicher Geräte eine Verladekolonne von 1 Vorarbeiter mit 7 Mann in 8 Stunden im Mittel 30 t Baugeräte sachgemäß verladen kann.

Wiederinstandsetzung der benutzten Grundstücke. Dieselbe umfaßt die Entfernung der Betonfundamente u. dgl., die Säuberung von Holz- und sonstigen Arbeitsüberresten und die Aufbringung einer entsprechenden Humusschicht und wird am besten schätzungsweise ermittelt.

4. Lohnbeträge.

Nachdem in den vorangehenden Ausführungen die Hilfsmittel an die Hand gegeben sind, um die Anzahl der notwendigen Arbeitsstunden festzustellen, soll im folgenden noch kurz erörtert werden, mit welchen **Beträgen** man zu rechnen hat.

Maßgebend dafür ist der „Reichstarifvertrag für Hoch-, Beton- und Tiefbauarbeiten" vom 30. März 1929 mit den im Anschluß an denselben für die einzelnen Vertragsgebiete abgeschlossenen Bezirkstarifverträgen und es wird jeweils Sache des Veranschlagenden sein, sich genau zu erkundigen, zu welchem Vertragsgebiet eine Baustelle gehört und welche Löhne für den betreffenden Bezirk gelten.

Mit Rücksicht auf die außerordentliche Verschiedenheit, welche gerade auf diesem Gebiet herrscht und nicht zuletzt im Hinblick darauf, daß der gegenwärtige Zustand wohl kaum mehr von längerer Dauer sein wird, will ich davon absehen, über diesen Punkt nähere Angaben zu machen.

Als eine unmittelbare Funktion der Löhne sind die sog. sozialen Lasten anzusehen, und ich möchte deshalb dieses Kapitel nicht verlassen, ohne hierüber das Wesentlichste erwähnt zu haben.

Unter den sozialen Lasten sind zu verstehen die Anteile des Arbeitgebers an den Beträgen zur Krankenkasse, zur Erwerbslosenfürsorge, zur Invalidenversicherung, zur Angestelltenversicherung und zur Berufsgenossenschaft und endlich die Aufwendungen für die nach § 10 des Reichstarifvertrages zu gewährenden Ferien.

a) **Beiträge zur Krankenkasse.** Nach § 381 der Reichsversicherungsordnung (RVO.) haben die Versicherungspflichtigen $^2/_3$, ihre Arbeitgeber $^1/_3$ der Beiträge für die Krankenversicherung zu zahlen.

Maßgebend für die Höhe der Beiträge ist der Grundlohn, d. i. das durchschnittliche Tagesentgelt in den verschiedenen Lohnstufen.

Bei der Abführung der Beiträge ist zu beachten, daß durch das Gesetz zur Erhaltung leistungsfähiger Krankenkassen vom 27. März 1923 die früher maßgebenden gesetzlichen Bestimmungen über die Bemessung der Grundlöhne insofern eine Änderung erfahren haben, als neuerdings die Festsetzung des Grundlohnes im Betrage des auf den Kalendertag entfallenden Teils des Arbeitsentgeltes im Durchschnitt jeder Lohnstufe vorgenommen werden muß.

Die Betriebskrankenkassen großer Bauunternehmungen haben diesen Umstand sowie die Tatsache, daß fast durchwegs nur an 6 Tagen der Woche gearbeitet wird, in der Weise berücksichtigt, daß sie für die Praxis den Kalendertagesverdienst jeder Lohnstufe auf den Wochentages- und Stundenlohnverdienst entsprechend umgerechnet haben.

Lohnstufe	Entgelt in Reichsmark — auf den Kalendertag	auf die Woche	auf den Monat	Grundlohn RM.	Gesamtbeitrag pro Woche: zur Krankenversicherung (7 %) RM.	zur Arbeitslosenversicherung (6¹/₂ %) RM.	Insgesamt RM.	Arbeitgeberanteil pro Woche: zur Krankenversicherung ¹/₃ RM.	zur Arbeitslosenversicherung ¹/₂ RM.	Insgesamt RM.
1 a	Lehrlinge und Lehrmädchen ohne Entgelt			0,75	0,26	0,40	0,66	0,26	0,40	0,66
1 b	bis 1 einschl.	bis 7 einschl.	bis 30 einschl.	0,75	0,39	0,40	0,79	0,13	0,20	0,33
2	von mehr als 1 bis 2 einschl.	von mehr als 7 bis 14 einschl.	von mehr als 30 bis 60 einschl.	1,50	0,75	0,70	1,45	0,25	0,35	0,60
3	von mehr als 2 bis 3 einschl.	von mehr als 14 bis 21 einschl.	von mehr als 60 bis 90 einschl.	2,50	1,23	1,14	2,37	0,41	0,57	0,98
4	von mehr als 3 bis 4 einschl.	von mehr als 21 bis 28 einschl.	von mehr als 90 bis 120 einschl.	3,50	1,74	1,60	3,34	0,58	0,80	1,38
5	von mehr als 4 bis 5 einschl.	von mehr als 28 bis 35 einschl.	von mehr als 120 bis 150 einschl.	4,50	2,22	2,06	4,28	0,74	1,03	1,77
6	von mehr als 5 bis 6 einschl.	von mehr als 35 bis 42 einschl.	von mehr als 150 bis 180 einschl.	5,50	2,70	2,52	5,22	0,90	1,26	2,16
7	von mehr als 6 bis 7 einschl.	von mehr als 42 bis 49 einschl.	von mehr als 180 bis 210 einschl.	6,50	3,21	2,96	6,17	1,07	1,48	2,55
8	von mehr als 7 bis 8 einschl.	von mehr als 49 bis 56 einschl.	von mehr als 210 bis 240 einschl.	7,50	3,69	3,42	7,11	1,23	1,71	2,94
9	von mehr als 8 bis 9 einschl.	von mehr als 56 bis 63 einschl.	von mehr als 240 bis 270 einschl.	8,50	4,17	3,88	8,05	1,39	1,94	3,33
10	von mehr als 9	von mehr als 63	von mehr als 270	9,50	4,68	4,34	9,02	1,56	2,17	3,73

Bei den allgemeinen Ortskrankenkassen ist dies jedoch nicht der Fall, und man muß hier den veränderten Verhältnissen dadurch Rechnung tragen, daß man die einschlägige Lohnstufe jeweils unter Zugrundelegung des normalen Wochenverdienstes ermittelt.

Zur Erläuterung möge folgendes Beispiel dienen:

Die Allgemeine Ortskrankenkasse München (Stadt) legt ihren Beitragserhebungen nebenstehende Tabelle zugrunde.

Hat nun ein Mann 1 Tag gearbeitet und dabei 8 · 1,14 = 9,12 RM. verdient, so könnte bei oberflächlicher Behandlung der Sache die Meinung entstehen, daß der Mann in Lohnstufe 10 einzureihen sei.

Dies wäre aber nur richtig, wenn nach der Art der Beschäftigung anzunehmen ist, daß dieses Entgelt normal an 7 Tagen der Woche verdient wird (z. B. bei Nachtwächtern), so daß es sich tatsächlich um ein Entgelt auf den Kalendertag handelt.

Handelt es sich dagegen um Ausübung einer Beschäftigung, welche normal nur an den 6 Wochentagen verrichtet wird, so ist für die Einstufung unter allen Umständen vom Wochenverdienst auszugehen. Derselbe beträgt im vorliegenden Falle $48 \cdot 1{,}14 = 54{,}72$ RM., so daß die Einreihung rechtmäßig in Lohnstufe 8 erfolgen muß.

b) **Beiträge zur Erwerbslosenfürsorge.** Die Beiträge für die Erwerbslosenfürsorge werden erst seit dem 1. November 1923 erhoben.

Nach § 3 der Verordnung über die Aufbringung der Mittel für die Erwerbslosenfürsorge vom 13. Oktober 1923 (RGBl. I, S. 946) haben die Arbeitgeber und die Arbeitnehmer die Beiträge für die Erwerbslosenfürsorge je zur Hälfte zu tragen.

Die Beiträge sollten ursprünglich im allgemeinen 3% des Grundlohnes nicht überschreiten, sind aber inzwischen infolge der ungeheuren Arbeitslosigkeit auf $6\frac{1}{2}\%$ desselben angewachsen.

Hinsichtlich der Bestimmung der Lohnstufe gilt das bei der Krankenkasse Gesagte.

c) **Beiträge zur Invalidenversicherung.** Nach § 1387 Abs. 2 der RVO. haben der Arbeitgeber und der Versicherte die Beiträge für die Invalidenversicherung zu gleichen Teilen aufzubringen.

Die Höhe dieser Beiträge nach dem gegenwärtigen Stand ist aus Tabelle 279 zu entnehmen.

Tabelle 279.

Lohn-klasse	Wöchentlicher Arbeitsverdienst		Wochen-beitrag Rpf.	Arbeitgeber-anteil Rpf.
I		bis zu 6 RM.	30	15
II	von mehr als 6 RM.	„ „ 12 „	60	30
III	„ „ „ 12 „	„ „ 18 „	90	45
IV	„ „ „ 18 „	„ „ 24 „	120	60
V	„ „ „ 24 „	„ „ 30 „	150	75
VI	„ „ „ 30 „	„ „ 36 „	180	90
VII	„ „ „ 36 „		200	100

Beiträge zur Invalidenversicherung ab 2. Januar 1928

Die Bauarbeiter gehören nach der Höhe ihres Stundenlohnes fast ausschließlich der Lohnklasse VII an.

d) **Beiträge zur Angestelltenversicherung.** Nach § 170 des Reichsversicherungsgesetzes für Angestellte haben die Arbeitgeber und

Tabelle 280.

Gehalts-klasse	Monatsgehalt		Monats-beitrag RM.	Arbeitgeber-anteil RM.
A		bis zu 50 RM.	2,—	1,—
B	von mehr als 50 RM.	„ „ 100 „	4,—	2,—
C	„ „ „ 100 „	„ „ 200 „	8,—	4,—
D	„ „ „ 200 „	„ „ 300 „	12,—	6,—
E	„ „ „ 300 „	„ „ 400 „	16,—	8,—
F	„ „ „ 400 „	„ „ 500 „	20,—	10,—
G	„ „ „ 500 „	„ „ 600 „	25,—	12,50
H	„ „ „ 600 „		30,—	15,—

Beiträge zur Angestelltenversicherung. Gehalts- u. Beitragsklassen ab 1. September 1928

die Versicherten die Beiträge für die Angestelltenversicherung zu gleichen Teilen aufzubringen.

Die Höhe dieser Beiträge nach dem gegenwärtigen Stand ist aus Tabelle 280 zu entnehmen.

e) Beiträge zur Berufsgenossenschaft. Die Beiträge für die Berufsgenossenschaft sind gemäß § 731 der RVO. durch die Unternehmer im Umlageverfahren aufzubringen.

Die Berufsgenossenschaft veranlagt die Betriebe nach einem von 5 zu 5 Jahren nachzuprüfenden und vom Reichsversicherungsamt zu genehmigenden Gefahrtarif, dessen Gefahrziffern aus dem Verhältnis der auf die einzelnen Gefahrklassen nachgewiesenen Lohnsumme zu den entsprechenden Rentenlasten ermittelt sind. Die Gefahrziffern sind zugleich der theoretisch aus der Statistik sich ergebende Beitrag für je 1000 RM. Lohn.

Für den tatsächlich zu zahlenden Beitrag sind die Gefahrziffern noch mit einem Beiwert zu multiplizieren, der alljährlich nach dem Geldbedarf der Berufsgenossenschaft wechselt und der für die Zeit seit Einführung der neuen Gefahrziffern, d. i. 1910, ersichtlich ist aus folgender Zusammenstellung.

Jahr	Beiwert	Jahr	Beiwert	Jahr	Beiwert	Jahr	Beiwert
1910	1,3	1914	1,3	1919	1,2	1924	1,5
1911	1,1	1915	1,4	1920	1,0	1925	1,7
1912	1,1	1916	1,4	1921	1,0	1926	1,6
1913	1,15	1917	1,2	1922	1,5	1927	1,6
		1918	1,2	1923	—	1928	1,6
						1929	1,5

Dieser Beiwert, auch Beitragsziffer genannt, würde stabil bleiben, wenn in den einzelnen Jahren die Lohnsumme zu dem umzulegenden Betrag im gleichen Verhältnis stehen würde; steigt dagegen der umzulegende Betrag und die Lohnsumme fällt, so wird selbstverständlich die Beitragsziffer eine höhere, während sie umgekehrt eine niedrigere wird. Für das Jahr 1931 ist nach einer vorläufigen Mitteilung der Tiefbau-Berufsgenossenschaft mit einer Erhöhung der Beitragsziffer um ca. 50 % zu rechnen.

Der zur Zeit gültige 10. Gefahrtarif der Tiefbau-Berufsgenossenschaft lautet folgendermaßen:

Abschnitt I. Zuteilung der Betriebe zu den Gefahrziffern.

Lfde Nr.	Bezeichnung der Betriebsarten und Betriebstätigkeiten	Gefahrziffer
	A. Laufende Reinigungs- und Unterhaltungsarbeiten im Eigenbetriebe von staatlichen Behörden, Kreisverwaltungen, Gemeinden, Gemeindeverbänden oder anderen öffentlichen Körperschaften.	
1	Alle laufenden Reinigungs- und Unterhaltungsarbeiten, einschl. der Nebenarbeiten; auch mit Anfuhr, Bearbeitung und Gewinnung der erforderlichen Baustoffe	9

Lfde Nr.	Bezeichnung der Betriebsarten und Betriebstätigkeiten	Ge-fahr-ziffer
2	Wie vor, jedoch ohne Bearbeitung oder Gewinnung der erforderlichen Baustoffe; Reinigung von Straßen, Wegen, Gräben, Straßenkanalisationsanlagen oder sonstigen Straßenanlagen; auch Müll- und Fäkalienabfuhr für sich allein	5
	Anmerkung zu A: Neubauten rechnen nicht zu dieser Gruppe. Für sie muß jedesmal eine besondere Anmeldung erfolgen, und die Löhne müssen gesondert nachgewiesen werden.	

B. Hauptbetriebe der gewerblichen Unternehmer.

Lfde Nr.	Bezeichnung der Betriebsarten und Betriebstätigkeiten	Ge-fahr-ziffer
3	Reine Felddränierungen und Erdarbeiten ohne oder mit nur ausnahmsweiser (zu Nebenarbeiten) Verwendung von Karren, Fuhrwerk oder sonstigem kleinen Handgerät	3
4	Erdarbeiten und Oberbauarbeiten aller Art; Ufer-, Böschungs- und Sohlenbefestigungen; auch mit den zugehörigen Bauwerken und dem Werkstättenbetriebe; Bemergelungs-, Rodungs-, Pflug- und Holzfällerarbeiten; alles im Handbetriebe oder. mit Verwendung verwaltungsseitig gestellter und bedienter Betriebsbauzüge oder Bahnwagen, ohne Fels-, Spreng- oder Steinbrucharbeiten und ohne maschinelle Einrichtungen; Werben und Herstellen von Faschinen; Pferde- und Dampfwalzenbetrieb sowie Beförderung von Baustoffen im Handbetrieb für sich allein	12
5	Wie vor, jedoch auch mit maschinellem Betrieb oder mit Fels-, Spreng- oder Steinbrucharbeiten; Naßbaggerungen für sich allein; Einzelbauwerke für Tiefbau oder Gründungen für Bauwerke aller Art sowie Teile von solchen, im wesentlichen in Holz, Eisen oder Mauerwerk, einschl. der zugehörigen Erdarbeiten und des Werkstättenbetriebs	17
6	Dieselben Einzelbauwerke und Gründungen wie vor, jedoch im wesentlichen nur in Beton oder Eisenbeton; Grundwasserabsenkungen; Rohrbrunnenherstellungen; Bohrungen; Abdichten von Tiefbauwerken; Rammarbeiten aller Art; alles für sich allein	15
7	Tunnel-, Stollen- und Schachtbauten aller Art, auch Schachtbrunnen sowie andere Bauten unter Tage	22
8	Kabelverlegungs- und Kabelkanalarbeiten; Gas-, Wasser-, Kanalisations- und ähnliche geschlossene Leitungen; alles bei Herstellung in offener Baugrube, sofern die Tiefe der Gräben im Rohrnetz 1,75 m oder der lichte Rohrdurchmesser 200 mm nicht übersteigt; auch mit den zugehörigen Bauwerken; Hausinstallationen aller Art	9
9	Wie vor, jedoch auch mit Rohrgrabentiefen von mehr als 1,75 m oder lichten Rohrdurchmessern von mehr als 200 mm; auch mit den zugehörigen Bauwerken; Wasserschürfungsarbeiten; Rohrverlegungen über Gelände; Quellfassungen	13

C. Nebenbetriebe der gewerblichen Unternehmer.

Lfde Nr.	Bezeichnung der Betriebsarten und Betriebstätigkeiten	Ge-fahr-ziffer
10	Betriebsbeamte	3
	Anmerkung: Schachtmeister, Baggermeister, Poliere, Lokomotiv- oder Maschinenführer usw. rechnen nicht zu den Betriebsbeamten, sondern gehören zu dem Betriebe, in dem sie beschäftigt sind.	

Eckert, Kostenberechnung. 2. Aufl. 22

Lfde Nr.	Bezeichnung der Betriebsarten und Betriebstätigkeiten	Gefahrziffer
11	Pflasterarbeiten und Verlegen von Platten oder Fliesen sowie Straßenbefestigungen in Stein, Asphalt oder Holz; alles einschl. Herstellung der Unterbettung mit kleinem Handgerät	6
12	Anfertigung von Zement- und Eisenbetonwaren (Rohre, Pfähle, Platten usw.); Kunststeinherstellung	7
13	Hochbauarbeiten aller Art; auch mit den zugehörigen Erdarbeiten, aber ohne Steinbrucharbeiten	9
14	Transport- und Hilfsarbeiten über Tage für Zechen, Hütten, Fabriken oder ähnliche Anlagen; Lagerplatzarbeiten und Werkstättenbetriebe aller Art, die nicht zu einer bestimmten Bauarbeit gehören	10
15	Steinbearbeitung, Steinschlagherstellung und sonstige Steinhauerarbeiten; Kies-, Sand-, Ton- und Mergelgewinnung sowie Findlingsgräberei; alles auch mit Verladen und Transport	17
16	Herstellung elektrischer Freileitungen, auch Mastenstellen für sich allein, einschl. der Erd- oder Betonarbeiten; Montierungen von Maschinen und Eisenkonstruktionen	20
17	Fuhrwerks-, Kraftwagen- und Motorradbetriebe	23
18	Steingewinnung in Brüchen; Stein-, Stubben- usw. Sprengerei für sich allein	33
19	Abbruch von Tiefbauten und diesen gleichstehenden Bauten, einschl. der Aufräumungsarbeiten	38
20	Arbeiten unter Tage in Preßluft und Taucherarbeiten	45
21	Abbruch von Hochbauten, einschl. der Aufräumungsarbeiten . . .	80

Abschnitt II. Besondere Bestimmungen und Erläuterungen.

1. Für alle Betriebe, die im Tarif nicht aufgeführt sind, setzt der Genossenschaftsvorstand die Gefahrziffer fest. Sie darf in keinem Falle die Ziffer 100 überschreiten.

Ausbesserungsarbeiten sind den Neubauten nach Abschnitt I, B—C gleich zu achten.

2. Bei der Zuteilung der Betriebe zu den Gefahrziffern sind der Regel entsprechende Betriebsverhältnisse und sachgemäße Einrichtungen sowie das Vorhandensein aller üblichen und durch die Unfallverhütungsvorschriften angeordneten Schutzvorrichtungen vorausgesetzt.

Wenn wegen einer von der üblichen erheblich abweichenden Betriebsweise diejenigen Gefahren nicht vorliegen, für welche die Gefahrziffer eines Gewerbezweiges in dem Tarif berechnet ist, oder wenn in einem Betriebe ungewöhnliche Gefahren bestehen, so ist der Genossenschaftsvorstand ermächtigt, eine Herabsetzung oder eine Erhöhung bis zu 50 % vorzunehmen oder einen entsprechend festen Betrag in Ansatz zu bringen.

3. Ein ganzer Bau kann, falls der Abschnitt I nichts anderes bestimmt, nur einheitlich nach einer Gefahrziffer veranlagt werden und nicht nach den einzelnen unselbständigen Betriebstätigkeiten. Eine Ausnahme bilden die Tunnel-, Stollen- und Schachtbauten sowie die Preßluft- und Taucherarbeiten, die stets besonders eingeschätzt werden.

4. Setzt sich ein Betrieb aus mehreren räumlich oder zeitlich getrennten selbständigen Teilbetrieben zusammen, die nach dem Tarife verschiedenen Gefahr-

ziffern angehören, so sind die Teilbetriebe nach den verschiedenen Gefahrziffern getrennt zu veranlagen, sofern besondere Lohnnachweise geführt werden können.

5. Die Gefahrziffern sind aus der Gegenüberstellung der Lohnsummen und der Entschädigungsbeträge auf 1000 RM. Lohn errechnet.

Beschlossen in der Genossenschaftsversammlung zu Essen (Ruhr) am 24. Juni 1925.

Der Vorstand der Tiefbau-Berufsgenossenschaft
gez. H. Kitterle.

Der vorstehende Gefahrtarif, gültig zur Berechnung der Beiträge vom 1. Januar 1925 ab, ist durch Beschluß vom 14. August 1925 genehmigt worden.

Berlin, den 14. August 1925.

Das Reichsversicherungsamt, Abt. f. Unfallversicherung
gez. Dr. Bassenge.

Für größere Erdarbeiten kommt nach diesem Tarif die Gefahrklasse 5 mit Gefahrziffer 17 in Frage.

f) **Aufwendungen für Ferien.** Nach § 10 des Reichstarifvertrages für Hoch-, Beton- und Tiefbauarbeiten vom 30. März 1929 hat der Arbeiter einen Anspruch auf bezahlten Urlaub, sobald er eine ununterbrochene Zugehörigkeit zu ein und demselben Unternehmen von 36 Wochen erfüllt hat.

Die Dauer dieser Ferien beträgt 3 Tage und steigt an auf 4 Tage für Arbeiter, die bereits im Jahre 1929 bei dem gleichen Unternehmen Ferien erhalten haben, und auf 5 Tage für Arbeiter, bei denen dies in den Jahren 1928 und 1929 der Fall war.

Als Ferienentgelt wird der bei Beginn des Urlaubs für den betreffenden Arbeiter zuständige Tarifstundenlohn gezahlt, und zwar für jeden Ferientag 8 Tarifstundenlöhne.

Es ergibt sich auf Grund dieser Sachlage folgendes Bild:

	1. Jahr	2. Jahr	3. Jahr
Anzahl der möglichen Arbeitsstunden . . ca.	1725	2400	2400
„ „ „ Ausfälle . . . . . „	150	200	200
„ „ tatsächlichen Arbeitsstunden . „	1575	2200	2200
Bezahlter Urlaub . . . . Std.	24	32	40
Es treffen sohin auf je 100 tatsächliche Arbeitsstunden Urlaubsstunden	1,52	1,46	1,82

i. M. 1,64

d. h. die bezahlten Urlaubstage erfordern ungefähr einen Zuschlag von 1,6 % auf die Löhne.

Es ist allgemein üblich, daß die sozialen Lasten bei Aufstellung der Kostenberechnungen in Form eines prozentualen Zuschlags zu den Löhnen erfaßt werden, der nach folgendem **für München durchgeführtem Beispiel** ermittelt werden kann:

Annahme: 1 Bauhilfsarbeiter sei ein volles Jahr hindurch beschäftigt.
Lohnsumme in RM. 2200 · 1,14 = 2508 RM.

Soziale Lasten.

Arbeitgeber-anteil am Beitrag zur	Krankenkasse u. Arbeitslosenversicherung 52 · 2,94 =	152,88 RM.
	Invalidenversicherung . . . . 52 · 1,— =	52,— RM.
	Berufsgenossenschaftsbeitrag bei Gefahr-klasse 5 und Beiwert 1,5 = 1,5 · 1,7 = 2,55 % aus 2508,— RM. . . . . =	63,95 RM.
	Bezahlter Urlaub 1,6 % aus 2508,— RM. =	40,13 RM.
	Sa.	308,96 RM.

$$308,96 : 2508 = x : 100$$
$$x = 12,32\%.$$

Ich habe in der ersten Auflage meines Buches „Über Kostenberechnung im Tiefbau" auf S. 100 eine Berechnung nach dem damaligen Stand der sozialen Lasten durchgeführt und bin dabei auf 7,67 % der Löhne gekommen, was der beste Beweis dafür ist, daß man diese Kosten unablässig nach dem neuesten Stand im Auge behalten muß, wenn man sich vor Schaden bewahren will. Dabei ist hier noch mit einer Beitragsziffer 1,5 gerechnet, welche neuerdings um 50 % erhöht werden soll, so daß sich unter Berücksichtigung dieses Umstandes für das Jahr 1931 nicht nur 12,32 %, sondern **13,6 %** ergeben.

VII. Aufbau der Kostenberechnung.

In Abschnitt I—VI des zweiten Teiles sind die Unterlagen gegeben für die Ermittlung des angemessenen Preises für Erdarbeiten, und ich will hier nur noch kurz zusammenfassen, wie an Hand derselben der Aufbau der Kostenberechnung am zweckmäßigsten gestaltet wird.

Bevor an die Kostenberechnung selbst gegangen werden kann, sind unter allen Umständen nachstehende **Vorarbeiten** zu leisten:

1. Genaues Studium der Pläne und Vertragsunterlagen.
2. Streckenbegehung.

Dieselbe muß Klarheit schaffen:

a) über die Höhe der zu bezahlenden Löhne (welcher Bezirkstarifvertrag ist für die Baustelle gültig?);

b) über die Frage, ob in der betreffenden Gegend genügend brauchbare Arbeitskräfte vorhanden sind oder ob solche von auswärts herangezogen werden müssen;

c) falls Arbeiter von auswärts herangezogen werden müssen, ob Unterkunft für dieselben in ausreichendem Maße und entsprechender Beschaffenheit zu angemessenen Sätzen vorhanden ist oder ob solche erst errichtet werden muß (Baracken und Kantinen);

d) über die Verhältnisse auf der zuständigen Entladestation. Sind auf derselben ausreichende Entlademöglichkeiten vorhanden oder müssen solche erst geschaffen werden und wenn letzteres der Fall ist, kann dies nach der örtlichen Beschaffenheit ohne weiteres geschehen oder sind dafür erst besondere Maßnahmen nötig (Gleisbauten u. dgl.?);

e) über die Aufschlußmöglichkeiten der Baustelle. Wo und wie wird dieselbe am zweckmäßigsten in Angriff genommen? Wie ist die Verbindungsmöglichkeit zur Bahn? Ist ein Rollbahnanschluß möglich oder müssen die ganzen Geräte und Materialien auf der Achse herangeschafft werden?

f) über die Wegverhältnisse. Sind die Straßen und vor allem deren Kunstbauten für schwere Transporte geeignet und zugelassen oder sind in dieser Richtung erst besondere Vorkehrungen nötig?

g) über die Frage, welche Geräte für die Durchführung am besten gewählt werden und wo dieselben erstmals angesetzt werden müssen;

h) über die Frage, welche Antriebsart am zweckmäßigsten erscheint. Wird elektrischer Antrieb ins Auge gefaßt, so ist zu klären, ob, woher und zu welchem Preis geeigneter Strom (Stromart und Spannung?) beschafft werden kann oder ob derselbe selbst erzeugt werden muß;

i) über die Frage der Wasserbeschaffung;

k) über die Frage, ob für die wirtschaftliche Durchführung der Arbeit hinreichend Arbeitsraum zur Verfügung steht oder ob solcher hinzugepachtet werden muß; ferner ob Raum für die Werkplätze vorhanden ist und wenn größere Flächen gemietet werden müssen, wie hoch die üblichen Sätze in der betreffenden Gegend sind.

3. Bauprogramm.

Sind alle Vorfragen geklärt, so kommt als nächstes die Aufstellung eines möglichst genauen Bauprogramms.

Es wird dabei besonders darauf hingewiesen, daß die Leistungsangaben im I. Abschnitt nur erzielt werden können, wenn die Abtransport- und Kippverhältnisse keine Schwierigkeiten machen. Dieselben sind eingehend zu studieren und zu berücksichtigen.

4. Dimensionierung des Geräteparks.

Soweit sich dieselbe nicht schon durch Aufstellung des Bauprogramms von selbst erledigt hat, kann ihre Durchführung nach den Richtlinien des II. Abschnitts erfolgen.

Vollste Beachtung verdient die Dimensionierung der Gleisanlagen, deren zu knappe Bemessung sich stets bitter rächt.

Sind alle diese Punkte erledigt, so kann an die **eigentliche Kostenberechnung** gegangen werden.

Sie zerfällt in zwei Hauptteile:

A. die Kosten, die auf die Gesamtheit der Leistungen umzulegen sind und

B. die Kosten für die betreffende Einzelposition des Leistungsverzeichnisses.

Um ein möglichst klares Bild von den anfallenden Kosten zu bekommen, empfiehlt es sich unter allen Umständen (auch wenn dies nach der Art des verlangten Angebots nicht erforderlich ist), die Einheitspreise aus folgenden vier Elementen zu entwickeln:

1. Lohnanteil,
2. Frachtanteil,
3. Materialanteil,
4. Unkosten- und Gewinnanteil.

A. Kosten, die auf die Gesamtheit der Leistungen umzulegen sind.

Dieselben setzen sich zusammen:

1. Im Lohnanteil aus:

den Gehältern für das auf der Baustelle beschäftigte Personal,

den Löhnen für allgemeine Arbeiten, welche z. B. anfallen am Entladebahnhof, beim Transport von Bau- und Betriebsstoffen vom Entladebahnhof zur Baustelle und auf dem Werkplatz (Büro, Magazin, Baracken, Wächter, Wasserleitung, Heizung und Beleuchtung) und

den sog. sozialen Lasten, die auf diese Ausgaben treffen.

2. Im Frachtanteil aus den Frachten für An- und evtl. auch Rücktransport der Entladevorrichtungen am Bahnhof, der Transportmittel für die Verbringung der Geräte, Bau- und Betriebsstoffe vom Bahnhof zur Baustelle, der Wasserversorgungs-, Heizungs- und Beleuchtungsanlagen, des Büros und der Werkplatz- und Wohlfahrtseinrichtungen.

3. Im Materialanteil aus den Aufwendungen für Brennstoffe bzw. elektrischen Strom und Schmier- und Putzmittel für die Lastkraftwagen oder auch Bahnhofsmaschinen, Wasserversorgung, Heizung und Beleuchtung.

4. Im Unkosten- und Gewinnanteil aus

der Verzinsung der Magazinausstattung,

der Verzinsung und Abschreibung der Entladevorrichtungen usw. am Bahnhof, der Transportmittel für die Verbringung der Bau- und Betriebsstoffe vom Bahnhof zur Baustelle, der Wasserversorgungs-, Heizungs- und Beleuchtungsanlagen sowie des Büros, der Werkplatz- und der Wohlfahrtseinrichtungen,

der Verzinsung des vorgelegten Kapitals,

dem Aufwand für Sicherheitsleistungen und

den Platzmieten, Geländepachten und sonstigen Gebühren.

1. Lohnanteil.

a) Gehälter.

Hierher gehören die Aufwendungen für Bauleiter, Ingenieure, Bauführer, Techniker, kaufmännisches Personal und Hilfskräfte im Büro der Baustelle selbst sowie gegebenenfalls auch außerhalb derselben, sofern sich die Verwendung ausschließlich auf Arbeiten für die Baustelle beschränkt.

Bei der Festsetzung der Beschäftigungsdauer für die einzelnen Beamten ist zu beachten, daß dieselbe je nach der Art des Vertrages und dem Abrechnungsverfahren unter Umständen erheblich länger sein wird als die eigentliche Bauzeit.

b) Löhne für allgemeine Arbeiten.

Hierher gehören die Lohnaufwendungen:

1. für das am Entladebahnhof zum Ausladen und Stapeln von Bau- und Betriebsstoffen aller Art und evtl. Wiederaufladen für den Trans-

port zur Baustelle während der Dauer der Bauzeit ständig verwendete Personal,

2. für den Transport der Bau- und Betriebsstoffe vom Entladebahnhof zur Baustelle.

Für große Baustellen wird man stets danach trachten, für den Transport eine Rollbahnverbindung herzustellen und nur, wenn dies gar nicht zu machen ist, wird man evtl. auf Lastwagen zurückgreifen.

Im ersteren Falle werden an dieser Stelle die Löhne für Lokomotivführer, Heizer und etwa notwendige Bremser sowie bei großen Entfernungen das zur Unterhaltung der Gleislage erforderliche Personal verrechnet, in letzterem Falle die Bezüge der Lastkraftwagenführer und Mitfahrer.

Bei Rollbahnbetrieb wird im allgemeinen eine Bahnhofsmaschine ausreichen; bei Lastkraftwagenbetrieb ist die Anzahl der notwendigen Züge jeweils auf Grund der abzutransportierenden Mengen und der Wegverhältnisse zu ermitteln.

3. für das auf dem Werkplatz mit sog. allgemeinen Arbeiten beschäftigte Personal.

Dazu zählen die in Büro und Magazin beschäftigten Leute, soweit dieselben nicht Gehaltsempfänger sind, die Barackenwärter, Nacht- und Sonntagswachen und endlich das mit Arbeiten für die Wasserversorgung, Heizung und Beleuchtung beschäftigte Personal und die Meßgehilfen.

Die Zahl der für die Erledigung dieser Arbeiten notwendigen Leute richtet sich ganz nach der Größe der Baustelle und den örtlichen Verhältnissen und kann nur von Fall zu Fall festgesetzt werden.

Zu der sich auf diese Weise ergebenden Summe ist alsdann für die sog. sozialen Lasten noch ein prozentualer Zuschlag zu nehmen, der nach dem Beispiel auf S. 340 errechnet werden kann und z. B. für München gegenwärtig rund 13,6 % beträgt.

2. Frachtanteil.

Die Gewichte sind möglichst genau zu ermitteln und die Feststellung der notwendigen Aufwendungen wird alsdann an Hand der Ausführungen im Abschnitt III C keine weiteren Schwierigkeiten bereiten.

3. Materialanteil.

Hierher gehören, und zwar für die Dauer der ganzen Arbeit, die Ausgaben für Kohle, Schmier- und Putzmittel für die Bahnhofsmaschine bzw. bei Lastkraftwagen die Aufwendungen für Betriebsstoff, Schmier- und Putzmittel, sowie Gummiverschleiß und außerdem die Auslagen für Wasserversorgung, Heizung und Beleuchtung.

Der dafür erforderliche Betrag läßt sich unter Zuhilfenahme der Ausführungen im vorigen Abschnitt auf einfache Weise errechnen.

4. Unkosten- und Gewinnanteil.

a) Verzinsung der Magazinausstattung.

Zur Erzielung eines guten Arbeitsfortschrittes ist, wie schon weiter oben erwähnt wurde, ein gut ausgestattetes Baumagazin unbedingtes Erfordernis.

Ein solches kostet natürlich viel Geld, und wenn auch die Kosten des wirklich verbrauchten Materials umgelegt werden, so ist doch nicht zu übersehen, daß ständig neu aufgefüllt werden muß, und daß dadurch ein gewisses Kapital (in den Tabellen 210—237 unter der Rubrik R aufgeführt) dauernd festgelegt ist, das verzinst werden muß.

Der Vorteil dieser Einrichtung kommt der gesamten Baustelle zugute und der dafür aufzuwendende Betrag ist deshalb an dieser Stelle zu berücksichtigen.

b) Verzinsung und Abschreibung der Entladevorrichtungen usw.

Entladekranen und sonstige Anlagen am Bahnhof, die Herstellung einer Feldbahnverbindung vom Entladebahnhof zum Baugelände samt den zu deren Betrieb erforderlichen Transportmitteln, zweckdienliche Einrichtungen für Wasserversorgung, Heizung und Beleuchtung und nicht zuletzt die Bereitstellung von Büroräumen, Werkplatz und Baracken aller Art sind lauter Dinge, welche in erster Linie der Gesamtheit nützen und folglich auch auf das Gesamtobjekt umzulegen sind.

Als Anhaltspunkt für die Höhe des einzusetzenden Betrages dienen die Ausführungen im III. Abschnitt, wobei ergänzend hinzugefügt sei, daß der Wert eines großen Portalkranes etwa mit 2400—3000 RM. angenommen werden kann und nach den Sätzen der Gruppe II abzuschreiben ist.

c) Verzinsung des vorgelegten Kapitals.

Bei jedem Bauvorhaben muß ein gewisses Kapital hineingesteckt werden, bevor seitens des Bauherrn die ersten Zahlungen geleistet werden und selbst dann ist es üblich, daß nicht die volle geleistete Arbeit bezahlt wird, sondern es wird stets noch ein gewisser Prozentsatz zurückgehalten, der erst nach endgültiger Übergabe des Werks und gegenseitig anerkannter Abrechnung ausbezahlt wird.

Die Höhe dieser Kapitalsvorlagen ist je nach den Vertragsgrundlagen sehr verschieden. Sie ist ein Minimum, wenn das Leistungsverzeichnis so aufgestellt ist, daß die Baustelleneinrichtung nach Abschluß sofort vergütet wird und der prozentuale Rückhalt geringfügig ist und kann zu recht namhaften Beträgen anschwellen, wenn nach der Art der Vorkriegszeit die Baustelleneinrichtung auf die Leistungen umzulegen ist und dazu hin die Rückhalte gleich 10 % der Summe der geleisteten Arbeiten betragen.

Bei einiger Erfahrung in diesen Dingen wird es nicht schwer fallen, mit ziemlicher Genauigkeit zu ermitteln, mit welchen Kapitalfestlegungen man von Fall zu Fall zu rechnen hat und die dafür notwendigen Zinsen in die Kostenberechnung aufzunehmen.

d) Aufwand für Sicherheitsleistungen.

Bei fast allen Tiefbauarbeiten ist es üblich, daß seitens der Auftraggeber Kautionen verlangt werden. Dieselben können entweder in Bargeld oder in Wertpapieren hinterlegt werden oder aber, was wohl in weitaus den meisten Fällen zutreffen wird, in der Form einer Bankbürgschaft.

Die Gebühren für solche Bankbürgschaften betragen je nach Höhe, Dauer und Deckung jährlich etwa 1—3 % des Betrages, auf welchen die Bürgschaft lautet und es darf nicht übersehen werden, daß die Freigabe der Bürgschaft vielfach erst 1 Jahr nach Übernahme der Arbeiten durch den Auftraggeber erfolgt.

e) Platzmieten usw.

Dieselben sind sehr großen Schwankungen unterworfen und können im Kostenvoranschlag nur schätzungsweise eingesetzt werden.

Verteilungsschlüssel. Am zweckmäßigsten ist es, wenn die sich aus den einzelnen Belastungen ergebende Summe auf die Hauptpositionen des Leistungsverzeichnisses annähernd prozentual umgelegt wird und zwar auf möglichst einfache Weise in der Form eines gewissen Betrages.

Beispiel. Sa. A betrage 360000 RM.

Die Hauptleistungen seien 1300000 m³ Erdbewegung und 17500 m³ Beton. Man wird in diesem Falle etwa folgendermaßen aufteilen:

Zuschlag zum Erdpreis 0,25 RM./m³ gibt . . 325000 RM.

„ „ Betonpreis 2 RM./m³ gibt . . 35000 „

360000 RM.

B. Kosten für die betreffenden Einzelpositionen des Leistungsverzeichnisses.

1. Baustelleneinrichtung.

a) Antransport der Geräte.

1. Lohnanteil. Löhne für das Verladen der Geräte vom Versandort einschließlich der darauf entfallenden sozialen Lasten. Sind für das Verladegeschäft am Versandort Fuhrlöhne aufzuwenden, so werden dieselben am besten ebenfalls an dieser Stelle eingerechnet.

2. Frachtanteil. Auf Grund einer sorgfältig durchgeführten Dimensionierung des Geräteparks sind die Gewichte aus den Tabellen des III. Abschnittes zu entnehmen.

Die Frachtberechnung kann alsdann an Hand der einschlägigen Ausführungen in diesem Abschnitt ohne weiteres erfolgen.

3. **Materialanteil.** Hier kämen höchstens die Verpackungsmaterialien, also hauptsächlich Holz in Frage; der Betrag dafür ist jedoch so unwesentlich, daß er ruhig außer acht gelassen werden kann.

4. **Unkosten- und Gewinnanteil.** Dieser Anteil umfaßt die Aufwendungen für Steuern und Versicherungen aller Art, Transportschäden, allgemeine Geschäftsunkosten und einen angemessenen Unternehmergewinn und wird im allgemeinen entweder prozentual auf die Löhne oder auch prozentual auf die gesamten Selbstkosten umgelegt.

Der Anteil der Löhne an den gesamten Selbstkosten ist im Tiefbau außerordentlich verschieden, je nachdem es sich um einfache Erdarbeiten und ähnliches ohne Verwendung besonderer maschineller Hilfsmittel handelt oder um große Betriebe, bei denen die Handarbeit gegenüber den Maschinenleistungen fast vollkommen verschwindet.

Aus diesem Grunde empfiehlt es sich, von den gesamten unmittelbaren Kosten auszugehen und darauf einen Zuschlag zu nehmen, der sich ergibt wie folgt:

für Einkommensteuer, Vermögenssteuer, Körperschaftssteuer, Gewerbesteuer, Umsatzsteuer und die verschiedenen kleinen Abgaben ca.   6,00 %
für Versicherungen aller Art und Transportschäden . . . . . „   0,50 %
für allgemeine Geschäftsunkosten, wie Gehälter von Direktoren und Personal, Miete bzw. Verzinsung, Heizung, Beleuchtung und Unterhaltung von Büros und Lagerplätzen, Reisespesen, Schreib-, Zeichen- und sonstigem Bürobedarf, Postausgaben, Zeitungen und Zeitschriften, Vereins- und Verbandsbeiträge, Kosten des Geldverkehrs u. dgl. m. ca.   13,50 %
als angemessenen Gewinn je nach dem mit dem Objekt verbundenen Wagnis . . . .   5—15   %

insgesamt also: 25—35   %

Bei diesen Sätzen sind einigermaßen normale Verhältnisse unerläßliche Voraussetzung. Ist der Geschäftsgang sehr schlecht, so wird es trotz sorgfältiger Sparmaßnahmen häufig nicht mehr möglich sein, die zur Aufrechterhaltung des Geschäftes unumgänglich notwendigen Ausgaben so weit zu drosseln, daß die sich aus prozentualen Zuschlägen in der genannten Höhe ergebenden Beträge zu deren Deckung ausreichen oder aber, was meistens der Fall ist, man wird auf jede Gewinnmöglichkeit verzichten müssen.

Dieser prozentuale Zuschlag wird in der Folge immer wiederkehren und soll deshalb ein für allemal zusammengefaßt werden unter der Bezeichnung

„Zuschlag für allgemeine Unkosten und Gewinn".

b) Einrichtungsarbeiten.

1. **Lohnanteil.** Löhne für das Entladen der Waggons und etwa notwendige Zwischenlagerungen
Löhne für den Transport zur Baustelle
Löhne für Montagearbeiten aller Art
Löhne für evtl. notwendige Planierungs- und Rodungsarbeiten, soweit solche ausschließlich für Einrichtungsarbeiten notwendig sind

} einschließlich sozialer Lasten

2. **Frachtanteil.** Die gesamten Frachten für den Geräteantransport sind in einer eigenen Position zusammengefaßt, und nachdem man die Kosten für die Bau- und Betriebsstoffe am zweckmäßigsten frei Baustelle bzw. Entladebahnhof zugrunde legt, sind mit Ausnahme des Abtransports der Geräte Frachten bei den einzelnen Positionen überhaupt nicht mehr zu berechnen.

3. **Materialanteil.** Hierher gehört bei Lastkraftwagentransport mit eigenen Wagen der Verbrauch an Betriebsstoffen, Schmier- und Putzmitteln sowie der Gummiverschleiß, bei Transport mittels Rollbahn der Verbrauch an Kohle, Schmier- und Putzmitteln für den Antransport der Geräte.

Außerdem gehört hierher der Verbrauch an Holz und Kleineisenzeug für die Gerüste und Verschalungen der Kohlen- und Wasserversorgungsanlagen sowie der elektrischen Beleuchtung (Transformatorenhäuschen, Leitungsmaste), der Bohlenbedarf für die Böden der Bauhütten und Baracken, der Baustoffbedarf (Zement u. dgl.) für die Fundamente der Maschinen und beim Barackenbau etwa notwendige feste Stützpunkte u. dgl., und endlich die zur Abdeckung nötigen Mengen Dachpappe nebst Nägeln und Teer und das Material für eine etwaige Einfriedigung des Werkplatzes.

Die Massen sind nach dem Umfang der Anlagen überschlägig zu ermitteln, wobei man für die Barackenabdeckung mit etwa $1^1/_3$ m² Pappe und $1^1/_2$—2 kg Teer pro Quadratmeter Grundfläche rechnen kann.

4. **Unkosten- und Gewinnanteil.** „Zuschlag für allgemeine Unkosten und Gewinn."

2. Bauarbeiten.

a) Erdbewegung.

1. **Lohnanteil.** Löhne für das Lösen und Laden. Feststellung der Mengen, welche von Hand bzw. den verschiedenen vorgesehenen Baggern gefördert werden müssen. Ermittlung der für diese Leistungen jeweils notwendigen Tagschichten und an Hand dieser Zahlen Ermittlung des Lohnaufwands.

Löhne für den Transport. Anzahl der Zugsbesetzungen (Lokomotivführer, Heizer, Bremser), Weichensteller, Wächter an Kreuzungen mit Verkehrswegen, Gleisrichter usw. und daraus Ermittlung des Lohnaufwands.

Löhne für den Einbau. Ausscheidung der Massen, welche einen von dem Aufwand für die Hauptverwendungsart abweichenden Aufwand für den Einbau erfordern (z. B. große Rampenschüttungen oder Einbau in Dämme, wenn Hauptmassen auf Ablagerungskippen kommen u. dgl.). Ermittlung des Lohnaufwands für die verschiedenen Einbauarten.

Löhne für Werkstätte und Stellmacherei. Ermittlung der voraussichtlich notwendigen Besetzung und Feststellung der Gesamtarbeitsdauer (Montage + Betriebszeit + Zeitaufwand für Schlußreparatur) und daraus Errechnung des Lohnaufwands.

Ermittlung des Gesamtlohnaufwands.

Löhne für Lösen und Laden
+ Löhne für Transport
+ Löhne für Einbau
+ Löhne für Werkstätten und Stellmacherei $\Big\}$ + soziale Lasten

2. **Frachtanteil** s. S. 347.

3. **Materialanteil.** Ermittlung des Kohlenbedarfs auf Grund der mittleren Entfernung und Höhendifferenz sowie der Verhältnisse der Transportbahn und der Art der Beladung der Züge. Zuschlag für Verluste und Diebstahl! Kohlenpreis frei Bahnhof Empfangsstation. — Ermittlung des sonstigen Bedarfs an Betriebsstoffen, Schmier- und Putzmitteln, ebenfalls mit Verlustzuschlag (ca. 5 %).

4. **Unkosten- und Gewinnanteil.** Derselbe umfaßt in diesem Falle zunächst die Aufwendung für Verzinsung und Abschreibung der sämtlichen für die Erdbewegung bereitgestellten Geräte und Werkzeuge auf die Dauer ihrer Bereitstellung für die Baustelle bis zur Vollendung der Schlußreparatur und außerdem auf die Summe der gesamten Selbstkosten (Löhne + Materialien + Verzinsung und Abschreibung) den „Zuschlag für allgemeine Unkosten und Gewinn".

b) **Abhub von Rasen und Mutterboden.**
c) **Rodungsarbeiten.**
d) **Abtreppungen.** $\Big\}$ wie e) Planierungsarbeiten.

e) Planierungsarbeiten.

1. **Lohnanteil.** Feststellung des Umfangs der zu leistenden Arbeiten und daraus Ermittlung des Lohnaufwands einschließlich sozialer Lasten.

2. **Frachtanteil** s. S. 347.

3. **Materialanteil** fällt hier weg.

4. **Unkosten- und Gewinnanteil.** „Zuschlag für allgemeine Unkosten und Gewinn."

f) Rasen- und Humusandecken.

1. **Lohnanteil.** Feststellung des Umfangs der zu leistenden Arbeiten und daraus Ermittlung des Lohnanteils einschließlich sozialer Lasten.

2. **Frachtanteil** s. S. 347.

3. **Materialanteil.** Ungefähr 0,5 kg Grassamen pro Ar.

4. **Unkosten- und Gewinnanteil.** „Zuschlag für allgemeine Unkosten und Gewinn."

g) Schüttgerüste.

Ermittlung des voraussichtlichen Holzbedarfs = 0,033 m³/1 m³ verbauter Raum.

1. **Lohnanteil.** Ermittlung auf Grund des voraussichtlichen Holzbedarfs (einschließlich sozialer Lasten).

2. **Frachtanteil** s. S. 347.

3. Materialanteil. Im allgemeinen wird man damit rechnen müssen, daß höchstens die Hälfte des Gesamtholzbedarfs wieder weggebracht wird. Der Bedarf an Gerüstschrauben und Klammern beträgt ungefähr 25 kg/m^3 und muß ebenfalls zur Hälfte als ganz verloren gerechnet werden.

Der wiederzugewinnende Teil der Materialien ist mit einem je nach der Art des Schüttmaterials größeren oder geringeren Betrag von den Gesamtbeschaffungskosten abzusetzen.

4. Unkosten- und Gewinnanteil. „Zuschlag für allgemeine Unkosten und Gewinn.“

3. Baustellenabräumung.

a) Abbau- und Aufräumungsarbeiten.

1. Lohnanteil. Löhne für den Abbau und Überholung des Bauinventars, soweit noch nicht berücksichtigt
Löhne für das Aufladen auf Transportmittel
Löhne für den Transport zum Bahnhof
Löhne für das Verladen auf Waggons
Löhne für Wiederinstandsetzung der benutzten Grundstücke

einschließlich sozialer Lasten

2. Frachtanteil s. S. 347.

3. Materialanteil. Hierher gehört bei Lastkraftwagentransport mit eigenen Wagen der Verbrauch an Betriebsstoff, Schmier- und Putzmitteln sowie der Gummiverschleiß; bei Transport mittels Rollbahn der Verbrauch an Kohle, Schmier- und Putzmitteln für den Abtransport der Geräte von der Baustelle zum Bahnhof.

4. Unkosten- und Gewinnanteil. „Zuschlag für allgemeine Unkosten und Gewinn.“

b) Abtransport der Geräte.

Für denselben gelten die gleichen Berechnungsgrundlagen wie für den Antransport der Geräte mit der Einschränkung, daß Frachten im allgemeinen nur dann zu Lasten des Absenders gehen, wenn der Empfänger nicht eine andere Baustelle, sondern ein Lagerplatz ist.

Werden nach der Art des Vertrags Baustelleneinrichtung und Baustellenabräumung nicht gesondert vergütet, so sind die dafür anfallenden Kosten auf gleiche Weise umzulegen wie die Kosten unter A.

Anhang.

Praktisches Beispiel für die Ermittlung der wirtschaftlichsten Art, Unebenheiten im Gelände zu überwinden.

Bei einem Kanalbaulos seien u. a. ca. $500\,000 \text{ m}^3$ trockener Kies an einer im Mittel 3000 m entfernten Stelle abzulagern. Für die Ablagerung vorgesehen ist das Material von zwei Eimerbaggern, das in Zügen von je 22 Wagen mit 4 m^3 Fassungsvermögen beigefahren wird. Der Höhen-

unterschied zwischen dem Gelände an der Gewinnungsstelle und der
Ablagerungsstelle betrage 6 m und der Ablagerungsstelle vorgelagert sei
eine Geländewelle, die sich an ihrer höchsten Stelle noch weitere 6 m
über das Niveau der Ablagerungsstelle erhebt. Der Längenschnitt der
nach den örtlichen Verhältnissen einzig möglichen Linienführung der
Rollbahn ist aus nachstehender Skizze ersichtlich.

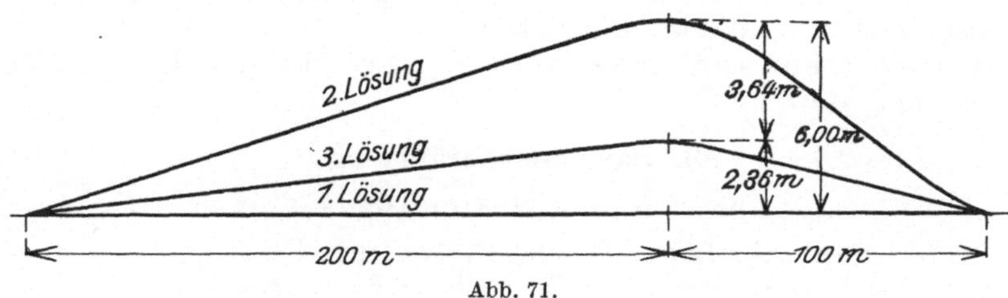

Abb. 71.

Für den Betrieb sind Dampflokomotiven von 160 PS Leistung vorgesehen und die Züge folgen sich in einem Abstand von ca. 15 Minuten.

Nimmt man an, daß sich der Höhenunterschied zwischen Gewinnungs-
und Ablagerungsstelle ungefähr gleichmäßig auf die ganze Strecke verteilt, ohne daß besondere Steigungen vorkommen, so ist

$$s_m = \frac{6000}{3000} = 2\,^0/_{00}\,.$$

Bei $2\,^0/_{00}$ mittlerer Steigung kann eine Dampflokomotive von 160 PS
Leistung nach dem Schaubild (Abb. 70, S. 243) auf jeden Fall wesentlich
mehr schleppen als hier verlangt ist, so daß dieser Punkt keiner weiteren
Untersuchung bedarf.

Nun ist aber nicht nur die Höhendifferenz zwischen Gewinnungs- und
Ablagerungsstelle zu überwinden, sondern außerdem noch die der Ablagerungsstelle vorgelegte Geländewelle und dafür mögen zunächst die
beiden Grenzfälle untersucht werden, nämlich:

1. daß die Geländewelle durch einen entsprechend tiefen Einschnitt
von ca. 4 m Sohlenbreite und mit einmaligen Böschungen ganz aus-
geschaltet wird und

2. daß die Geländewelle ohne jede Erdarbeit unter Zuhilfenahme von
Schubmaschinen überwunden wird.

1. Lösung.

Es sind an Erdarbeit zu leisten

$$\frac{4+16}{2}\cdot 6\cdot\frac{1}{2}\cdot(200+100) = 9000\ \mathrm{m}^3\,.$$

Unter der Annahme, daß hierfür ein für sonstige Arbeiten auf der
Baustelle **an und für sich vorhandener Löffelbagger** eingesetzt werden
kann, wird man mit einem Betrag von ca. 1,50 RM./m³ rechnen müssen,
so daß sich ergibt ein Aufwand von

$$9000\cdot 1,50 = \mathbf{13\,500\ RM.}$$

Ist ein solcher Bagger nicht vorhanden, so daß die **Gewinnung von Hand** erfolgen muß, so erhöht sich dieser Betrag bei Annahme eines Hilfsarbeiterlohnes von 1 RM./st einschließlich sozialer Lasten auf ca. 3 RM./m³, so daß in diesem Fall der Aufwand beträgt

$$9000 \cdot 3{,}00 = \mathbf{27\,000\ RM.}$$

2. Lösung.

Zur Berechnung der aus dieser Lösung erwachsenden Kosten soll nur die Steigung von 200 m Länge und $30^0/_{00}$ ins Auge gefaßt werden, weil man den jenseitigen Abstieg zur Kippe durch Dammschüttung auf alle Fälle mindestens so gestalten wird, daß der Leerzug durch die Zugmaschine ohne Nachschub zurückgebracht werden kann.

Eine Lokomotive von 160 PS Leistung vermag nach Schaubild (Abb. 70, S. 243) auf einer Steigung von $30^0/_{00}$ ungefähr das 3,3 fache ihres Dienstgewichtes zu schleppen, also $3{,}3 \cdot 19 = 62{,}7$ t.

Der Zug von 22 Wagen mit je 4 m³ Fassungsvermögen wiegt

$$22 \cdot (2{,}38 + 4 \cdot 1{,}5) = 184{,}36\ \text{t},$$

so daß nach Abzug der zulässigen Belastung für die Zugmaschine den Schubmaschinen noch verbleiben

$$184{,}36 - 62{,}7 = 121{,}66\ \text{t}.$$

Zur Bewältigung dieser Leistung braucht man zwei Schubmaschinen von je 160 PS Leistung.

Die Kosten dieser Lösung errechnen sich wie folgt:
Mehrverbrauch an Kohle für die Zugmaschine

$$
\begin{aligned}
G &= 19{,}0\ \text{t}\\
Q_0 &= 62{,}7\ \text{t}\\
Q &= G + Q_0 = 19{,}0 + 62{,}7 = 81{,}7\ \text{t}\\
w &= \frac{19 \cdot 10 + 62{,}7 \cdot 6}{81{,}7} &&= 6{,}93\ \text{kg/t}\\
h_1^r &&&= 6{,}000\ \text{m}\\
h_w^{1\,r} &= 0{,}001 \cdot 6{,}93 \cdot 200 &&= 1{,}386\ \text{m}\\
\hline
H_w^r &&&= 7{,}386\ \text{m}\\
A^r &= 81{,}7 \cdot 7{,}386 &&= 603{,}44\ \text{tm}\\
K &= \frac{603{,}44}{270} \cdot 3{,}0 &&= 6{,}7\ \text{kg/Zug}.
\end{aligned}
$$

Anzahl der Züge

$$(500\,000 \cdot 1{,}2) : 88 = 6818$$

$$6818 \cdot 6{,}7 = 45\,680\ \text{kg Kohle}.$$

Kohlenverbrauch der Schubmaschinen.

Die Schubmaschinen haben alle 15 Min. $= 0{,}25$ Std. einen Zug über die Rampe zu befördern. Nimmt man die Rampenfahrzeit zu 2 Min. $= 0{,}033$ Std., so bleiben als Dampfhaltungspausen $0{,}25 - 0{,}033 = 0{,}217$ Std.

$$G = 19,0 \text{ t}$$

$$Q_0 = \frac{121,66}{2} = 60,83 \text{ t}$$

$$Q = G + Q_0 = 79,83 \text{ t}$$

$$w = \frac{19 \cdot 10 + 60,83 \cdot 6}{79,83} = 6,99 \text{ kg/t}$$

$$\alpha = \frac{60,83}{79,83} = 76,2\%$$

$$
\begin{aligned}
h_1 &= & 6,000 \text{ m} \\
h_w^1 &= 0,001 \cdot 6,99 \cdot 200 &= 1,398 \text{ ,,} \\
h_0 &= 75\,(1 - 0,762) \cdot 0,217 &= 3,873 \text{ ,,} \\
\hline
H_w &= & 11,271 \text{ m}
\end{aligned}
$$

$$A = 79,83 \cdot 11,271 = 899,76 \text{ tm}$$

$$K = \frac{899,76}{270} \cdot 4,20 = 14 \text{ kg/Zug}$$

$$6818 \cdot 14 = \qquad\qquad 95\,452 \text{ kg}$$

Kohlenzuschlag für das Anheizen bei Annahme 16 stündiger Arbeitszeit

$$
\begin{aligned}
(500\,000 \cdot 1,2):(64 \cdot 88) &= 106 \text{ Arbeitstage} \\
\text{Verlust an Arbeitszeit} - 10\% & \quad 10 \quad \text{ ,,} \\
\hline
& 116 \text{ Arbeitstage} \\
116 \cdot 54 &= \qquad\qquad 6\,264 \text{ ,,} \\
\hline
& \qquad\qquad 101\,716 \text{ kg}
\end{aligned}
$$

$$2 \cdot 101\,716 = 203\,432 \text{ kg}\,.$$

Schmier- und Putzmittelverbrauch der Schubmaschinen.
Anzahl der Betriebsstunden je Maschine

$$116 \cdot 16 = 1856 \text{ Stunden.}$$

Zylinderöl	$2 \cdot 1856 \cdot 0,11 = 408,32$ kg	$= \frown 410$ kg
Maschinenöl	$2 \cdot 1856 \cdot 0,175 = 649,60$,,	$= \sim 650$,,
Putzöl	$2 \cdot 1856 \cdot 0,02 = 74,24$,,	$= \smile 75$,,
Putzwolle	$2 \cdot 1856 \cdot 0,03 = 111,36$,,	$= \frown 110$,,

Kosten für das Maschinenpersonal der Schubmaschinen:

$$
\begin{aligned}
\text{2 Lokomotivführer } 2 \cdot 1856 \cdot 1,2 &= 4454 \text{ Std.} = \frown 4450 \text{ Std.} \\
\text{2 Heizer desgl.} & \qquad\qquad 4450 \text{ ,,}
\end{aligned}
$$

Instandhaltung und Schlußreparatur der Schubmaschinen:

$$
\left.
\begin{aligned}
\text{Laufende Reparaturen } (2 \cdot 106 \cdot 16):4 &= 848 \text{ Std.} \\
\text{Schlußreparatur } . . . \; 2 \cdot 106 \cdot 16 \cdot 0,25 &= 848 \text{ ,,}
\end{aligned}
\right\} \sim 1700 \text{ Std.}
$$

Verzinsung + Abschreibung der Schubmaschinen (Tabelle 222) auf $^1/_2$ Jahr:

$$2 \cdot \tfrac{1}{2} \cdot 19\% \text{ aus } 18\,800 \text{ RM.} = 3682 \text{ RM.}$$

Reserveteile sind hier nicht zu berücksichtigen, weil generell in Kostenteil A schon enthalten.

$$\text{Ersatzteile } \ldots\ldots\ldots\ldots\ldots\ldots\ldots 2 \cdot \frac{565}{2000} \cdot 1700 = \quad 960 \text{ ,,}$$

$$\overline{\qquad\qquad\qquad 4642 \text{ RM.}}$$

Sieht man von den sonst evtl. noch anfallenden Kosten verschiedener Art (z. B. für An- und Abtransport u. dgl.) ab, so ergibt sich allein aus den vorgenannten Beträgen folgende Summe:

Kohlen	$(45680 + 203432) \cdot 1,15 \cdot 0,04$ RM.	$= 11459,15$ RM.
Zylinderöl	410 kg à 0,70 RM.	$=$ 287,— ,,
Maschinenöl	650 ,, à 0,60 ,,	$=$ 390,— ,,
Putzöl	75 ,, à 0,30 ,,	$=$ 22,50 ,,
Putzwolle	110 ,, à 0,80 ,,	$=$ 88,— ,,
Löhne einschließlich sozialer Lasten:		
Lokomotivführer	4450 · 1,30 RM.	$=$ 5785,— ,,
Heizer	4450 · 1,15 ,,	$=$ 5117,50 ,,
Instandhaltung	1700 · 1,25 ,,	$=$ 2125,— ,,
Verzinsung + Abschreibung		$=$ 4642.— ,,

insgesamt: 29916,15 RM.

Nachdem auf vorstehende Weise die Kosten für die beiden Grenzfälle untersucht wurden, soll nunmehr noch als **3. Lösung** ermittelt
werden, wie sich das wirtschaftliche Bild gestaltet, wenn man den gol-
denen Mittelweg wählt und in das Gelände nur so weit einschneidet, daß
die Züge eben noch ohne Nachschub über die Steigung kommen.

$$184,36 : 19 = 9,7 \,,$$

d. h. das Zugsgewicht ist das 9,7 fache des Dienstgewichtes der Lokomotive.

Dieses Gewicht vermöchte die Maschine nach Schaubild Abb. 70 (S. 243)
eben noch zu schleppen bei einer dauernden Steigung von rund $8\,^0/_{00}$.

Nun handelt es sich aber hier nur um eine verhältnismäßig kurze
Steigung, und es ist deshalb ohne weiteres anzunehmen, daß es durch
Schaffung guter Anfahrtsmöglichkeiten gelingt, den Zug vor Beginn
der Rampe auf eine Geschwindigkeit $v_a =$ rund 4 m/sk zu bringen
und dadurch eine kinetische Energie in ihn zu legen, die sich ergibt zu

$$\frac{1}{2}\, M v_a^2 = \frac{1}{2} \cdot \frac{203.36}{9,81} \cdot 4^2 = 165,84\,\text{tm} \,.$$

Die Reibungs- und sonstigen Widerstände werden nach wie vor von
der Lokomotive überwunden, und wenn man sicherheitshalber verlangt,
daß der Zug am oberen Ende der Rampe allein vermöge seiner kinetischen Energie noch eine Geschwindigkeit $v_e = 1$ m/sk besitzt, so
beträgt der für die Überwindung der Rampe als sog. Anlauf-
steigung verfügbare Teil der kinetischen Energie

$$\frac{1}{2}\, M (v_a^2 - v_e^2) = \frac{1}{2} \cdot \frac{203.36}{9,81} \cdot (4^2 - 1^2) = 155,5\,\text{tm}$$

und die Höhe, welche der Zug allein durch ihn zu erklimmen vermag,
ergibt sich aus der Gleichung

$$Q \cdot h = \tfrac{1}{2} M (v_a^2 - v_e^2)$$

oder $\qquad\qquad 203,36 \cdot h = 155,5$

zu $\qquad\qquad\qquad h = 0,76\,\text{m} \,.$

Zusammen mit der oben festgestellten Dauersteigung von $8\,^0/_{00}$
könnte der Zug sohin ohne Nachschub eine Höhendifferenz von

$$200 \cdot 0,008 + 0,76 = 2,36\,\text{m}$$

überwinden, so daß in diesem Falle der Einschnitt in das Gelände nur
noch $6,00 - 2,36 = 3,64$ m tief zu werden brauchte.

Die aus dieser Lösung erwachsenden Kosten betragen:

Erdarbeit:

$$\frac{4,00 + 11,28}{2} \cdot 3,64 \cdot \frac{1}{2} \cdot (200 + 100) = \sim 4170 \text{ m}^3 .$$

Bei Aushub mit Bagger $4170 \cdot 1,50 = 6255$,— RM.
Bei Aushub von Hand . $4170 \cdot 3,— =$ 12 510,— RM.
Mehrverbrauch an Kohle:
$Q \quad = 203,36$ t
$H_{tr}^{r} = \quad 2,36$ m
$A^{r} = 203.36 \cdot 2,36 \quad = 479,93$ tm
$K \quad = \dfrac{479,93}{270} \cdot 4,20^{1} = \quad 7,47$ kg/Zug
$6818 \cdot 7,47 \cdot 1,15 = 58\,570$ kg
$58\,750$ kg Kohle à $0,04$ RM. $=$ 2342,80 RM.   2 342,80 RM.

Sa. 8597,80 RM.   14 852,80 RM.
$\sim$ **8600,— RM.**   **14 850,— RM.**

Von den drei auf ihre Wirtschaftlichkeit geprüften Lösungen ist demnach die letzte diejenige, welche mit Abstand die geringsten Kosten verursacht und deshalb für die Ausführung zu wählen ist.

Der große Unterschied in den Kosten zeigt aber auch augenfällig, daß es recht lohnend ist, nicht nur gefühlsmäßig zu arbeiten, sondern derartigen Anlagen genaue Berechnungen vorausgehen zu lassen, denn es könnte sonst sehr wohl vorkommen, daß man sich in dem noch zulässigen Maß der Steigung irrt und dann eine Schubmaschine einsetzen muß. Was dieser Irrtum kostet, läßt sich aus der zweiten Lösung unschwer beurteilen.

Quellenangabe.

Handbuch der Ingenieurwissenschaften.
Janssen, Th.: Der Bauingenieur in der Praxis.
Rathjens, J.: Erfahrungsergebnisse über Trockenbaggerbetriebe.
Ritter, H.: Kostenberechnung im Ingenieurbau.
Eckert, H.: Über Verdingungswesen und Kostenberechnung im Tiefbau. Dissertation.
Oerley, L.: Die maßgebende Arbeitshöhe der Eisenbahn. (Sonderabdruck aus dem Organ für die Fortschritte des Eisenbahnwesens, Jg. 1922, H. 3.)
Garbotz, G.: Betriebskosten und Organisation im Baumaschinenwesen.
Müller, W.: Massenermittlung, Massenverteilung und Kosten der Erdarbeiten.
Hetzel-Wundram: Die Grundbautechnik und ihre maschinellen Hilfsmittel.
Feihl, H.: Baumaschinen.
Vereinigte Stahlwerke A.-G. Düsseldorf: Eisenbahn-Oberbaumaterial.
Das Braunkohlenarchiv: Mitteilungen aus dem Braunkohlenforschungsinstitut Freiberg (Sa.). — H. 2, 1922 Letz: Die Wirtschaftlichkeit des maschinellen Gleisrückens im Braunkohletagebauen. — H. 20/21, 1928 Papenberg: Die Gestehungskosten der Abraumlokomotivförderung mit Handkippe, halbmechanisierter und mechanisierter Kippe, dargestellt durch die Hand-, Pflug- und Baggerkippe.
Kataloge und Angaben der an den verschiedenen Stellen des Buches erwähnten Firmen.

---

[1] Die Verhältnisse sind ähnlich denen bei den Schubmaschinen für Rampenfahrten und infolgedessen ist der dort ermittelte Wert einzusetzen.

Preisermittlung und Veranschlagen von Hoch-, Tief- und Eisenbetonbauten. Ein Hilfs- und Nachschlagebuch zum Veranschlagen von Erd-, Straßen-, Wasser- und Brücken-, Eisenbeton-, Maurer- und Zimmererarbeiten. Von Gewerbe-Studienrat Ingenieur **M. Bazali †**, vormals Lehrer an den Technischen Schulen in Glauchau. Vollständig neubearbeitet von Dr.-Ing. **Ludwig Baumeister**, Reg.-Baumeister a. D. Sechste, neubearbeitete und erweiterte Auflage. VIII, 463 Seiten. 1927.
Gebunden RM 12.—

Kostenberechnung im Ingenieurbau. Von Dr.-Ing. **Hugo Ritter.** Zweite, umgearbeitete und erweiterte Auflage. VIII, 148 Seiten. 1929.
RM 7.50; gebunden RM 9.—

Kalkulation und Zwischenkalkulation im Großbaubetriebe. Gedanken über die Erfassung des Wertes kalkulativer Arbeit und deren Zusammenhänge. Von **Rudolf Kundigraber.** Mit 4 Abbildungen. IV, 58 Seiten. 1920.
RM 2.50

Material- und Zeitaufwand bei Bauarbeiten. 132 Tabellen zur Ermittlung der Kosten von Erd-, Maurer-, Putz-, Estrich- und Fliesen-, Asphalt-, Dichtungs- (Isolierungs-), Beton- und Eisenbeton-, Zimmerer-, Dachdecker-, Spengler- (Klempner-), Tischler- (Schreiner-), Beschlag-, Glaser-, Maler-, Anstreicher-, Klebe-, Hafner- (Ofen- und Herdsetzer-), Entwässerungs-, Brunnenmacher-Arbeiten. Von **Arnold Ilkow,** Zivilingenieur für das Bauwesen und Baumeister, Wien. Dritte, verbesserte und vermehrte Auflage. IV, 68 Seiten. 1927.
RM 4.40

Der Bauingenieur in der Praxis. Eine Einführung in die wirtschaftlichen und praktischen Aufgaben des Bauingenieurs. Von Professor **Theodor Janssen,** Reg.-Baumeister a. D. Zweite, neubearbeitete und erweiterte Auflage. V, 494 Seiten. 1927.
Gebunden RM 23.50

Allgemeine Baubetriebslehre. Von Zivilingenieur **Maximilian Soeser,** Dozent für Baubetriebslehre an der Technischen Hochschule in Wien. Mit 89 Textabbildungen. V. 277 Seiten. 1930.
Gebunden RM 18.60

Junk-Herzka, Der Bauratgeber. Handbuch für das gesamte Baugewerbe und seine Grenzgebiete. Neunte, vollständig neubearbeitete und wesentlich ergänzte Auflage. Herausgegeben unter Mitwirkung hervorragender Fachleute aus der Praxis von Ing. **Leopold Herzka,** Wien. Mit zahlreichen Tabellen und 724 Abbildungen im Text. XVI, 785, 35 Seiten. 1931.
Gebunden RM 38.50

Bauarbeiten am Nachbargrundstück. Technische Winke für Ausschachtarbeiten, Abfangungen, Unterfahrungen und bauliche Einzelheiten; Rechtsfragen. Von Dr.-Ing. **Luz David,** Magistratsoberbaurat in Berlin. Mit 10 Textabbildungen. IV, 50 Seiten. 1931.
RM 3.60

Die Bagger und die Baggereihilfsgeräte. Ihre Berechnung und ihr Bau. Von **M. Paulmann**, Regierungs- und Baurat, Emden, und **R.Blaum**, Regierungsbaumeister, Direktor der Atlas-Werke, A.-G., Bremen.

I. Band: **Die Naßbagger und die dazu gehörenden Hilfsgeräte.** Zweite, vermehrte Auflage. Mit 598 Textabbildungen und 10 Tafeln. VIII, 281 Seiten. 1923. Gebunden RM 32.—

II. Band: **Die Trockenbagger.** In Vorbereitung.

Die Förderung von Massengütern. Von Dipl.-Ing. **Georg v.Hanffstengel,** a. o. Professor an der Technischen Hochschule zu Berlin.

Erster Band: **Bau und Berechnung der stetig arbeitenden Förderer.** Dritte, umgearbeitete und vermehrte Auflage. Mit 531 Textfiguren. VIII, 306 Seiten. 1921. Unveränderter Neudruck 1922. Gebunden RM 18.—

Zweiter Band, I. Teil: **Bahnen: Wagen für Massengüter, Wagenkipper, Zweischienige Bahnen, Hängebahnen.** Dritte, vollständig umgearbeitete Auflage. Mit 555 Textabbildungen. VIII, 347 Seiten. 1926. Gebunden RM 24.—

Zweiter Band, II. Teil: **Krane und zusammengesetzte Förderanlagen.** Dritte, vollständig umgearbeitete Auflage. Mit 431 Textabbildungen. VII, 332 Seiten. 1929. Gebunden RM 24.—

Billig Verladen und Fördern. Die maßgebenden Gesichtspunkte für die Schaffung von Neuanlagen nebst Beschreibung und Beurteilung der bestehenden Verlade- und Fördermittel unter besonderer Berücksichtigung ihrer Wirtschaftlichkeit. Von Dipl.-Ing. **Georg v.Hanffstengel,** a. o. Professor an der Technischen Hochschule zu Berlin. Dritte, neubearbeitete Auflage. Mit 190 Textabbildungen. VIII, 178 Seiten. 1926. RM 6.—

Die Grundbautechnik und ihre maschinellen Hilfsmittel. Von Dipl.-Ing. **G. Hetzell**, Baurat, Hamburg, und Dipl.-Ing. **O. Wundram**, Oberbaurat, Hamburg. Mit 436 Textabbildungen. VI, 399 Seiten. 1929. Gebunden RM 35.—

Der Grundbau. Von Professor **Otto Franzius**, Hannover. Unter Benutzung einer ersten Bearbeitung von Regierungsbaumeister a.D.O.Richter, Frankfurt a. M. (Handbibliothek für Bauingenieure, III. Teil: Wasserbau. 1. Band.) Mit 389 Textabbildungen. XIII, 360 Seiten. 1927. Gebunden RM 28.50

Ingenieurgeologie. Herausgegeben von Professor Dr. **K. A. Redlich**, Prag, Professor Dr. **K. v. Terzaghi**, Cambridge, Mass., und Privatdozent Dr. **R. Kampe**, Prag, Direktor des Quellenamtes Karlsbad. Mit Beiträgen von Dir. Dr. H. Apfelbeck, Ing. H. E. Gruner, Dr. H. Hlauscheck, Privatdozent Dr. K. Kühn, Privatdozent Dr. K. Preclik, Privatdozent Dr. L. Rüger, Dr. K. Scharrer, Professor Dr. A. Schoklitsch. Mit 417 Abbildungen im Text. X, 708 Seiten. 1929. Gebunden RM 57.—